수학 좀 한다면

디딤돌 초등수학 기본 3-1

펴낸날 [초판 1쇄] 2024년 8월 10일 | **펴낸이** 이기열 | **펴낸곳** (주)디딤돌 교육 | **주소** (03972) 서울특별시 마포구 월드컵북로 122 청원선와이즈타워 | **대표전화** 02-3142-9000 | **구입문의** 02-322-8451 | **내용문의** 02-323-9166 | **팩시밀리** 02-338-3231 | **홈페이지** www.didimdol.co.kr | **등록번호** 제10-718호 | 구입한 후에는 철회되지 않으며 잘못 인쇄된 책은 바꾸어 드립니다.

내 실력에 딱! 최상위로 가는 '맞춤 학습 플랜'

STEP 1 On-line

나에게 맞는 공부법은?
맞춤 학습 가이드를 만나요.

교재 선택부터 공부법까지! 디딤돌에서 제공하는 시기별 맞춤 학습 가이드를 통해 아이에게 맞는 학습 계획을 세워 주세요.
(학습 가이드는 디딤돌 학부모카페 '맘이가'를 통해 상시 공지합니다. cafe.naver.com/didimdolmom)

STEP 2 Book

맞춤 학습 스케줄표
계획에 따라 공부해요.

교재에 첨부된 '맞춤 학습 스케줄표'에 맞춰 공부 목표를 달성합니다.

STEP 3 On-line

이럴 땐 이렇게!
'맞춤 Q&A'로 해결해요.

궁금하거나 모르는 문제가 있다면,
'맘이가' 카페를 통해 질문을 남겨 주세요.
디딤돌 수학쌤 및 선배맘님들이 친절히 답변해 드립니다.

STEP 4 Book

다음에는 뭐 풀지?
다음 교재를 추천받아요.

학습 결과에 따라 후속 학습에 사용할 교재를 제시해 드립니다.
(교재 마지막 페이지 수록)

★ 디딤돌 플래너 만나러 가기

디딤돌 초등수학 기본 3-1

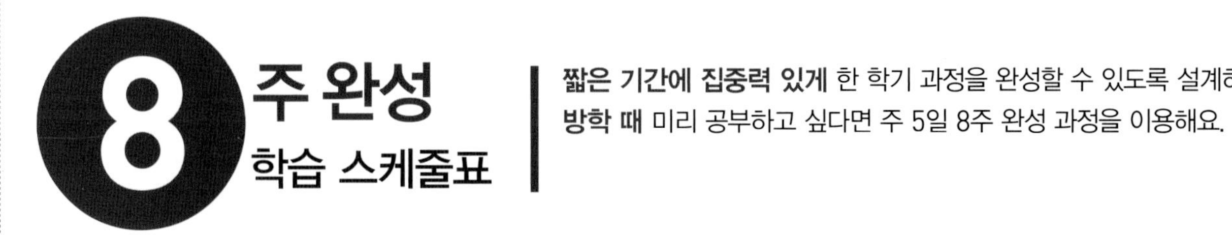

공부한 날짜를 쓰고 하루 분량 학습을 마친 후, 부모님께 확인 check ☑를 받으세요.

1주 (1 덧셈과 뺄셈)					2주	
☐ 월 일	☐ 월 일	☐ 월 일	☐ 월 일	☐ 월 일	☐ 월 일	☐ 월 일
8~11쪽	12~15쪽	16~19쪽	20~23쪽	24~27쪽	28~30쪽	31~33쪽

3주			3 나눗셈		4주	
☐ 월 일	☐ 월 일	☐ 월 일	☐ 월 일	☐ 월 일	☐ 월 일	☐ 월 일
50~53쪽	54~56쪽	57~59쪽	62~65쪽	66~69쪽	70~75쪽	76~81쪽

5주 (4 곱셈)					6주 (5 길이와 시간)	
☐ 월 일	☐ 월 일	☐ 월 일	☐ 월 일	☐ 월 일	☐ 월 일	☐ 월 일
94~97쪽	98~101쪽	102~105쪽	106~108쪽	109~111쪽	114~117쪽	118~121쪽

7주		6 분수와 소수			8주	
☐ 월 일	☐ 월 일	☐ 월 일	☐ 월 일	☐ 월 일	☐ 월 일	☐ 월 일
136~138쪽	139~141쪽	144~147쪽	148~153쪽	154~157쪽	158~161쪽	162~165쪽

MEMO

자르는 선 ✂

2 평면도형		
월 일 36~41쪽	월 일 42~45쪽	월 일 46~49쪽

월 일 82~84쪽	월 일 85~87쪽	월 일 90~93쪽

월 일 122~125쪽	월 일 126~129쪽	월 일 130~135쪽

월 일 166~169쪽	월 일 170~173쪽	월 일 174~176쪽

효과적인 수학 공부 비법

X 시켜서 억지로

O 내가 스스로

억지로 하는 일과 즐겁게 하는 일은 결과가 달라요.
목표를 가지고 스스로 즐기면 능률이 배가 돼요.

X 가끔 한꺼번에

O 매일매일 꾸준히

급하게 쌓은 실력은 무너지기 쉬워요.
조금씩이라도 매일매일 단단하게 실력을 쌓아가요.

X 정답을 몰래

O 개념을 꼼꼼히

모든 문제는 개념을 바탕으로 출제돼요.
쉽게 풀리지 않을 땐, 개념을 펼쳐 봐요.

X 채점하면 끝

O 틀린 문제는 다시

왜 틀렸는지 알아야 다시 틀리지 않겠죠?
틀린 문제와 어림짐작으로 맞힌 문제는
꼭 다시 풀어 봐요.

자르는 선

수학 좀 한다면

디딤돌

초등수학 기본

상위권으로 가는 기본기

3-1

개념 학습으로 잡는 올바른 공부 습관!

HELP!
공부했는데도
중요한 개념을 몰라요.

1 이 단원에서 꼭 알아야 할 핵심 개념!

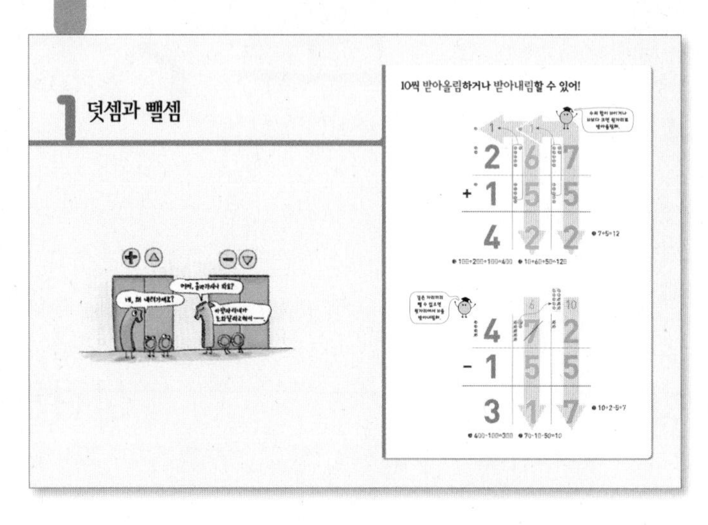

이 단원의 핵심 개념이 한 장의 사진처럼 뇌에 남습니다.

HELP!
개념을 생각하지 않고
외워서 풀어요.

2 한 눈에 보이는 개념 정리!

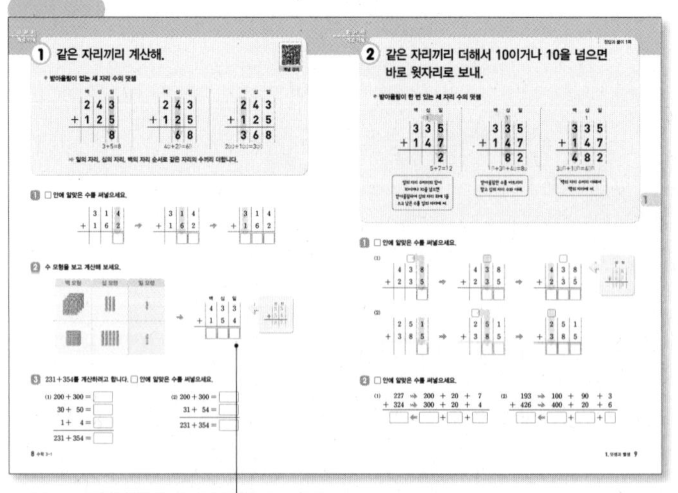

글만 줄줄 적혀 있는 개념은 이제 그만! 외우지 않아도 개념이 한눈에 이해됩니다.

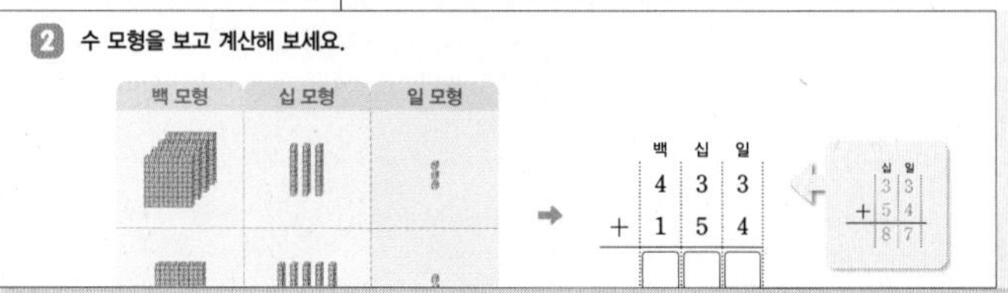

문제를 외우지 않아도 배운 개념들이 떠올라요.

선생님이 소개하는
기본 공부법

HELP!
같은 개념인데 학년이
바뀌면 어려워 해요.

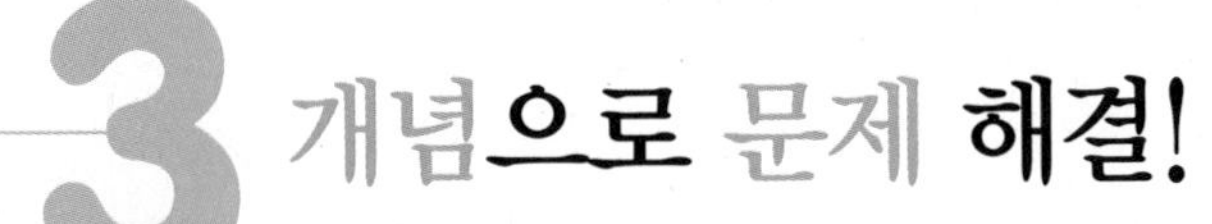

3 개념으로 문제 해결!

치밀하게 짜인 연계 학습 문제들을 풀다보면 이미 배운 내용과 앞으로 배울 내용이 쉽게 이해돼요.

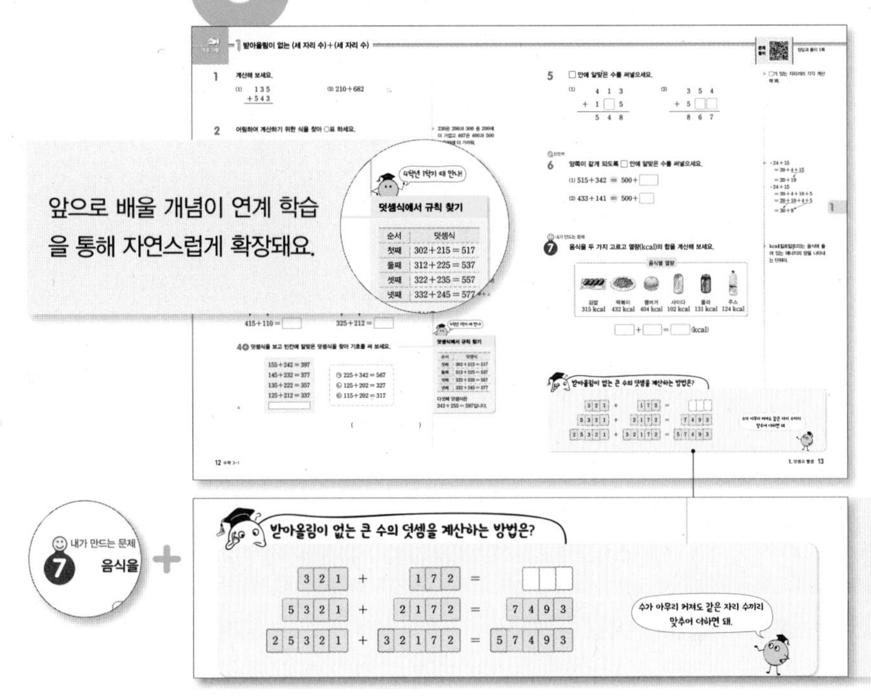

앞으로 배울 개념이 연계 학습을 통해 자연스럽게 확장돼요.

4학년 1학기 때 만나!

덧셈식에서 규칙 찾기

순서	덧셈식
첫째	302+215=517
둘째	312+225=537
셋째	322+235=557
넷째	332+245=577

받아올림이 없는 큰 수의 덧셈을 계산하는 방법은?

321	+	172	= □□□
5321	+	2172	= 7493
25321	+	32172	= 57493

수가 아무리 커져도 같은 자리 수끼리 맞추어 더하면 돼.

개념 이해가 완벽한지 확인하는 방법!
내가 문제를 만들어 보기!

HELP!
어려운 문제는
풀기 싫어해요.

4 발전 문제로 개념 완성!

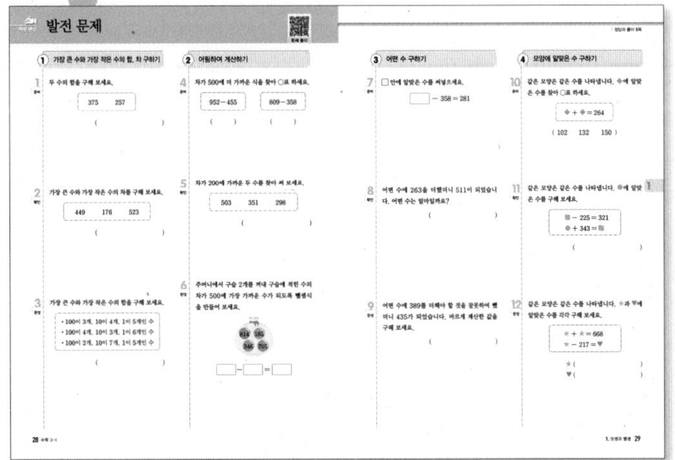

핵심 개념을 알면 어려운 문제는 없습니다!

이 책의 **차례**

1 덧셈과 뺄셈

10씩 받아올림하거나 받아내림할 수 있어!

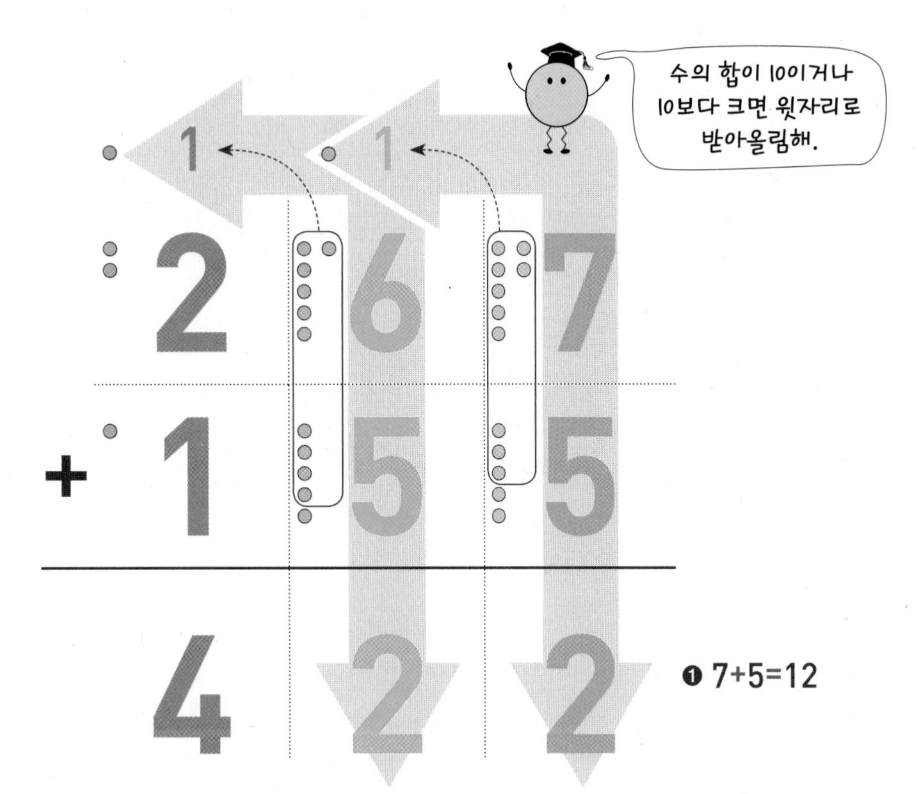

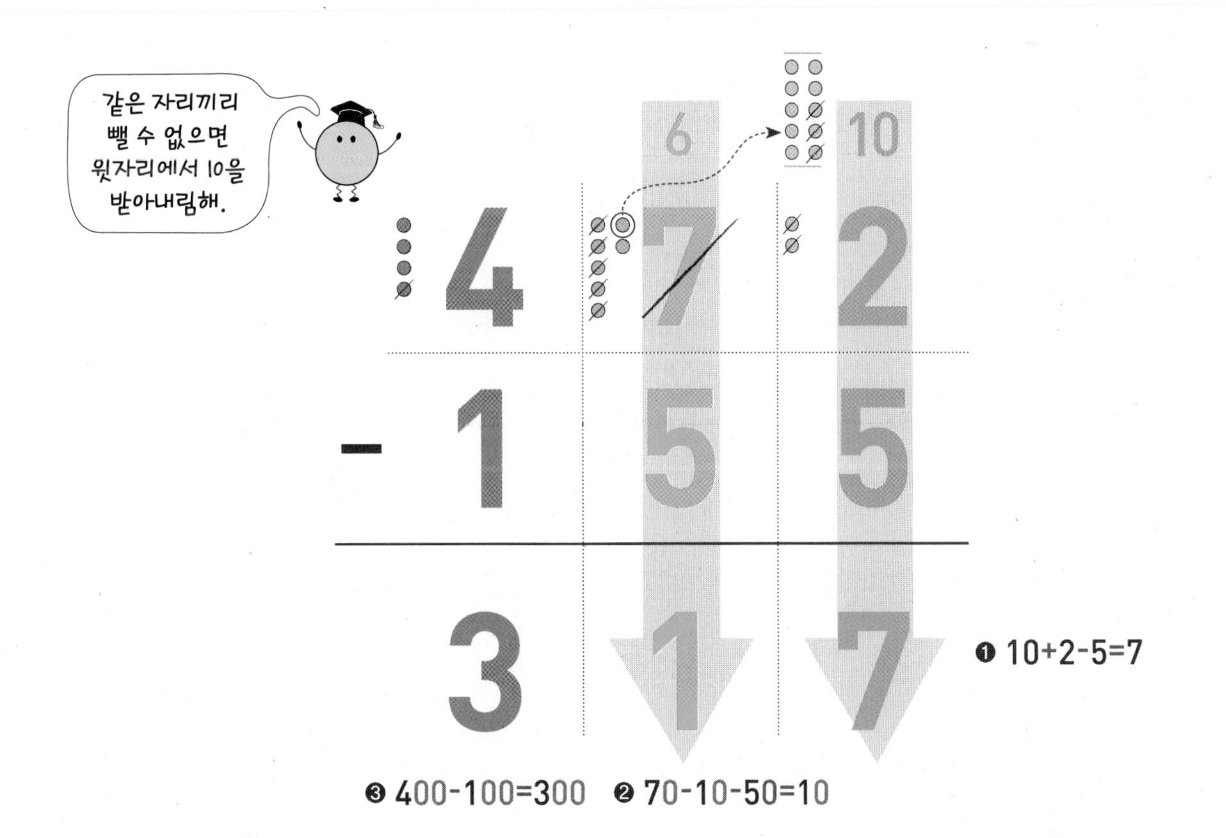

1 같은 자리끼리 계산해.

- 받아올림이 없는 세 자리 수의 덧셈

	백	십	일
	2	4	3
+	1	2	5
			8

3+5=8

	백	십	일
	2	4	3
+	1	2	5
		6	8

40+20=60

	백	십	일
	2	4	3
+	1	2	5
	3	6	8

200+100=300

➡ 일의 자리, 십의 자리, 백의 자리 순서로 같은 자리의 수끼리 더합니다.

1 □ 안에 알맞은 수를 써넣으세요.

	3	1	4
+	1	6	2
			□

➡

	3	1	4
+	1	6	2
		□	□

➡

	3	1	4
+	1	6	2
	□	□	□

2 수 모형을 보고 계산해 보세요.

백 모형	십 모형	일 모형

➡

	백	십	일
	4	3	3
+	1	5	4
	□	□	□

	십	일
	3	3
+	5	4
	8	7

3 231＋354를 계산하려고 합니다. □ 안에 알맞은 수를 써넣으세요.

(1) 200 ＋ 300 ＝ □
30 ＋ 50 ＝ □
1 ＋ 4 ＝ □
231 ＋ 354 ＝ □

(2) 200 ＋ 300 ＝ □
31 ＋ 54 ＝ □
231 ＋ 354 ＝ □

정답과 풀이 1쪽

2 같은 자리끼리 더해서 10이거나 10을 넘으면 바로 윗자리로 보내.

● 받아올림이 한 번 있는 세 자리 수의 덧셈

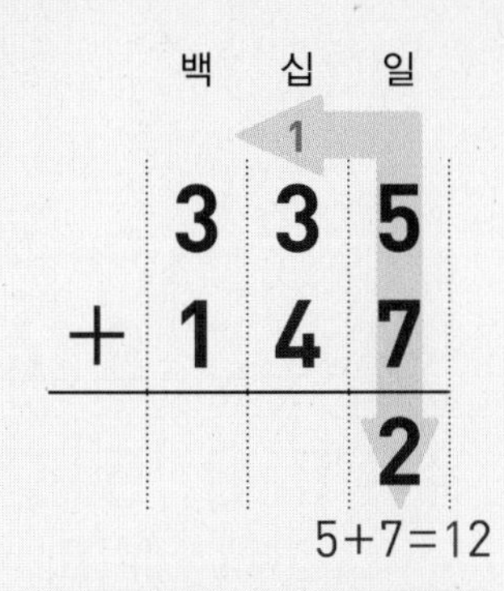

일의 자리 수끼리의 합이 10이거나 10을 넘으면 받아올림하여 십의 자리 위에 1을 쓰고 남은 수를 일의 자리에 써.

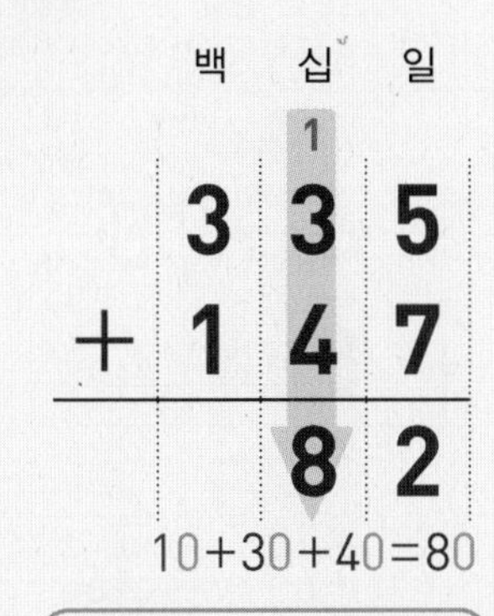

받아올림한 수를 빠뜨리지 말고 십의 자리 수와 더해.

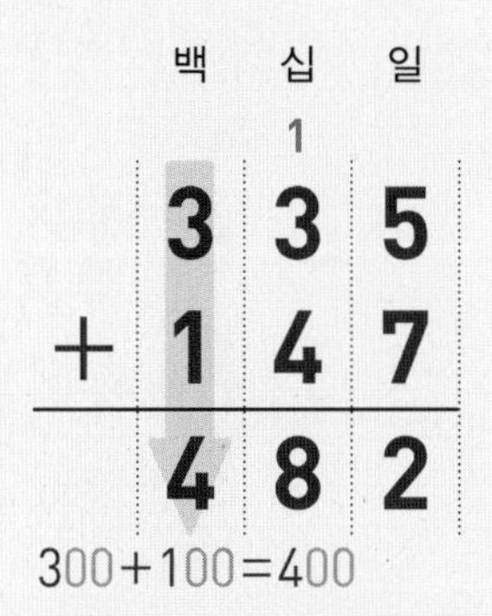

백의 자리 수끼리 더해서 백의 자리에 써.

1 □ 안에 알맞은 수를 써넣으세요.

(1)

	4	3	8
+	2	3	5
			□

(위에 □) ➡

	4	3	8
+	2	3	5
		□	□

(위에 □) ➡

	4	3	8
+	2	3	5
	□	□	□

(위에 □)

	십	일
	1	
	3	8
+	3	5
	7	3

(2)

	2	5	1
+	3	8	5
			□

➡ (위에 □)

	2	5	1
+	3	8	5
		□	□

➡ (위에 □)

	2	5	1
+	3	8	5
	□	□	□

2 □ 안에 알맞은 수를 써넣으세요.

(1) 227 ➡ 200 + 20 + 7
+ 324 ➡ 300 + 20 + 4
□ ⬅ □ + □ + □

(2) 193 ➡ 100 + 90 + 3
+ 426 ➡ 400 + 20 + 6
□ ⬅ □ + □ + □

3 백의 자리끼리 더해서 10이거나 10을 넘으면 천의 자리로 보내.

같은 자리 수끼리의 합이 10이거나 10보다 크면 바로 윗자리로 받아올림하면 되는 거구나!

● 받아올림이 두 번, 세 번 있는 세 자리 수의 덧셈

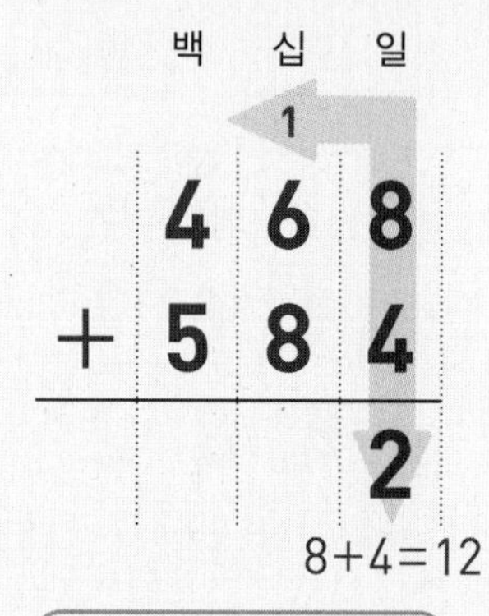

8+4=12

일의 자리 수끼리의 합이 10이거나 10을 넘으면 받아올림하여 십의 자리 위에 1을 쓰고 남은 수를 일의 자리에 써.

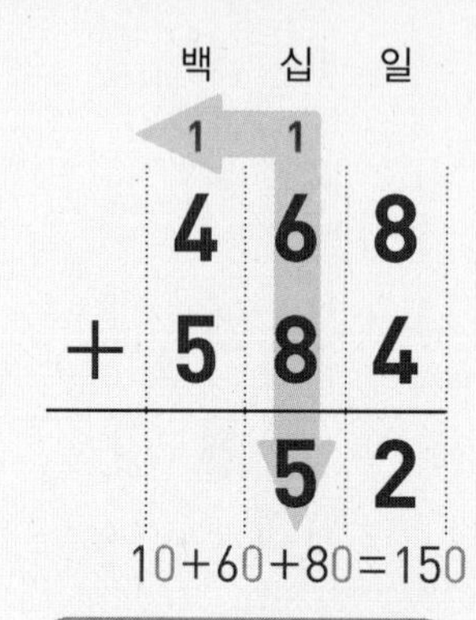

10+60+80=150

십의 자리 수끼리의 합이 10이거나 10을 넘으면 받아올림하여 백의 자리 위에 1을 쓰고 남은 수를 십의 자리에 써.

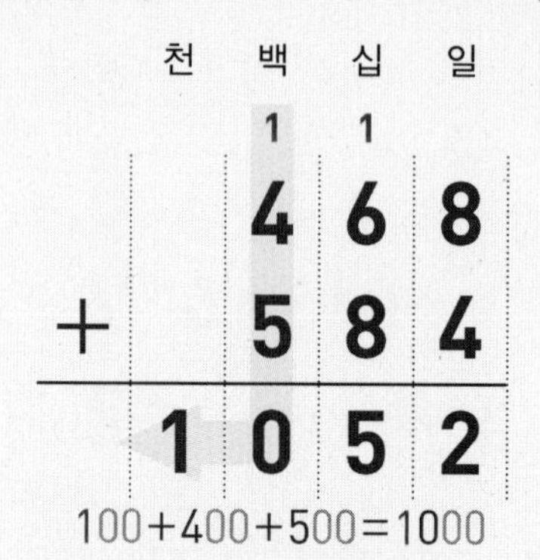

100+400+500=1000

백의 자리 수끼리의 합이 10이거나 10을 넘으면 받아올림하여 천의 자리에 1을 써.

1 □ 안에 알맞은 수를 써넣으세요.

(1)

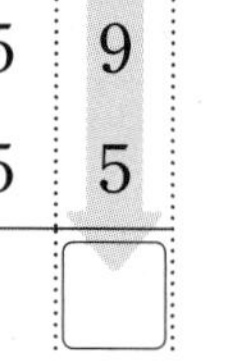

$$\begin{array}{r} 259 \\ +\ 455 \\ \hline \square \end{array} \rightarrow \begin{array}{r} 259 \\ +\ 455 \\ \hline \square\square \end{array} \rightarrow \begin{array}{r} 259 \\ +\ 455 \\ \hline \square\square\square \end{array}$$

(2)

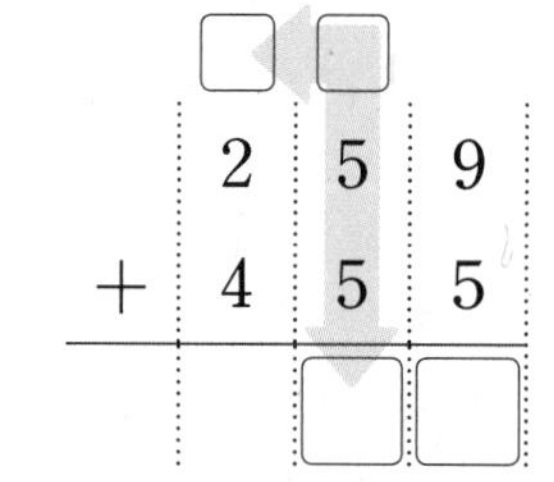

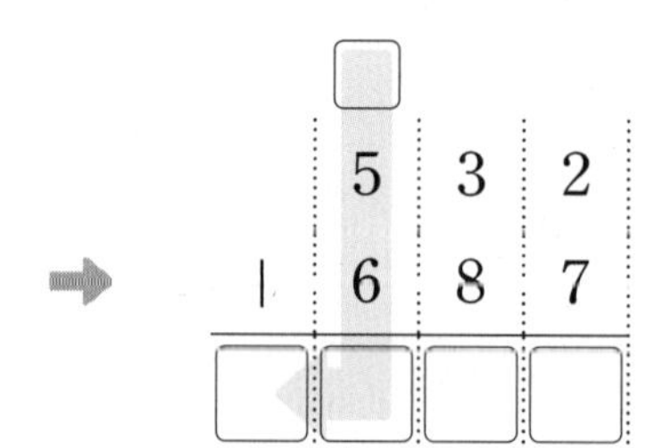

$$\begin{array}{r} 532 \\ +\ 687 \\ \hline \square \end{array} \rightarrow \begin{array}{r} 532 \\ +\ 687 \\ \hline \square\square \end{array} \rightarrow \begin{array}{r} 532 \\ +\ 687 \\ \hline \square\square\square\square \end{array}$$

(3)

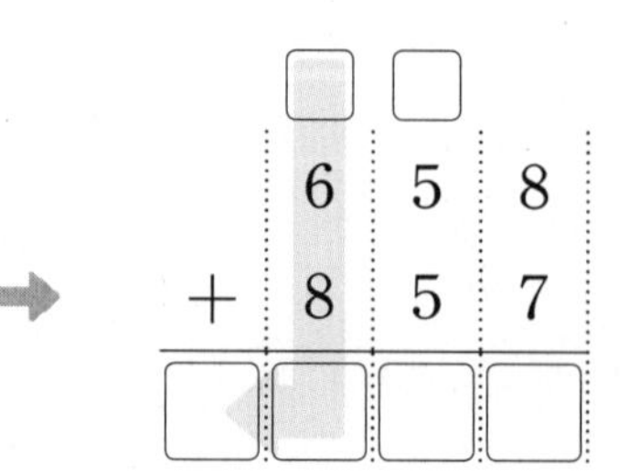

$$\begin{array}{r} 658 \\ +\ 857 \\ \hline \square \end{array} \rightarrow \begin{array}{r} 658 \\ +\ 857 \\ \hline \square\square \end{array} \rightarrow \begin{array}{r} 658 \\ +\ 857 \\ \hline \square\square\square\square \end{array}$$

2 452＋499를 계산하려고 합니다. 물음에 답하세요.

(1) 452와 499를 ↓로 수직선에 나타내 보세요.

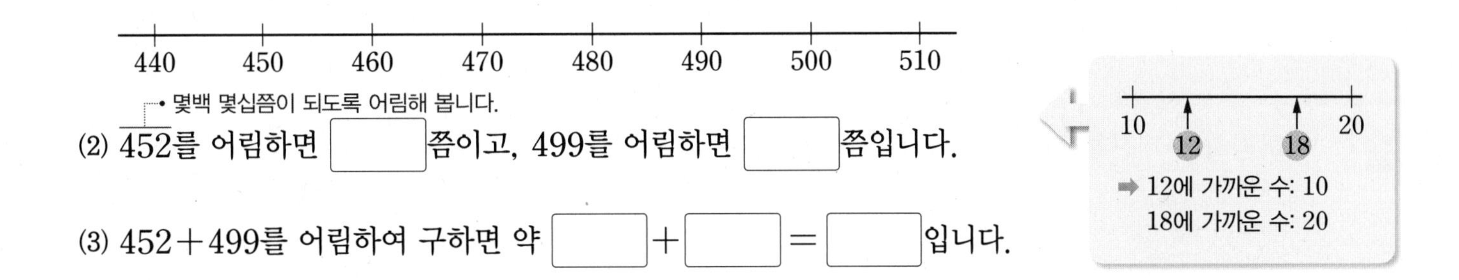

• 몇백 몇십쯤이 되도록 어림해 봅니다.

(2) 452를 어림하면 □쯤이고, 499를 어림하면 □쯤입니다.

(3) 452＋499를 어림하여 구하면 약 □＋□＝□입니다.

3 계산해 보세요.

(1)
$$\begin{array}{r} 4\ 5\ 2 \\ +\ 2\ 8\ 9 \\ \hline \end{array}$$

(2)
$$\begin{array}{r} 7\ 3\ 5 \\ +\ 5\ 8\ 7 \\ \hline \end{array}$$

(3) 287＋438

(4) 578＋772

4 □ 안에 알맞은 수를 써넣으세요.

(1) 243＋159＝□
243＋169＝□
243＋179＝□

(2) 33＋77＝□
333＋77＝□
3333＋77＝□

5 □ 안에 알맞은 수를 써넣으세요.

(1) 149＋151＝□
(＋1) ↓ ↓ (−1)
150＋150＝□

(2) 238＋262＝□
(＋2) ↓ ↓ (−2)
240＋260＝□

더한 만큼 빼면
계산 결과가 같아.

1 받아올림이 없는 (세 자리 수)+(세 자리 수)

1 계산해 보세요.

(1)
$$\begin{array}{r} 135 \\ +\ 543 \\ \hline \end{array}$$

(2) 210+682

2 어림하여 계산하기 위한 식을 찾아 ○표 하세요.

230+467	➡	200+400	200+500	300+500
486+411	➡	400+400	400+500	500+400

▶ 230은 200과 300 중 200에 더 가깝고 467은 400과 500 중 500에 더 가까워.

3 □ 안에 알맞은 수를 써넣으세요.

(1) 235+100=□
235+110=□
235+120=□

(2) 422+316=□
422+416=□
422+516=□

4 □ 안에 알맞은 수를 써넣으세요.

(1) 410+115=□
(+5 ↓, −5 ↓)
415+110=□

(2) 335+202=□
(−10 ↓, +10 ↓)
325+212=□

▶ 같은 수를 더하고 빼도 값은 같아.

4⊕ 덧셈식을 보고 빈칸에 알맞은 덧셈식을 찾아 기호를 써 보세요.

155+242=397
145+232=377
135+222=357
125+212=337
□

㉠ 225+342=567
㉡ 125+202=327
㉢ 115+202=317

(　　　　　　　　)

덧셈식에서 규칙 찾기

순서	덧셈식
첫째	302+215=517
둘째	312+225=537
셋째	322+235=557
넷째	332+245=577

다섯째 덧셈식은 342+255=597입니다.

정답과 풀이 1쪽

5 □ 안에 알맞은 수를 써넣으세요.

▶ □가 있는 자리끼리 각각 계산해 봐.

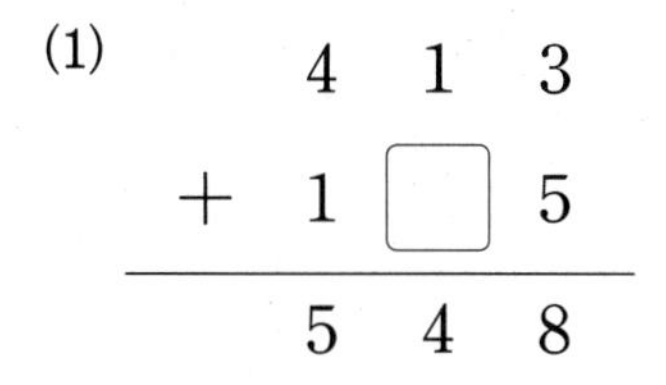

(1) 413 + 1□5 = 548

(2) 354 + 5□□ = 867

탄탄북

6 양쪽이 같게 되도록 □ 안에 알맞은 수를 써넣으세요.

(1) $515+342 = 500+$ □

(2) $433+141 = 500+$ □

▶ • $24+15$
$=20+4+15$
$=20+19$
• $24+15$
$=20+4+10+5$
$=20+10+4+5$
$=30+9$

내가 만드는 문제

7 음식을 두 가지 고르고 열량(kcal)의 합을 계산해 보세요.

▶ kcal(킬로칼로리)는 음식에 들어 있는 에너지의 양을 나타내는 단위야.

음식별 열량

김밥	떡볶이	햄버거	사이다	콜라	주스
315 kcal	432 kcal	404 kcal	102 kcal	131 kcal	124 kcal

□ + □ = □ (kcal)

받아올림이 없는 큰 수의 덧셈을 계산하는 방법은?

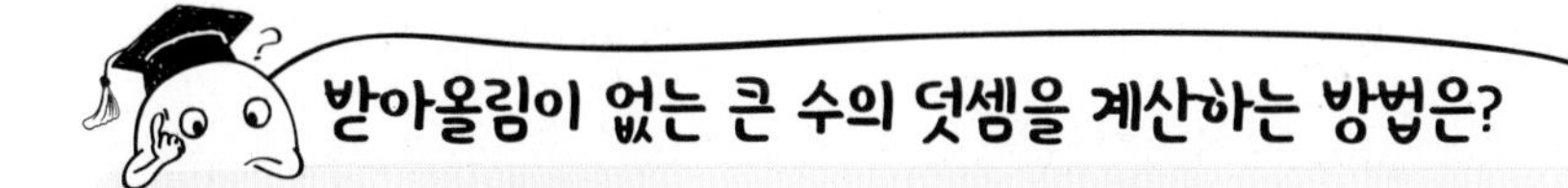

321 + 172 = □□□

5321 + 2172 = 7493

25321 + 32172 = 57493

2 받아올림이 한 번 있는 (세 자리 수)+(세 자리 수)

8 계산해 보세요.

(1) $\begin{array}{r} 257 \\ +\ 518 \\ \hline \end{array}$

(2) $\begin{array}{r} 326 \\ +\ 182 \\ \hline \end{array}$

(3) 467+219

(4) 296+473

▶ 더하는 수는 같고 더해지는 수가 10만큼 더 커지면 계산 결과는 어떻게 달라질까?

$\begin{array}{r} 25 \\ +\ 30 \\ \hline 55 \end{array}$ $\begin{array}{r} 35 \\ +\ 30 \\ \hline 65 \end{array}$

9 258+437의 값을 구하려고 합니다. 물음에 답하세요.

(1) 258과 437을 각각 몇백 몇십쯤으로 어림하여 값을 구해 보세요.

258+437 ➡ 약 ☐+☐=☐

(2) 258+437의 값을 구해 보세요. (　　　　　　)

▶ 258은 250과 260 중 260에 더 가깝고 437은 430과 440 중 440에 더 가까워.

10 ☐ 안에 알맞은 수를 써넣으세요.

(1) 527+158
=520+☐+150+☐
=520+150+☐+☐
=☐+☐
=☐

(2) 262+351
=200+☐+300+☐
=200+300+☐+☐
=☐+☐
=☐

11 ○ 안에 >, =, < 중 알맞은 것을 써넣으세요.

(1) 238+353 ○ 181+353

(2) 474+155 ○ 426+208

▶ 계산하지 않고도 크기 비교를 할 수 있어.

12 지우가 집에서 학교까지 왕복한 거리는 몇 m인지 구해 보세요.

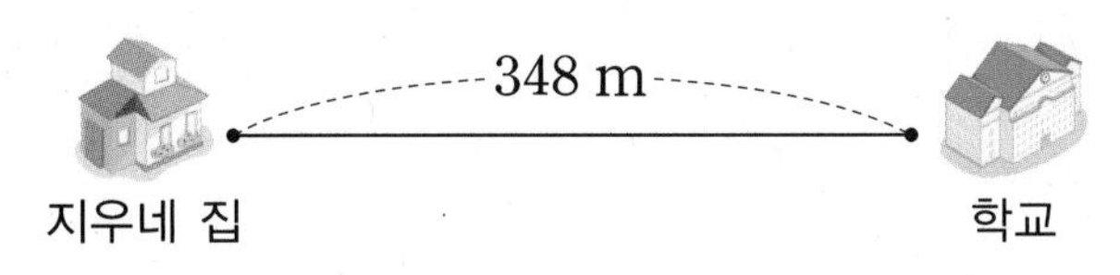

( )

▶ 왕복한다는 것은 갔다가 돌아오는 거야.

탄탄북

13 두 주머니에 세 자리 수가 적혀 있는 구슬이 들어 있습니다. 다른 수들과 어울리지 않는다고 생각하는 수를 각각 하나씩 골라 더해 보세요.

└• 다양하게 답이 나올 수 있습니다.

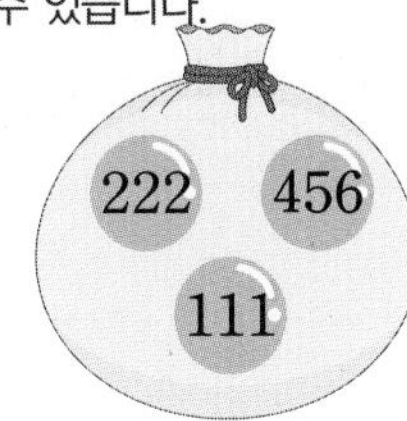

( )

▶ 12, 23, 26 중 어울리지 않는 수는?
- 12는 십의 자리 수가 다르네.
- 23은 홀수네.
- 12, 23은 십의 자리 수에 1을 더하면 일의 자리 수가 나오는데 26은 아니네.

내가 만드는 문제

14 받아올림이 한 번 있도록 □ 안에 세 자리 수를 써넣고 문제를 해결해 보세요.

> 하연이는 책을 어제 □쪽 읽었고, 오늘 □쪽 읽었습니다. 하연이는 이틀 동안 모두 몇 쪽을 읽었을까요?

식 ....   답 ....

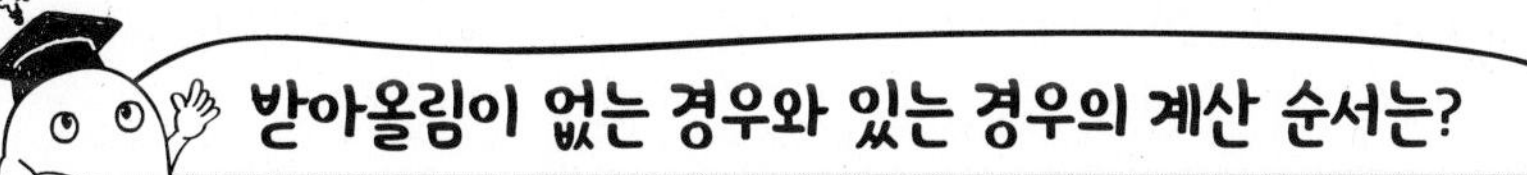

• 받아올림이 없는 경우

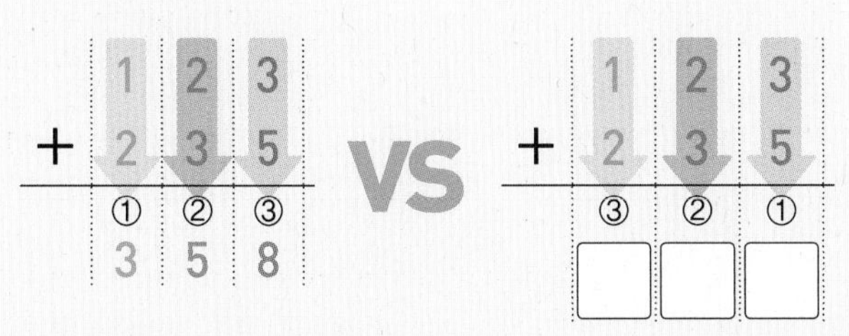

➡ 계산 결과의 차이가 없습니다.

• 받아올림이 있는 경우

백의 자리부터 계산

	1	2	3
+	2	3	7
	①	②	③
	3	5	10

└• 한 자리 수로 써야 해.

VS

일의 자리부터 계산

		1	
	1	2	3
+	2	3	7
	③	②	①
	□	□	□

➡ 반드시 일의 자리부터 계산해야 합니다.

1

3 받아올림이 두 번, 세 번 있는 (세 자리 수)+(세 자리 수)

15 계산해 보세요.

▶ 각 자리의 수를 맞추어 계산해.

(1)

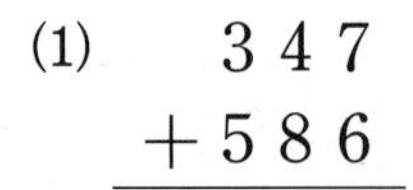

$$\begin{array}{r} 347 \\ +586 \\ \hline \end{array}$$

(2) 507+648

16 계산에서 ㉠에 알맞은 수와 ㉠이 실제로 나타내는 값을 각각 써 보세요.

$$\begin{array}{r} ㉠\ 1\ \ \\ 575 \\ +256 \\ \hline 831 \end{array}$$

㉠에 알맞은 수 (   )

㉠이 실제로 나타내는 값 (   )

17 다음 수보다 548만큼 더 큰 수를 구해 보세요.

100이 6개, 10이 7개, 1이 3개인 수

(   )

17+ 다음 수보다 1500만큼 더 큰 수를 계산해 보세요.

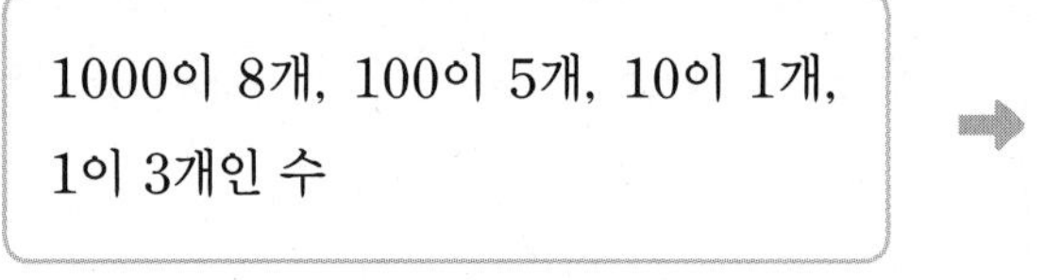
1000이 8개, 100이 5개, 10이 1개, 1이 3개인 수

➡

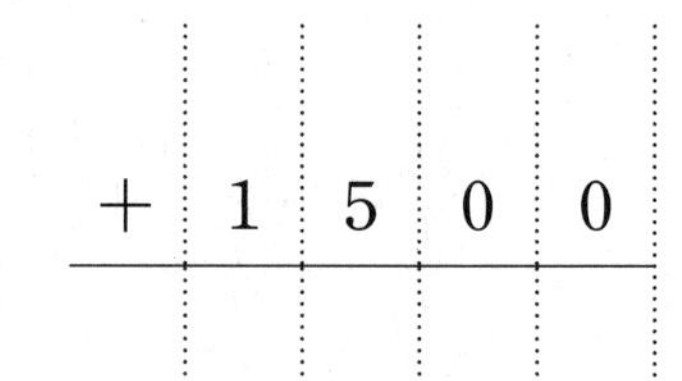

다섯 자리 수 알아보기

25936은
- 10000이 2개 ➡ 20000
- 1000이 5개 ➡ 5000
- 100이 9개 ➡ 900
- 10이 3개 ➡ 30
- 1이 6개 ➡ 6

쓰기 25936

읽기 이만 오천구백삼십육

18 계산에서 잘못된 부분을 찾아 까닭을 쓰고, 바르게 계산해 보세요.

▶ 받아올림을 바르게 했는지 살펴 봐.

$$\begin{array}{r} 427 \\ +296 \\ \hline 623 \end{array}$$

➡ [ ]

까닭 ....

19 □ 안에 알맞은 수를 써넣으세요.

▶ 세 수의 덧셈은 앞에서부터 차례로 계산해.

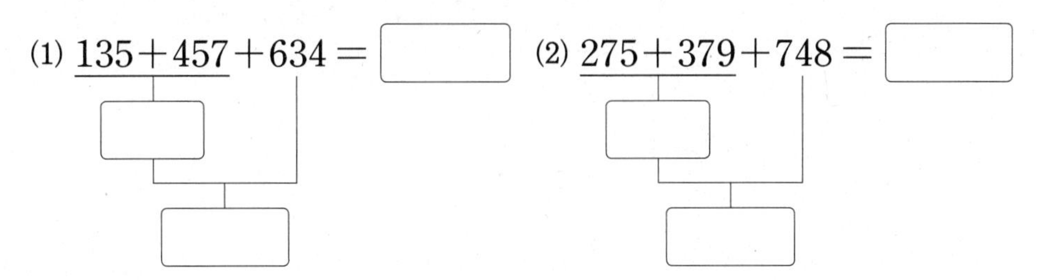

20 건우가 1400원으로 간식을 사려고 합니다. 간식 꾸러미 중 어느 것을 골라야 하는지 어림해 보고, 어림한 결과가 맞는지 확인해 보세요.

▶ 몇백쯤으로 어림한 결과와 계산한 결과를 비교해 봐.

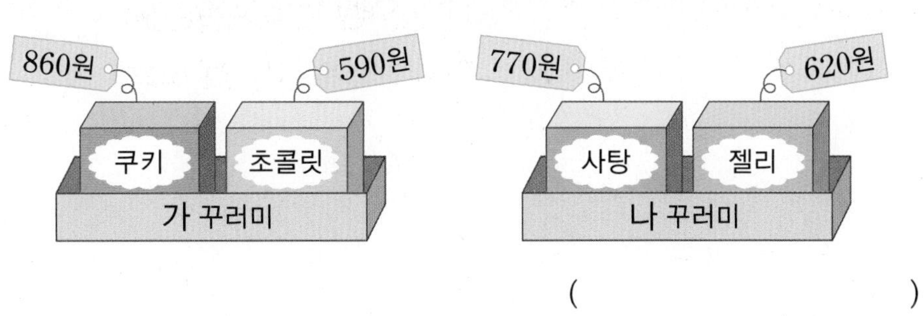

(　　　　　　　　　　)

21 좋아하는 모양 한 가지를 골라 고른 모양에 적힌 두 수의 합을 구해 보세요.

▶ 같은 모양끼리 더해야 해.

(　　　　　　　　　　)

받아올림한 수는 항상 위에 써야 할까?

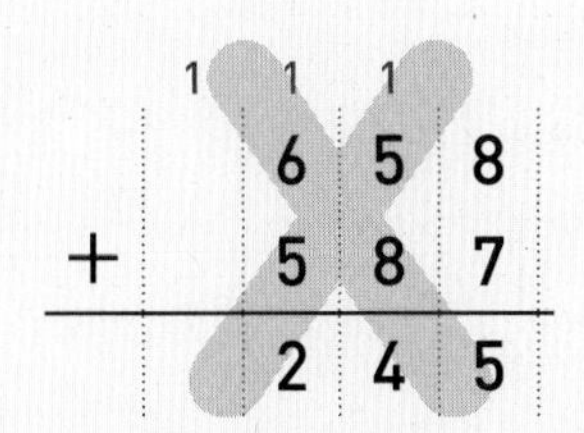

천의 자리끼리 덧셈이 없는 경우 받아올림한 1을 아래로 내려써.

➡ 백의 자리 계산에서 1 + 6 + 5 = 12이므로 백의 자리에 □를 쓰고, 받아올림한 수 □은 천의 자리에 씁니다.

4 같은 자리끼리 계산해.

● 받아내림이 없는 세 자리 수의 뺄셈

	백	십	일
	3	5	8
−	1	3	5
			3

8−5=3

	백	십	일
	3	5	8
−	1	3	5
		2	3

50−30=20

	백	십	일
	3	5	8
−	1	3	5
	2	2	3

300−100=200

➡ 일의 자리, 십의 자리, 백의 자리 순서로 같은 자리의 수끼리 뺍니다.

1 □ 안에 알맞은 수를 써넣으세요.

	5	4	8
−	2	3	3
			□

➡

	5	4	8
−	2	3	3
		□	□

➡

	5	4	8
−	2	3	3
	□	□	□

2 수 모형을 보고 계산해 보세요.

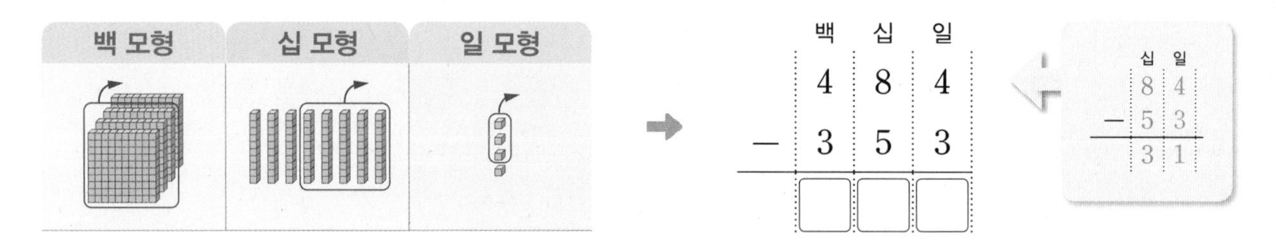

	백	십	일
	4	8	4
−	3	5	3
	□	□	□

	십	일
	8	4
−	5	3
	3	1

3 758−425를 계산하려고 합니다. □ 안에 알맞은 수를 써넣으세요.

(1) 700 − 400 = □
50 − 20 = □
8 − 5 = □
758 − 425 = □

(2) 750 − 420 = □
8 − 5 = □
758 − 425 = □

정답과 풀이 3쪽

5 같은 자리끼리 못 빼면 윗자리에서 10을 받아내려.

● 받아내림이 한 번 있는 세 자리 수의 뺄셈

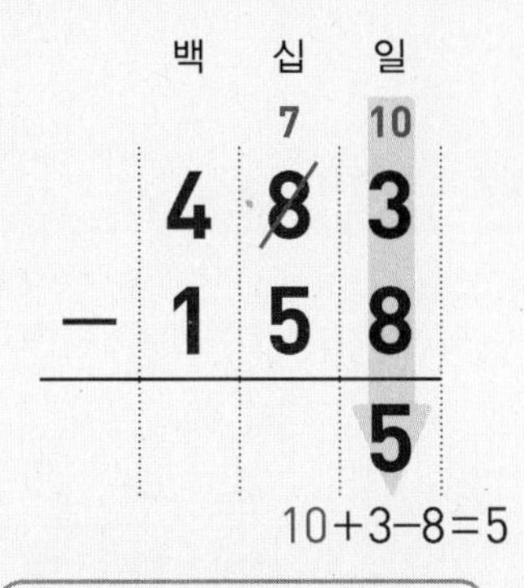

일의 자리 수끼리 뺄 수 없으면 십의 자리에서 받아내림하여 계산해.

백 십 일
7 10
4 8 3
− 1 5 8
2 5
70−50=20

받아내림하고 남은 수에서 십의 자리 수를 빼.

백 십 일
7 10
4 8 3
− 1 5 8
3 2 5
400−100=300

백의 자리끼리 빼서 백의 자리에 써.

1 □ 안에 알맞은 수를 써넣으세요.

(1)

4 7 5
− 1 4 9
□ →

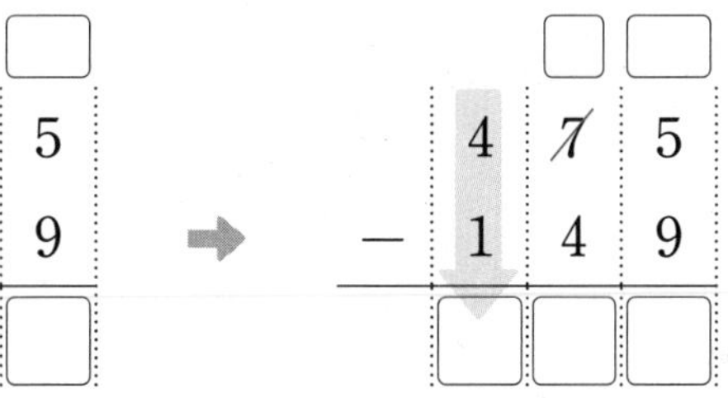

→ 4 7 5 − 1 4 9

십 일
6 10
7 5
− 4 9
2 6

(2)

6 2 7
− 3 5 2
□ → 6 2 7 − 3 5 2 → 6 2 7 − 3 5 2

2 □ 안에 알맞은 수를 써넣으세요.

(1) 542 → 500 + 30 + 12
− 325 → − 300 − 20 − 5
□ ← □ + □ + □

(2) 338 → 200 + 130 + 8
− 163 → − 100 − 60 − 3
□ ← □ + □ + □

6 십의 자리끼리도 못 빼면 백의 자리에서 한 번 더 받아내려.

• 받아내림이 두 번 있는 세 자리 수의 뺄셈

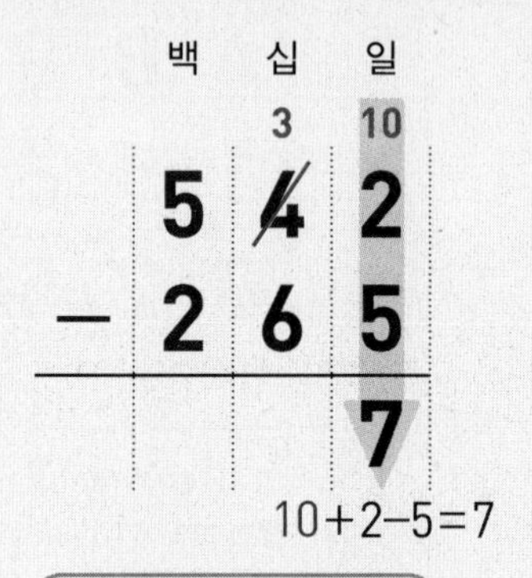

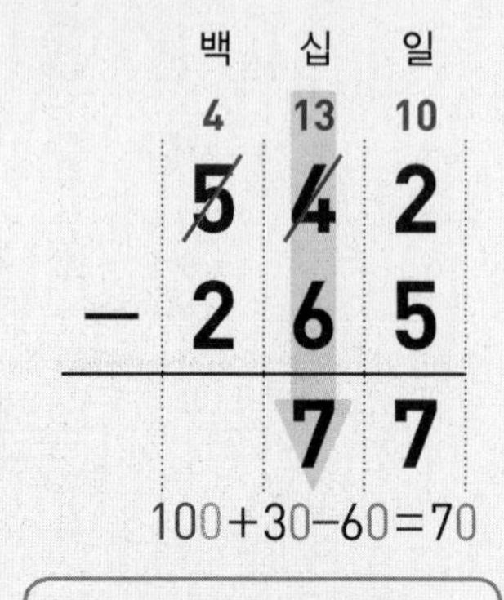

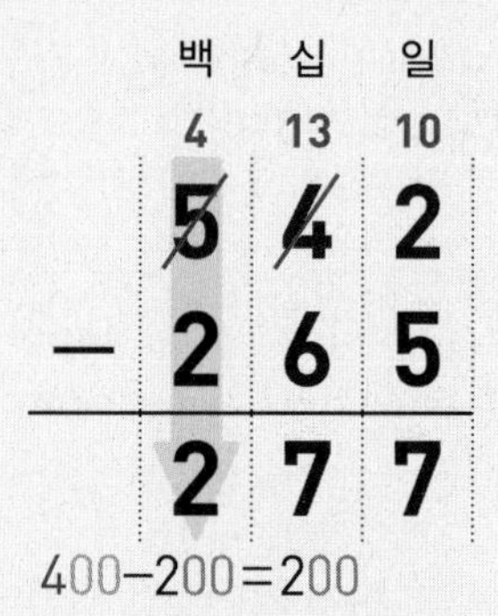

일의 자리 수끼리 뺄 수 없으면 십의 자리에서 받아내림하여 계산해.

십의 자리 수끼리 뺄 수 없으면 백의 자리에서 한 번 더 받아내림하여 계산해.

받아내리고 남은 수에서 백의 자리 수를 빼.

1 □ 안에 알맞은 수를 써넣으세요.

(1)

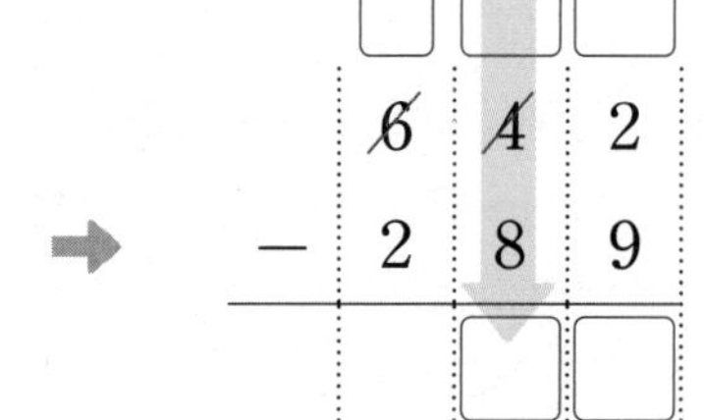

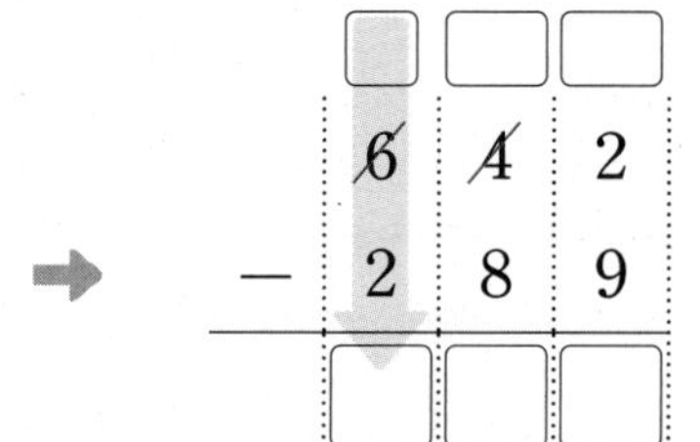

(2)

8 9 10
9 0 0
− 3 5 7

2 □ 안에 알맞은 수를 써넣으세요.

943 ➡ 800 + 130 + 13
− 487 ➡ − 400 − 80 − 7

□ ⬅ □ + □ + □

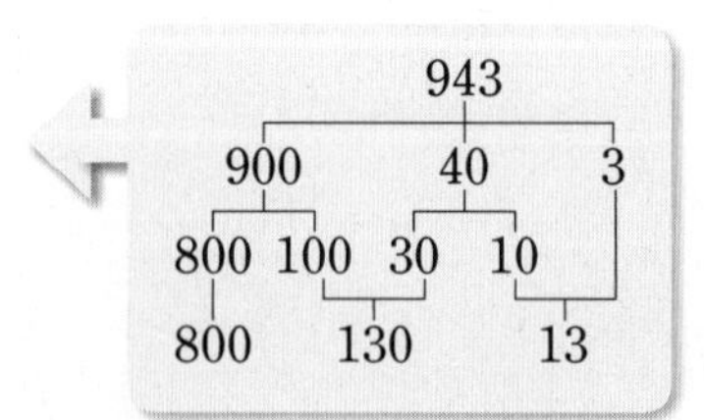

3 607−289를 계산하려고 합니다. 물음에 답하세요.

(1) 607과 289를 ↓로 수직선에 나타내 보세요.

200 300 400 500 600 700

• 몇백쯤이 되도록 어림해 봅니다.

(2) 607을 어림하면 □쯤이고, 289를 어림하면 □쯤입니다.

(3) 607−289를 어림하여 구하면 약 □−□=□입니다.

20 23 29 30

➡ 23에 가까운 수: 20
29에 가까운 수: 30

4 계산해 보세요.

(1)
```
   8 5 2
 − 5 6 6
```

(2)
```
   5 1 3
 − 2 4 5
```

(3) 323−164

(4) 680−284

5 □ 안에 알맞은 수를 써넣으세요.

(1) 600−324=□
↓ +10
600−334=□
↓ +10
600−344=□

(2) 525−188=□
↓ +10
535−188=□
↓ +10
545−188=□

빼는 수와 빼지는 수의 크기에 따라 결과가 어떻게 달라지는지 살펴봐.

6 □ 안에 알맞은 수를 써넣으세요.

(1) 578=650−□
↓ +100
578=750−□

(2) 672=700−□
↓ +200
672=900−□

1

8 계산해 보세요.

(1)
$$\begin{array}{r} 362 \\ -\,129 \\ \hline \end{array}$$

(2)
$$\begin{array}{r} 538 \\ -\,274 \\ \hline \end{array}$$

(3) 654－236

(4) 823－341

9 348－174의 값을 구하려고 합니다. 물음에 답하세요.

(1) 348과 174를 각각 몇백 몇십쯤으로 어림하여 값을 구해 보세요.

348－174 ➡ 약 □－□＝□

(2) 348－174의 값을 구해 보세요. (　　　　　)

▶ 348은 340과 350 중 350에 더 가깝고 174는 170과 180 중 170에 더 가까워.

10 □ 안에 알맞은 수를 써넣으세요.

(1) 647－ 219 ＝□

647－□＝□

(2) 535－ 143 ＝□

535－□＝□

▶ 전체에서 한쪽을 빼면 다른 쪽이 남아.

10

4	6

10－4＝6
10－6＝4

11 다음 수 중에서 2개를 골라 뺄셈식을 만들려고 합니다. □ 안에 알맞은 수를 써넣으세요.

476　352　648　551

□－□＝172

▶ 일의 자리 수부터 차를 먼저 계산해 봐.

탄탄북

12 규칙을 찾아 빈칸에 알맞은 수를 써넣으세요.

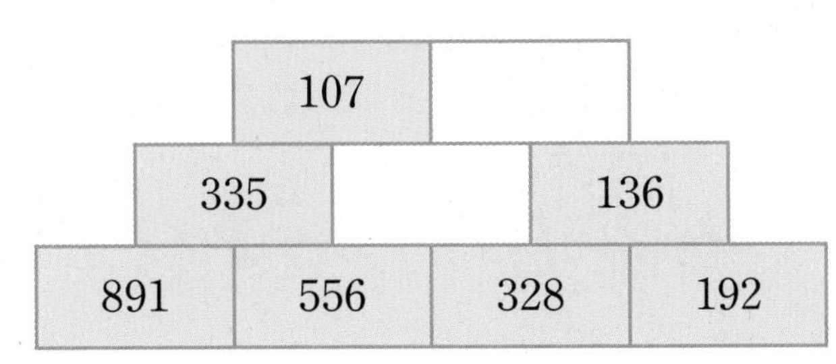

▶ 어떤 규칙이 있을까?

	3	
5		2

13 다음 수보다 153만큼 더 작은 수를 구해 보세요.

100이 5개, 10이 3개, 1이 5개인 수

(　　　　　　　　)

▶ 100이 ■개: ■ 0 0
10이 ▲개: ▲ 0
1이 ●개: ●
■▲●

내가 만드는 문제

14 보기 와 같이 뺄셈식에 알맞은 문제를 만들고 답을 구해 보세요.

보기

657－293 ➡ 도서관에 책이 657권 있습니다. 사람들이 빌려 간 책이 293권이라면 도서관에 남아 있는 책은 몇 권일까요?

답 364권

625－132 ➡ ....

....

답 ....

▶ 뺄셈식으로 나타내는 표현은 '~보다 더 적은, ~보다 더 짧은, ~하고 남은 것은' 등이 있어.

1

수를 분해하여 493-275를 계산하는 방법은 몇 가지일까?

방법 1

493－275＝300＋193－200－75
＝300－200＋193－75
＝□＋□
＝□

방법 2

493－275＝300＋□－275
＝□＋300－275
＝□＋25
＝□

방법은 달라도 계산 결과는 같아.

➡ 수를 어떻게 가르기하고 모으기하느냐에 따라 여러 가지 방법으로 뺄셈을 할 수 있어.

6 받아내림이 두 번 있는 (세 자리 수)－(세 자리 수)

15 계산해 보세요.

▶ 일의 자리부터 차례로 빼고 같은 자리의 수끼리 뺄 수 없을 때는 바로 윗자리에서 10을 받아내려 계산해.

(1) $\begin{array}{r} 760 \\ -\ 173 \\ \hline \end{array}$

(2) $\begin{array}{r} 934 \\ -\ 866 \\ \hline \end{array}$

16 계산에서 ㉠에 알맞은 수와 ㉠이 실제로 나타내는 값을 각각 써 보세요.

$\begin{array}{r} 6\ ㉠\ 10 \\ \not{7}\ \not{5}\ 6 \\ -\ 3\ 8\ 8 \\ \hline 3\ 6\ 8 \end{array}$

㉠에 알맞은 수 ( )

㉠이 실제로 나타내는 값 ( )

17 □ 안에 알맞은 수를 써넣으세요.

▶ 뺀 수를 다시 더해서 처음 수가 나오면 계산을 맞게 한 거야.

(1) $\begin{array}{r} 520 \\ -\ 265 \\ \hline \square \end{array}$ → $\begin{array}{r} \square \\ +\ 265 \\ \hline \square \end{array}$

(2) $\begin{array}{r} 745 \\ -\ 358 \\ \hline \square \end{array}$ → $\begin{array}{r} \square \\ +\ 358 \\ \hline \square \end{array}$

18 계산이 잘못된 부분을 찾아 까닭을 쓰고, 바르게 계산해 보세요.

▶ 받아내림을 바르게 했는지 살펴 봐.

$\begin{array}{r} 4\ 10\ 10 \\ \not{5}\ \not{0}\ 2 \\ -\ 1\ 4\ 7 \\ \hline 3\ 6\ 5 \end{array}$ ➡ □

까닭 ....

....

19 가장 높은 산과 가장 낮은 산의 높이의 차는 몇 m인지 구해 보세요.

▶ 단위가 있든 없든 두 수의 차는 큰 수에서 작은 수를 빼는 거야.

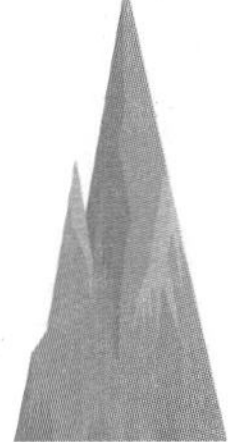

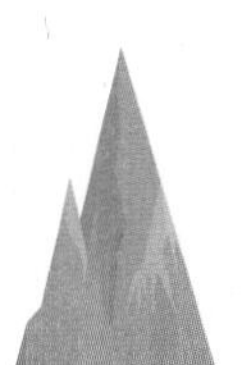

남산	북한산	감악산	청계산
265 m	834 m	675 m	618 m

(　　　　　　　　)

들이와 무게

들이란 주전자나 물병 같은 그릇 안에 넣을 수 있는 공간의 크기를 말합니다.

19⊕ 두 그릇의 들이의 차는 몇 mL인지 구해 보세요.

가 
520 mL

나 
258 mL

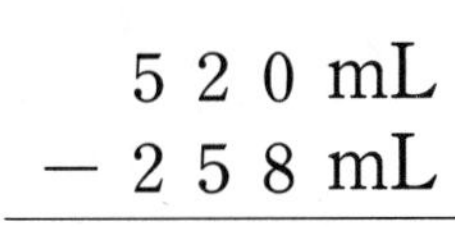

$$\begin{array}{r} 5\ 2\ 0\ \text{mL} \\ -\ 2\ 5\ 8\ \text{mL} \\ \hline \square\ \text{mL} \end{array}$$

➡ 두 그릇의 들이의 차는 □ mL입니다.

내가 만드는 문제

20 수직선에서 두 수를 고르고 두 수의 차를 계산해 보세요.

▶ 수직선에서 두 수의 차는 두 수 사이의 거리를 뜻해.

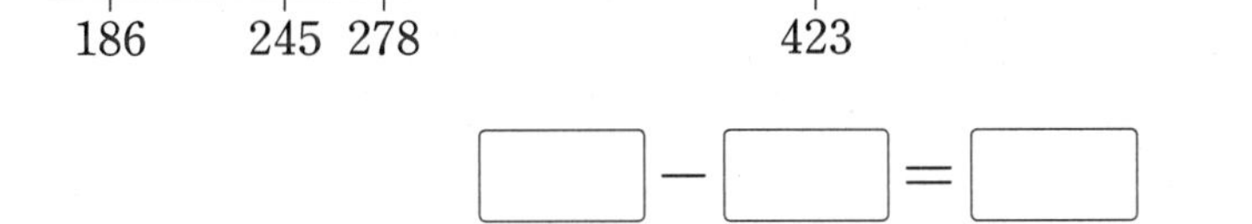

□ − □ = □

1000−(세 자리 수)의 계산은 어떻게 할까?

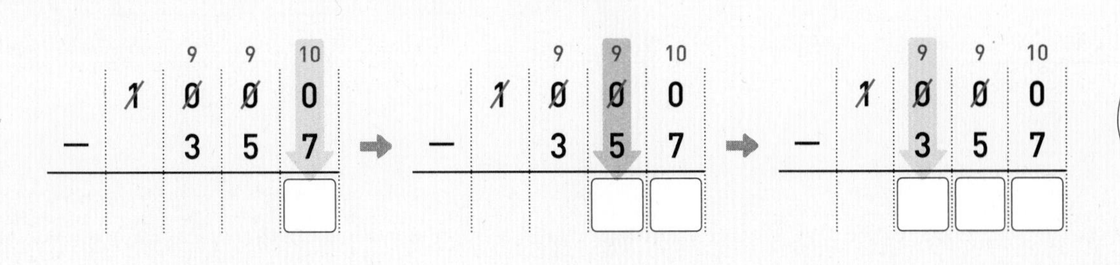

발전 문제

문제 풀이

1 가장 큰 수와 가장 작은 수의 합, 차 구하기

1 준비

두 수의 합을 구해 보세요.

375 257

(   )

2 확인

가장 큰 수와 가장 작은 수의 차를 구해 보세요.

449 176 523

(   )

3 완성

가장 큰 수와 가장 작은 수의 합을 구해 보세요.

- 100이 3개, 10이 4개, 1이 5개인 수
- 100이 4개, 10이 3개, 1이 6개인 수
- 100이 2개, 10이 7개, 1이 5개인 수

(   )

2 어림하여 계산하기

4 준비

차가 500에 더 가까운 식을 찾아 ○표 하세요.

952－455 809－358

(   ) (   )

5 확인

차가 200에 가까운 두 수를 찾아 써 보세요.

503 351 298

(,   )

6 완성

주머니에서 구슬 2개를 꺼내 구슬에 적힌 수의 차가 500에 가장 가까운 수가 되도록 뺄셈식을 만들어 보세요.

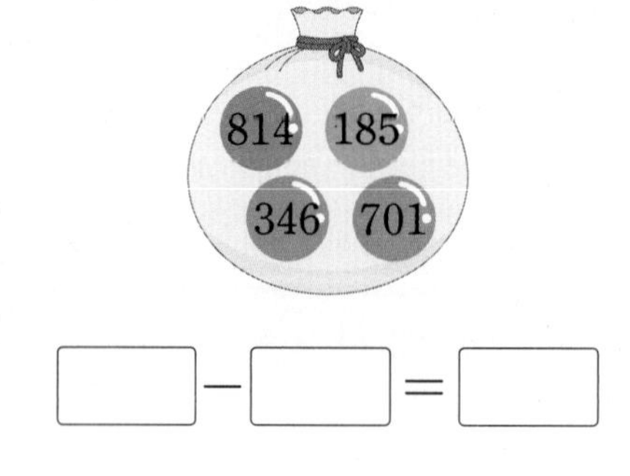

☐－☐＝☐

3 어떤 수 구하기

7 준비

□ 안에 알맞은 수를 써넣으세요.

$\square - 358 = 281$

8 확인

어떤 수에 263을 더했더니 511이 되었습니다. 어떤 수는 얼마일까요?

(　　　　　　　　)

9 완성

어떤 수에 389를 더해야 할 것을 잘못하여 뺐더니 435가 되었습니다. 바르게 계산한 값을 구해 보세요.

(　　　　　　　　)

4 모양에 알맞은 수 구하기

10 준비

같은 모양은 같은 수를 나타냅니다. ◆에 알맞은 수를 찾아 ○표 하세요.

◆ + ◆ = 264

(102　　132　　150)

11 확인

같은 모양은 같은 수를 나타냅니다. ●에 알맞은 수를 구해 보세요.

■ − 225 = 321
● + 343 = ■

(　　　　　　　　)

12 완성

같은 모양은 같은 수를 나타냅니다. ★과 ♥에 알맞은 수를 각각 구해 보세요.

★ + ★ = 668
★ − 217 = ♥

★ (　　　　　　　　)
♥ (　　　　　　　　)

5 크기를 비교하여 □ 안에 알맞은 수 구하기

13 준비

□ 안에 알맞은 수를 써넣으세요.

$378 + \square = 964$

$378 + \square > 964$

14 확인

□ 안에 들어갈 수 있는 가장 작은 수를 구해 보세요.

$488 + \square > 852$

(　　　　)

15 완성

□ 안에 들어갈 수 있는 수들의 합을 구해 보세요.

$374 < 112 + \square < 378$

(　　　　)

6 종이에 적힌 수 구하기

16 준비

♥와 485의 합이 833일 때 ♥에 알맞은 수를 구해 보세요.

♥　485

(　　　　)

17 확인

종이 2장에 각각 세 자리 수를 한 개씩 써놓았는데 한 장이 찢어져서 백의 자리 숫자만 보입니다. 두 수의 차가 254일 때 찢어진 종이에 적힌 세 자리 수를 구해 보세요.

517　7

(　　　　)

18 완성

종이 2장에 각각 세 자리 수를 한 개씩 써놓았는데 한 장이 찢어져서 십, 일의 자리 숫자만 보입니다. 두 수의 합이 962일 때 두 수의 차를 구해 보세요.

268　94

(　　　　)

단원 평가

점수 | 확인

1 수 모형을 보고 계산해 보세요.

백 모형	십 모형	일 모형

$$\begin{array}{r} 2\ 3\ 6 \\ +\ 3\ 4\ 2 \\ \hline \square \end{array}$$

2 □ 안에 알맞은 수를 써넣으세요.

700 − 100 = □

50 − 40 = □

8 − 3 = □

758 − 143 = □

3 계산에서 □ 안의 수 1이 실제로 나타내는 값은 얼마일까요?

$$\begin{array}{r} 1\ \boxed{1}\ \ \\ 7\ 8\ 4 \\ +\ 5\ 7\ 9 \\ \hline 1\ 3\ 6\ 3 \end{array}$$

(　　　　　　　　)

4 계산해 보세요.

(1) $\begin{array}{r} 3\ 5\ 9 \\ +\ 4\ 2\ 6 \\ \hline \end{array}$　　(2) $\begin{array}{r} 5\ 4\ 7 \\ -\ 2\ 2\ 8 \\ \hline \end{array}$

5 □ 안에 알맞은 수를 써넣으세요.

253 + 438

= 200 + □ + 400 + □

= 200 + 400 + □ + □

= 600 + □ = □

6 빈칸에 두 수의 합을 써넣으세요.

372	758

7 계산 결과가 바르게 되도록 선을 그어 보세요.

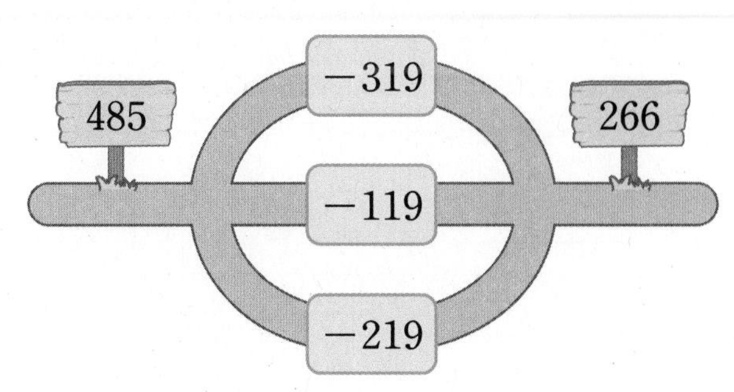

8 □ 안에 알맞은 수를 써넣으세요.

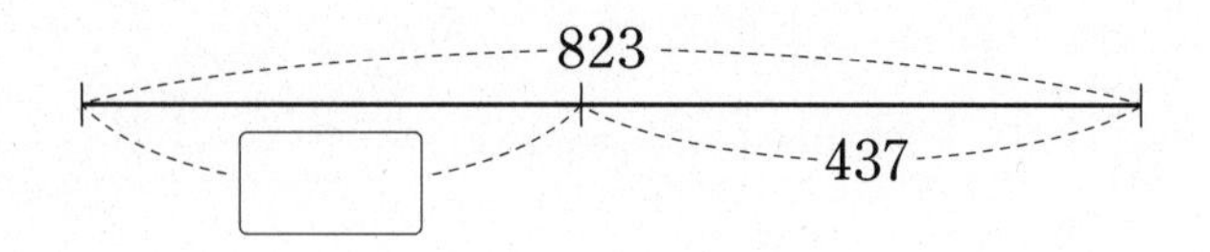

9 빈칸에 알맞은 수를 써넣으세요.

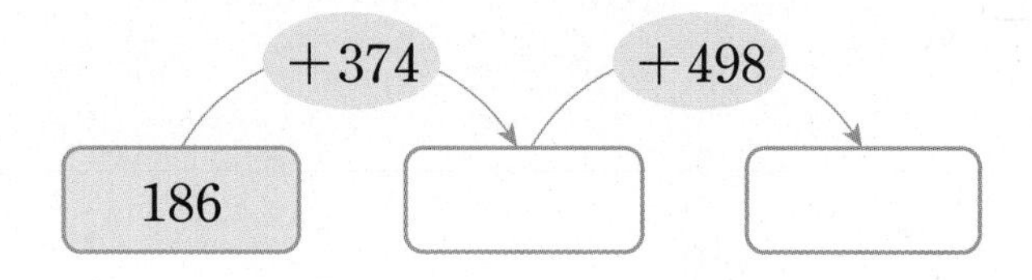

10 계산 결과를 비교하여 ○ 안에 >, =, < 중 알맞은 것을 써넣으세요.

435+187 ○ 903−279

11 의연이는 세계의 높은 건물을 조사했습니다. 조사한 건물 중에서 가장 높은 건물과 가장 낮은 건물의 높이의 차는 몇 m인지 구해 보세요.

건물 이름	롯데월드 타워	부르즈 할리파	타이베이 101	윌리스 타워
높이 (m)	555	828	509	443

(　　　　　　　)

12 □ 안에 알맞은 수를 써넣으세요.

(1) 263+□=700

(2) □−617=285

13 정원이는 아침마다 둘레가 867 m인 운동장을 두 바퀴씩 뜁니다. 정원이가 아침마다 운동장을 뛴 거리는 몇 m일까요?

(　　　　　　　)

14 다음 수 중에서 2개를 골라 뺄셈식을 만들려고 합니다. □ 안에 알맞은 수를 써넣으세요.

284	815	797	301

□−□=514

15 □ 안에 알맞은 수를 써넣으세요.

$$\begin{array}{r} 9\ \square\ 4 \\ -\ \square\ 6\ 8 \\ \hline 5\ 5\ \square \end{array}$$

정답과 풀이 6쪽

16 0부터 9까지의 수 중에서 □ 안에 들어갈 수 있는 가장 작은 수를 구해 보세요.

14□+379>523

(　　　　　　　)

17 종이 2장에 각각 세 자리 수를 한 개씩 써놓았는데 한 장이 찢어져서 백의 자리 숫자만 보입니다. 두 수의 합이 713일 때 두 수의 차를 구해 보세요.

248　　4

(　　　　　　　)

18 3장의 수 카드를 한 번씩만 사용하여 만들 수 있는 세 자리 수 중에서 가장 큰 수와 가장 작은 수의 합을 구해 보세요.

7　　9　　3

(　　　　　　　)

서술형 문제

19 어떤 수에 286을 더해야 할 것을 잘못하여 뺐더니 445가 되었습니다. 바르게 계산한 값은 얼마인지 풀이 과정을 쓰고 답을 구해 보세요.

풀이

답

20 하연이네 학교 3학년 학생 126명이 단체 관람으로 같은 영화를 보려고 합니다. 전체 입장권 수와 팔린 입장권 수를 보고 3학년 학생들이 함께 볼 수 있는 영화는 어떤 영화인지 풀이 과정을 쓰고 답을 구해 보세요.

	날아라 고양이	사막여우 이야기
전체 입장권 수(장)	317	305
팔린 입장권 수(장)	195	169

풀이

답

1

2 평면도형

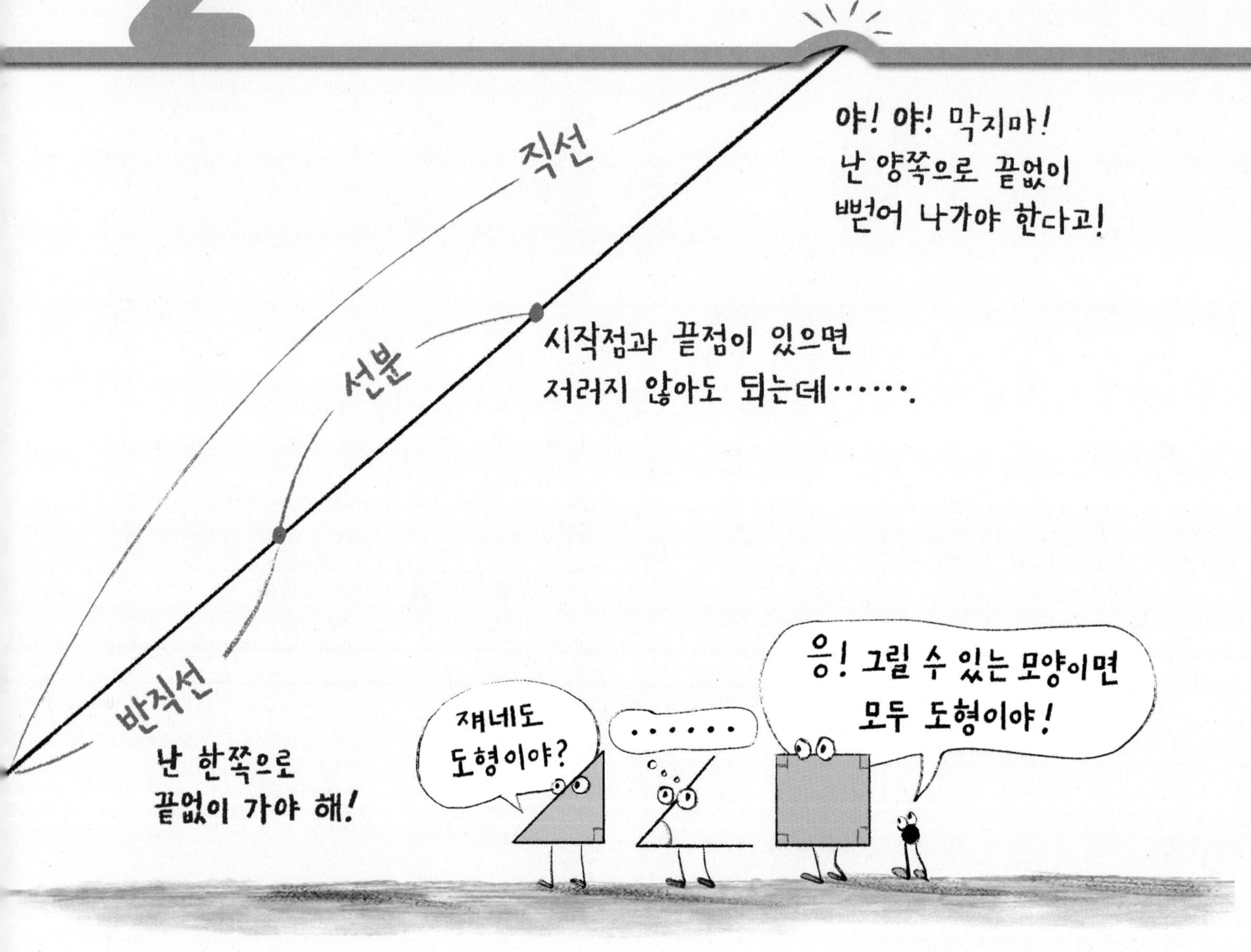

직선

야! 야! 막지마!
난 양쪽으로 끝없이
뻗어 나가야 한다고!

선분

시작점과 끝점이 있으면
저러지 않아도 되는데…….

반직선

난 한쪽으로
끝없이 가야 해!

재네도
도형이야?

……

응! 그릴 수 있는 모양이면
모두 도형이야!

직각이 들어간 도형은?

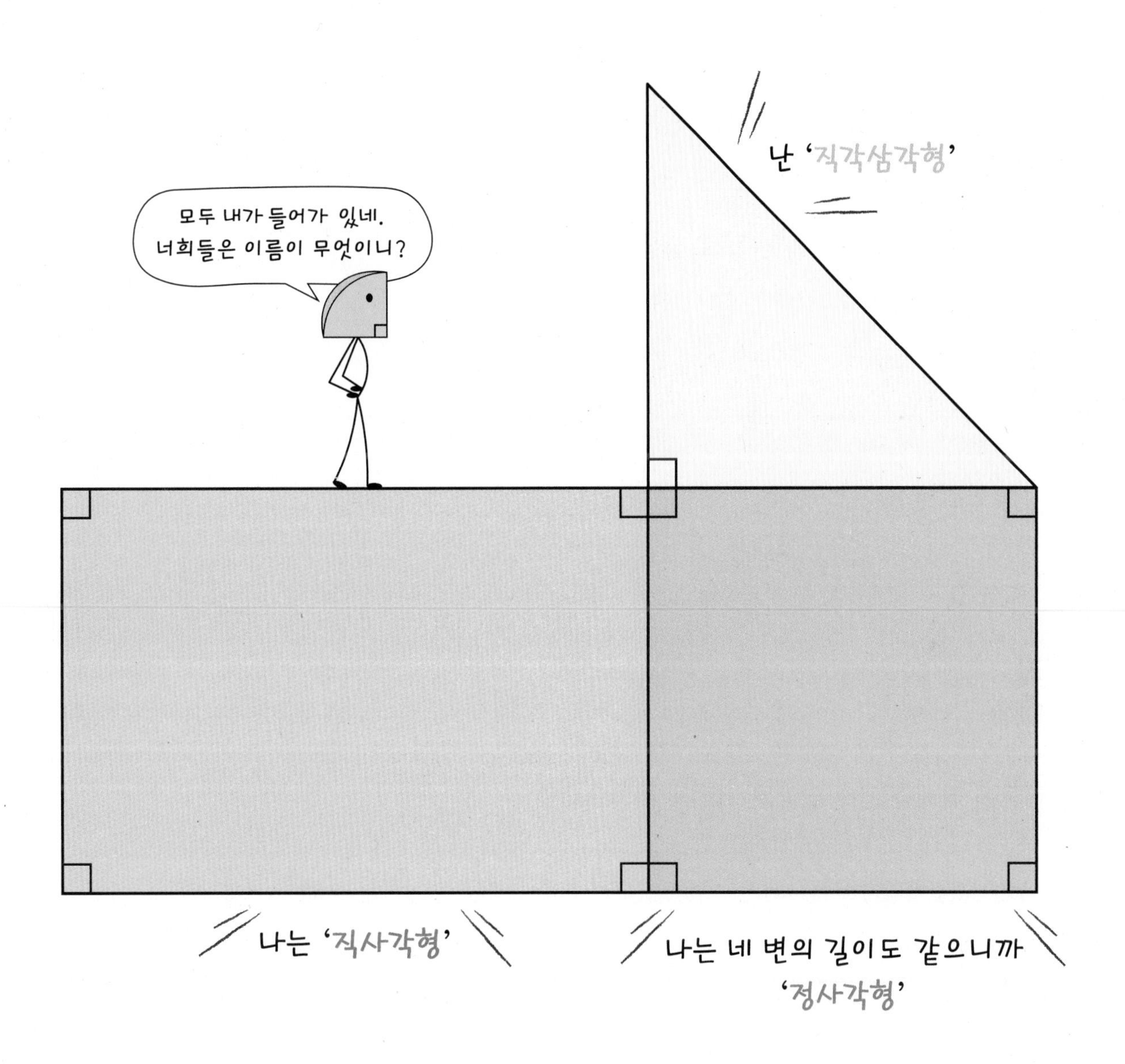

1 곧은 선의 방향에 따라 이름이 달라.

● 선의 모양

곧은 선 ⋯ 반듯하게 쭉 뻗은 선

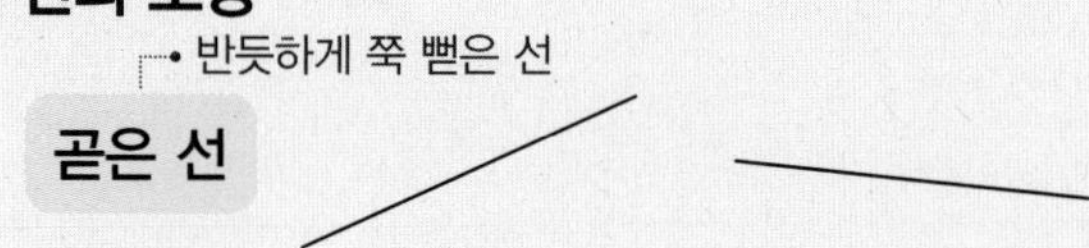

굽은 선 ⋯ 휘어진 선, 곡선, 구부러진 선

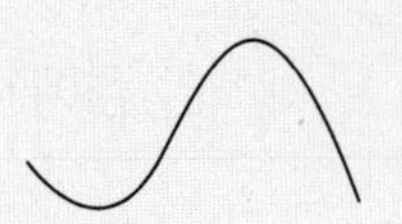

● 선의 종류

선분: 두 점을 곧게 이은 선

➡ 선분 ㄱㄴ 또는 선분 ㄴㄱ

직선: 선분을 양쪽으로 끝없이 늘인 곧은 선

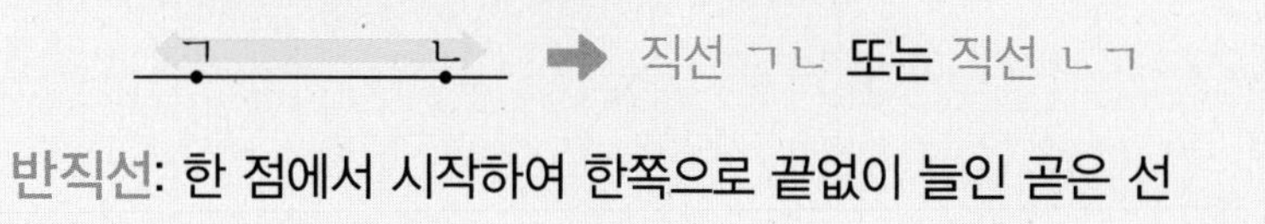

➡ 직선 ㄱㄴ 또는 직선 ㄴㄱ

반직선: 한 점에서 시작하여 한쪽으로 끝없이 늘인 곧은 선

➡ 반직선 ㄱㄴ
➡ 반직선 ㄴㄱ

시작하는 점부터 읽습니다.

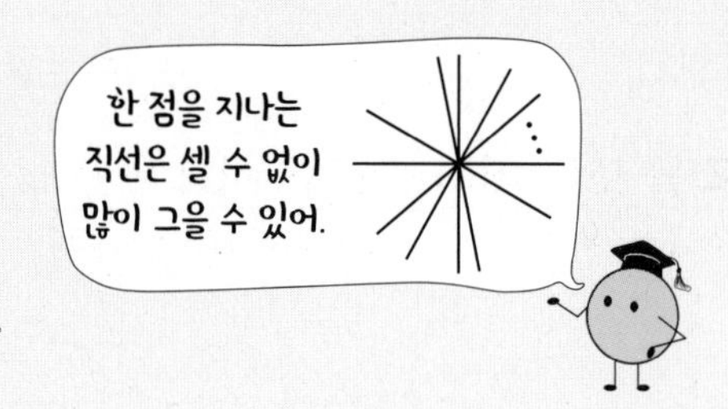

1 곧은 선을 모두 찾아 ○표 하세요.

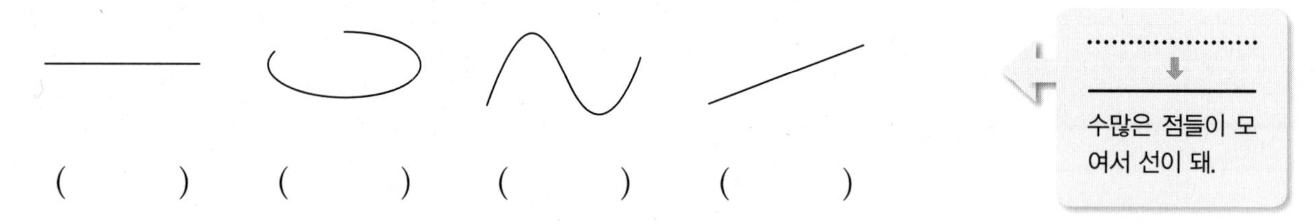

(　　) (　　) (　　) (　　)

수많은 점들이 모여서 선이 돼.

2 선의 종류에 맞게 빈칸에 알맞은 기호를 써넣으세요.

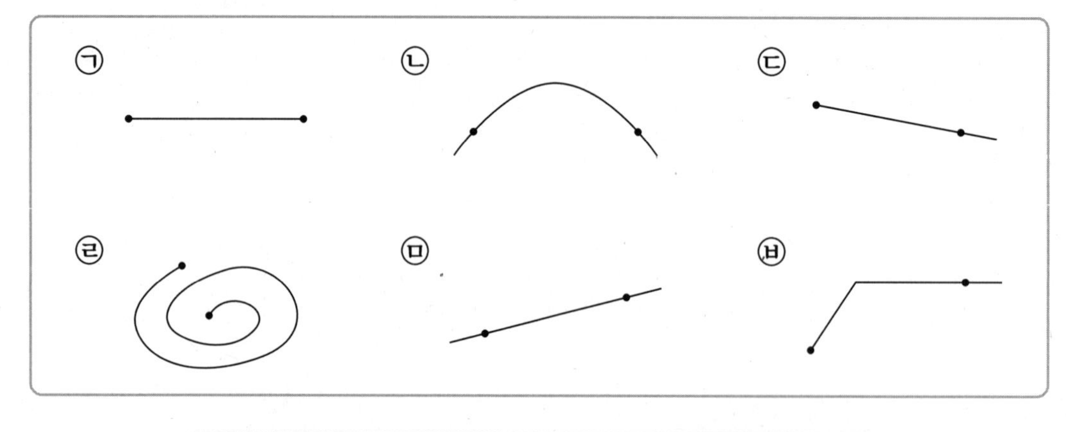

선분	직선	반직선

정답과 풀이 8쪽

2 각은 꼭짓점을 공유하고 있는 두 반직선이야.

각 알아보기

각: 한 점에서 그은 두 반직선으로 이루어진 도형

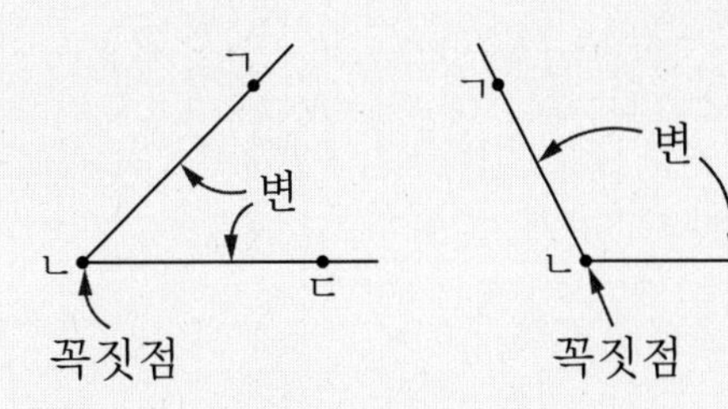

각의 이름	각 ㄱㄴㄷ 또는 각 ㄷㄴㄱ
각의 꼭짓점	점 ㄴ
각의 변	변 ㄴㄱ과 변 ㄴㄷ

꼭짓점이 가운데에 오도록 씁니다.

반직선 ㄴㄱ과 반직선 ㄴㄷ을 각의 변이라 하고, 이 변을 변 ㄴㄱ과 변 ㄴㄷ이라고 합니다.

1 각을 모두 찾아 ○표 하세요.

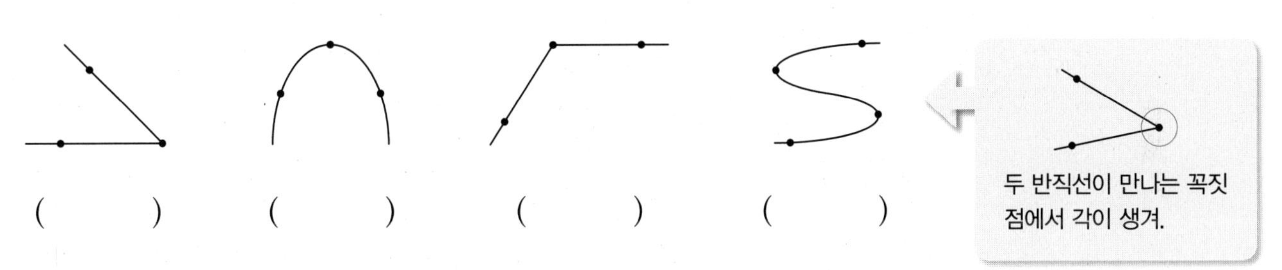

( ) ( ) ( ) ( )

두 반직선이 만나는 꼭짓점에서 각이 생겨.

2 □ 안에 알맞은 말을 써넣으세요.

(1)

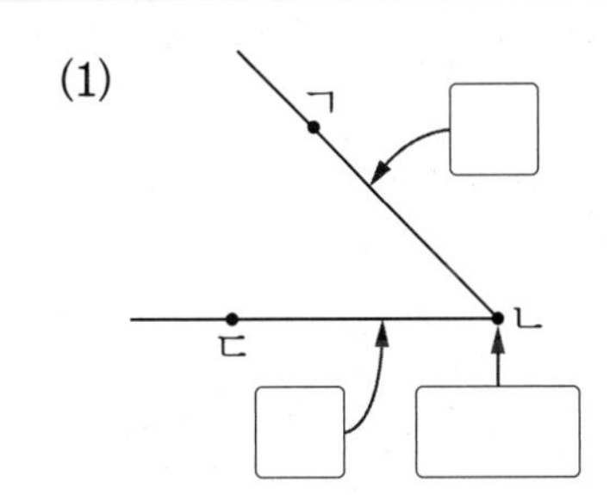

(2)

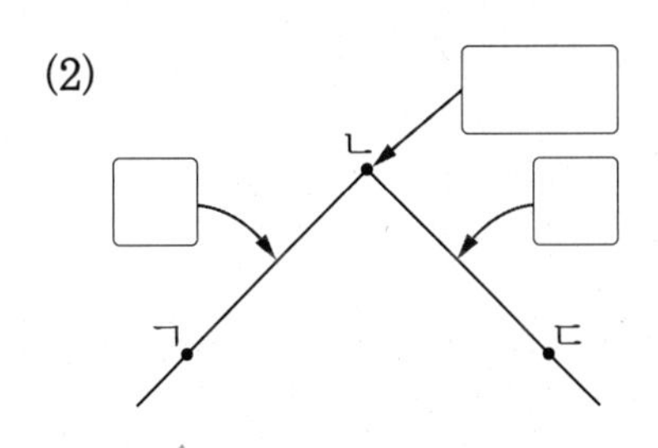

3 각의 이름을 써 보세요.

(1)

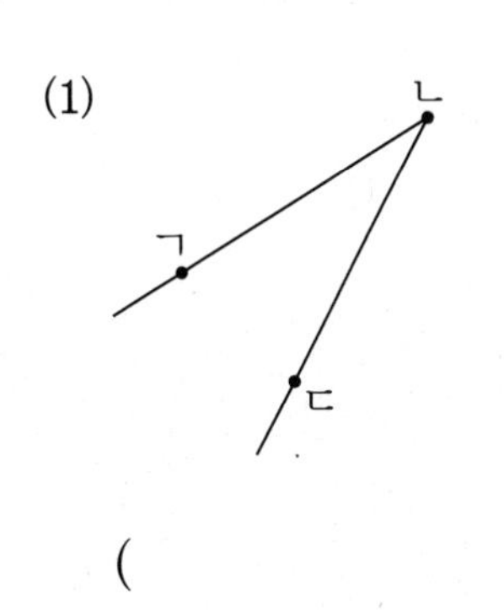

( )

(2)

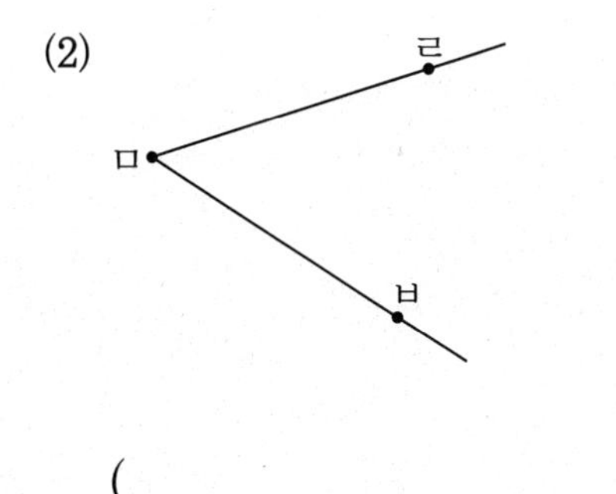

( )

1 선분, 직선, 반직선 알아보기

1 그림에서 곧은 선은 파란색, 굽은 선은 빨간색으로 그어 보세요.

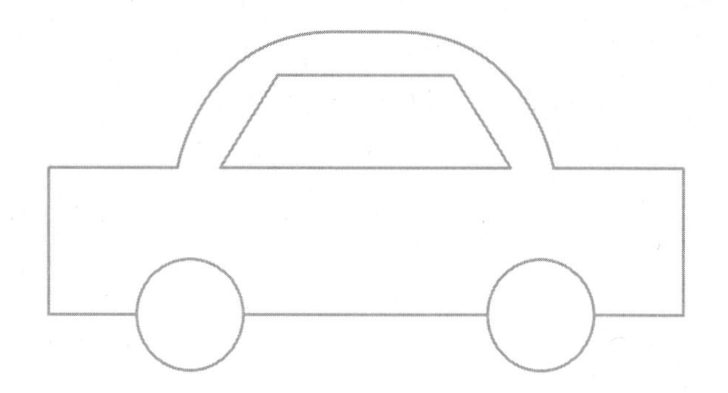

▶ 곧은 선은 구부러지거나 휘어지지 않고 반듯하게 쭉 뻗은 선이고, 굽은 선은 구부러지거나 휘어진 선이야.

2 그림을 보고 물음에 답하세요.

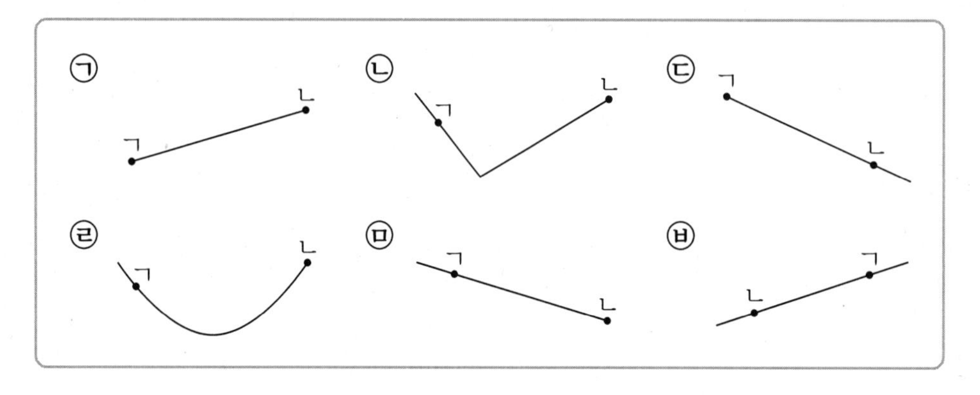

(1) 직선 ㄱㄴ을 찾아 기호를 써 보세요. ( )

(2) 반직선 ㄴㄱ을 찾아 기호를 써 보세요. ( )

▶ 반직선은 시작하는 점만 있고 끝나는 점이 없어.

3 도형의 이름을 써 보세요.

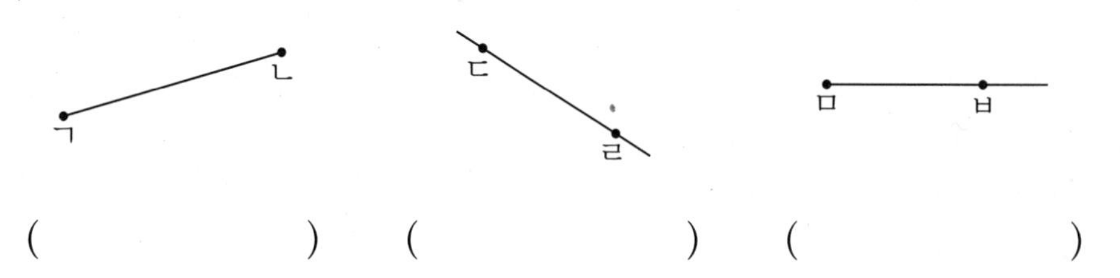

( ) ( ) ( )

▶ 직선은 시작하는 점과 끝나는 점이 없으므로 두 점의 순서가 중요하지 않아.

4 잘못 설명한 사람의 이름을 써 보세요.

( )

문제 풀이 정답과 풀이 8쪽

5 그림에서 선분은 반직선보다 몇 개 더 많을까요?

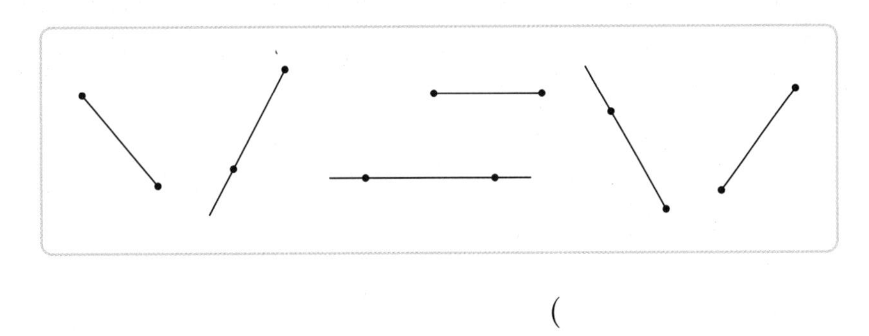

(　　　　　　　　)

▶ 선분
직선
반직선

탄탄북

6 도형에서 찾을 수 있는 선분은 모두 몇 개인지 구해 보세요.

▶ 굽은 선은 선분이 아니야.

(1)

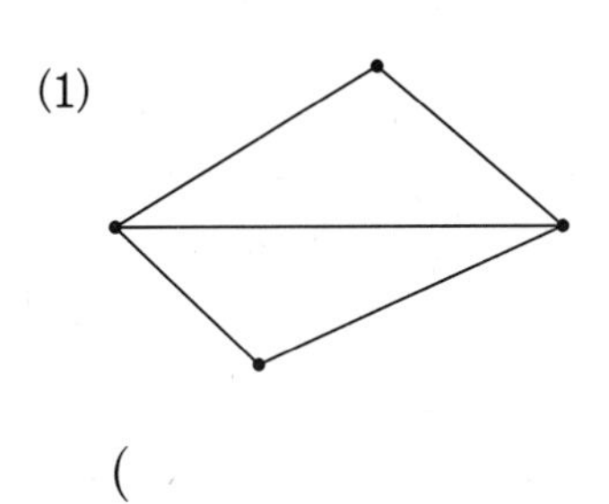

(2)

(　　　　　　　　)　(　　　　　　　　)

내가 만드는 문제

7 두 점을 이용하여 선분, 직선, 반직선을 한 개씩 그어 보고 이름을 써 보세요.

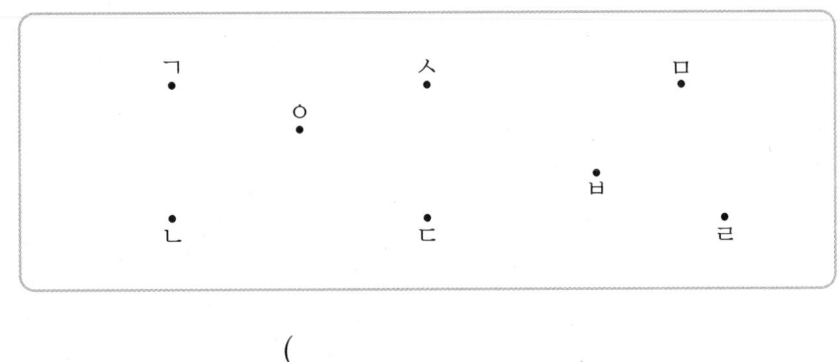

(　　　　　　　　)

선분, 직선, 반직선의 서로 다른 점은 무엇일까?

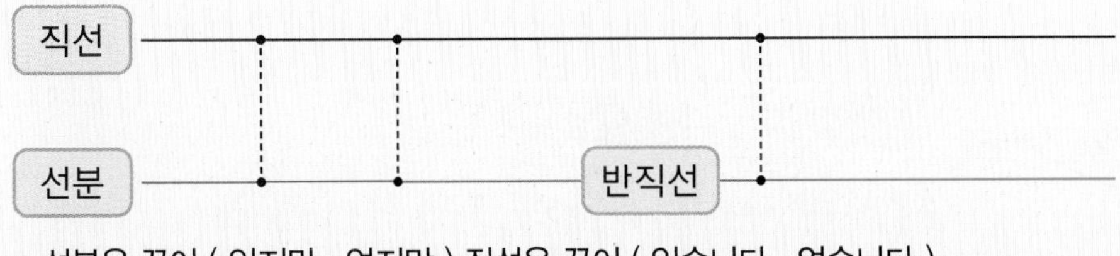

선분과 반직선은 직선의 일부분이야.

- 선분은 끝이 (있지만 , 없지만) 직선은 끝이 (있습니다 , 없습니다).
- 반직선은 시작하는 점이 (있지만 , 없지만) 직선은 시작하는 점이 (있습니다 , 없습니다).
- 반직선은 (한쪽 , 양쪽) 방향으로 늘어나지만 직선은 (한쪽 , 양쪽) 방향으로 늘어납니다.

8 각 ㄷㄹㅁ을 찾아 기호를 써 보세요.

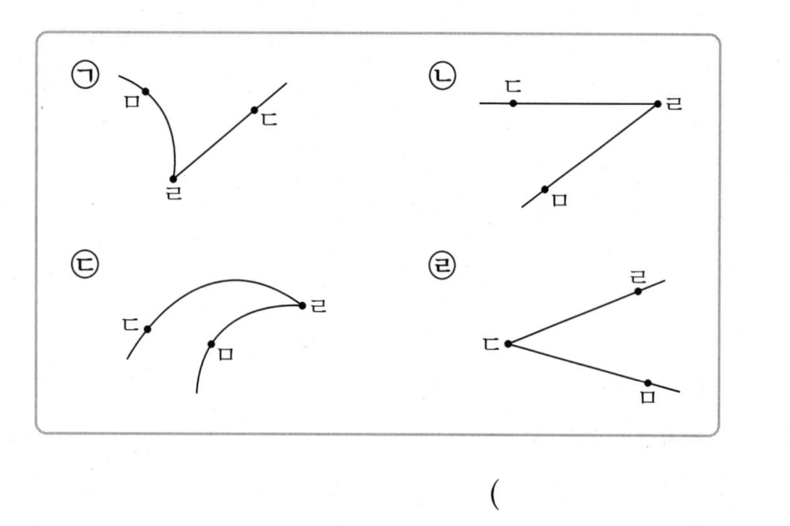

( )

▶ 각의 꼭짓점이 반드시 가운데에 있어야 해.

9 색칠된 각 ∠ 의 이름을 써 보세요.

(1)

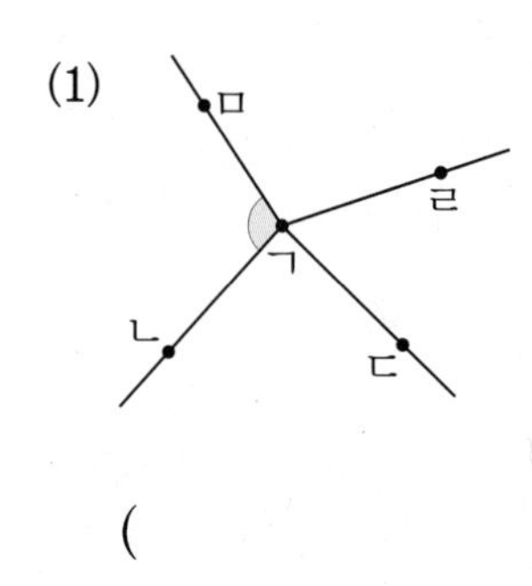

(2)

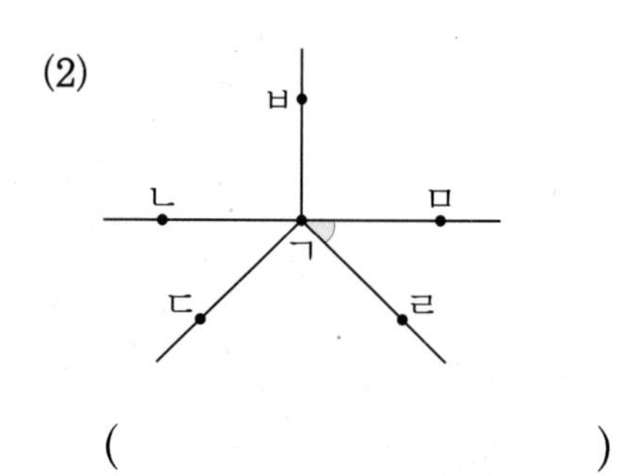

( ) ( )

▶ 각은 시계 반대 방향으로 읽는 것이 일반적이지만 시계 방향으로도 읽을 수 있어.

10 각 ㄹㅁㅂ을 그려 보세요.

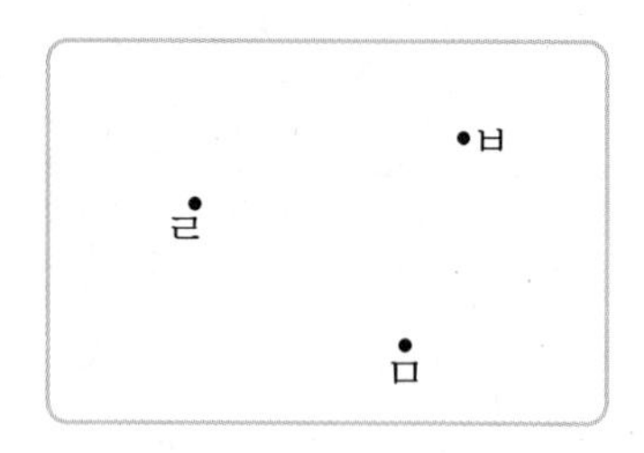

▶ 각 ㄹㅁㅂ에서 가운데에 있는 ㅁ이 각의 꼭짓점이야.

11 다음 도형이 각인지 아닌지 ○표 하고, 그렇게 생각한 까닭을 써 보세요.

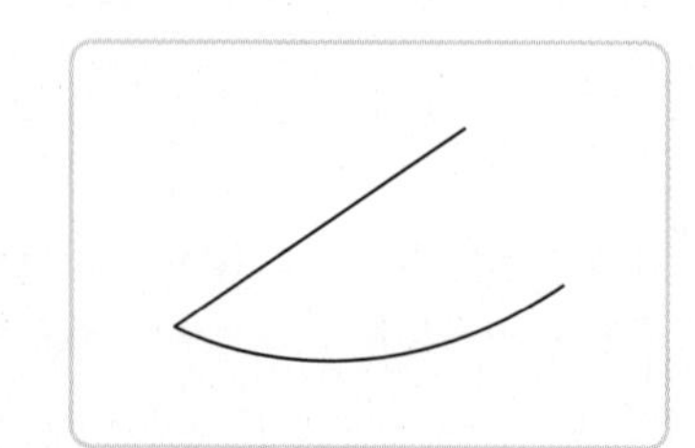

(각입니다 , 각이 아닙니다).

까닭 ....

....

12 도형에서 각을 모두 찾아 ○표 하세요.

▶ 굽은 선이 있으면 각이 아니야.

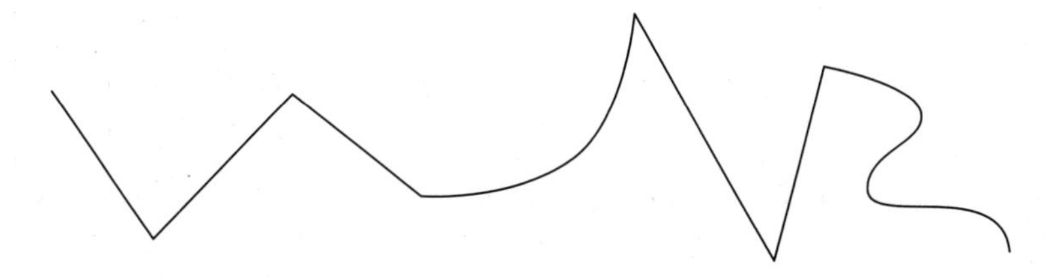

탄탄북

13 각이 가장 많은 도형을 찾아 기호를 써 보세요.

▶ 곧은 선과 곧은 선이 만나면 각이 생겨.

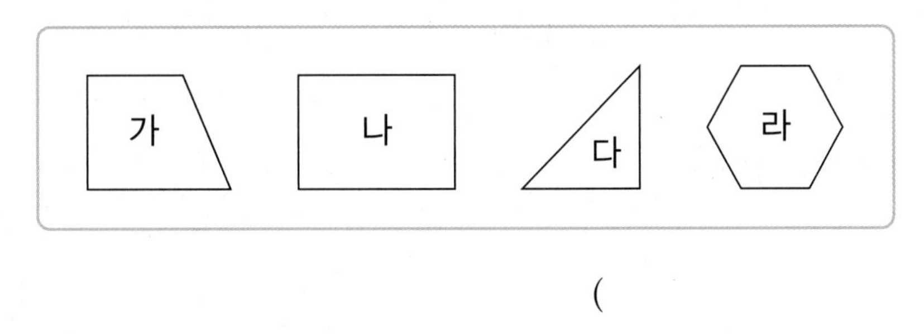

(　　　　　　　　)

내가 만드는 문제

14 각 두 개를 그리고, 그린 각의 이름을 써 보세요.

▶ 한 점을 기준으로 두 반직선을 그으면 각이 생겨.

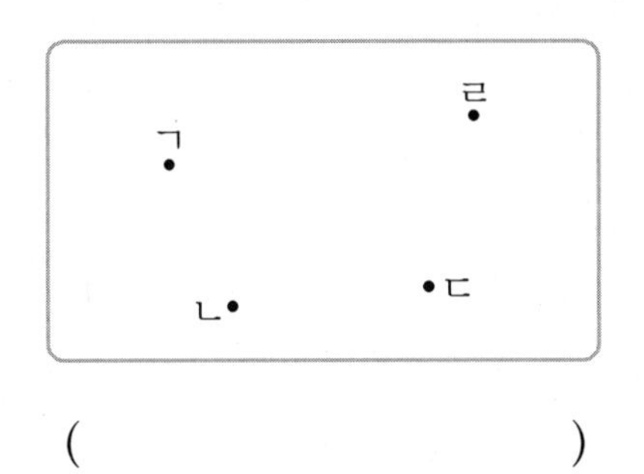

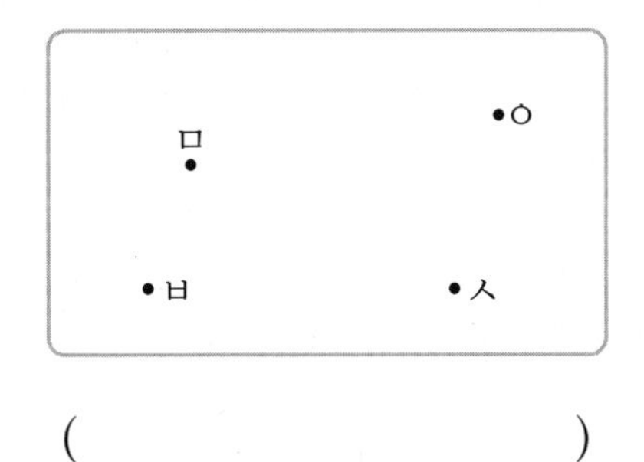

(　　　　　　　　)　(　　　　　　　　)

각은 항상 뿔 모양일까?

- 각(角)은 한자로 뿔이라는 뜻이므로 뾰족한 뿔 모양만 각이야.

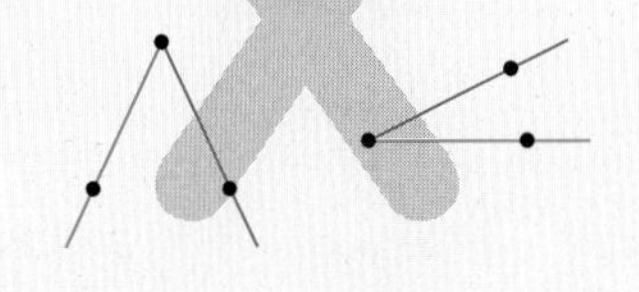

VS

- 한 점을 공유하는 두 (선분 , 직선 , 반직선) 이므로 반드시 뿔 모양은 아니야.

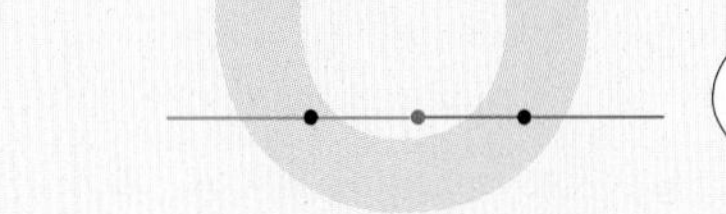

일직선에도 각이 있어.

3 삼각자의 ∟ 각처럼 네모 반듯한 각이 직각이야.

- 직각: 그림과 같이 종이를 반듯하게 두 번 접었을 때 생기는 각

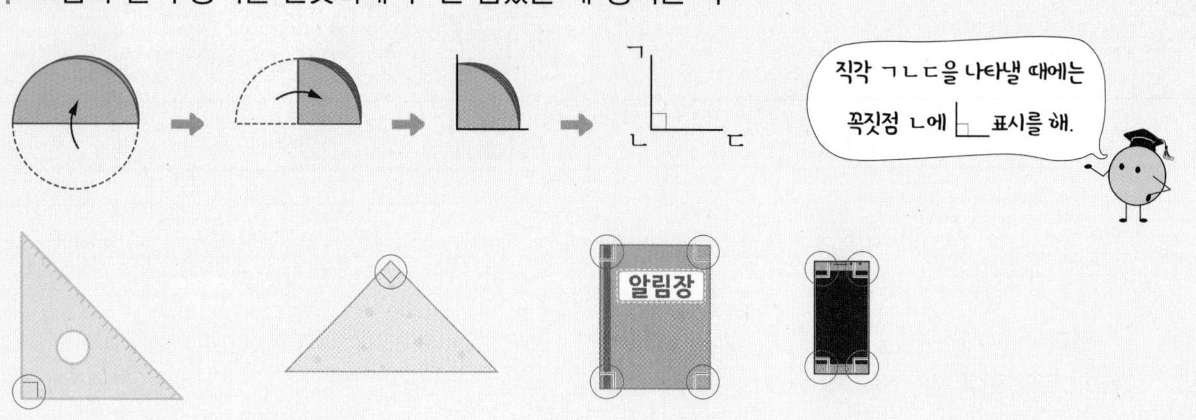

1 직각이 있는 도형을 모두 찾아 기호를 써 보세요.

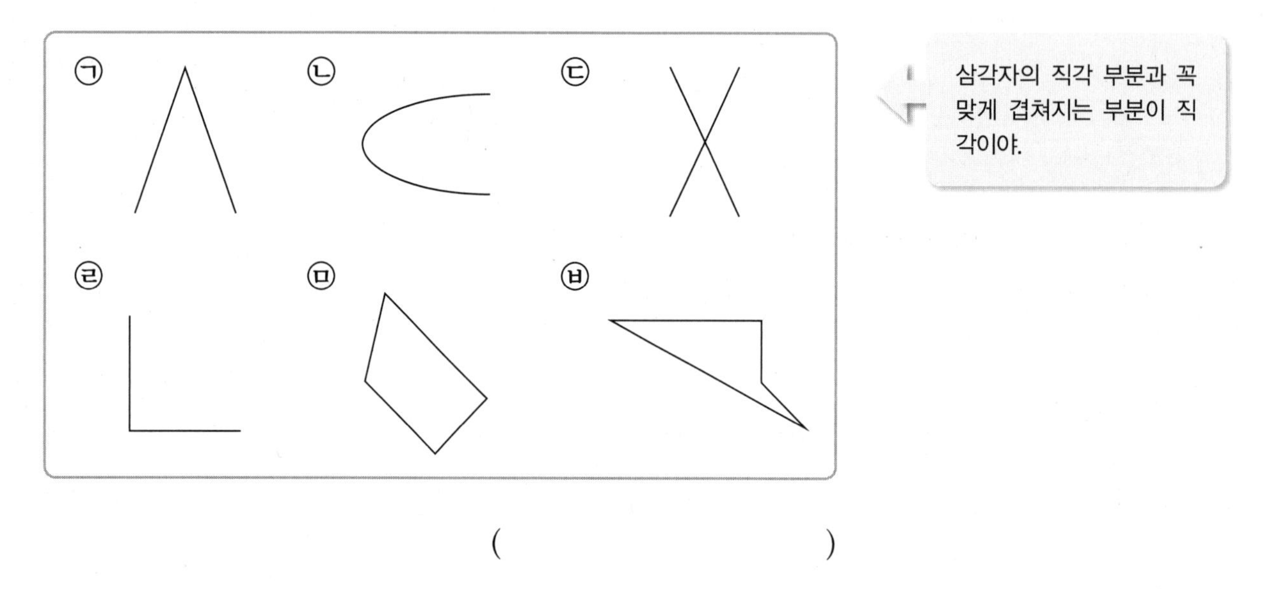

삼각자의 직각 부분과 꼭 맞게 겹쳐지는 부분이 직각이야.

(   )

2 보기 와 같이 직각을 모두 찾아 ∟ 로 표시해 보세요.

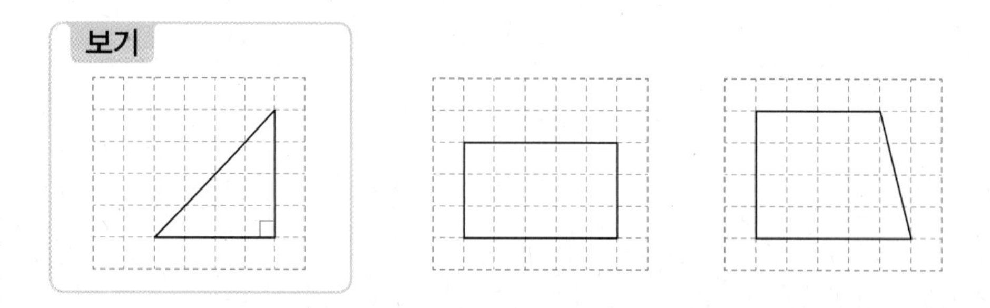

정답과 풀이 9쪽

4 한 각이 직각인 삼각형은 직각삼각형이야.

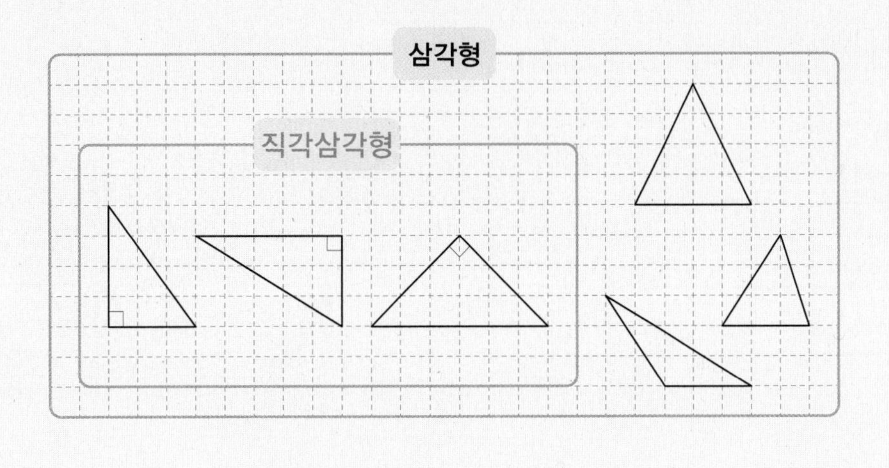

직각삼각형도 삼각형이므로 변과 꼭짓점이 각각 3개야.

1 한 각이 직각인 삼각형을 모두 찾아 기호를 써 보세요.

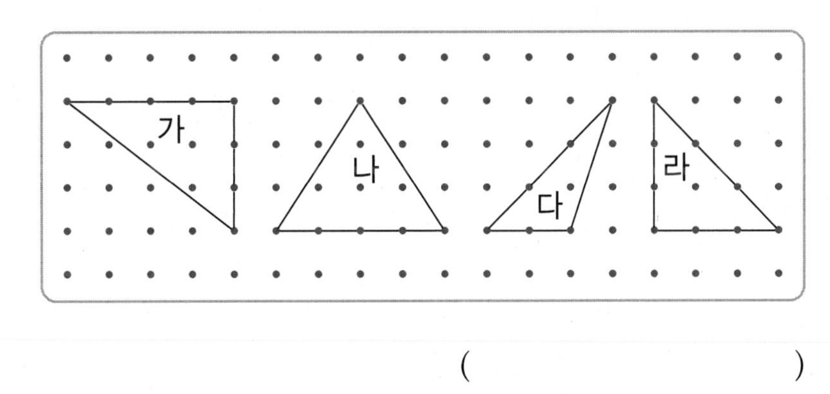

직각이 2개이면 변이 만나지 않아 삼각형을 그릴 수 없어.

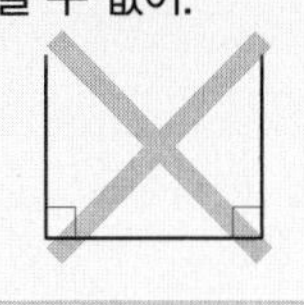

(   )

2 삼각자를 이용하여 주어진 선분을 한 변으로 하는 직각삼각형을 그리고 직각을 찾아 ㄴ로 표시해 보세요.

(1)

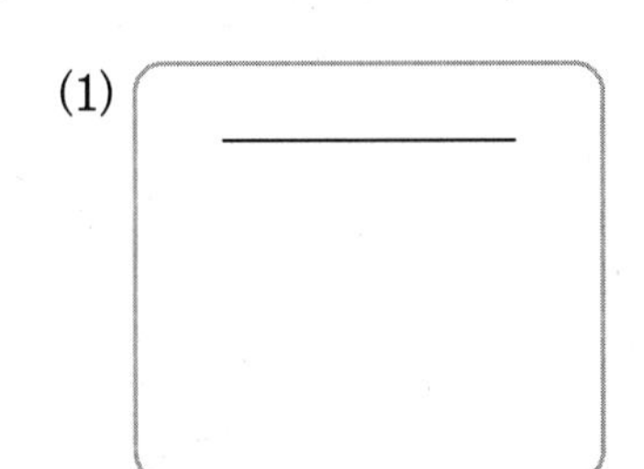

(2)

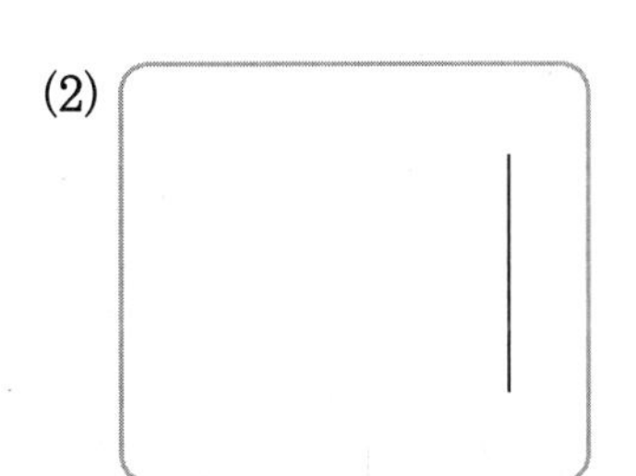

3 오른쪽 직각삼각형을 보고 빈칸에 알맞은 수를 써넣으세요.

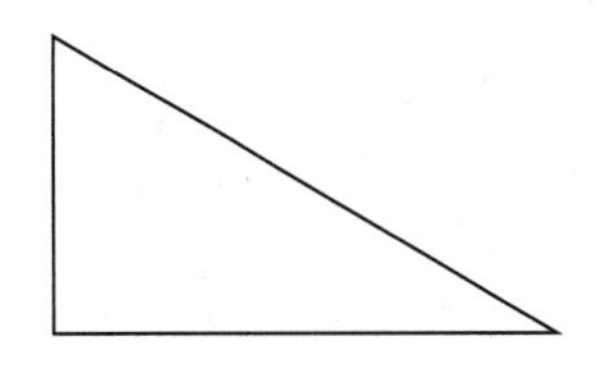

삼각형: 3개의 변으로 둘러싸인 도형

꼭짓점
변

변의 수(개)	꼭짓점의 수(개)	각의 수(개)	직각의 수(개)

5 네 각이 모두 직각인 사각형은 직사각형이야.

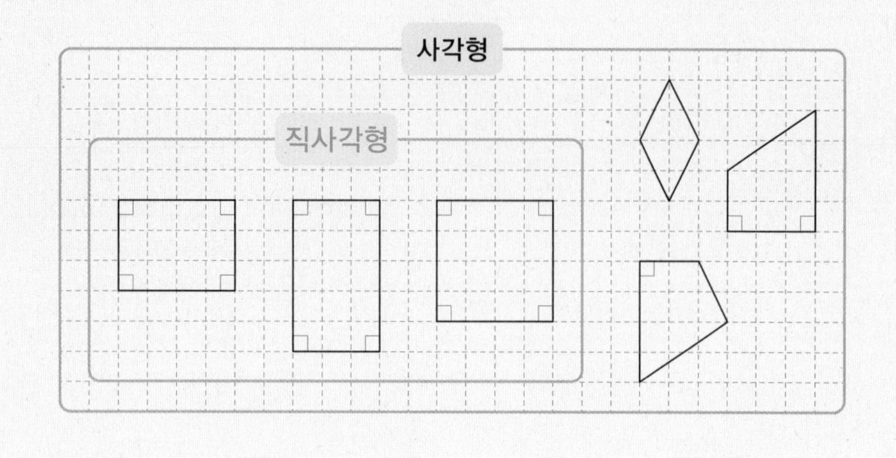

직사각형은 네 각의 크기가 모두 같고 마주 보는 변의 길이가 같아.

1 네 각이 모두 직각인 사각형을 모두 찾아 기호를 써 보세요.

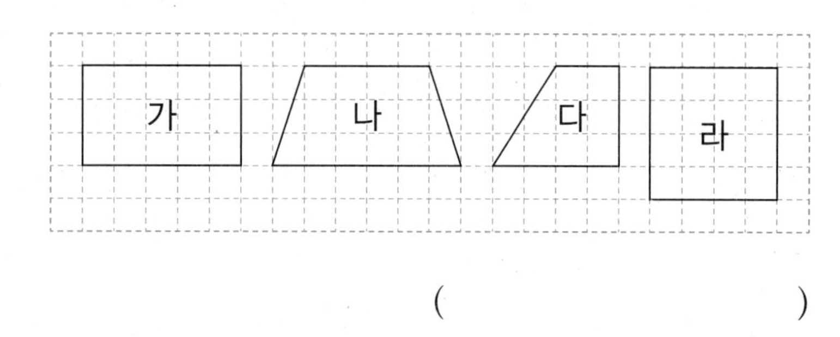

(　　　　　　　　　　)

직각이 3개만 있는 사각형은 존재하지 않아.

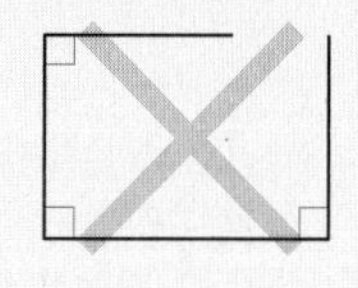

2 점 종이에 주어진 선분을 한 변으로 하는 직사각형을 그려 보세요.

(1)

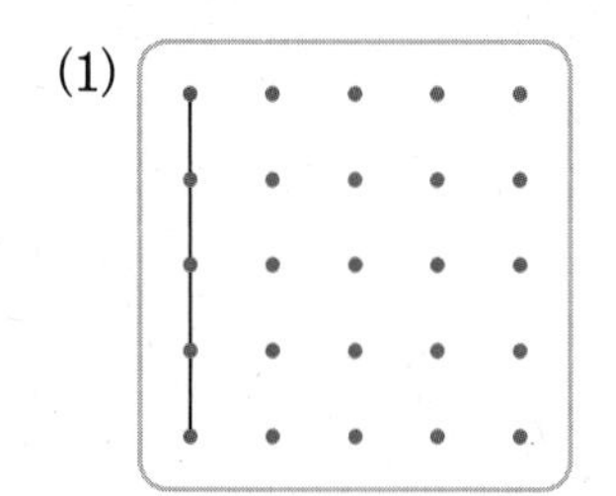

(2)

3 오른쪽 직사각형을 보고 빈칸에 알맞은 수를 써넣으세요.

변의 수(개)	꼭짓점의 수(개)	각의 수(개)	직각의 수(개)

사각형: 4개의 변으로 둘러싸인 도형

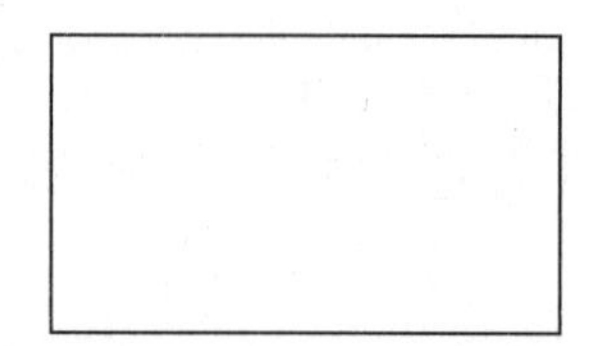

정답과 풀이 10쪽

6 네 각이 모두 직각이고 네 변의 길이가 모두 같은 사각형은 정사각형이야.

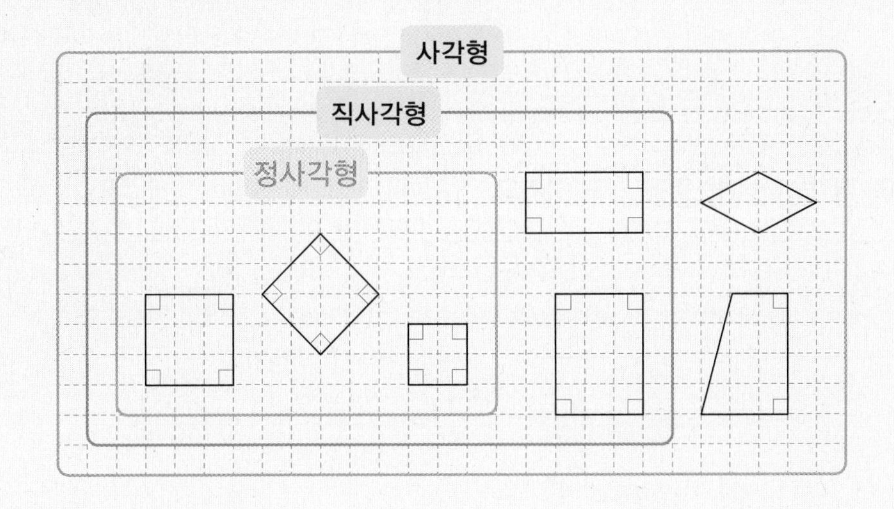

정사각형은 네 각이 모두 직각이므로 직사각형이라고 할 수 있어.

1 네 각이 모두 직각이고 네 변의 길이가 모두 같은 사각형을 모두 찾아 기호를 써 보세요.

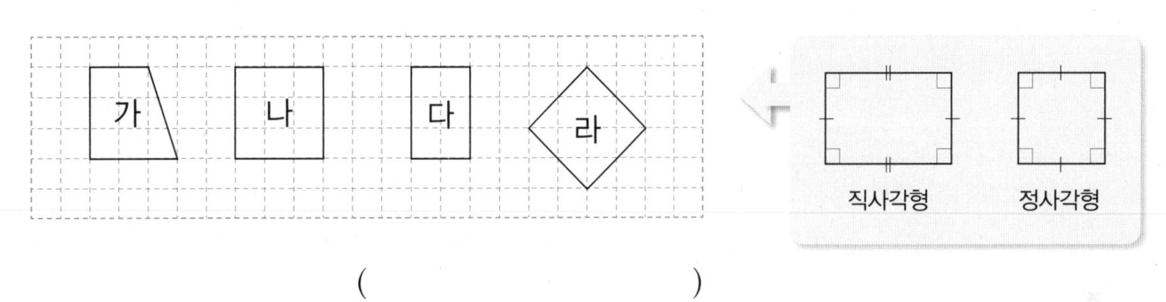

( )

2 점 종이에 주어진 선분을 한 변으로 하는 정사각형을 그려 보세요.

(1)

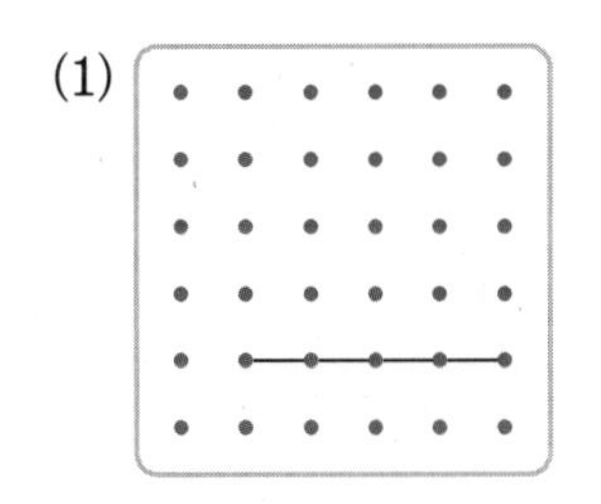

(2)

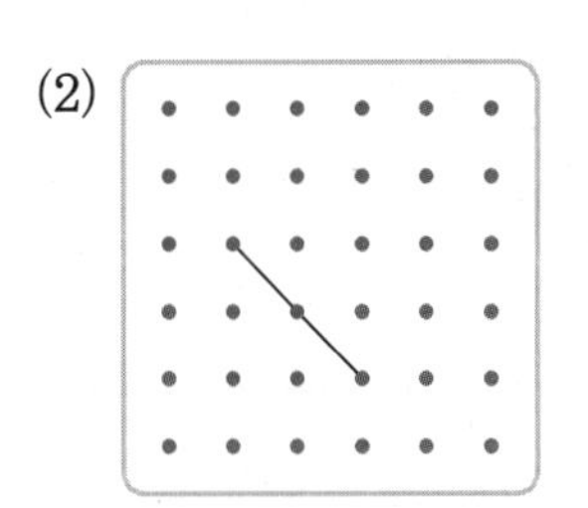

3 오른쪽 정사각형을 보고 빈칸에 알맞은 수를 써넣으세요.

변의 수(개)	꼭짓점의 수(개)	각의 수(개)	직각의 수(개)

네 변의 길이는 모두 같지만 네 각이 모두 직각이 아니므로 정사각형이 아니야.

3 직각 알아보기

1 도형에서 직각을 모두 찾아 ○표 하세요.

(1) 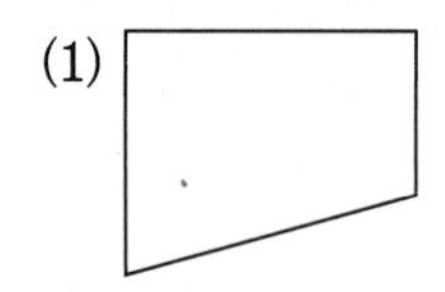

(2) 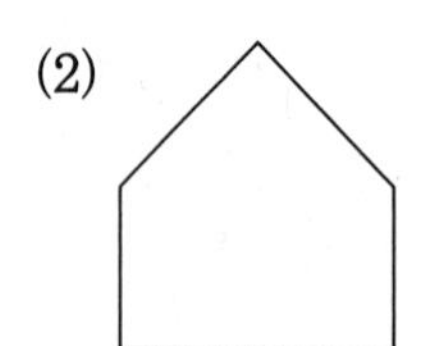

1+ 직각보다 큰 각에 ○표, 직각보다 작은 각에 △표 하세요.

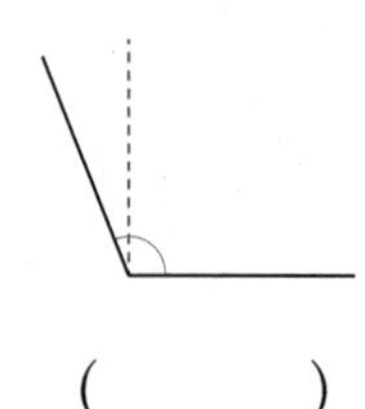

(　　　)

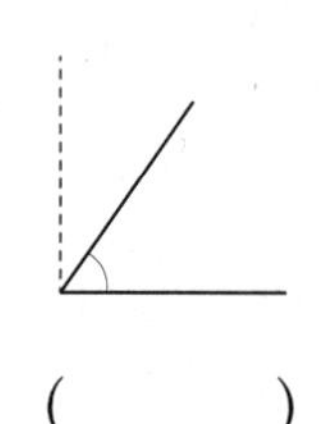

(　　　)

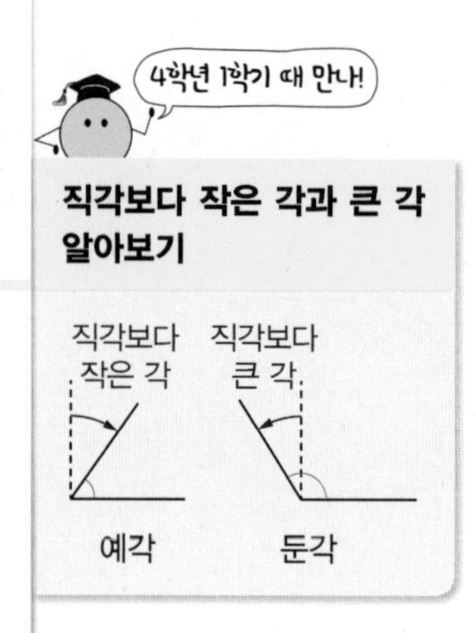

2 직각을 찾아 써 보세요.

(1) 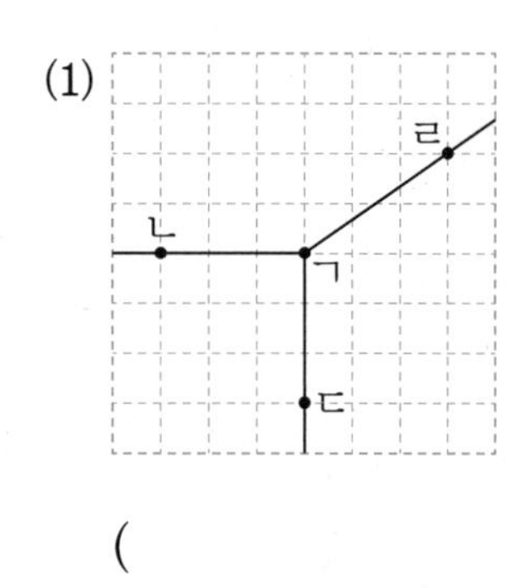

(　　　　　　　)

(2) 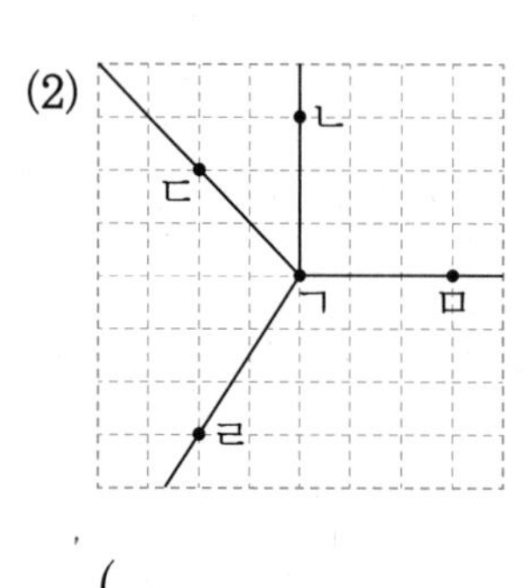

(　　　　　　　)

3 삼각자를 이용하여 주어진 선분을 한 변으로 하고 점 ㄴ을 꼭짓점으로 하는 직각을 그려 보세요.

(1) 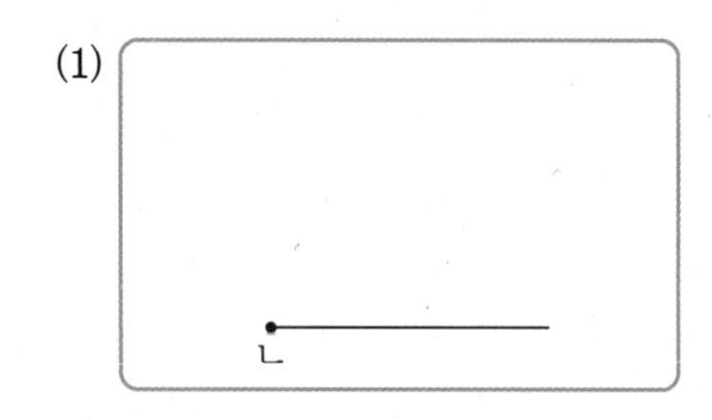

(2) 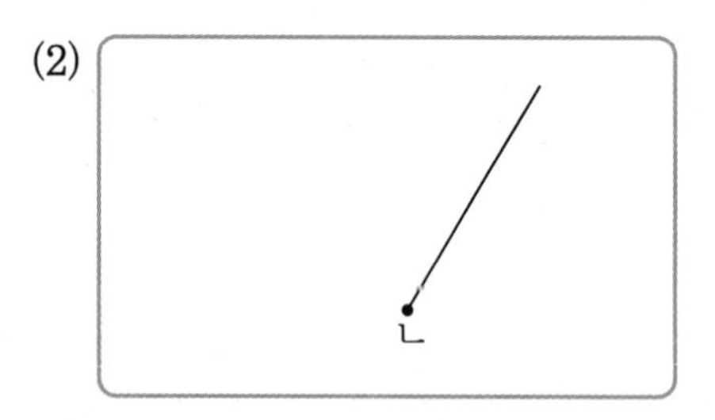

▶ 한 변과 꼭짓점이 주어졌을 때 2가지 방법으로 직각을 그릴 수 있어.

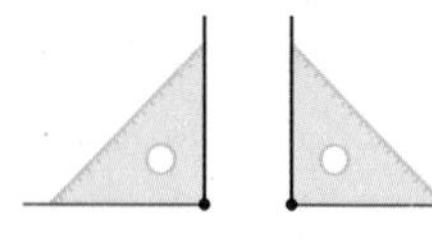

4 직각이 가장 많은 도형을 찾아 기호를 써 보세요.

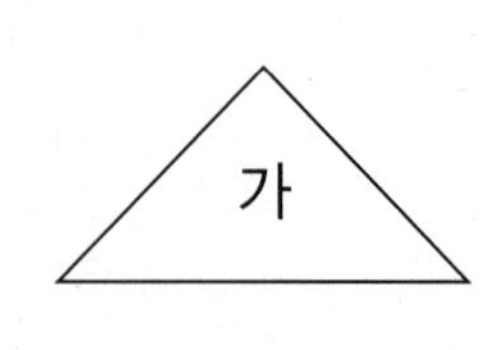

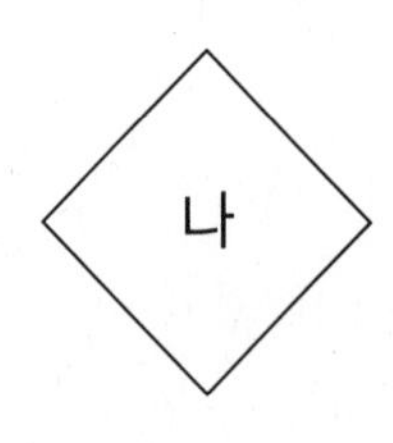

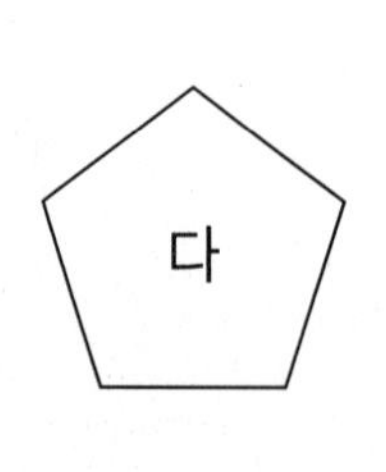

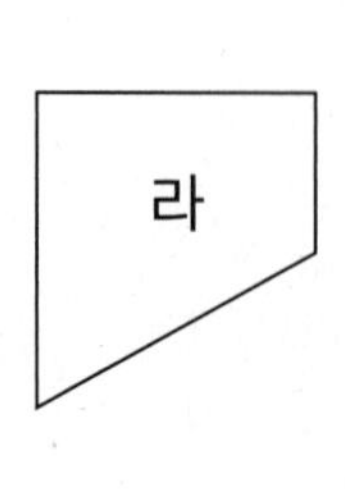

(　　　　　　　)

▶ 두 변이 직각으로 만나는 곳을 찾아봐.

정답과 풀이 10쪽

5 시계에서 긴바늘과 짧은바늘이 이루는 작은 쪽의 각이 직각인 경우를 찾아 기호를 써 보세요.

▶ 직각처럼 보이는 각을 찾은 다음 삼각자의 직각 부분을 대어 보면서 확인해 봐.

㉠ 
㉡ 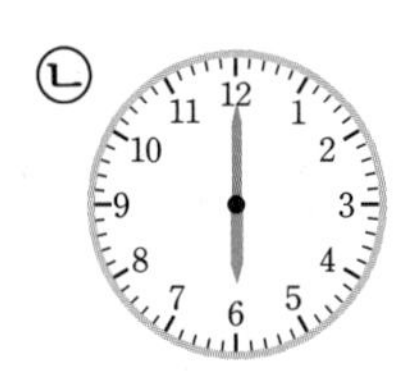
㉢ 
㉣ 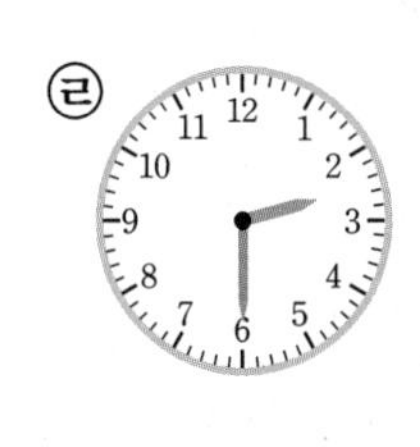

( )

6 칸딘스키의 '위쪽을 향해'라는 작품입니다. 이 작품은 하늘에 있는 애드벌룬이 땅에 매달려 있는 듯한 느낌을 줍니다. 이 작품에서 찾을 수 있는 직각 중 5개를 찾아 ⊾로 표시해 보세요.

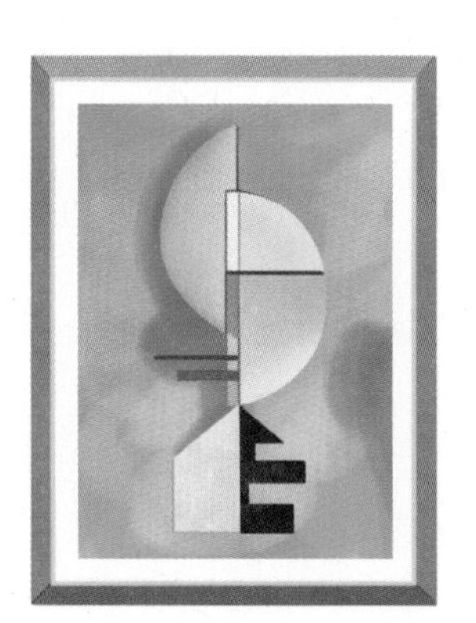

내가 만드는 문제

7 점 종이에 서로 다른 직각을 3개 그리고 직각인 부분은 ⊾로 표시해 보세요.

▶ 삼각자의 직각인 부분을 이용해서 그려 봐.

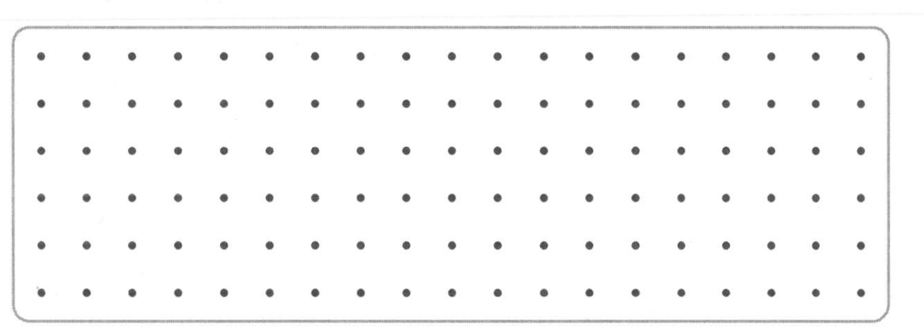

직각으로 된 물건이 많은 이유는?

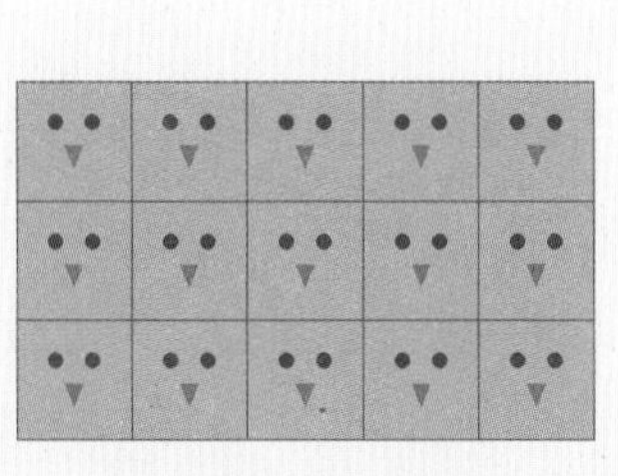

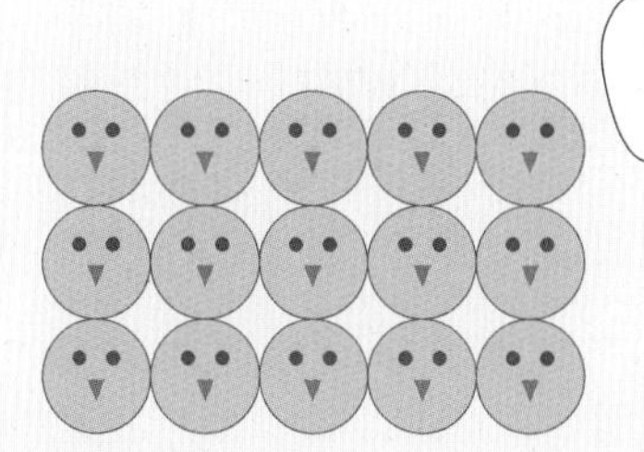

➡ 공간을 효율적으로 사용하기 위해서는 ⊾ 모양의 각을 사용합니다. 이런 각을 ☐ 이라고 합니다.

8 직각삼각형을 모두 찾아 기호를 써 보세요.

▶ 한 각이 직각인 삼각형을 찾아.

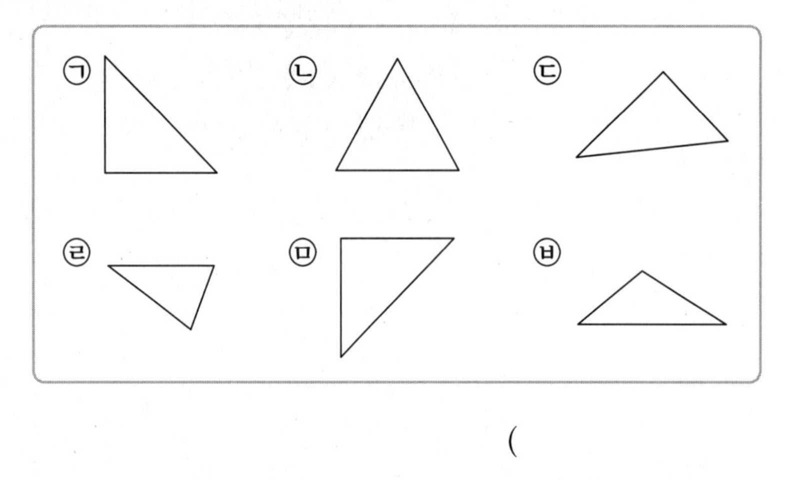

( )

9 어떤 도형을 설명한 것인지 써 보세요.

- 직각이 있습니다.
- 세 변으로 둘러싸인 도형입니다.
- 꼭짓점이 3개입니다.

( )

▶ 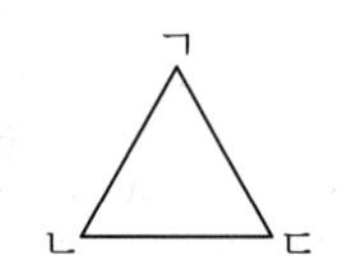

삼각형: 3개의 변으로 둘러싸인 도형
꼭짓점: 점 ㄱ, 점 ㄴ, 점 ㄷ
변: 변 ㄱㄴ, 변 ㄴㄷ, 변 ㄷㄱ

10 보기 와 같이 거울에 비친 직각삼각형을 그려 보세요.

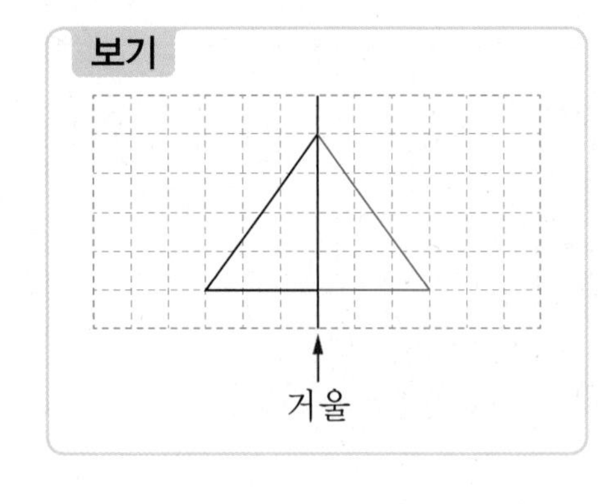

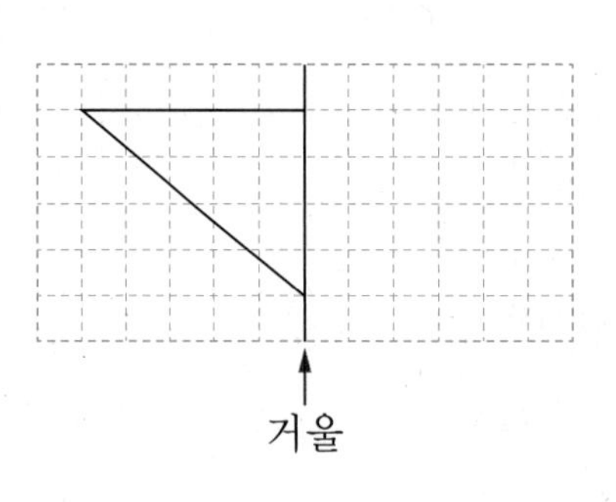

10+ 도형을 오른쪽으로 뒤집었을 때의 도형을 완성해 보세요.

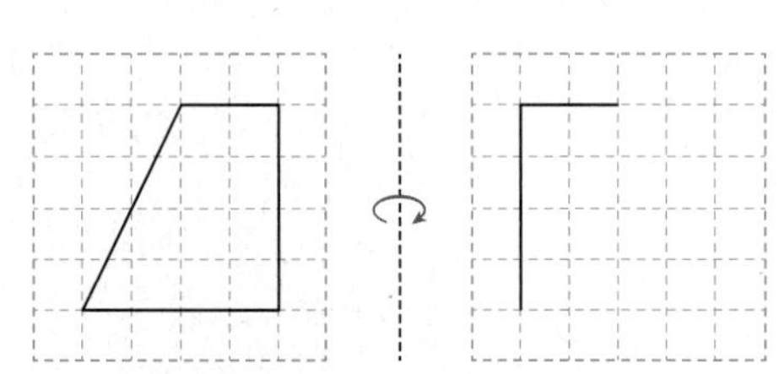

4학년 1학기 때 만나!

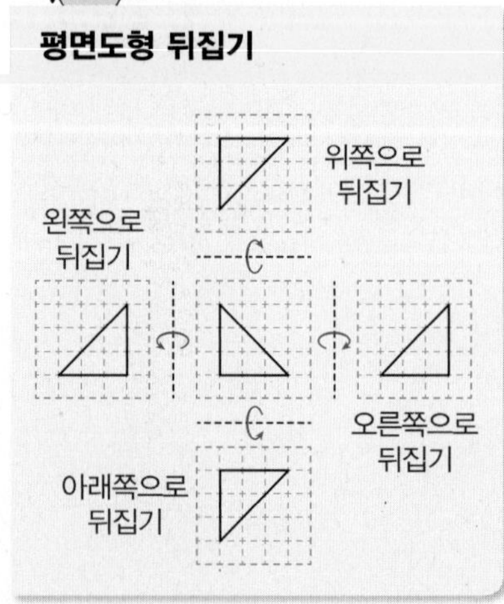

탄탄북

11 그림에서 찾을 수 있는 직각삼각형은 모두 몇 개인지 구해 보세요.

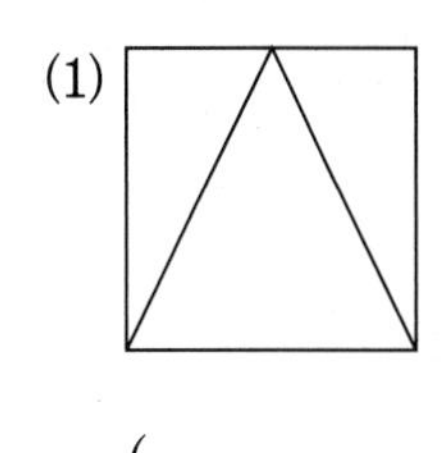

(1) ( )

(2) ( )

12 보기 와 같이 점 종이에 그려진 삼각형의 한 꼭짓점을 옮겨서 직각삼각형을 그려 보세요.

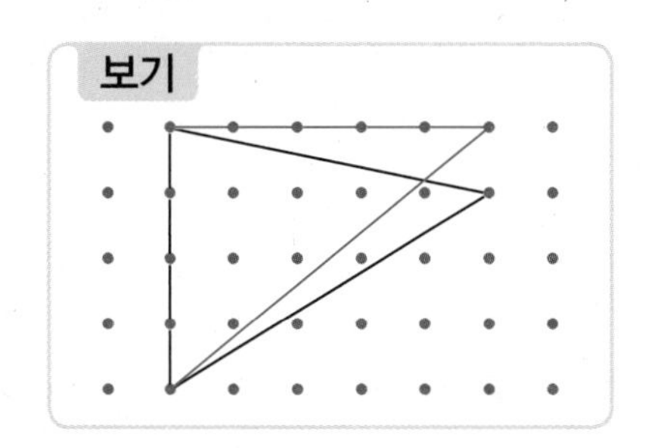

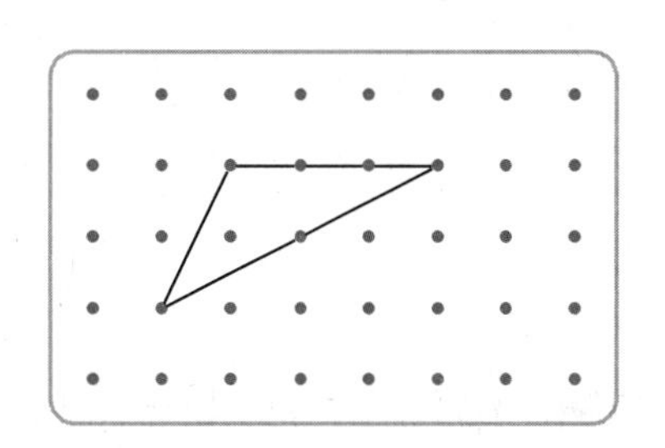

▶ 한 꼭짓점을 옮겨서 직각삼각형을 만드는 방법은 여러 가지야.

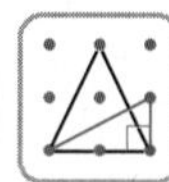

내가 만드는 문제

13 점 종이에 모양과 크기가 다른 직각삼각형을 3개 그려 보세요.

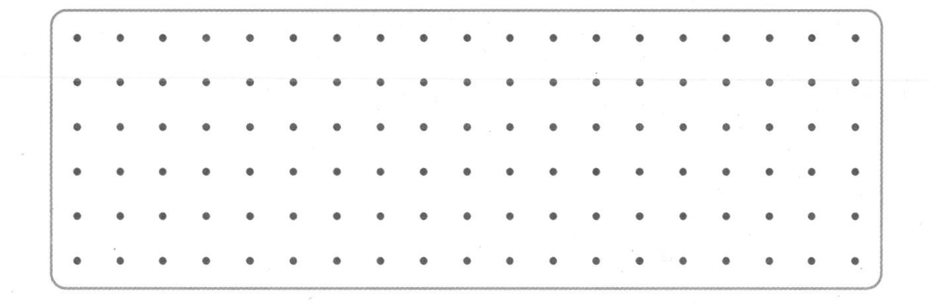

▶ 돌리거나 뒤집어도 모양이 같지 않아야 해.

점 종이 없이 직각삼각형을 만드는 방법은?

- 직사각형 모양 종이를 반으로 자르기

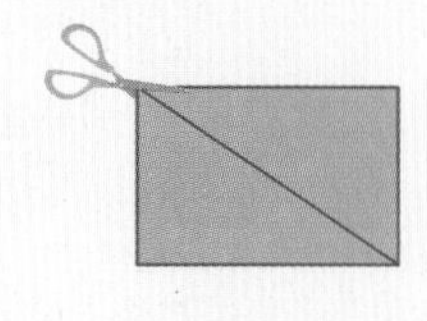

- 원 모양 종이를 반으로 접어 자르는 것을 2번 한 후 자르기

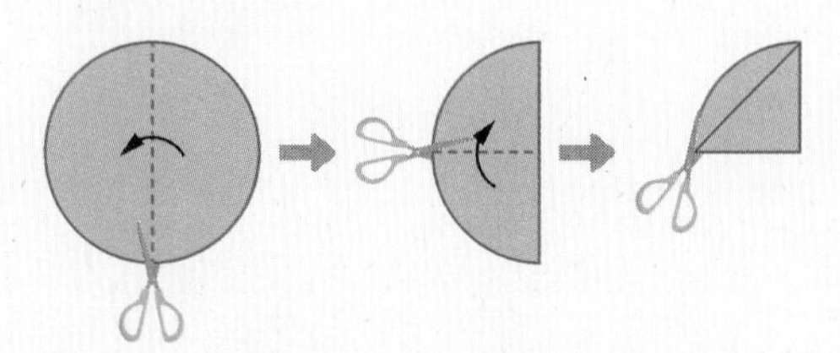

- 원 모양 종이를 반으로 접어 자르고 둥근 부분의 한 점을 찍어 자르기

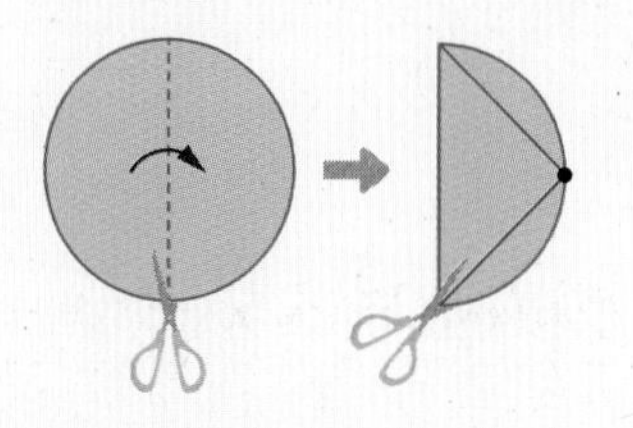

➡ (한 , 두 , 세) 각이 직각인 삼각형을 직각삼각형이라고 합니다.

종이를 여러 가지 방법으로 접고 잘라서 직각삼각형을 만들 수 있어.

14 직사각형이 아닌 것을 모두 찾아 기호를 써 보세요.

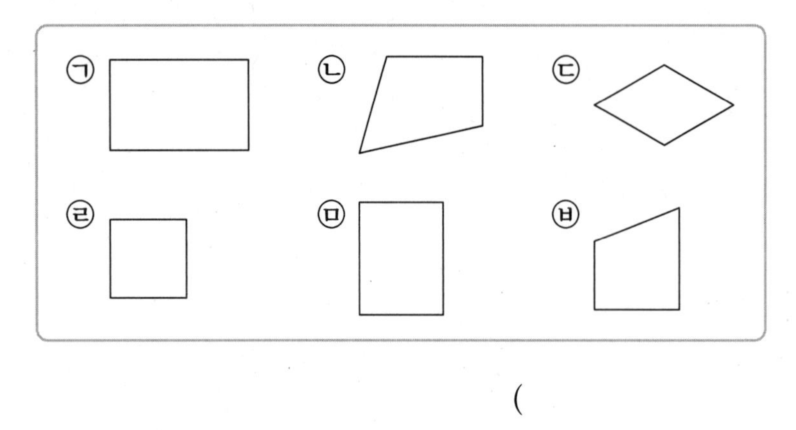

( )

▶ 직사각형은 네 각이 모두 직각이어야 해.

15 어떤 도형을 설명한 것인지 써 보세요.

- 네 변으로 둘러싸인 도형입니다.
- 모든 각이 직각입니다.
- 꼭짓점이 4개입니다.

( )

16 직사각형입니다. □ 안에 알맞은 수를 써넣으세요.

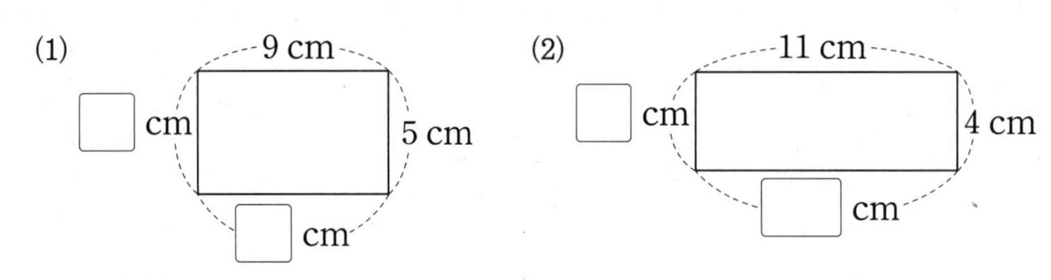

▶ 직사각형은 마주 보는 변끼리 길이가 같아.

17 직사각형을 그리려고 합니다. 점 ㄱ과 점 ㄷ을 어느 점과 이어야 할까요?

( )

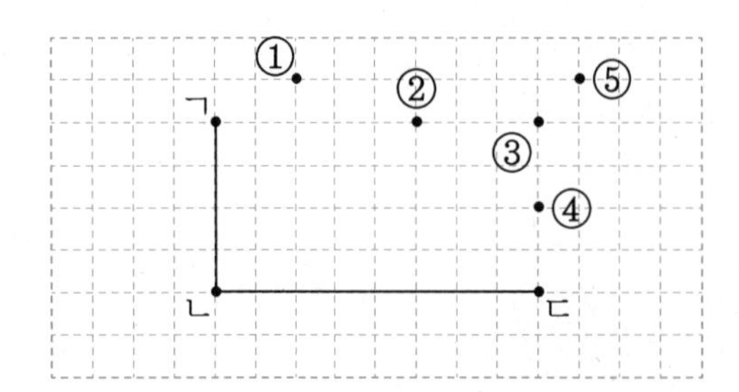

▶ 네 각이 모두 직각인 사각형을 그려 봐.

18 농구장에서 찾을 수 있는 크고 작은 직사각형은 모두 몇 개인지 구해 보세요.

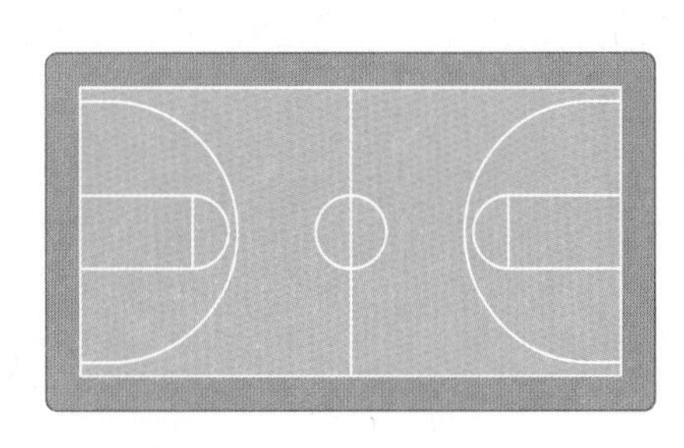

( )

▶ 직사각형 2개로 된 큰 직사각형도 잊지 말고 세어.

19 종이를 점선을 따라 자르면 직사각형은 모두 몇 개가 생기는지 구해 보세요.

(1)
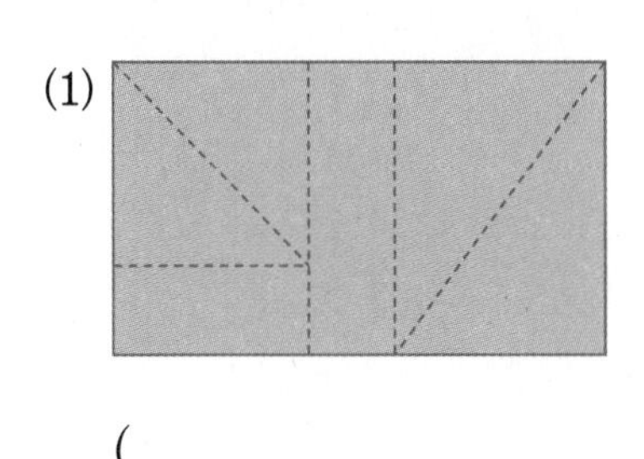

( )

(2)

( )

20 보기 와 다른 방법으로 선분 2개를 그어 직사각형 3개로 나누어 보세요.

▶ 직사각형은 네 각이 모두 직각인 사각형이야.

보기

사각형에는 직각이 몇 개 들어갈 수 있을까?

직각: 1개 | 직각: 2개 | 직각: 3개 | 직각: 4개

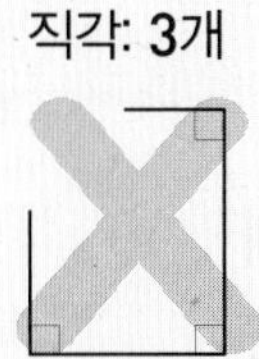

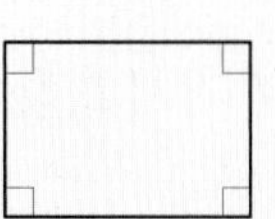

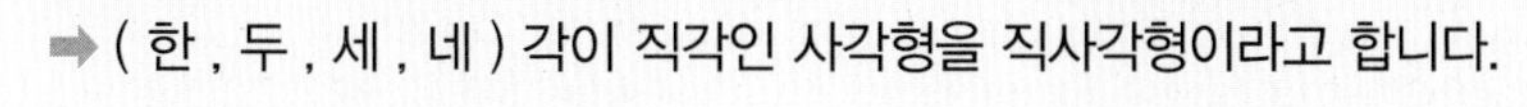

➡ (한 , 두 , 세 , 네) 각이 직각인 사각형을 직사각형이라고 합니다.

직각이 3개인 사각형은 존재하지 않아.

21 어떤 도형을 설명한 것인지 써 보세요.

- 네 변의 길이가 모두 같습니다.
- 모든 각이 직각입니다.
- 꼭짓점이 4개입니다.

( )

4학년 2학기 때 만나!

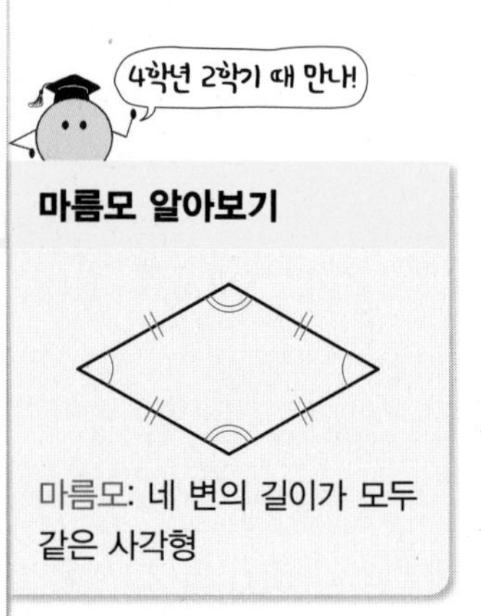

21+ 사각형을 분류하여 빈칸에 알맞은 기호를 써넣으세요.

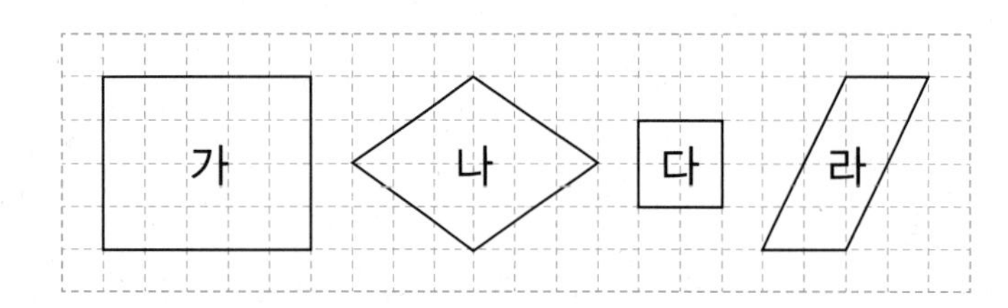

네 변의 길이가 모두 같은 사각형	네 각이 모두 직각인 사각형

22 주어진 선분을 두 변으로 하는 정사각형을 그리려고 합니다. 두 선분은 어느 점과 이어야 할까요?

▶ □, ◇ 모양이 정사각형이야.

(1)

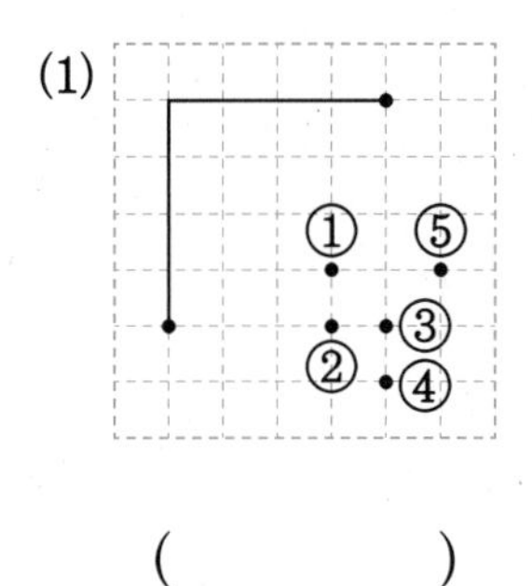

( )

(2)

( )

23 준서가 도형판에 정사각형을 만들었습니다. 준서가 만든 도형이 정사각형인지 아닌지 ○표 하고, 그 까닭을 써 보세요.

▶ 정사각형의 각의 성질과 변의 성질을 생각해 봐.

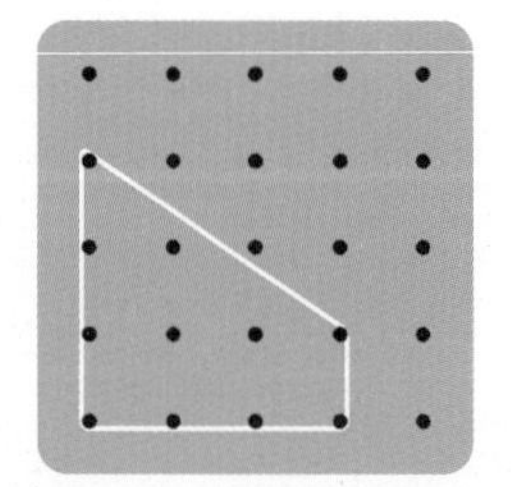

준서가 만든 도형은 (정사각형이 맞습니다 , 정사각형이 아닙니다).

까닭 ....

....

탄탄북

24 다음과 같이 직사각형 모양의 종이를 접고 자른 후 다시 펼쳤습니다. 이 도형의 이름을 모두 찾아 기호를 써 보세요.

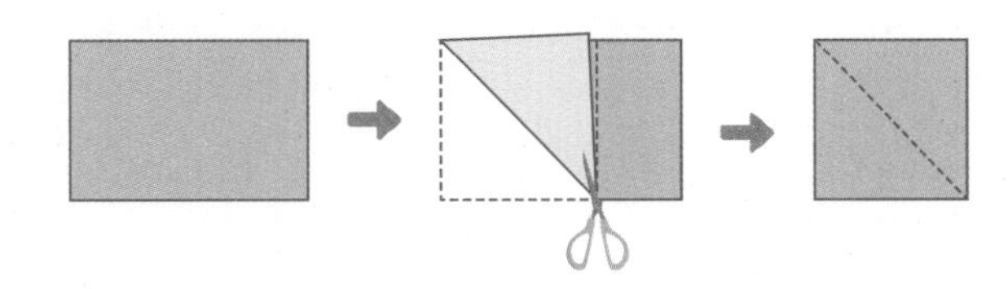

㉠ 직사각형 ㉡ 직각삼각형 ㉢ 정사각형 ㉣ 삼각형

( )

▶ 네 변의 길이가 같은 도형이 만들어져.

내가 만드는 문제

25 조건에 맞는 사각형을 각각 1개씩 더 그려 보세요.

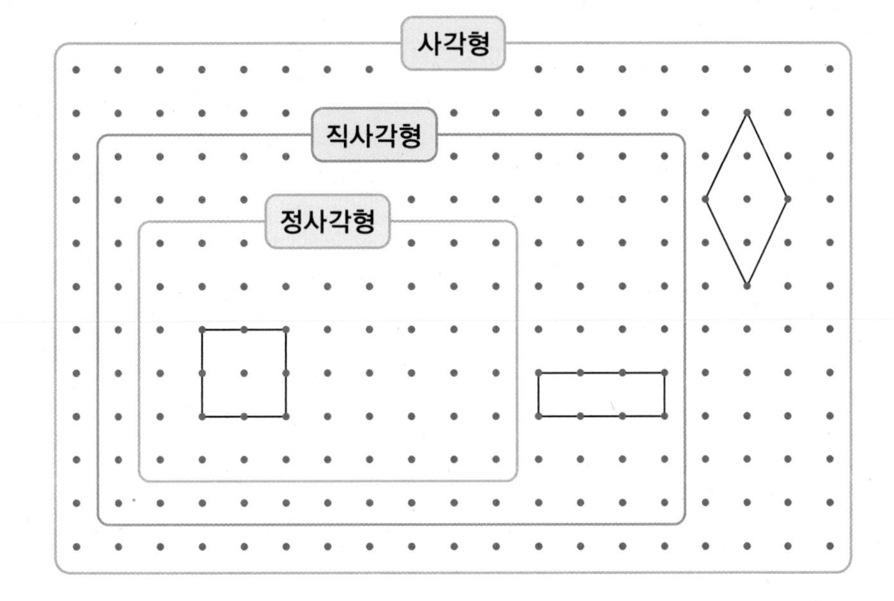

▶ 모두 변이 4개, 각이 4개이지만 모양에 따라 이름이 달라져.

직사각형은 정사각형이라고 할 수 있을까?

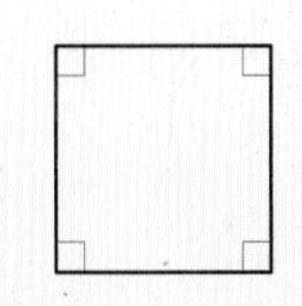

공통점	꼭짓점이 □개, 변이 □개입니다. 네 각이 모두 직각입니다.	
차이점	마주 보는 두 변의 길이가 같습니다.	네 변의 길이가 모두 같습니다.

정사각형은 직사각형이지만 직사각형은 정사각형이 아니야.

발전 문제

문제 풀이

1 직선 긋기

1 준비

주어진 점을 지나는 직선은 모두 몇 개 그을 수 있을까요? (　　　)

① 1개　② 2개　③ 3개
④ 4개　⑤ 셀 수 없이 많습니다.

2 확인

주어진 점 중 두 점을 지나는 직선을 모두 그어 보세요.

3 완성

주어진 점 중 두 점을 지나는 직선을 모두 그어 보세요.

2 직사각형 만들기

4 준비

직사각형 모양의 종이를 그림과 같이 잘라 도형 가와 나를 만들었습니다. 도형 가와 나의 이름을 써 보세요.

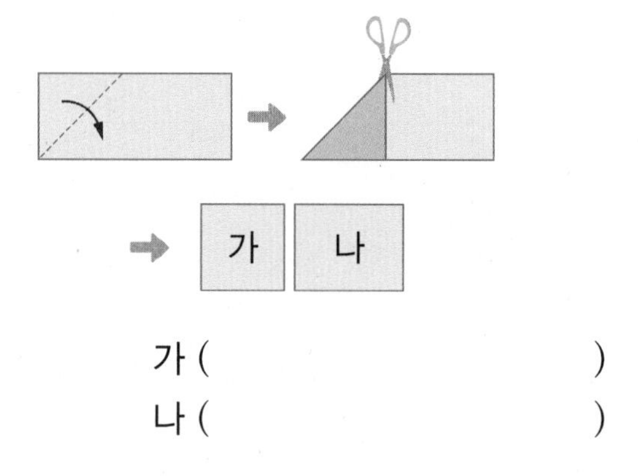

가 (　　　　　　　　)
나 (　　　　　　　　)

5 확인

정사각형 안에 선분 2개를 그어 작은 직사각형 4개를 만들어 보세요.

6 완성

도형 안에 선분 3개를 그어 작은 직사각형 4개를 만들어 보세요.

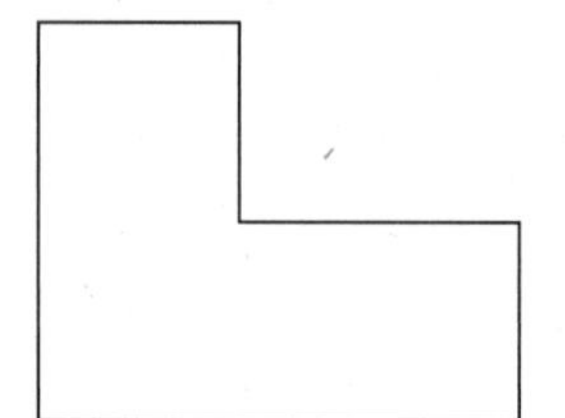

3 정사각형 만들기

7 준비

직사각형 모양의 종이를 잘라서 가장 큰 정사각형을 만들려고 합니다. 만든 정사각형의 한 변의 길이는 몇 cm인지 구해 보세요.

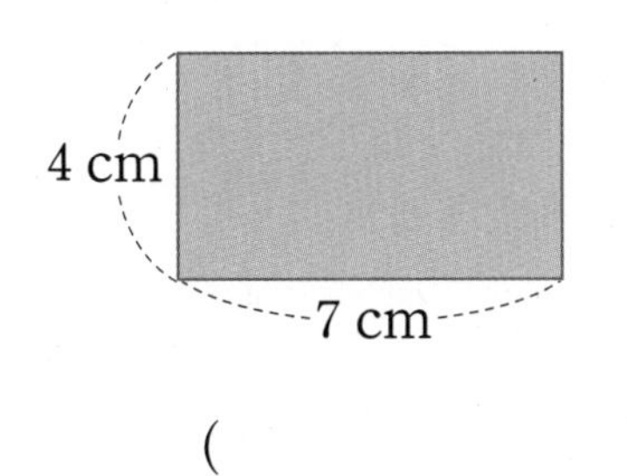

(　　　　　　　　)

8 확인

직사각형 모양의 종이를 잘라서 가장 큰 정사각형을 만들려고 합니다. 정사각형을 몇 개까지 만들 수 있는지 구해 보세요.

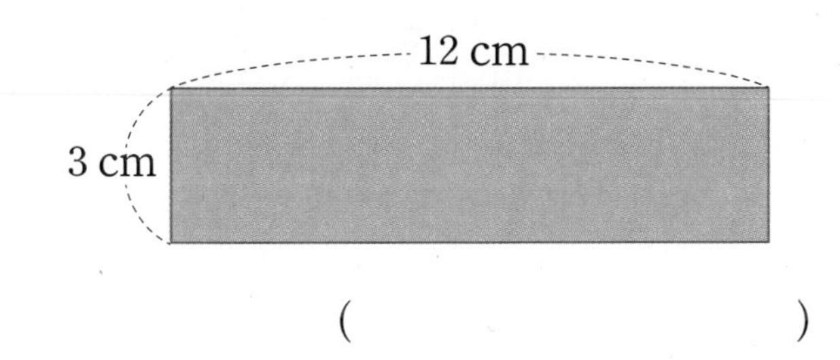

(　　　　　　　　)

9 완성

큰 직사각형을 작은 정사각형 3개로 나누었습니다. □ 안에 알맞은 수를 써넣으세요.

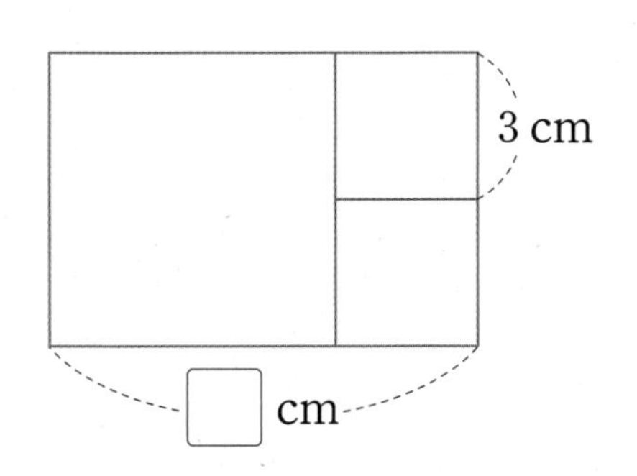

4 시계에서 직각 알아보기

10 준비

시계를 보고 □ 안에 알맞은 말을 써넣으세요.

시계의 긴바늘과 짧은바늘이 이루는 작은 쪽의 각은 □입니다.

11 확인

오후 1시에서 오후 5시 사이 중 시계의 긴바늘이 숫자 12를 가리킬 때 긴바늘과 짧은바늘이 직각을 이루는 시각을 써 보세요.

(　　　　　　　　)

12 완성

하루 중 시계의 긴바늘이 숫자 12를 가리킬 때 긴바늘과 짧은바늘이 직각을 이루는 때는 모두 몇 번인지 구해 보세요.

(　　　　　　　　)

5 직각의 수 구하기

13 준비

색종이를 반듯하게 두 번 접었다 펼친 다음 접힌 선을 따라 선을 그었습니다. 직각을 모두 찾아 ㄴ로 표시해 보세요.

14 확인

직각은 모두 몇 개인지 구해 보세요.

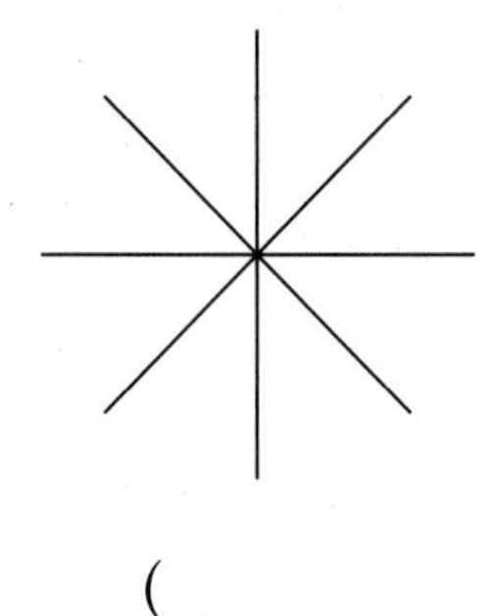

( )

15 완성

직각은 모두 몇 개인지 구해 보세요.

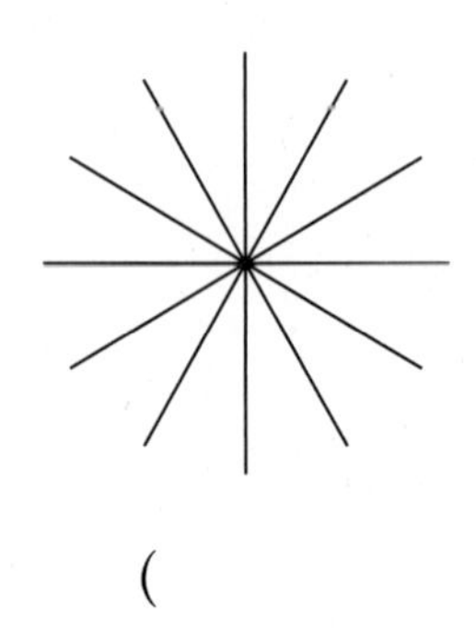

( )

6 크고 작은 도형의 수 구하기

16 준비

그림에서 찾을 수 있는 크고 작은 정사각형은 모두 몇 개인지 구해 보세요.

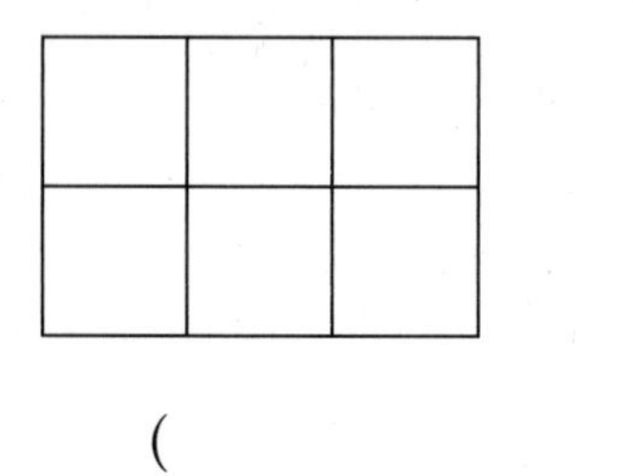

( )

17 확인

그림에서 찾을 수 있는 크고 작은 직각삼각형은 모두 몇 개인지 구해 보세요.

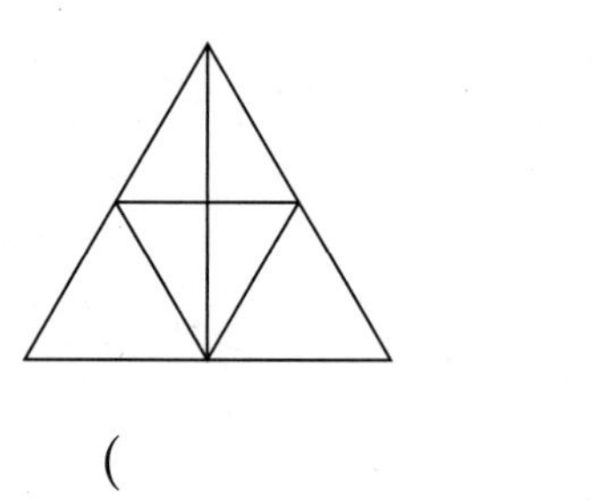

( )

18 완성

그림에서 찾을 수 있는 크고 작은 직사각형은 모두 몇 개인지 구해 보세요.

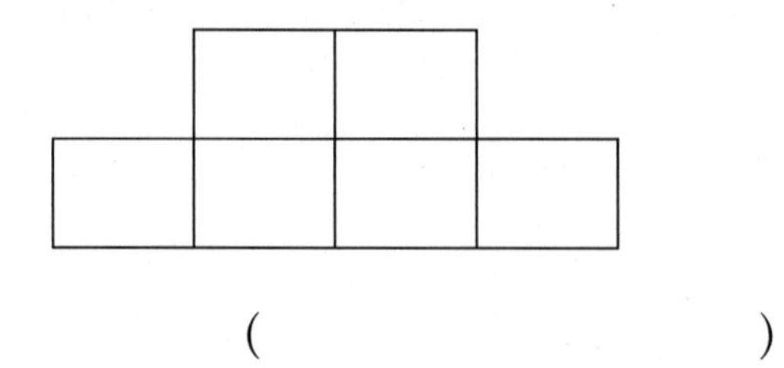

( )

단원 평가

점수 확인

1 그림과 같이 한 점에서 시작하여 한쪽으로 끝없이 늘인 곧은 선의 이름을 써 보세요.

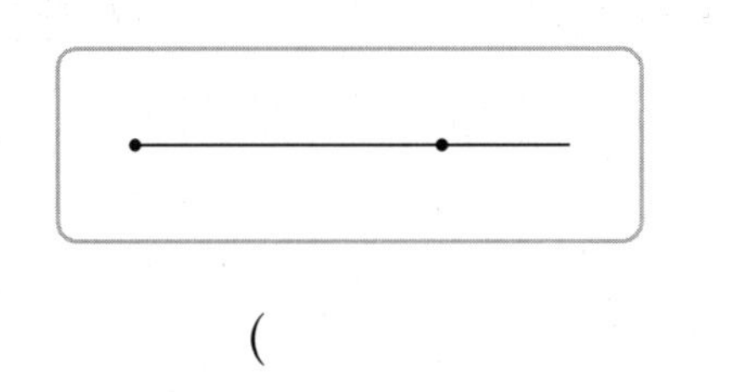

(　　　　　　　　)

2 직선을 찾아 이름을 써 보세요.

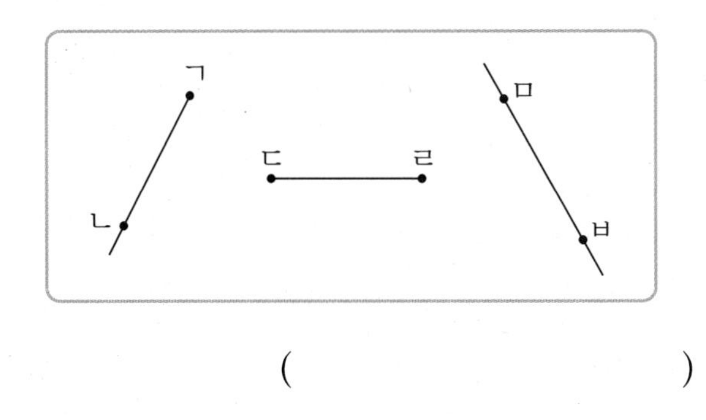

(　　　　　　　　)

3 선분 ㄷㄹ을 그려 보세요.

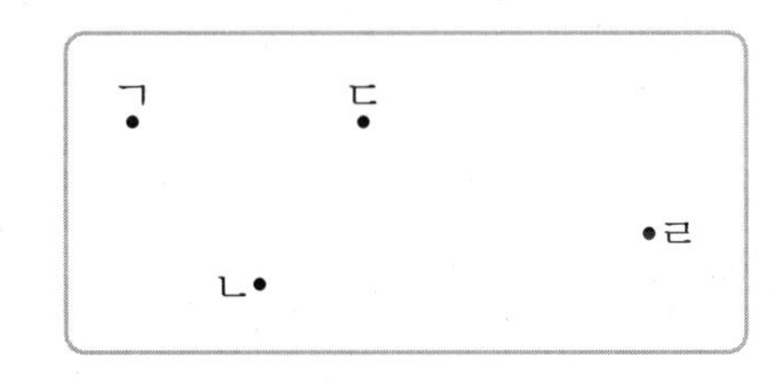

4 직각이 있는 도형을 찾아 기호를 써 보세요.

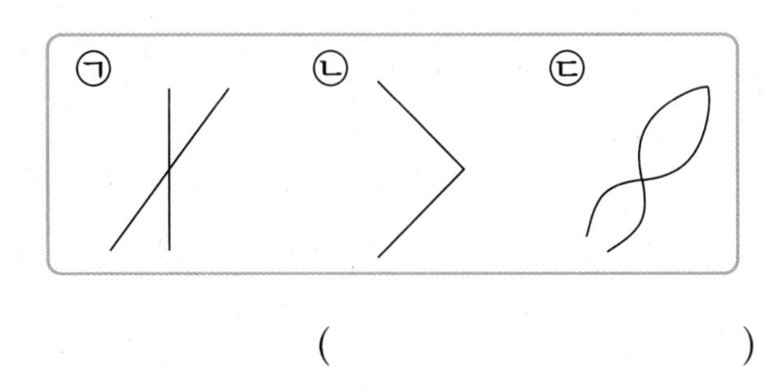

(　　　　　　　　)

5 각이 가장 많은 도형을 찾아 기호를 써 보세요.

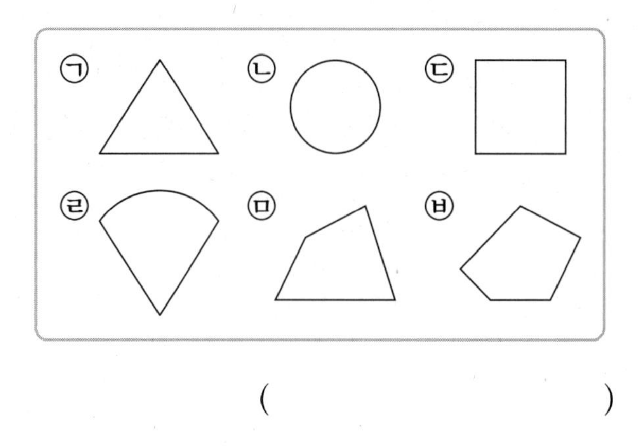

(　　　　　　　　)

6 그림에서 직각삼각형을 모두 찾아 색칠해 보세요.

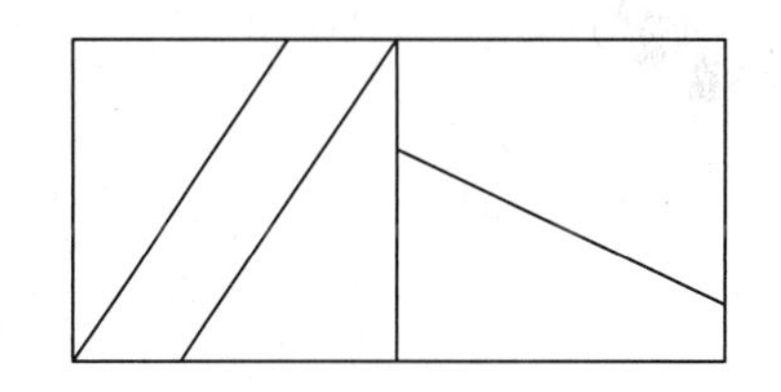

7 도형을 보고 잘못 설명한 것을 찾아 기호를 써 보세요.

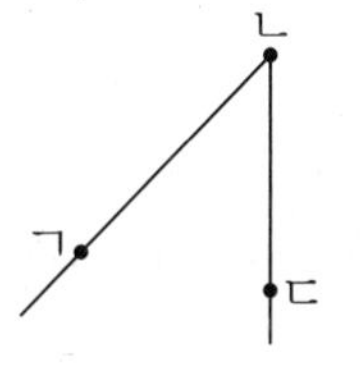

㉠ 한 점에서 그은 두 직선으로 이루어진 도형입니다.

㉡ 각 ㄱㄴㄷ 또는 각 ㄷㄴㄱ이라고 합니다.

㉢ 변은 반직선 ㄴㄱ과 반직선 ㄴㄷ입니다.

(　　　　　　　　)

8 직사각형과 정사각형을 각각 모두 찾아 기호를 써 보세요.

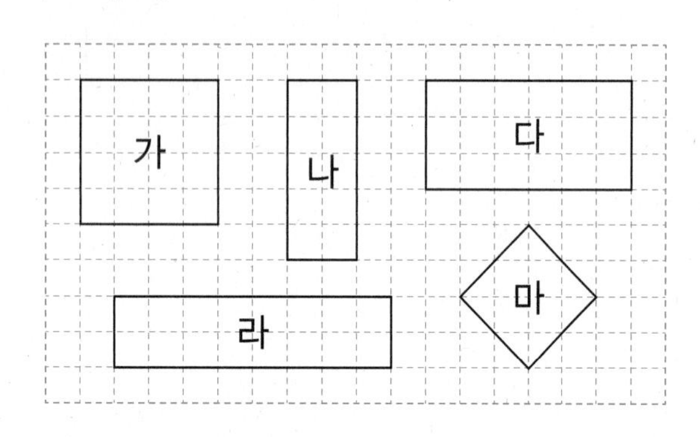

직사각형	정사각형

9 잘못 설명한 사람을 찾아 이름을 써 보세요.

성민: 직선의 길이는 잴 수 없지만 반직선의 길이는 잴 수 있어.
연지: 두 점 사이의 가장 짧은 거리는 두 점을 잇는 선분의 길이야.

( )

10 정사각형의 네 변의 길이의 합은 몇 cm인지 구해 보세요.

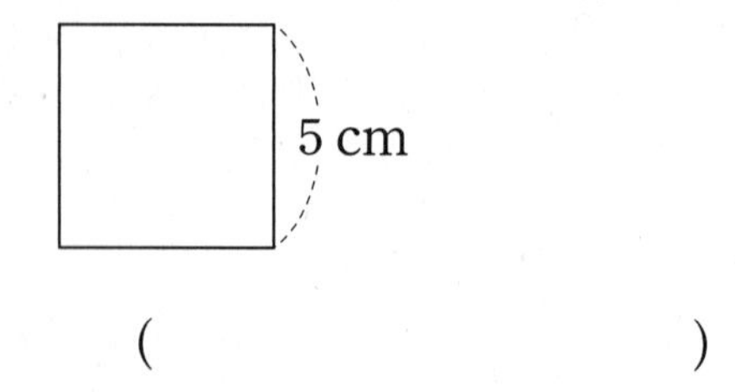

( )

11 직사각형 모양의 종이를 점선을 따라 자르면 정사각형은 모두 몇 개가 생기는지 구해 보세요.

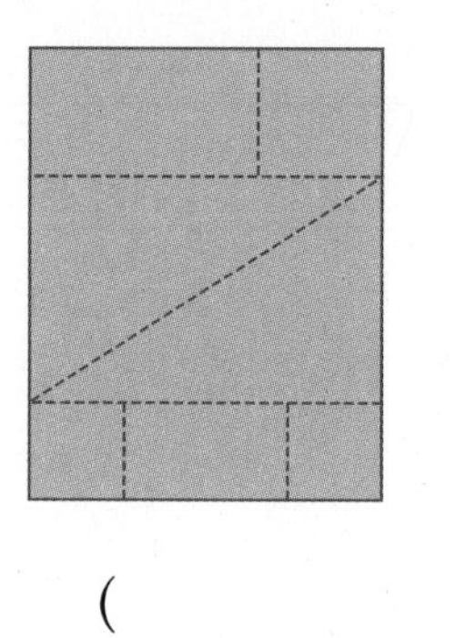

( )

12 직각삼각형을 그리려고 합니다. 점 ㄱ과 점 ㄴ을 어느 점과 이어야 할까요? ( )

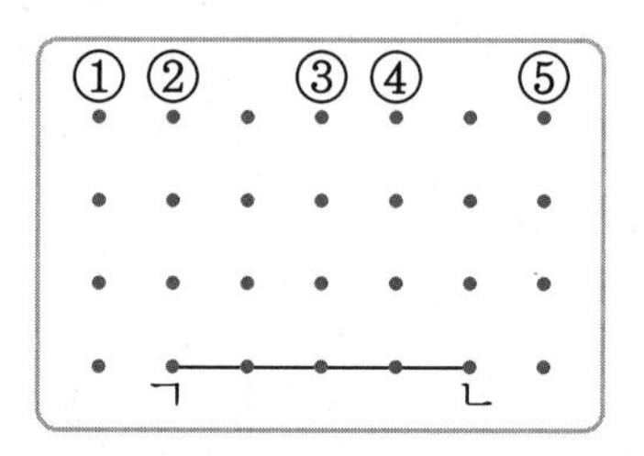

13 시계의 긴바늘과 짧은바늘이 이루는 작은 쪽의 각이 직각인 시각은 어느 것일까요? ( )

① 4시 ② 5시 ③ 7시
④ 9시 ⑤ 12시

14 나타내는 수가 다른 하나를 찾아 기호를 써 보세요.

㉠ 직각삼각형의 변의 수
㉡ 직각삼각형의 각의 수
㉢ 직각삼각형의 직각의 수

( )

15 주어진 점 중 두 점을 이어 그을 수 있는 반직선은 모두 몇 개인지 구해 보세요.

(   )

16 직사각형이 6개가 되도록 정사각형 안에 선분 3개를 그어 보세요.

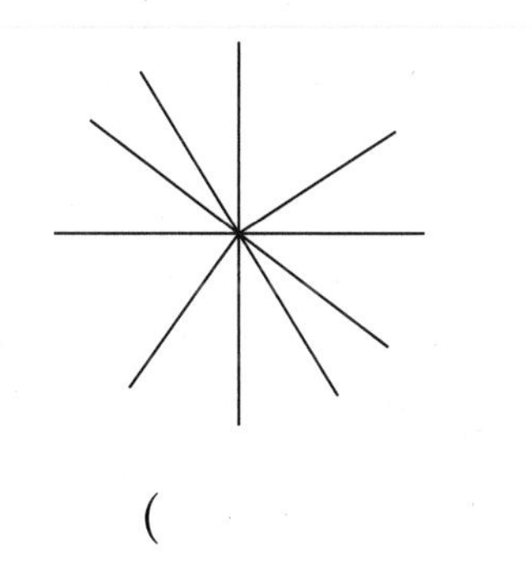

17 직각은 모두 몇 개인지 구해 보세요.

(   )

18 그림에서 찾을 수 있는 크고 작은 직각삼각형은 모두 몇 개인지 구해 보세요.

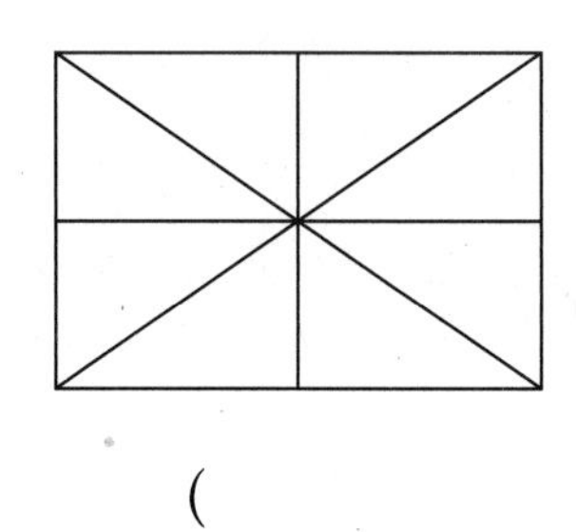

(   )

정답과 풀이 13쪽 서술형 문제

19 사각형 중 직사각형이 아닌 것을 찾아 ○표 하고, 까닭을 써 보세요.

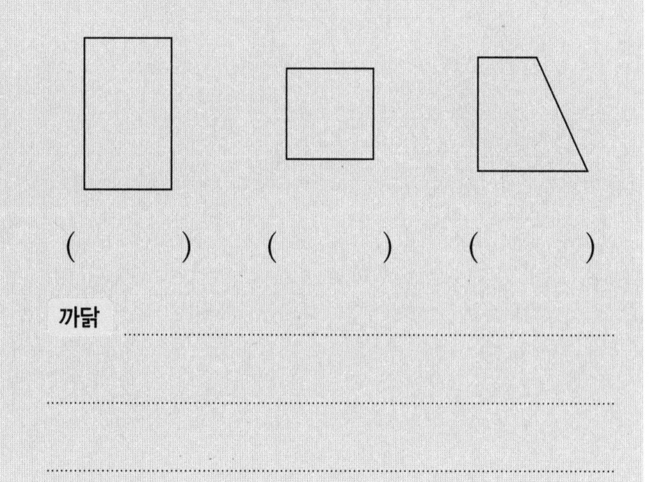

(   ) (   ) (   )

까닭 ....

20 직사각형 모양의 종이를 잘라서 가장 큰 정사각형을 만들려고 합니다. 만든 정사각형의 한 변의 길이는 몇 cm인지 풀이 과정을 쓰고 답을 구해 보세요.

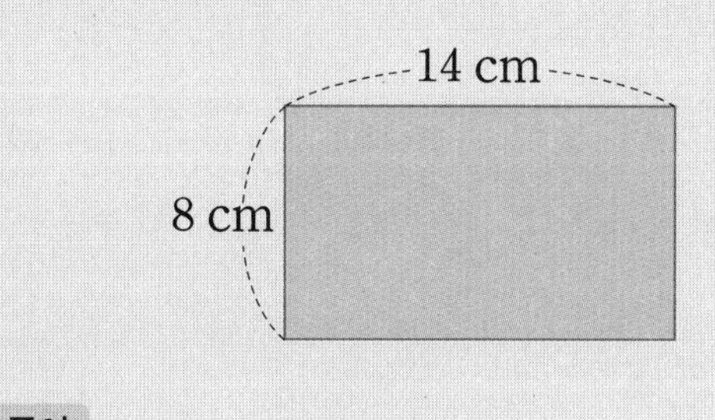

풀이 ....

답 ....

3 나눗셈

사탕을 빨리 나누는 방법은?

나눗셈은 결국 뺄셈을 간단히 한 거야!

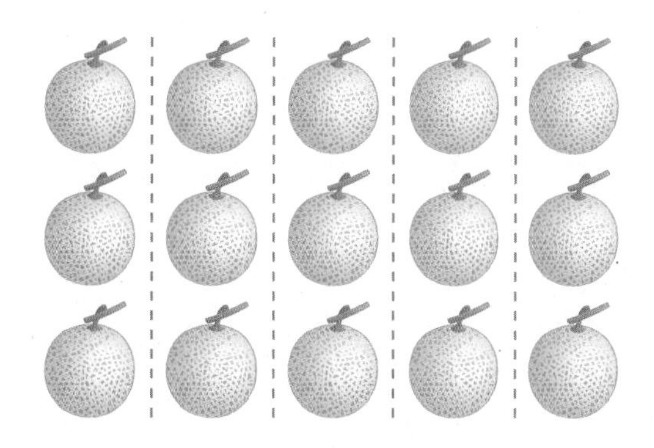

15개를 5군데로 똑같이 나누면 3개씩 놓입니다.

$$15 \div 5 = 3$$

15개를 5개씩 덜어 내려면 3묶음으로 묶어야 합니다.

$$15 - 5 - 5 - 5 = 0 \rightarrow 15 \div 5 = 3$$

5씩

3번

1 똑같이 나눈 한 묶음 안의 수를 몫이라고 해.

● 구슬 6개를 2명에게 똑같이 나누어 주기

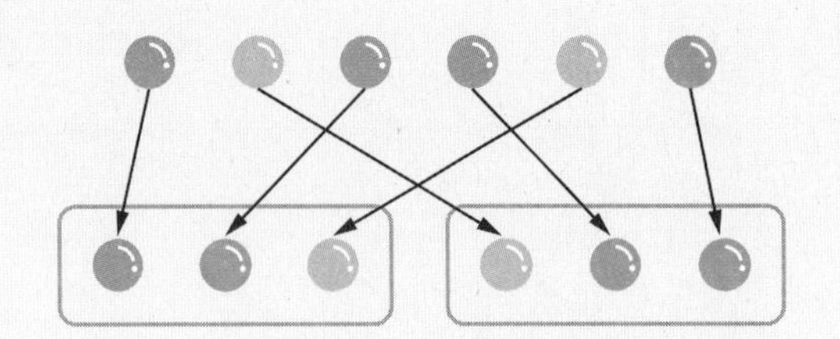

➡ 구슬 6개를 2명에게 똑같이 나누어 주면 한 명에게 3개씩 나누어 줄 수 있습니다.

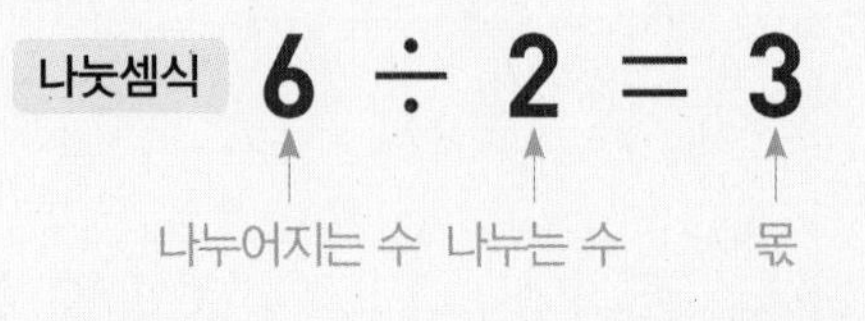

읽기 6 나누기 2는 3과 같습니다.

1 귤 24개를 4묶음으로 똑같이 나누었습니다. □ 안에 알맞은 수를 써넣으세요.

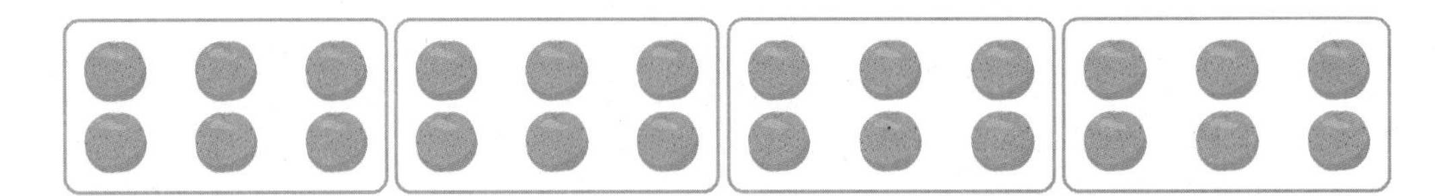

(1) 24개를 4묶음으로 똑같이 나누면 한 묶음에 □개씩입니다.

(2) 나눗셈식으로 나타내면 $24 \div 4 =$ □입니다.
나누어지는 수 나누는 수

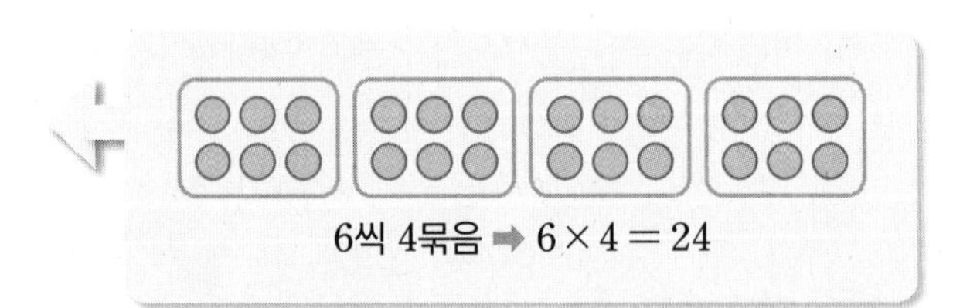

2 나눗셈식으로 나타내 보세요.

(1) 28 나누기 7은 4와 같습니다.

식 ....

(2) 나누어지는 수: 56, 나누는 수: 8, 몫: 7

식 ....

3 **도넛 12개를 4개의 접시에 똑같이 나누어 담으려고 합니다. 물음에 답하세요.**

(1) 한 접시에 몇 개씩 담을 수 있는지 접시에 ○를 그려 보세요.

(2) 한 접시에 도넛을 □개씩 담을 수 있습니다.

(3) 나눗셈식으로 나타내면 $12 \div 4 = \square$입니다.

4 **야구공 20개를 5개의 상자에 똑같이 나누어 담았습니다. 물음에 답하세요.**

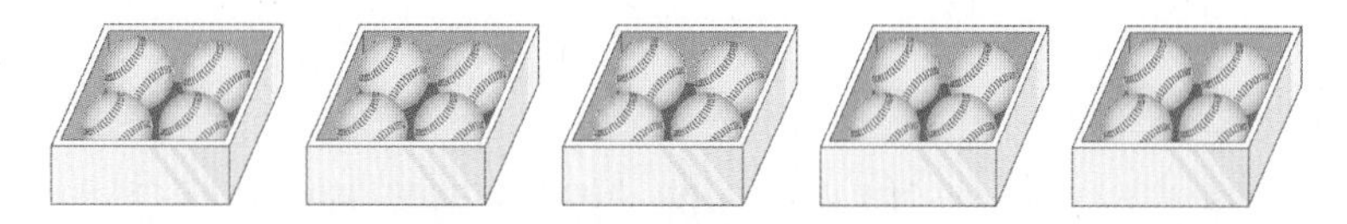

(1) 한 상자에 야구공이 □개씩 담겨져 있습니다.

(2) □ 안에 알맞은 수를 써넣고 각각의 수가 나타내는 것을 선으로 연결해 보세요.

$\square \div 5 = \square$

전체 야구공의 수	한 상자에 담은 야구공의 수	야구공을 담은 상자의 수

5 **연필 15자루를 3명이 똑같이 나누어 가지려고 합니다. 물음에 답하세요.**

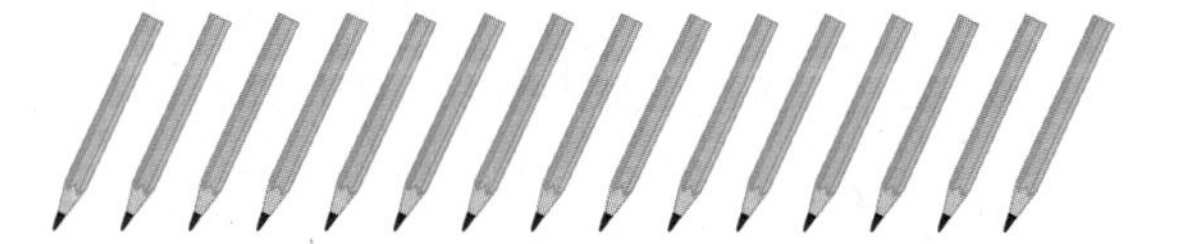

(1) 나눗셈식으로 나타내면 $15 \div 3 = \square$입니다.

(2) 한 명이 연필을 몇 자루씩 가질 수 있을까요?

(　　　　　　　　　　)

2 같은 양씩 묶었을 때 묶음 수를 몫이라고 해.

● 구슬 6개를 2개씩 나누어 주기

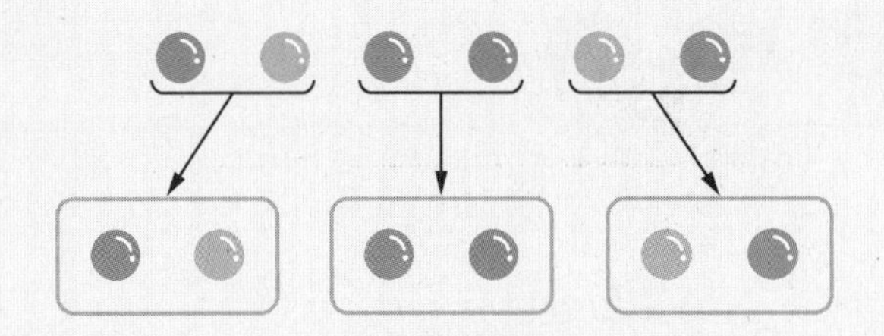

➡ 구슬 6개에서 2개씩 3번 덜어 내면 0이 되므로 3명에게 나누어 줄 수 있습니다.

뺄셈식 $6-2-2-2=0$ (3번)

나눗셈식 $6 \div 2 = 3$

2개씩 덜어 낸 횟수가 묶음의 수야.

1 귤 24개를 한 묶음에 4개씩 나누었습니다. □ 안에 알맞은 수를 써넣으세요.

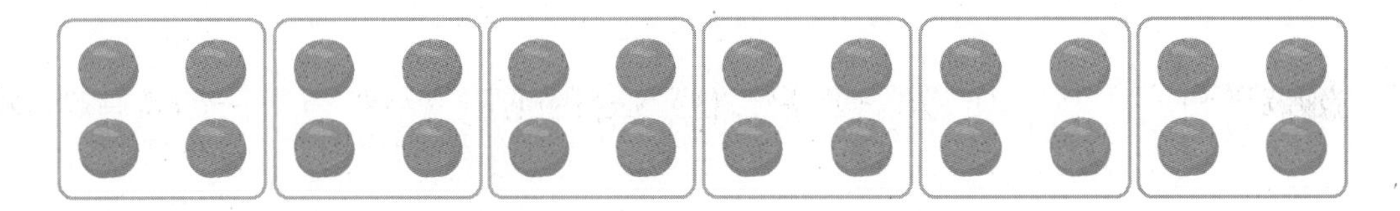

(1) 24개를 한 묶음에 4개씩 나누면 □ 묶음입니다.

(2) 나눗셈식으로 나타내면 $24 \div 4 =$ □ 입니다.

↑ 나누어지는 수 ↑ 나누는 수

2 귤 8개를 한 명에게 2개씩 나누어 주려고 합니다. 물음에 답하세요.

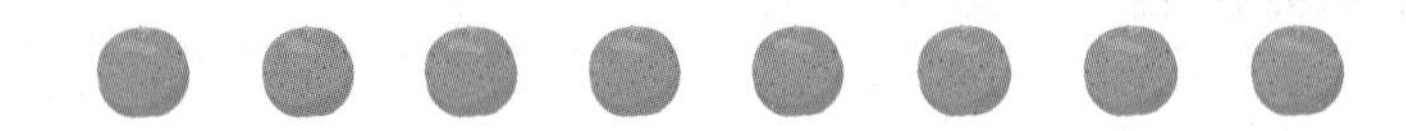

(1) 몇 명에게 나누어 줄 수 있는지 □로 묶어 보세요.

(2) 귤을 2개씩 □번 덜어 내면 0이 되므로 □명에게 나누어 줄 수 있습니다.

(3) 뺄셈식으로 나타내면 $8-$□$-$□$-$□$-$□$=0$입니다.

(4) 나눗셈식으로 나타내면 $8 \div 2 =$ □ 입니다.

3 **나눗셈식 $15 \div 5 = 3$에 대해 잘못 설명한 것을 모두 찾아 기호를 써 보세요.**

㉠ 15 나누기 5는 3과 같습니다.
㉡ 5는 15를 3으로 나눈 몫입니다.
㉢ 15개를 5개씩 묶으면 3묶음입니다.
㉣ 나누어지는 수는 15, 나누는 수는 3입니다.

(　　　　　　　　　　)

4 **풍선 12개를 한 명에게 4개씩 나누어 주려고 합니다. 물음에 답하세요.**

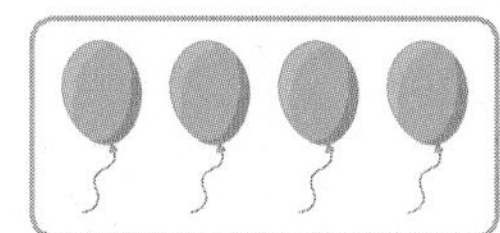
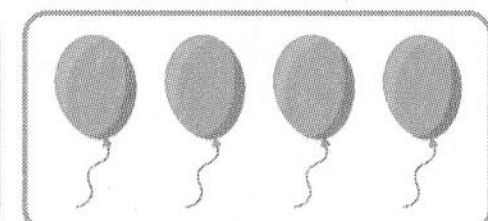
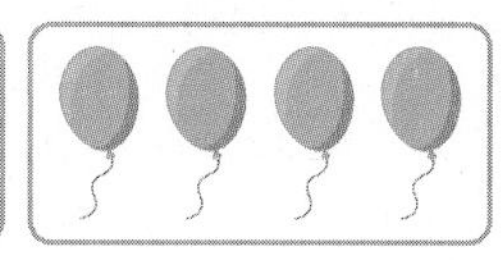

(1) 한 명에게 4개씩 나누어 주면 □명에게 나누어 줄 수 있습니다.

(2) □ 안에 알맞은 수를 써넣고 각각의 수가 나타내는 것을 선으로 연결해 보세요.

$\square \div 4 = \square$

한 명에게 나누어 주는 풍선의 수	풍선을 나누어 갖는 사람 수	전체 풍선의 수

5 **밤 14개를 한 명에게 7개씩 나누어 주려고 합니다. □ 안에 알맞은 수를 써넣으세요.**

(1) 뺄셈식으로 나타내면 $14 - \square - \square = 0$입니다.

(2) 나눗셈식으로 나타내면 $14 \div \square = \square$입니다.

(3) □명에게 나누어 줄 수 있습니다.

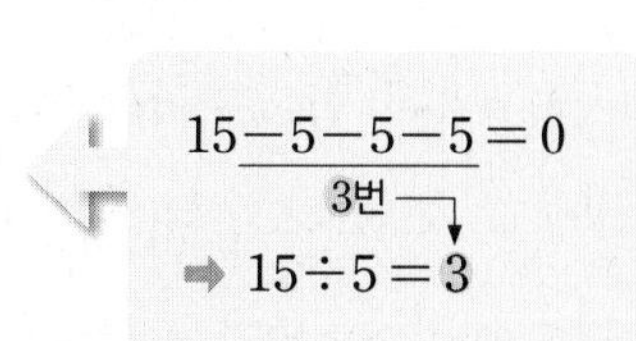

1 똑같이 나누기(1)

1 과일을 똑같이 나누어 담으려고 합니다. 한 봉투에 몇 개씩 담을 수 있는지 과일의 수만큼 ○를 그리고, 나눗셈식으로 나타내 보세요.

▶ 한 곳에 놓인 ○의 수가 나눗셈의 몫이야.

(1)

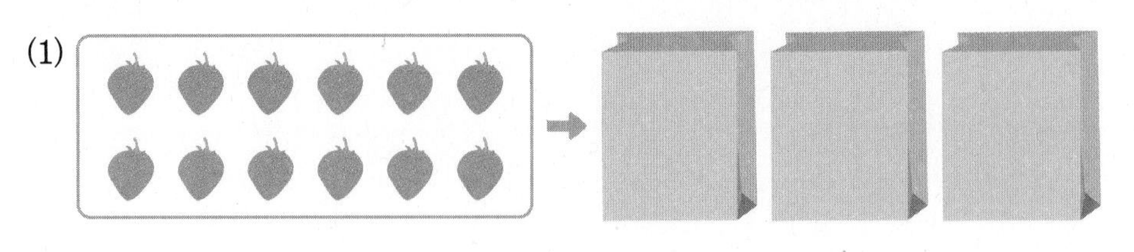

$12 \div 3 = \square$

(2)

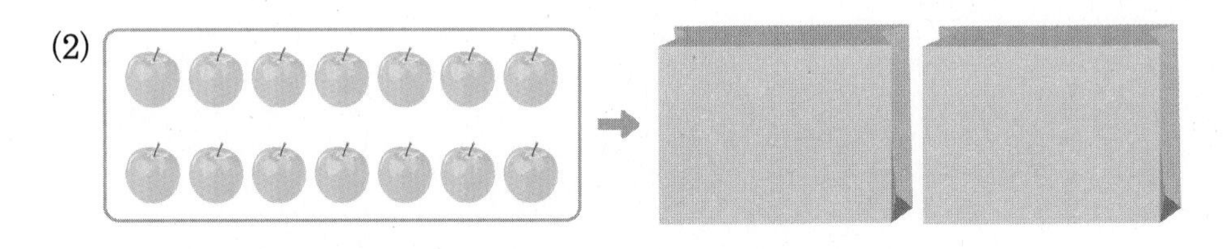

$14 \div 2 = \square$

2 사탕 20개를 똑같이 나누면 한 명이 몇 개씩 가지게 되는지 구해 보세요.

▶ 몇 묶음으로 묶는지에 따라 한 묶음 안의 수가 달라져.

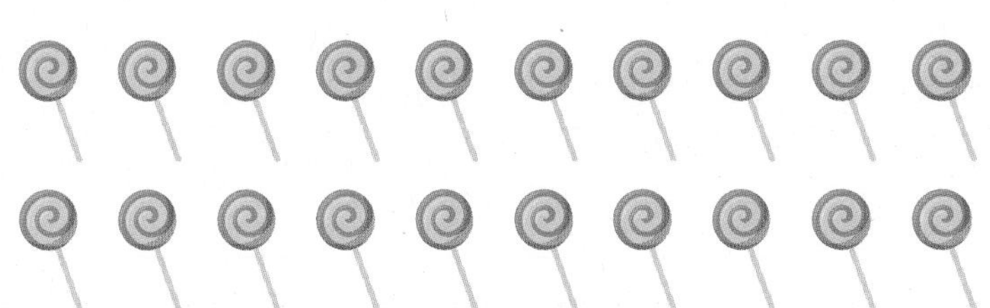

(1) 친구 4명이 똑같이 나누면 한 명이 □개씩 가지게 됩니다.

➡ $20 \div 4 = \square$

(2) 친구 5명이 똑같이 나누면 한 명이 □개씩 가지게 됩니다.

➡ $20 \div 5 = \square$

3 비누 36개를 9명에게 똑같이 나누어 주려고 합니다. 한 명에게 비누를 몇 개씩 줄 수 있을까요?

▶ ■를 ●로 똑같이 나누면 ▲가 돼.
➡ ■÷●＝▲

식 $36 \div \square = \square$ 답 ……………

4 바둑돌 18개를 상자의 각 칸에 똑같이 나누어 담으려고 합니다. 어느 상자에 담아야 하는지 ○표 하세요.

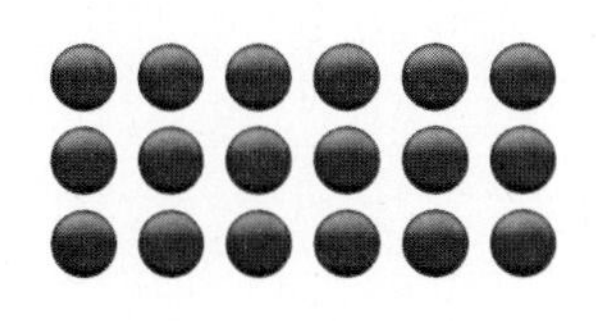
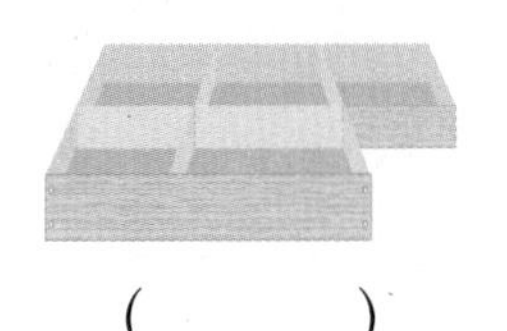
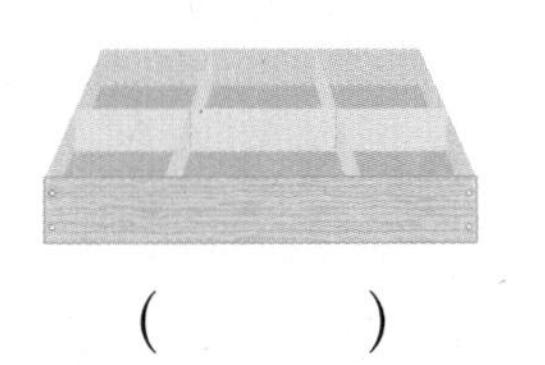

( ) ( )

▶ 왼쪽 상자는 5칸이고 오른쪽 상자는 6칸이야.

4+ 남김없이 똑같이 나누어지는 식에 ○표 하세요.

$40 \div 6$	$48 \div 6$
( )	( )

나머지가 있는 나눗셈

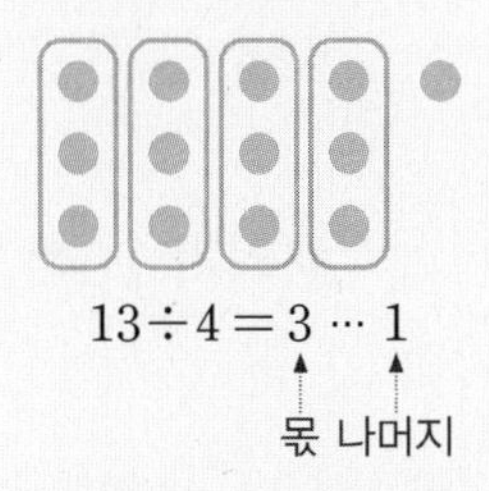

$13 \div 4 = 3 \cdots 1$

몫 나머지

➡ 13을 4묶음으로 똑같이 나누면 1이 남습니다. 남은 수를 나머지라고 합니다.

내가 만드는 문제

5 빈칸에 같은 수의 ○를 그리고 그림에 알맞은 나눗셈식을 써 보세요.

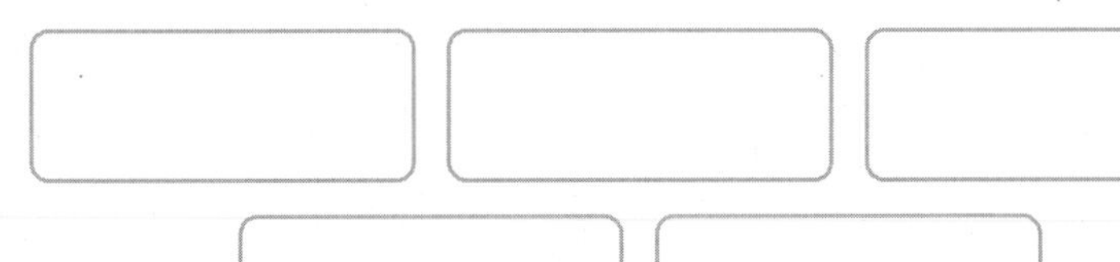

➡ $\square \div 5 = \square$

▶ 한 칸에 ○를 10개와 같거나 많게 그리면 계산하기 어려워져.

3

나눗셈도 여러 가지 방법으로 묶어 나타낼 수 있을까?

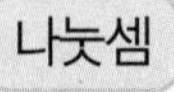

곱셈

3씩 묶어 세기 / 2씩 묶어 세기

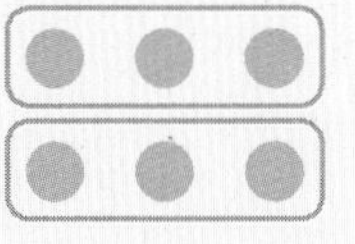
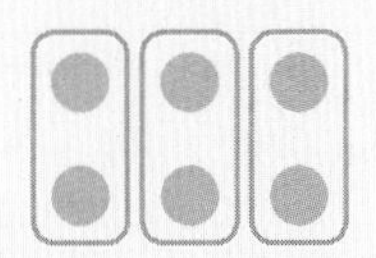

$3 \times 2 = 6$ $2 \times 3 = 6$

나눗셈

2묶음으로 나누기 / 3묶음으로 나누기

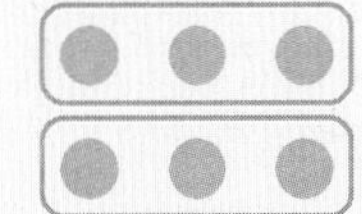
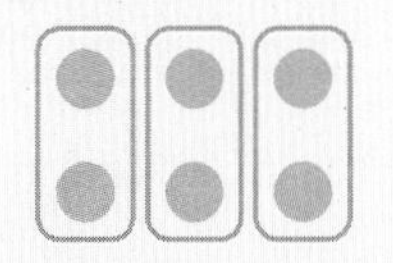

$6 \div 2 = \square$ $6 \div 3 = \square$

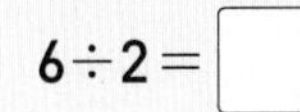

6 그림을 보고 □ 안에 알맞은 수를 써넣으세요.

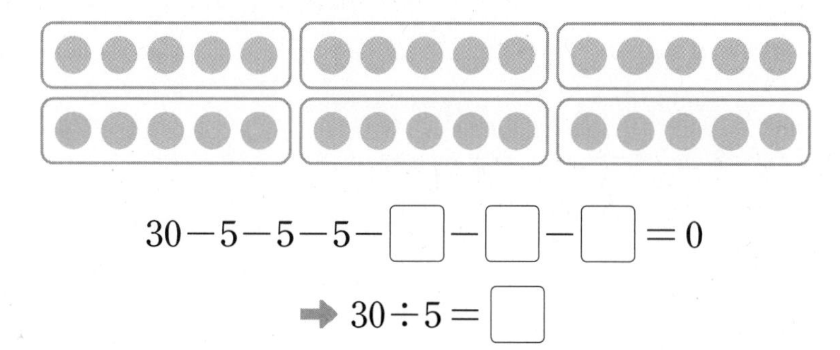

$30-5-5-5-\square-\square-\square=0$

➡ $30\div5=\square$

▶ 5씩 0이 될 때까지 뺀 횟수가 몫이야.

7 쿠키가 16개 있습니다. □ 안에 알맞은 수를 써넣으세요.

(1) 한 명에게 2개씩 나누어 주면 □명에게 나누어 줄 수 있습니다.

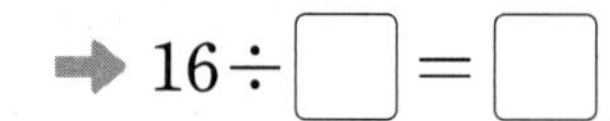

➡ $16\div\square=\square$

(2) 한 명에게 4개씩 나누어 주면 □명에게 나누어 줄 수 있습니다.

➡ $16\div\square=\square$

(3) 한 명에게 8개씩 나누어 주면 □명에게 나누어 줄 수 있습니다.

➡ $16\div\square=\square$

▶ 3씩 2묶음 2씩 3묶음

탄탄북

8 뺄셈식을 보고 나눗셈식으로 나타내 보세요.

(1) $42-6-6-6-6-6-6-6=0$

➡ $42\div\square=\square$

(2) $35-7-7-7-7-7=0$

➡ $35\div\square=\square$

▶ (1) 6씩 7번 빼면 0이 돼.
(2) 7씩 5번 빼면 0이 돼.

9 나눗셈식 $20 \div 4 = 5$에 대해 잘못 설명한 사람은 누구일까요?

재호: '20 나누기 4는 5와 같습니다.'라고 읽어.
수영: 4는 20을 5로 나눈 몫이야.
민지: 뺄셈식으로 나타내면 $20-4-4-4-4-4=0$이야.

(　　　　　　　　　　)

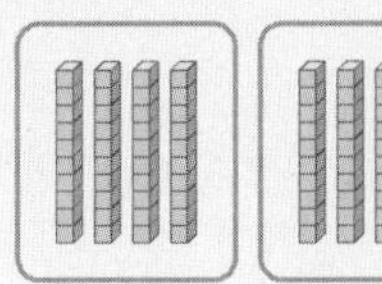

(몇십)÷(몇)의 계산

$80 \div 2 = 40$
➡ 80을 두 묶음으로 나누면 한 묶음에 40씩입니다.

9⊕ □ 안에 알맞은 수를 써넣으세요.

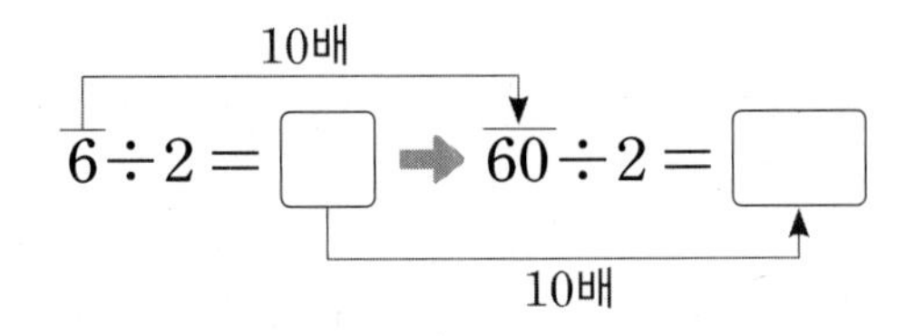

내가 만드는 문제

10 색종이 접기를 하는 데 필요한 색종이 수입니다. 딱지, 튤립, 표창 중 내가 만들고 싶은 것을 골라 나눗셈 문제를 만들고 해결해 보세요.

▸ 딱지를 만들고 싶으면 전체 색종이 수를 딱지를 접는 데 필요한 색종이 수로 나누면 돼.

딱지	튤립	표창
색종이 2장	색종이 3장	색종이 4장

색종이 12장으로 □을/를 만들고 싶습니다. 몇 개 만들 수 있을까요?

식 ....　　답 ....

15를 똑같이 나누는 방법은 한 가지일까?

5씩 나누기　VS　**3씩 나누기**

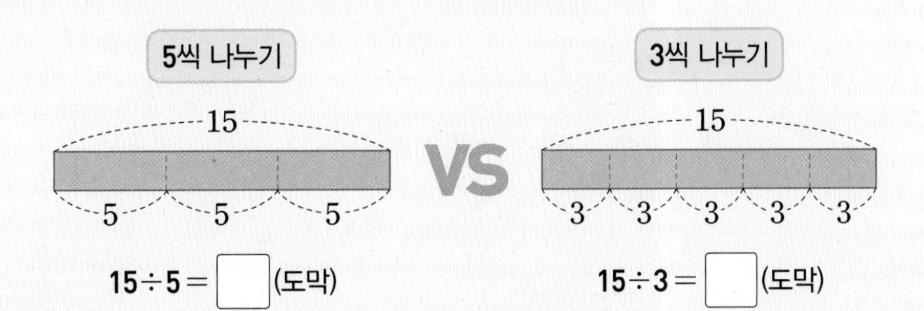

$15 \div 5 =$ □(도막)　　$15 \div 3 =$ □(도막)

3 나눗셈식으로 나타내기

11 **문제에 알맞게 나눗셈식으로 나타내 보세요.**

(1) 공깃돌 21개를 7명이 똑같이 나누어 가지면 한 명이 공깃돌을 3개씩 가질 수 있습니다.

$21 \div \square = \square$

(2) 공깃돌 21개를 한 명에게 7개씩 나누어 주면 3명에게 나누어 줄 수 있습니다.

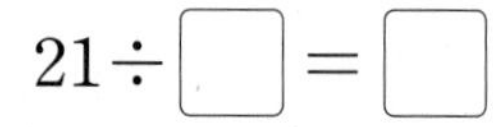
$21 \div \square = \square$

▶ • 1개씩 번갈아 가면서 놓을 때

• 2개씩 묶어서 놓을 때

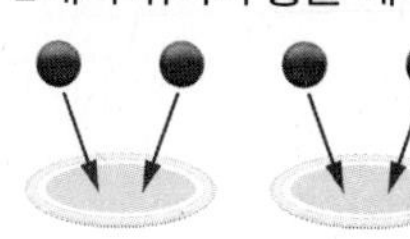

12 **조건에 알맞게 공을 ▭로 묶고, □ 안에 알맞은 수를 써넣으세요.**

(1) 8개의 농구공을 2묶음으로 똑같이 나누면 한 묶음에 농구공이 □개씩입니다.

$8 \div 2 = \square$

(2) 12개의 배구공을 한 묶음에 3개씩 나누면 □묶음이 됩니다.

$12 \div 3 = \square$

▶ • ●개를 ▲묶음으로 똑같이 나누면 한 묶음에 ★개
• ●개를 한 묶음에 ▲개씩 나누면 ★묶음
➡ ● ÷ ▲ = ★

13 **나눗셈식 $18 \div 3 = 6$을 나타내는 문장입니다. □ 안에 알맞은 수를 써넣으세요.**

(1) 쿠키 18개를 접시 □개에 똑같이 나누어 담으면 한 접시에 □개씩 담을 수 있습니다.

(2) 사탕 18개를 한 명에게 □개씩 똑같이 나누어 주면 □명에게 나누어 줄 수 있습니다.

14 수직선을 보고 나눗셈식으로 나타내 보세요.

(1)

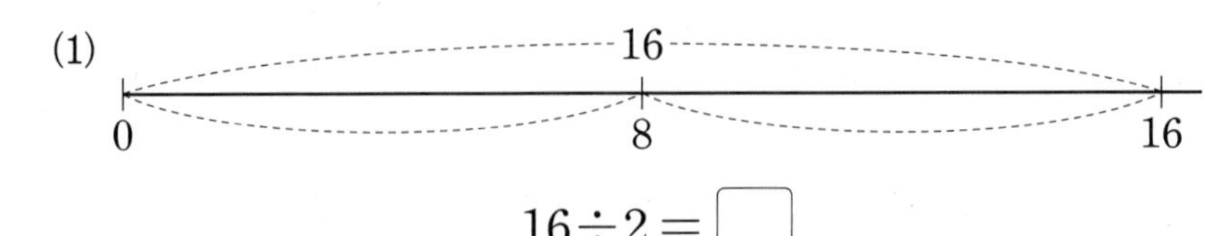

$16 \div 2 = \square$

(2)

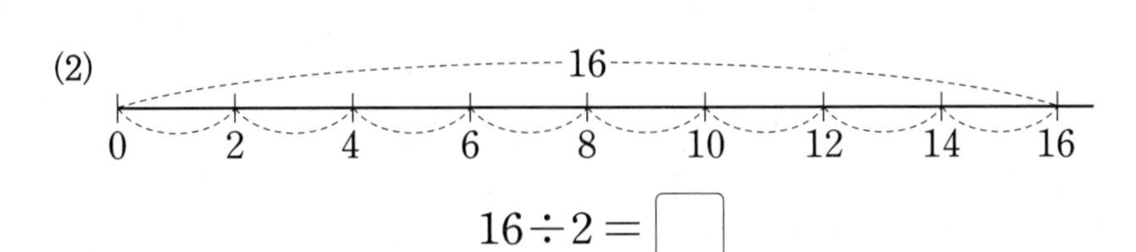

$16 \div 2 = \square$

▶ 6÷2의 몫의 두 가지 의미
- 똑같이 둘로 나눈 하나의 길이

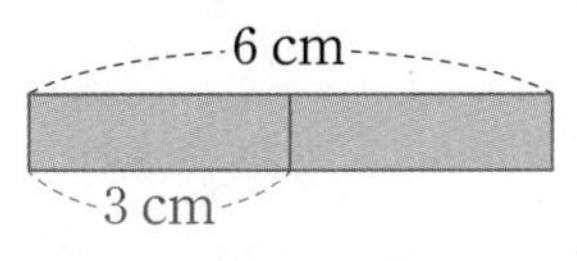

- 2 cm씩 덜어 낸 횟수

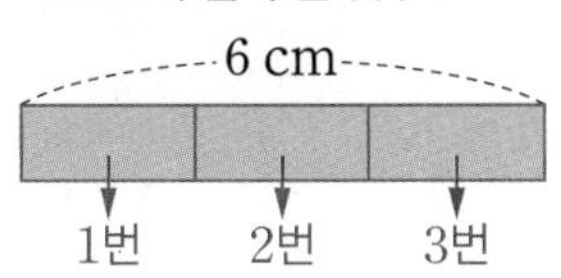

15 □ 안에 알맞은 수를 써넣고 나눗셈식으로 나타내 보세요.

▶ 똑같은 크기로 묶어야 해.

(1) 색종이 24장을 □ 묶음으로 똑같이 나누면 한 묶음에 □장씩입니다.

➡ $24 \div \square = \square$

(2) 색종이 24장을 한 묶음에 □장씩 나누면 □묶음입니다.

➡ $24 \div \square = \square$

똑같이 ■묶음으로 나누는 것과 ■씩 묶는 것의 차이점은?

- **똑같이 3묶음으로 나누기**

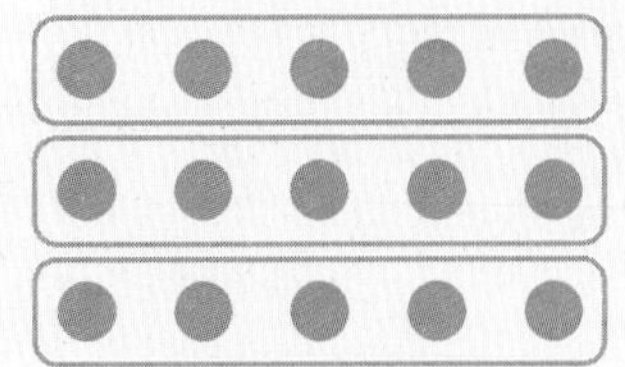

$15 \div 3 = \square$

➡ 몫이 나타내는 것: 한 묶음 안에 있는 ●의 수

VS

- **한 묶음에 3씩 나누기**

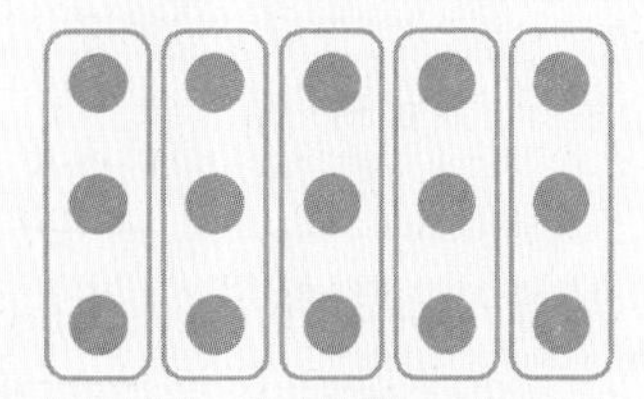

$15 \div 3 = \square$

➡ 몫이 나타내는 것: 3씩 묶었을 때 묶음 수

3 곱셈식은 나눗셈식으로, 나눗셈식은 곱셈식으로 나타낼 수 있어.

$2 \times 5 = 10$
$10 \div 2 = 5$

$5 \times 2 = 10$
$10 \div 5 = 2$

두 수를 바꾸어 곱해도 계산 결과는 같아.

곱셈식을 2개의 나눗셈식으로, 나눗셈식을 2개의 곱셈식으로 나타낼 수 있습니다.

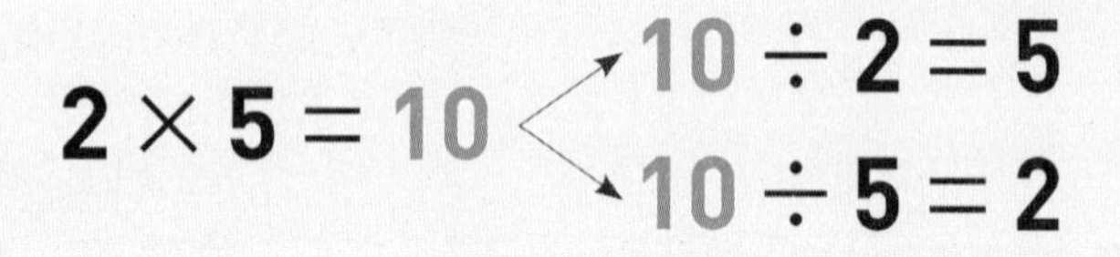

$10 \div 2 = 5$ → $2 \times 5 = 10$, $5 \times 2 = 10$

1 테니스공을 상자에 똑같이 나누어 담으려고 합니다. □ 안에 알맞은 수를 써넣으세요.

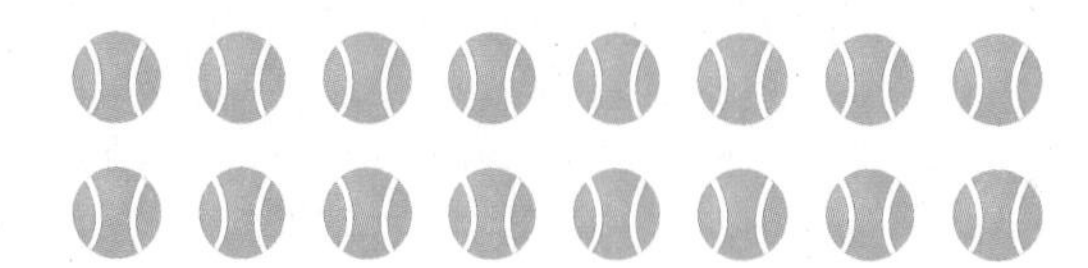

(1) 테니스공을 2개씩 묶으면 □묶음이므로 테니스공의 수를 곱셈식으로 나타내면 $2 \times \square = 16$입니다.

(2) 테니스공 16개를 한 상자에 2개씩 나누어 담으면 $16 \div \square = \square$(상자)에 담을 수 있습니다.

(3) 테니스공을 8개씩 묶으면 □묶음이므로 테니스공의 수를 곱셈식으로 나타내면 $8 \times \square = 16$입니다.

(4) 테니스공 16개를 한 상자에 8개씩 나누어 담으면 $16 \div \square = \square$(상자)에 담을 수 있습니다.

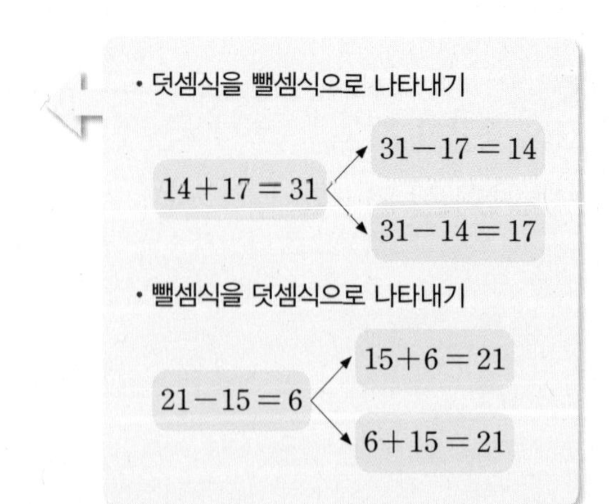

2 그림을 보고 곱셈식과 나눗셈식으로 나타내 보세요.

(1)

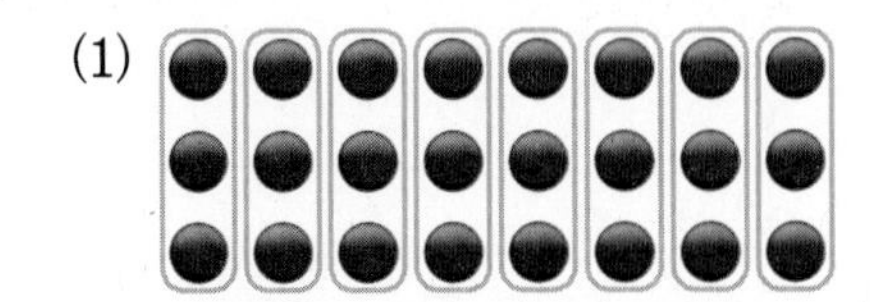

(2)

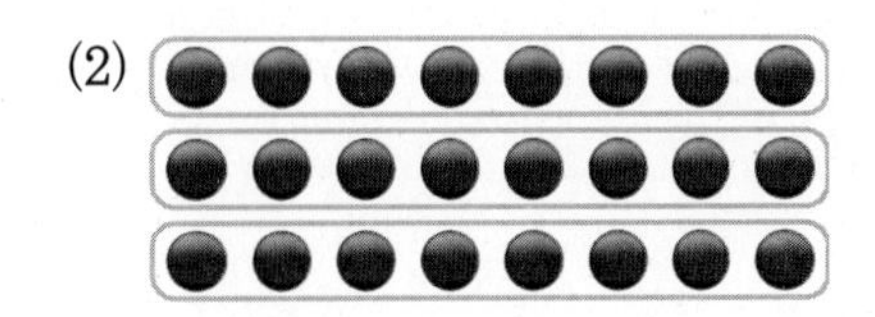

●씩 ▲묶음
➡ ●×▲=■
➡ ■÷●=▲

(1) 곱셈식 $3\times\square=\square$

나눗셈식 $24\div3=\square$

(2) 곱셈식 $\square\times3=\square$

나눗셈식 $24\div\square=3$

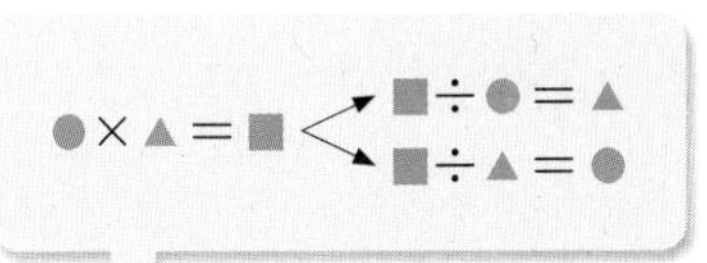

●×▲=■ < ■÷●=▲, ■÷▲=●

3 복숭아의 수를 곱셈식으로 나타낸 다음 나눗셈식으로 나타내 보세요.

$7\times2=\square$ → $14\div7=\square$, $14\div2=\square$

4 곱셈식을 나눗셈식으로 나타내 보세요.

(1) $6\times7=42$

➡ $42\div\square=\square$

$42\div\square=\square$

(2) $8\times6=48$

➡ $48\div\square=\square$

$48\div\square=\square$

5 나눗셈식을 곱셈식으로 나타내 보세요.

(1) $36\div4=9$

➡ $4\times\square=\square$

$9\times\square=\square$

(2) $56\div7=8$

➡ $7\times\square=\square$

$8\times\square=\square$

●÷▲=■ < ▲×■=●, ■×▲=●

4 나눗셈의 몫은 곱셈식을 이용해서 구할 수 있어.

$21 \div 3 = \square$ → $21 \div 3 = \square$에서 몫 $\square$는 $3 \times \square = 21$에서 $\square$의 값과 같습니다.

$3 \times \square = 21$, $\square = 7$

$3 \times 1 = 3$
$3 \times 2 = 6$
⋮
$3 \times \boxed{7} = 21$

$21 \div 3 = \boxed{7}$
$3 \times \boxed{7} = 21$

→ $21 \div 3$의 몫은 7입니다.

1 축구공 24개를 6개씩 묶으면 몇 묶음이 되는지 알아보려고 합니다. □ 안에 알맞은 수를 써넣으세요.

(1) 축구공을 6개씩 묶으면 몇 묶음이 되는지 나눗셈식으로 나타내면 $24 \div 6 = \square$입니다.

(2) 24개를 6개씩 묶고 곱셈식으로 나타내면 $6 \times \square = 24$입니다. 따라서 축구공은 □묶음입니다.

2 몫을 구하는 데 필요한 곱셈식에 ◯표 하고, □ 안에 알맞은 수를 써넣으세요.

(1)
$4 \times 6 = 24$
$4 \times 7 = 28$
$4 \times 8 = 32$
→ $28 \div 4 = \square$

(2)
$8 \times 7 = 56$
$8 \times 8 = 64$
$8 \times 9 = 72$
→ $72 \div 8 = \square$

3 곱셈식을 이용하여 나눗셈의 몫을 구하려고 합니다. 관계있는 것끼리 이어 보세요.

$54 \div 6 = 9$	$42 \div 6 = 7$	$63 \div 7 = 9$
•	•	•
•	•	•
$7 \times 9 = 63$	$6 \times 9 = 54$	$6 \times 7 = 42$

$10 - 6 = 4$
$6 + 4 = 10$
뺄셈도 덧셈을 이용해 구할 수 있어.

정답과 풀이 16쪽

5 나눗셈의 몫은 곱셈구구를 이용해서 구할 수 있어.

- 곱셈표를 이용하여 30÷6의 몫 구하기

① 나누는 수가 6이므로 6단 곱셈구구에서 곱 30을 찾습니다.

② 6×5＝30이므로 30÷6의 몫은 5입니다.

30 ÷ 6 ＝ 5

6 × 5 ＝ 30

×	2	3	4	5	6
2	4	6	8	10	12
3	6	9	12	15	18
4	8	12	16	20	24
5	10	15	20	25	30
6	12	18	24	30	36

나누는 수가 6이므로 6단 곱셈구구를 이용해.

1 곱셈표를 이용하여 나눗셈의 몫을 구하려고 합니다. 물음에 답하세요.

×	1	2	3	4	5	6	7	8	9
1	1	2	3	4	5	6	7	8	9
2	2	4	6	8	10	12	14	16	18
3	3	6	9	12	15	18	21	24	27
4	4	8	12	16	20	24	28	32	36
5	5	10	15	20	25	30	35	40	45
6	6	12	18	24	30	36	42	48	54
7	7	14	21	28	35	42	49	56	63
8	8	16	24	32	40	48	56	64	72
9	9	18	27	36	45	54	63	72	81

곱셈표는 가로줄과 세로줄이 만나는 칸에 두 수의 곱이 있어.
➡ 3×3＝9

×	1	2	3
1	1	2	3
2	2	4	6
3	3	6	9

(1) ① 30÷5의 몫을 구하려면 □단 곱셈구구를 이용합니다.

② 곱셈표에서 5를 찾은 다음 30을 찾으면 30÷5의 몫은 □입니다.

(2) ① 56÷7의 몫을 구하려면 □단 곱셈구구를 이용합니다.

② 곱셈표에서 7을 찾은 다음 56을 찾으면 56÷7의 몫은 □입니다.

(3) 40÷8＝□

56÷8＝□

72÷8＝□

(4) 24÷3＝□

48÷6＝□

72÷9＝□

1 그림을 보고 물음에 답하세요.

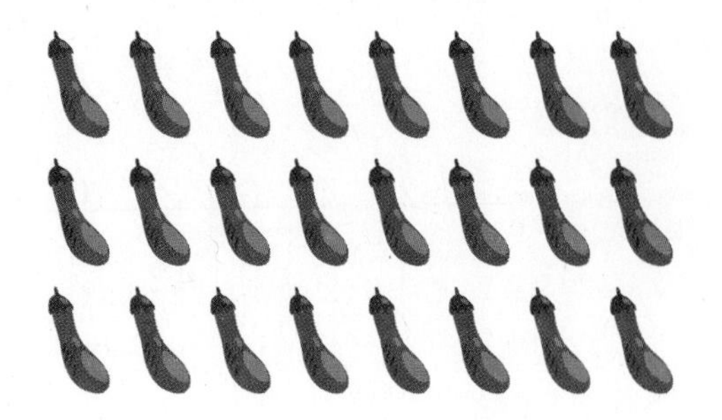

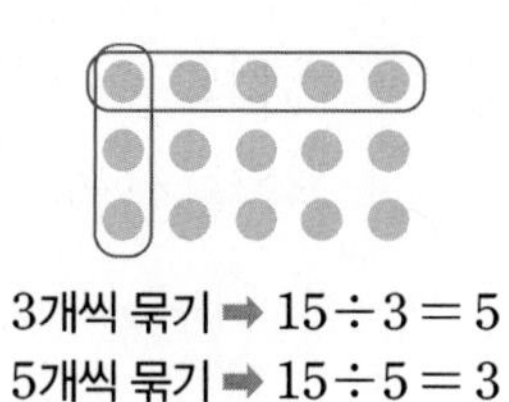

3개씩 묶기 ➡ $15 \div 3 = 5$
5개씩 묶기 ➡ $15 \div 5 = 3$

(1) 가지가 8개씩 3줄로 놓여 있습니다. 가지는 모두 몇 개일까요?

곱셈식 .... 답 ....

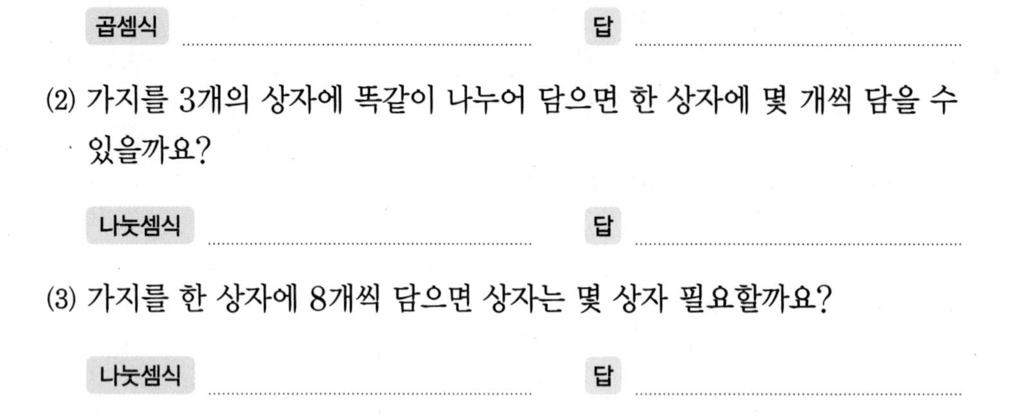

(2) 가지를 3개의 상자에 똑같이 나누어 담으면 한 상자에 몇 개씩 담을 수 있을까요?

나눗셈식 .... 답 ....

(3) 가지를 한 상자에 8개씩 담으면 상자는 몇 상자 필요할까요?

나눗셈식 .... 답 ....

2 그림을 보고 곱셈식과 나눗셈식을 각각 2개씩 써 보세요.

▶ 그림을 보고 곱셈식으로 나타낸 다음 곱셈식을 나눗셈식으로 나타내.

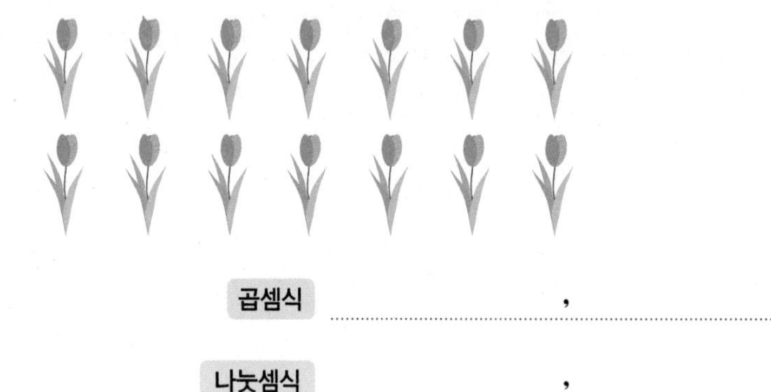

곱셈식 .... , ...

나눗셈식 .... , ...

3 □ 안에 알맞은 수를 써넣으세요.

(1) $5 \times \square = 40$ ➡ $40 \div 5 = \square$, $40 \div 8 = \square$

(2) $63 \div 7 = \square$ ➡ $7 \times \square = 63$, $\square \times 7 = 63$

정답과 풀이 17쪽

탄탄북

4 3장의 수 카드를 한 번씩만 사용하여 만들 수 있는 곱셈식과 나눗셈식을 각각 2개씩 써 보세요.

45 9 5

곱셈식 .... , ...

나눗셈식 .... , ...

▶ 곱셈식에서는 곱이 가장 큰 수이고, 나눗셈식에서는 나누어지는 수가 가장 큰 수야.

몫이 두 자리 수인 나눗셈

$62 \div 2$의 계산

$\times 3$, $2)62$, 6, 2 ➡ $\times 31$, $2)62$, 6, 2, 2, 0

4+ 보기 와 같이 □ 안에 알맞은 수를 써넣으세요.

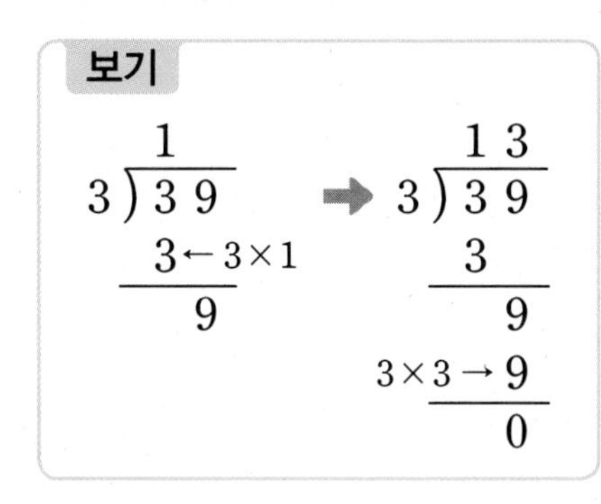

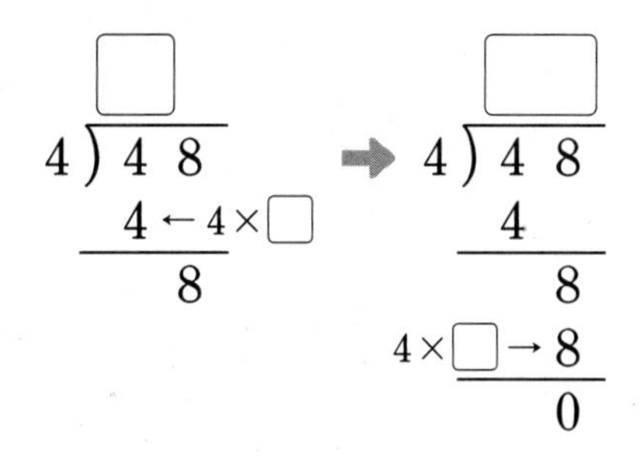

내가 만드는 문제

5 □ 안에 4부터 9까지의 수 중 하나를 써넣어 곱셈식을 완성하고, 2개의 나눗셈식으로 나타내 보세요.

▶ 하나의 곱셈식으로 2개의 나눗셈식을 만들 수 있어.

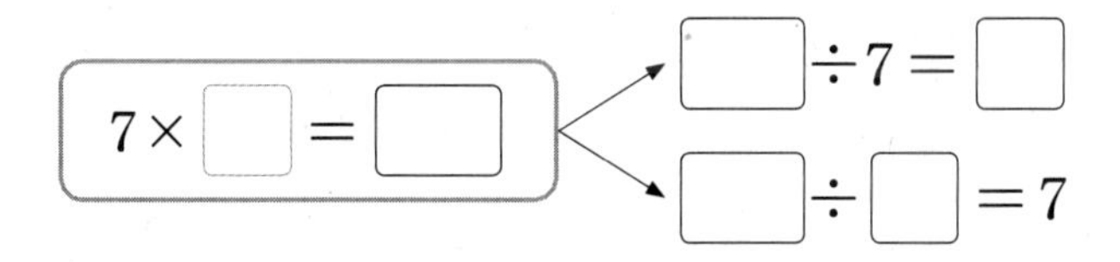

나눗셈을 왜 곱셈으로 구할까?

곱셈

$3 \times 8 = 24$

$8 \times 3 = 24$

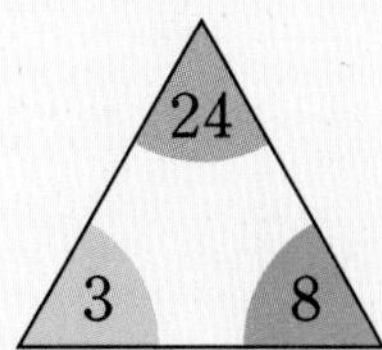

나눗셈

$24 \div 8 = \square$

$24 \div 3 = \square$

5 나눗셈의 몫을 곱셈식으로 구하기

6 □ 안에 알맞은 수를 써넣으세요.

(1) 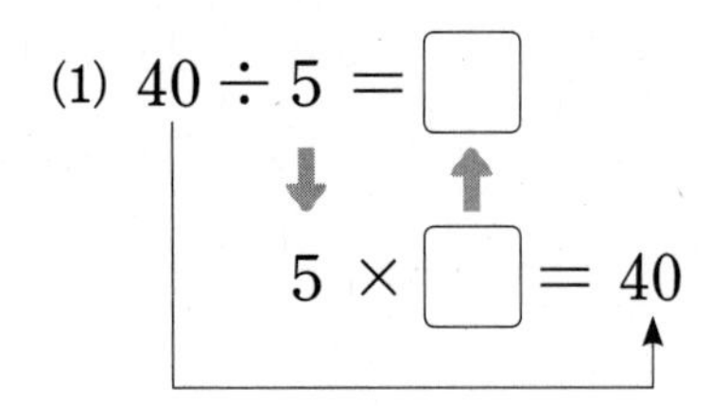

(2) 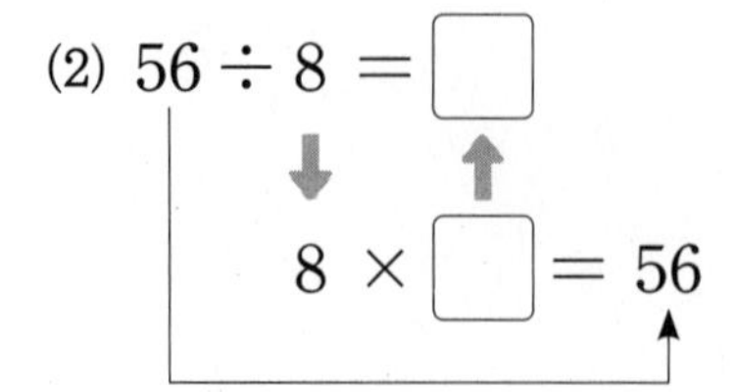

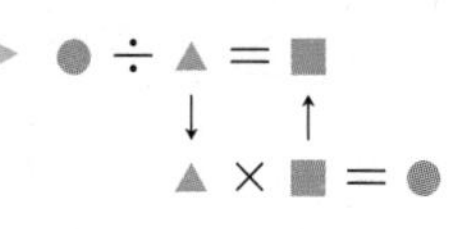

7 그림을 보고 곱셈식으로 나타내고, 나눗셈의 몫을 구해 보세요.

▶ 먼저 그림에 알맞은 곱셈식으로 나타낸 다음, 곱셈식을 보고 나눗셈식으로 나타내.

$18 \div 3 = \square$ ⬅ $3 \times \square = \square$

8 $48 \div 8$의 몫을 구할 때 필요한 곱셈식을 찾아 ○표 하세요.

$6 \times 7 = 42$	$8 \times 6 = 48$	$9 \times 6 = 54$
(　　)	(　　)	(　　)

9 구슬 20개를 4묶음으로 똑같이 나누어지도록 묶고, 한 묶음에 몇 개씩인지 구해 보세요.

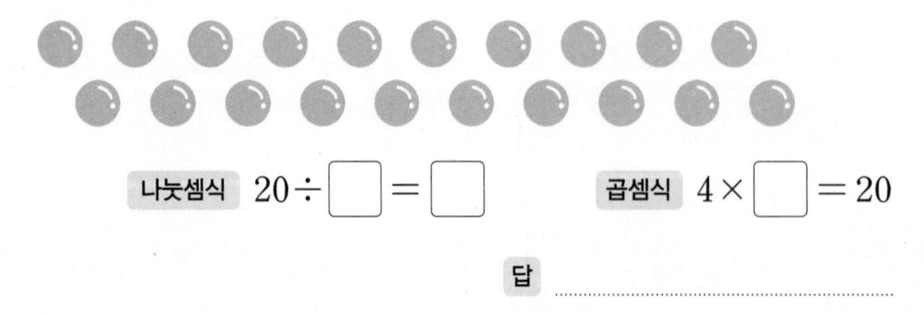

나눗셈식 $20 \div \square = \square$　　곱셈식 $4 \times \square = 20$

답 ....

탄탄북

10 관계있는 것끼리 이어 보세요.

$36\div6=\square$ •	• $9\times\square=36$ •	• $\square=4$
$36\div4=\square$ •	• $4\times\square=36$ •	• $\square=6$
$36\div9=\square$ •	• $6\times\square=36$ •	• $\square=9$

▶ $45\div5=■$ (×)

➡ 5단 곱셈구구를 이용하여 ■의 값을 구해.

11 나눗셈의 몫을 구하고, 몫이 나온 식에 맞는 각 글자를 빈칸에 써넣으세요.

(서) $42\div7=\square$ (매) $32\div4=\square$

(독) $30\div6=\square$ (삼) $49\div7=\square$

몫	5	6	7	8
글자				

내가 만드는 문제

12 사탕 24개를 친구들에게 똑같이 나누어 주려고 합니다. 한 명에게 몇 개씩 줄지 정하고 몇 명에게 나누어 줄 수 있는지 곱셈식을 이용하여 구해 보세요.

나눗셈식 $24\div\square=\square$ 곱셈식 $\square\times\square=24$

사탕을 한 명에게 □개씩 □명에게 나누어 줄 수 있습니다.

▶ 5개씩 나누어 주면 똑같이 나누어 줄 수 없어.
$5+5+5+5+4=24$
➡ 5개씩 4명에게 나누어 주면 4개가 남아.

그림을 보고 나타낼 수 있는 식은 곱셈식일까? 나눗셈식일까?

2씩 6묶음이면 12입니다. ➡ $2\times6=12$

12를 2씩 묶으면 6묶음입니다. ➡ $12\div2=\square$

6 나눗셈의 몫을 곱셈구구로 구하기

13 곱셈표를 보고 나눗셈의 몫을 구해 보세요.

×	1	2	3	4	5	6	7	8	9
1	1	2	3	4	5	6	7	8	9
2	2	4	6	8	10	12	14	16	18
3	3	6	9	12	15	18	21	24	27
4	4	8	12	16	20	24	28	32	36
5	5	10	15	20	25	30	35	40	45
6	6	12	18	24	30	36	42	48	54
7	7	14	21	28	35	42	49	56	63
8	8	16	24	32	40	48	56	64	72
9	9	18	27	36	45	54	63	72	81

(1) $35 \div 5 = \square$

(2) $40 \div 5 = \square$

(3) $27 \div 9 = \square$

(4) $54 \div 9 = \square$

(5) $81 \div 9 = \square$

▶ ●÷▲의 몫은 ▲단 곱셈구구에서 알아봐.

14 7단 곱셈구구를 이용하여 몫을 구하려고 합니다. 빈칸에 알맞은 수를 써넣으세요.

▲	35	42	49	56
▲÷7	5		7	

15 민속놀이인 강강술래의 여러 동작 중 청어 엮기는 생선을 엮는 모양을 만들면서 하는 동작입니다. 강강술래를 하는 사람이 36명이고 한 모둠에 4명씩 청어 엮기를 한다면 모두 몇 모둠이 되는지 나눗셈식을 쓰고 곱셈표를 이용하여 구해 보세요.

×	4	5	6	7	8	9
4	16	20	24	28	32	36
5	20	25	30	35	40	45
6	24	30	36	42	48	54
7	28	35	42	49	56	63

나눗셈식 ....

답 ....

▶ 곱셈표의 세로, 가로에 상관없이 4가 있는 줄에서 36을 찾아.

탄탄북

16 곱셈표의 일부분이 지워졌습니다. □ 안에 알맞은 수를 구해 보세요.

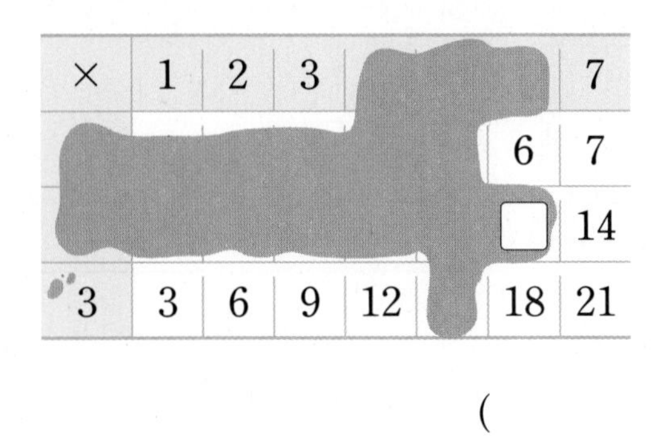

(　　　　　　　　)

×	9
●	45

➡ ●는 9단 곱셈구구에서 찾을 수 있어.
$9 \times ● = 45$
$45 \div 9 = ●$

17 팽이 54개를 9모둠이 똑같이 나누어 가지면 한 모둠이 몇 개씩 가질 수 있을까요? **13**번의 곱셈표를 이용하여 구해 보세요.

식 ....

답 ....

9단 곱셈구구를 이용해.

내가 만드는 문제

18 나눗셈의 몫의 크기를 비교했습니다. □ 안에 알맞은 수를 자유롭게 써넣으세요. (단, □ 안에 0이 아닌 수를 써넣습니다.)

$30 \div 6$ (>) □ $\div 5$

곱셈표에서 나눗셈의 몫은 어떻게 찾을까?

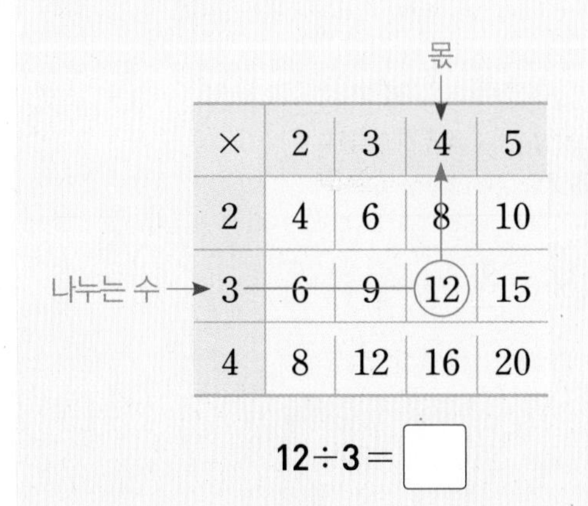

$12 \div 3 =$ □

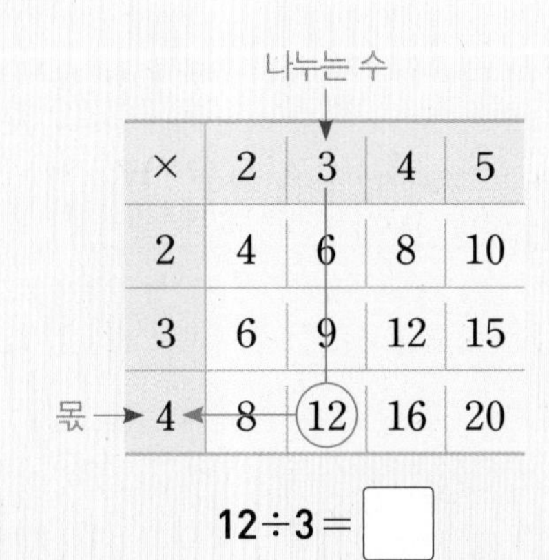

$12 \div 3 =$ □

발전 문제

문제 풀이

1 곱셈식을 이용하여 나눗셈의 몫 구하기

1 준비

$12 \div 6$의 몫을 구하는 곱셈식을 찾아 ○표 하세요.

$6 \times 4 = 24$ (   )

$6 \times 2 = 12$ (   )

$4 \times 3 = 12$ (   )

2 확인

5단 곱셈구구를 이용하여 3□$\div 5$의 몫을 구하려고 합니다. □ 안에 들어갈 수 있는 수를 모두 찾아 ○표 하세요.

0 , 1 , 2 , 3 , 4 , 5

3 완성

나눗셈에서 ●에 알맞은 수를 모두 구해 보세요. (단, □ 안에는 0부터 9까지의 수가 들어갈 수 있습니다.)

2□$\div 4 =$ ●

(   )

2 나누어지는 수 구하기

4 준비

□ 안에 알맞은 수를 써넣으세요.

(1) □$\div 4 = 8 \div 2$

(2) □$\div 3 = 63 \div 9$

5 확인

□ 안에 알맞은 수를 써넣으세요.

(1) □$\div 3 =$ □$\div 2 = 36 \div 6$

(2) □$\div 4 =$ □$\div 2 = 40 \div 8$

6 완성

15를 어떤 수로 나눈 몫은 45를 9로 나눈 몫과 같습니다. 어떤 수를 구해 보세요.

(   )

3 □ 안에 알맞은 수 구하기

7 준비

□ 안에 공통으로 들어갈 수를 구해 보세요.

$\square \div 3 = 3$
$72 \div \square = 8$

(　　　　　　　　　)

8 확인

같은 모양은 같은 수를 나타냅니다. ■에 알맞은 수를 구해 보세요.

$● \div 4 = 9$
$● \div ■ = 6$

(　　　　　　　　　)

9 완성

㉠과 ㉡에 알맞은 수의 합이 15일 때 다음을 만족시키는 ㉠과 ㉡에 알맞은 수를 각각 구해 보세요.

㉠ $\div 4 =$ ㉡

㉠ (　　　　　　　　　)
㉡ (　　　　　　　　　)

4 바르게 계산한 값 구하기

10 준비

어떤 수를 5로 나누었더니 몫이 7이 되었습니다. 어떤 수를 구해 보세요.

(　　　　　　　　　)

11 확인

48에 어떤 수를 더해야 할 것을 잘못하여 어떤 수로 나누었더니 몫이 8이 되었습니다. 바르게 계산한 값을 구해 보세요.

(　　　　　　　　　)

12 완성

어떤 수를 5로 나누어야 할 것을 잘못하여 3으로 나누었더니 몫이 5가 되었습니다. 바르게 계산한 값을 구해 보세요.

(　　　　　　　　　)

5 나눗셈 활용하기

13 준비

빨간 튤립 8송이, 노란 튤립 6송이가 있습니다. 이 튤립을 꽃병 2개에 똑같이 나누어 꽂으면 한 꽃병에 튤립을 몇 송이씩 꽂을 수 있을까요?

(　　　　　　　　)

14 확인

과일 가게에 배가 8개씩 3상자 있습니다. 이 배를 한 바구니에 6개씩 담아 팔려고 합니다. 필요한 바구니는 몇 개일까요?

(　　　　　　　　)

15 완성

당근 32개를 바구니 4개에 똑같이 나누어 담고, 한 바구니에 든 당근을 토끼 2마리에게 똑같이 나누어 주었습니다. 토끼 한 마리에게 준 당근은 몇 개일까요?

(　　　　　　　　)

6 수 카드를 사용하여 나눗셈식 세우기

16 준비

3장의 수 카드를 한 번씩만 사용하여 몫이 5가 되는 나눗셈식을 만들어 보세요.

5　3　7

□□ ÷ □ = 5

17 확인

4장의 수 카드 중에서 3장을 골라 한 번씩만 사용하여 몫이 6이 되는 나눗셈식을 만들어 보세요.

5　7　9　4

□□ ÷ □ = 6

18 완성

4장의 수 카드 중에서 2장을 골라 한 번씩만 사용하여 만들 수 있는 두 자리 수 중에서 9로 나누어지는 수는 모두 몇 개일까요?

3　4　5　6

(　　　　　　　　)

단원 평가

점수 확인

1 쿠키 12개를 접시 3개에 똑같이 나누어 담으려고 합니다. 접시 한 개에 몇 개씩 담을 수 있는지 접시에 ○를 그리고, □ 안에 알맞은 수를 써넣으세요.

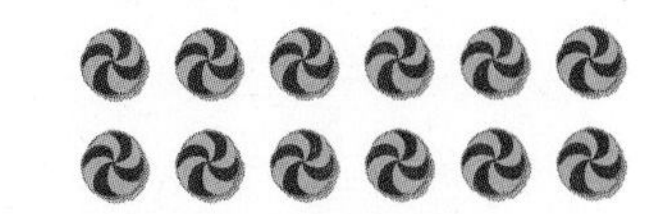

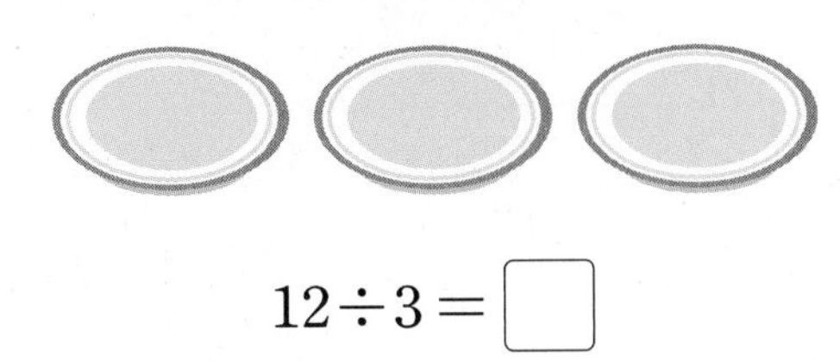

$12 \div 3 = \square$

2 나눗셈식으로 나타내 보세요.

8 나누기 2는 4와 같습니다.

식 ....

3 관계있는 곱셈식을 찾아 이어 보세요.

$24 \div 8$ •	• $4 \times 6 = 24$
$24 \div 4$ •	• $8 \times 3 = 24$

4 나눗셈식을 뺄셈식으로 나타내 보세요.

$30 \div 6 = 5$

뺄셈식 ....

5 □ 안에 알맞은 수를 써넣으세요.

$72 \div 9 = \square$

↓ ↑

$9 \times \square = 72$

6 그림을 보고 곱셈식과 나눗셈식으로 나타내 보세요.

곱셈식 $4 \times \square = \square$

나눗셈식 $\square \div 4 = \square$

7 그림을 보고 □ 안에 알맞은 수를 써넣으세요.

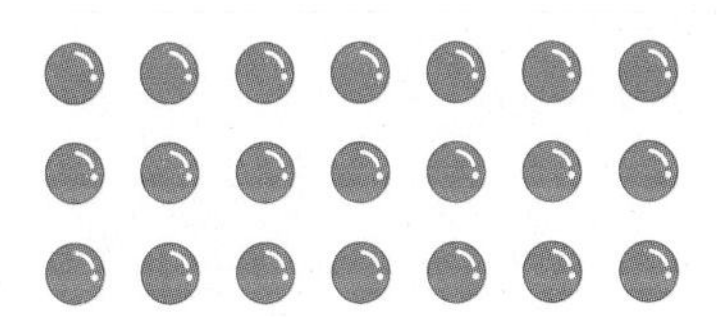

$21 \div 7 = \square$

8 빈칸에 알맞은 수를 써넣으세요.

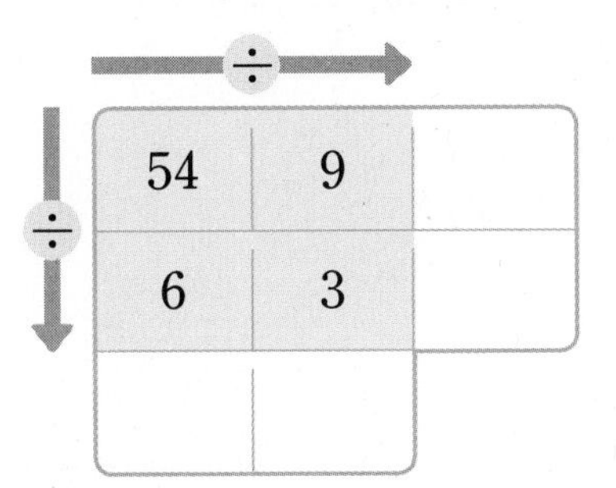

9 곱셈표를 보고 나눗셈의 몫을 구해 보세요.

×	2	3	4	5	6	7	8
2	4	6	8	10	12	14	16
3	6	9	12	15	18	21	24
4	8	12	16	20	24	28	32
5	10	15	20	25	30	35	40
6	12	18	24	30	36	42	48
7	14	21	28	35	42	49	56

(1) $18 \div 3 = \square$

(2) $48 \div 8 = \square$

10 나눗셈의 몫을 구하고, 나눗셈식을 곱셈식으로 나타내 보세요.

$35 \div 5 = \square$

➡ $5 \times \square = 35$
$\square \times \square = \square$

11 딸기 27개를 친구 9명에게 똑같이 나누어 주려면 한 명에게 딸기를 몇 개씩 주어야 할까요?

식 ....

답 ....

12 단추 42개를 한 상자에 6개씩 담으려고 합니다. 상자는 모두 몇 개 필요할까요?

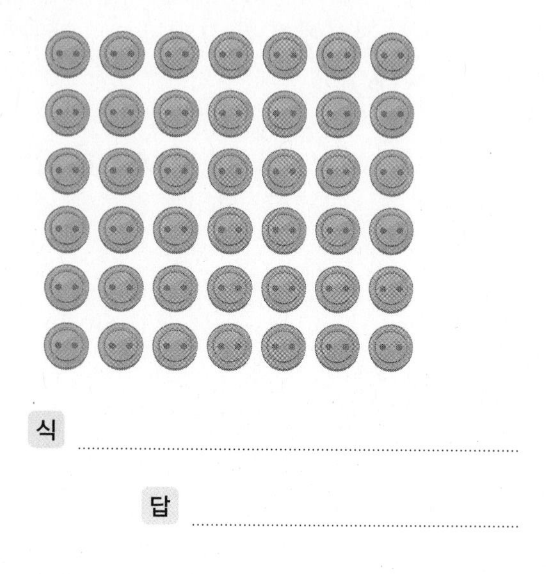

식 ....

답 ....

13 몫의 크기를 비교하여 ○ 안에 >, =, < 중 알맞은 것을 써넣으세요.

(1) $18 \div 2$ ○ $24 \div 3$

(2) $24 \div 6$ ○ $20 \div 4$

14 몫이 작은 것부터 차례로 기호를 써 보세요.

㉠ $16 \div 4$ ㉡ $56 \div 7$ ㉢ $25 \div 5$

( )

정답과 풀이 20쪽 서술형 문제

15 같은 모양은 같은 수를 나타냅니다. ★과 ♥에 알맞은 수를 각각 구해 보세요.

$40-★-★-★-★-★=0$

$★\div 4=♥$

★ (　　　　　　　　)
♥ (　　　　　　　　)

16 7단 곱셈구구를 이용하여 몫을 구하려고 합니다. 0부터 9까지의 수 중에서 □ 안에 들어갈 수 있는 수를 모두 써 보세요.

$4\square \div 7$

(　　　　　　　　)

17 ㉠과 ㉡에 알맞은 수의 차를 구해 보세요.

$㉠\div 2=5$

$28\div ㉡=4$

(　　　　　　　　)

18 어떤 수를 3으로 나눈 몫은 32를 8로 나눈 몫과 같습니다. 어떤 수를 구해 보세요.

(　　　　　　　　)

19 1부터 9까지의 수 중에서 □ 안에 들어갈 수 있는 수는 모두 몇 개인지 풀이 과정을 쓰고 답을 구해 보세요.

$63\div 9<\square$

풀이 ....

답 ....

20 풍선이 50개 있었는데 그중에서 2개가 터졌습니다. 남은 풍선을 8모둠에 똑같이 나누어 주려면 한 모둠에 몇 개씩 주면 되는지 풀이 과정을 쓰고 답을 구해 보세요.

풀이 ....

답 ....

4 곱셈

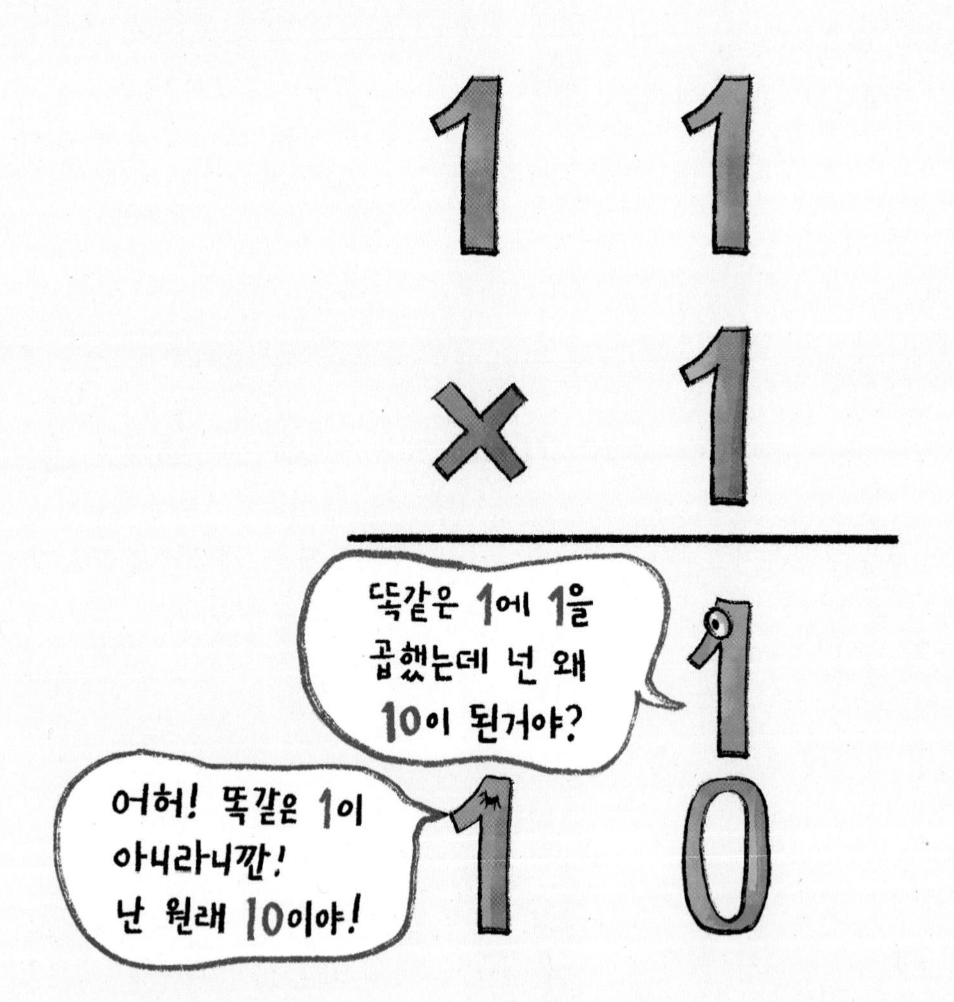

큰 수의 곱셈도 결국은 덧셈을 간단히 한 거야!

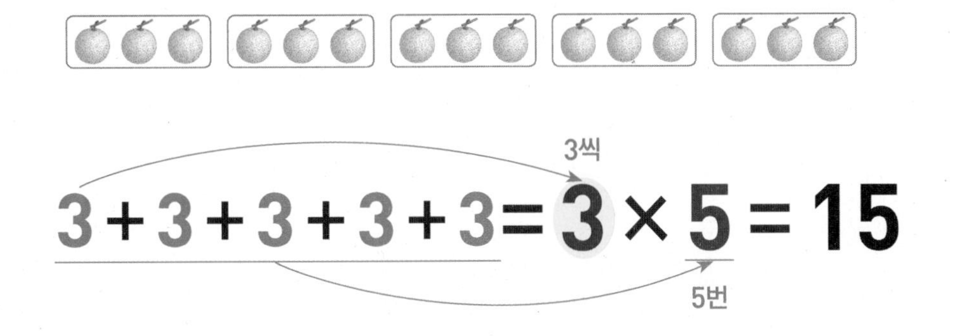

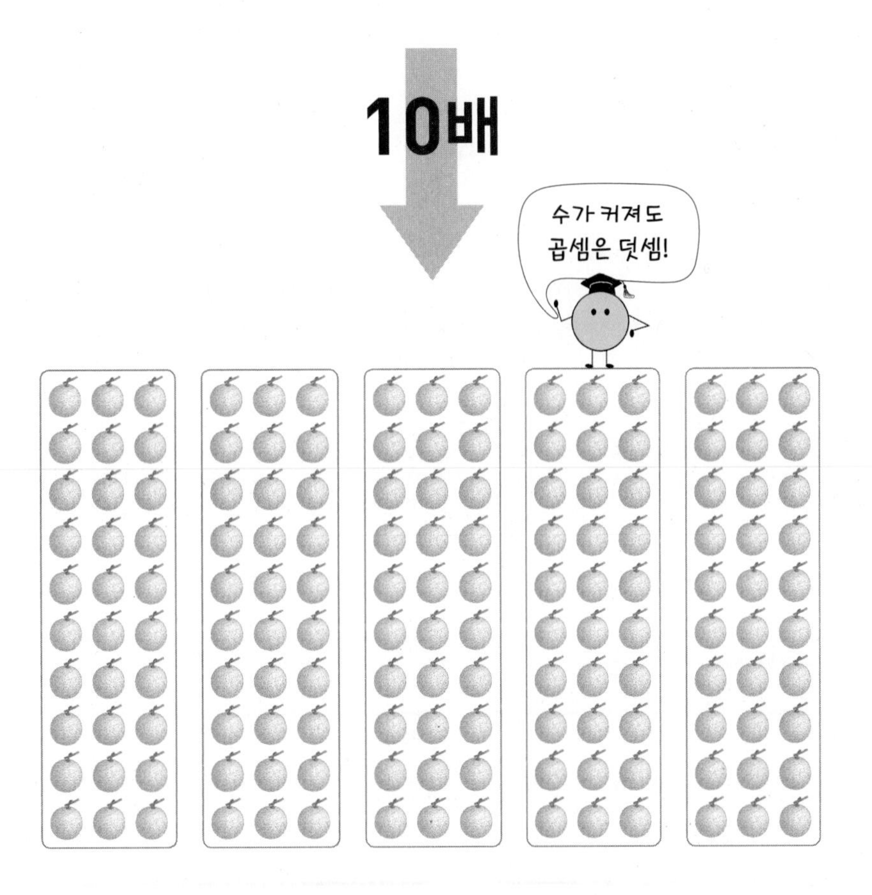

30씩

$$30 + 30 + 30 + 30 + 30 = 30 \times 5 = 150$$

5번

1 곱해지는 수가 10배가 되면 곱도 10배가 돼.

● (몇십) × (몇)

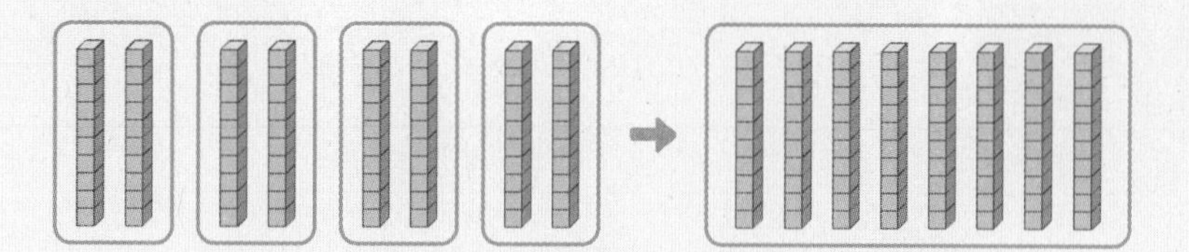

20 + 20 + 20 + 20 = 80

4번

20 × 4 = 80

2 × 4 = 8

↓ 10배 ↓ 10배

20 × 4 = 80

곱해지는 수가 10배가 되면 곱도 10배가 됩니다.

➡ (몇십) × (몇)의 계산은 (몇) × (몇)의 계산 결과에 0을 붙입니다.

1 수 모형을 보고 □ 안에 알맞은 수를 써넣으세요.

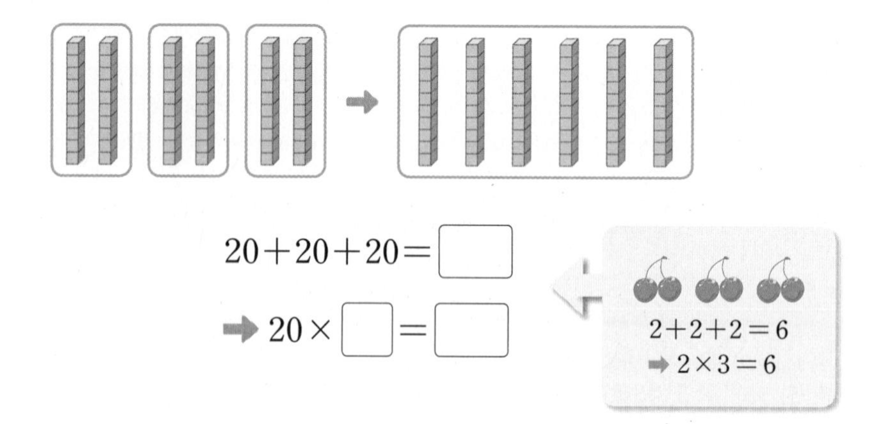

20+20+20=□

➡ 20×□=□

2+2+2=6

➡ 2×3=6

2 □ 안에 알맞은 수를 써넣으세요.

(1) 1 × 5 = □

↓ 10배 ↓ 10배

10 × 5 = □

(2)

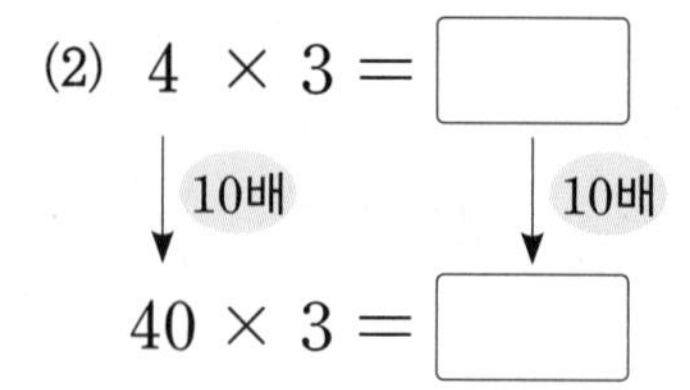

4 × 3 = □

↓ 10배 ↓ 10배

40 × 3 = □

3 □ 안에 알맞은 수를 써넣으세요.

(1)

	1	0
×		□
	7	0

(2)

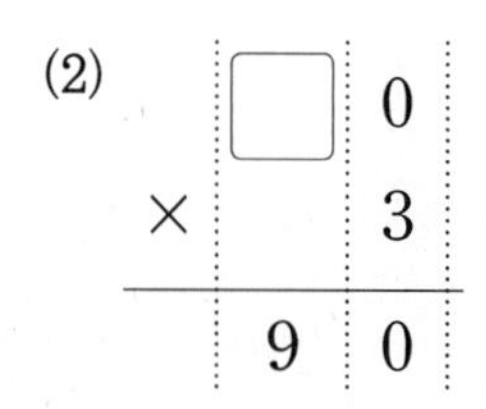

	□	0
×		3
	9	0

(3)

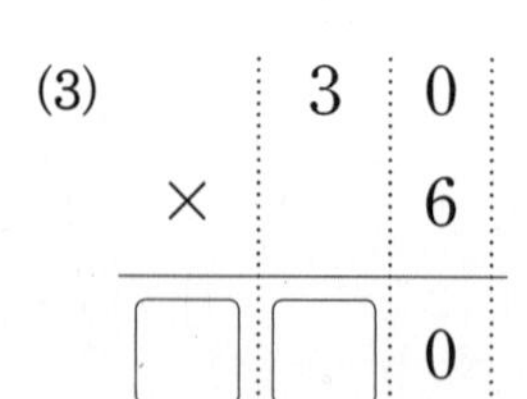

	3	0
×		6
□	□	0

정답과 풀이 21쪽

2 일의 자리 곱은 일의 자리에, 십의 자리 곱은 십의 자리에 맞게 써.

● 올림이 없는 (몇십몇)×(몇)

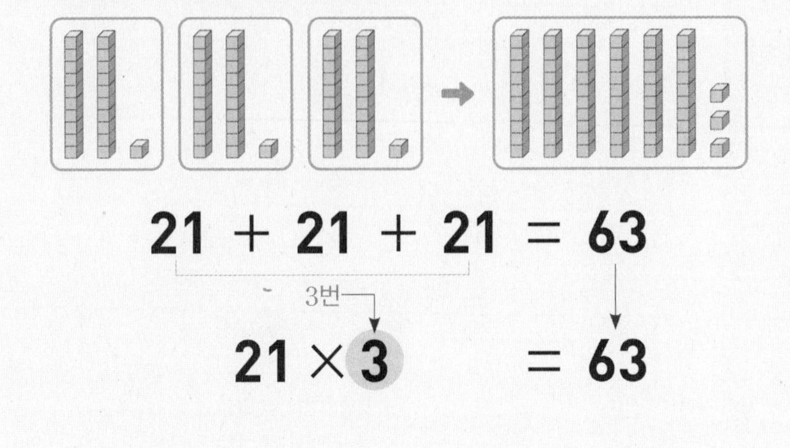

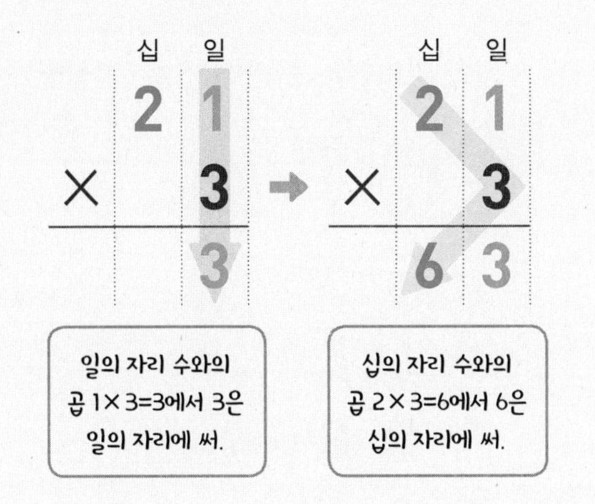

1 수 모형을 보고 □ 안에 알맞은 수를 써넣으세요.

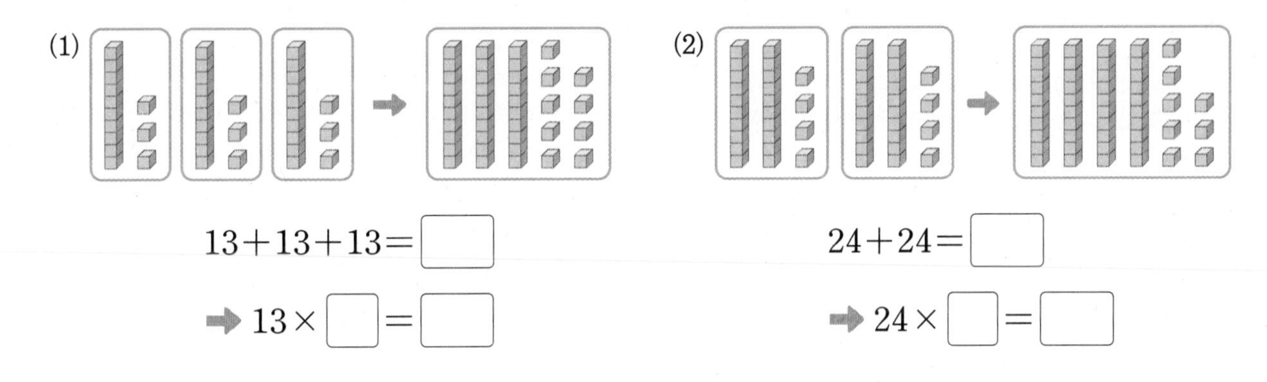

(1) $13+13+13=\square$

➡ $13\times\square=\square$

(2) $24+24=\square$

➡ $24\times\square=\square$

2 □ 안에 알맞은 수를 써넣으세요.

(1)
$$\begin{array}{rr} 2 & 1 \\ \times & 3 \\ \hline & \square \end{array} \rightarrow \begin{array}{rr} 2 & 1 \\ \times & 3 \\ \hline \square & \square \end{array}$$

(2)
$$\begin{array}{rr} 3 & 4 \\ \times & 2 \\ \hline & \square \end{array} \rightarrow \begin{array}{rr} 3 & 4 \\ \times & 2 \\ \hline \square & \square \end{array}$$

3 □ 안에 알맞은 수를 써넣으세요.

(1) $20\times4=\square$

$2\times4=\square$

$22\times4=\square$

(2) $30\times3=\square$

$2\times3=\square$

$32\times3=\square$

■0×●
+ ▲×●
■▲×●

3 자리별로 곱하고 십의 자리에서 올림한 수는 백의 자리에 써.

● 십의 자리에서 올림이 있는 (몇십몇)×(몇)

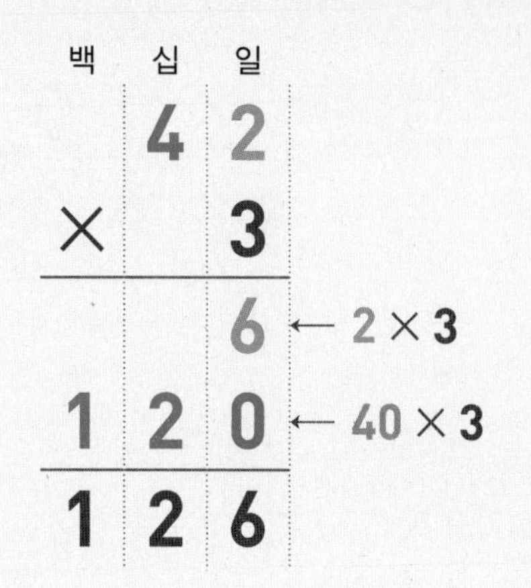

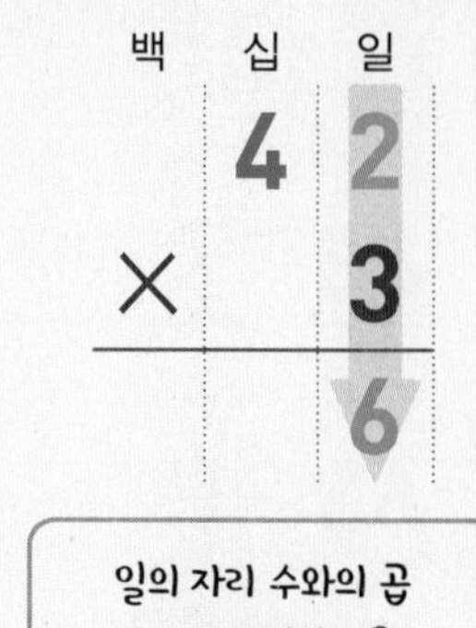

일의 자리 수와의 곱 2×3=6에서 6은 일의 자리에 써.

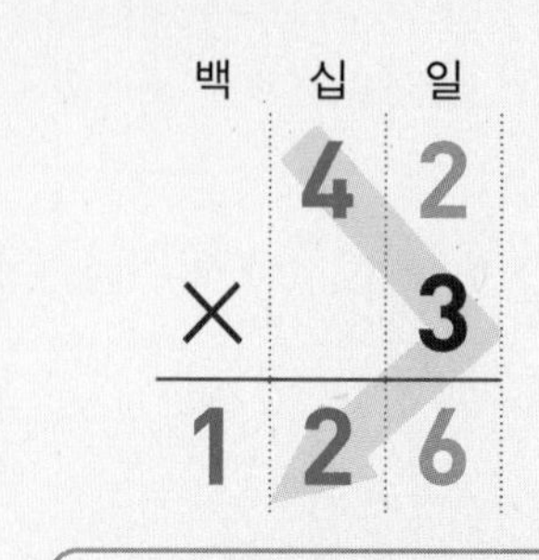

십의 자리 수와의 곱 4×3=12에서 2는 십의 자리에, 1은 백의 자리에 써.

1 계산해 보세요.

(1)

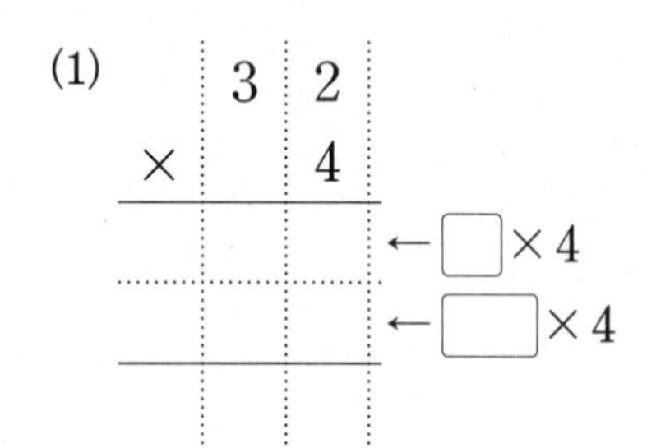

(2)

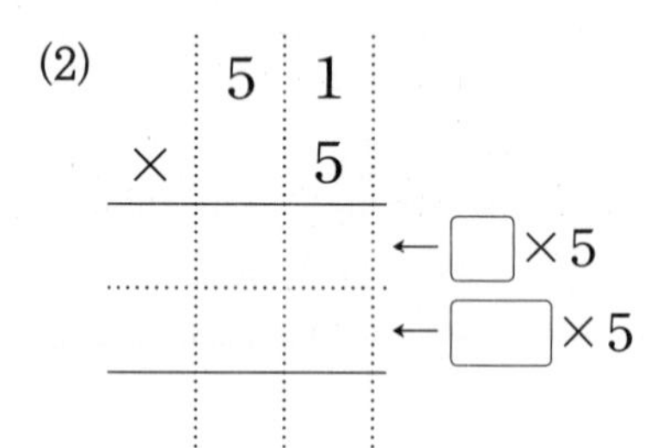

2 □ 안에 알맞은 수를 써넣으세요.

(1) 72×2: 일의 자리 □ → □□□

(2) 93×3: 일의 자리 □ → □□□

3 □ 안에 알맞은 수를 써넣으세요.

(1) $60 \times 2 = \square$
$4 \times 2 = \square$
$64 \times 2 = \square$

(2) $80 \times 6 = \square$
$1 \times 6 = \square$
$81 \times 6 = \square$

정답과 풀이 22쪽

4 자리별로 곱하고 일의 자리에서 올림한 수는 십의 자리 위에 작게 쓰고 십의 자리 곱에 더해.

● 일의 자리에서 올림이 있는 (몇십몇)×(몇)

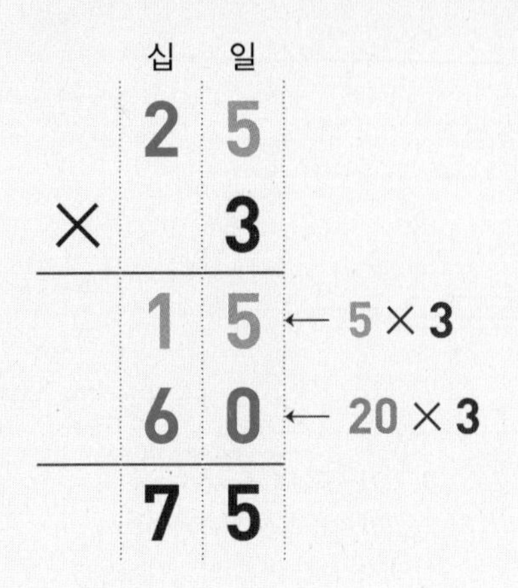

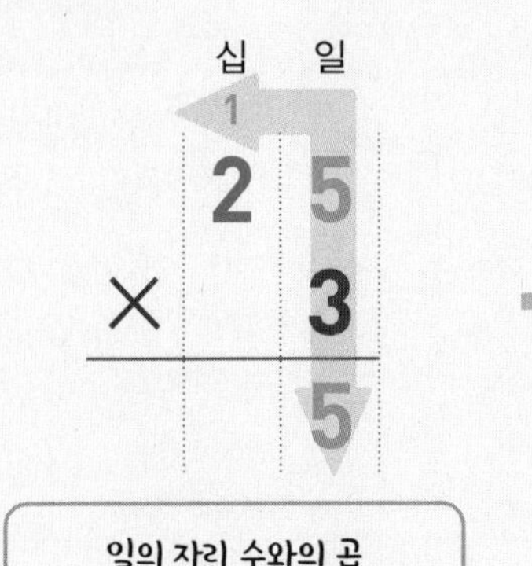

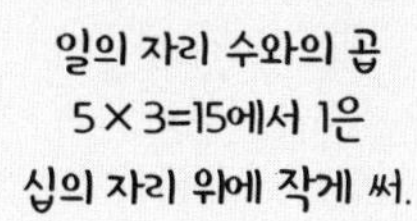

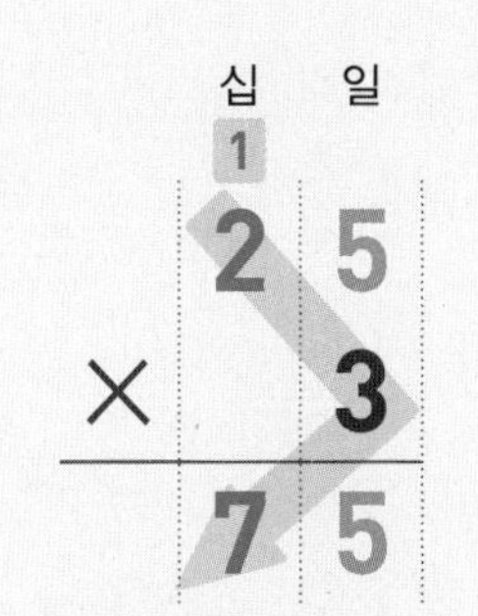

1 계산해 보세요.

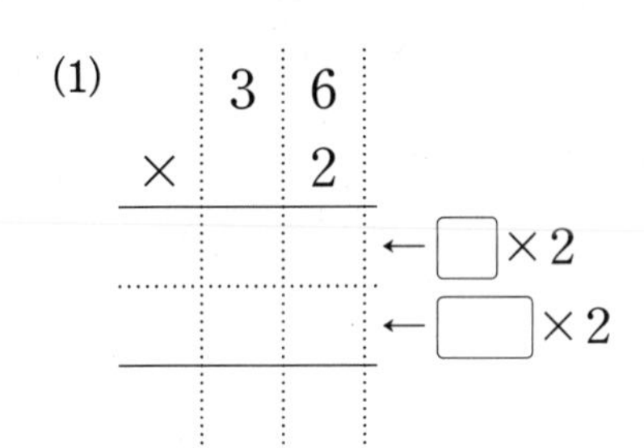

(1) 36 × 2, ← □×2, ← □×2

(2) 19 × 5, ← □×5, ← □×5

2 □ 안에 알맞은 수를 써넣으세요.

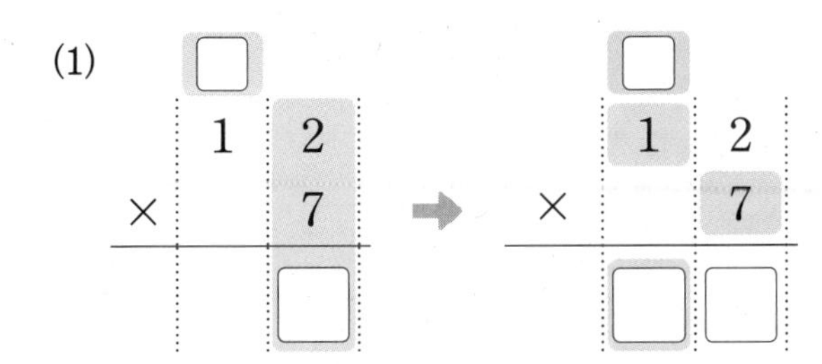

(1) 12 × 7 → 12 × 7

(2) 28 × 3 → 28 × 3

3 □ 안에 알맞은 수를 써넣으세요.

(1) $30 \times 2 = \square$
$9 \times 2 = \square$
$39 \times 2 = \square$

(2) $20 \times 4 = \square$
$4 \times 4 = \square$
$24 \times 4 = \square$

5 일의 자리 곱과 십의 자리 곱에서 올림한 수를 빠뜨리지 말고 더해.

● 십의 자리와 일의 자리에서 올림이 있는 (몇십몇)×(몇)

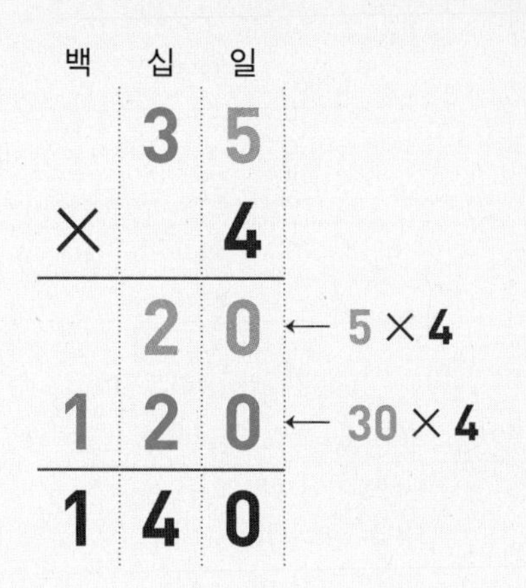

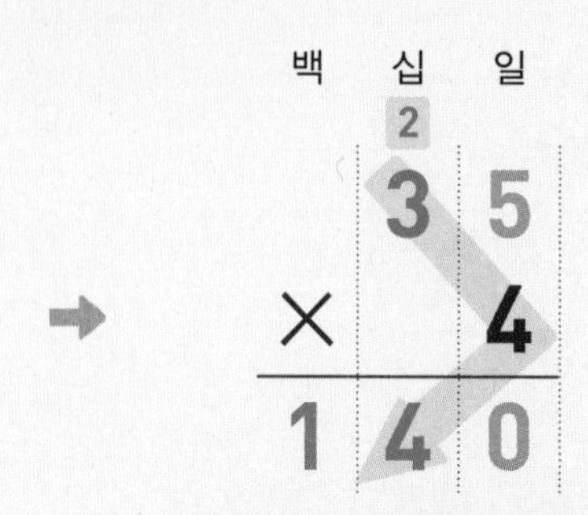

일의 자리 수와의 곱 5×4=20에서 2는 십의 자리 위에 작게 써.

십의 자리 수와의 곱 3×4=12에 올림한 수 2를 더한 14에서 4는 십의 자리에, 1은 백의 자리에 써.

1 계산해 보세요.

(1)

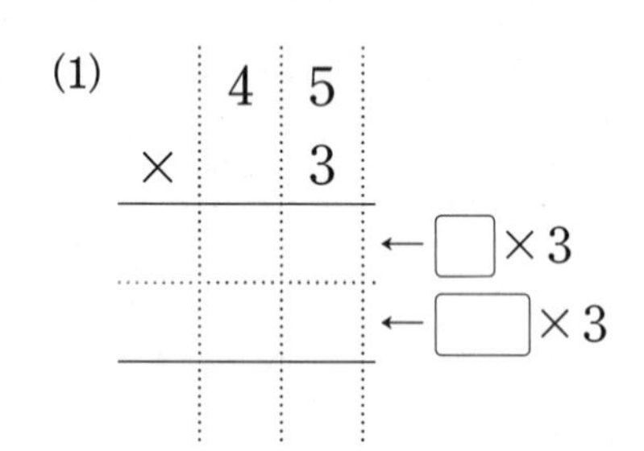

(2)

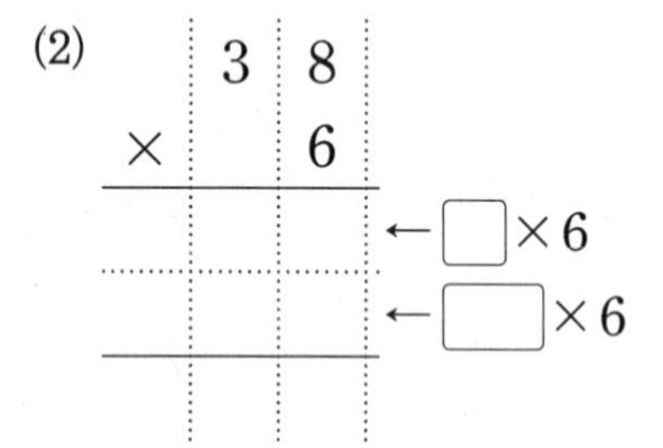

2 □ 안에 알맞은 수를 써넣으세요.

올림을 표시해야 잊지 않고 더할 수 있어.

(1)

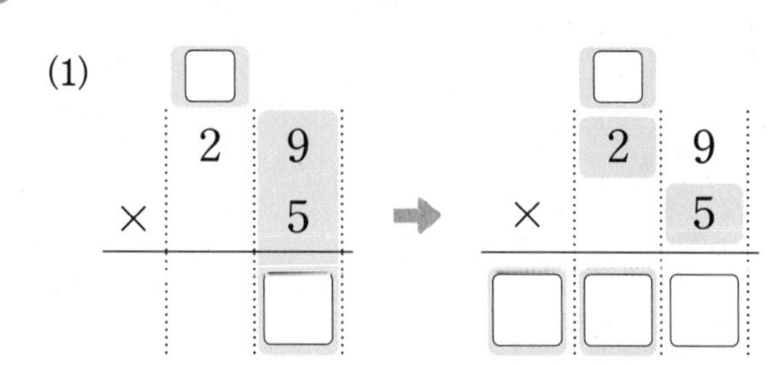

(2)

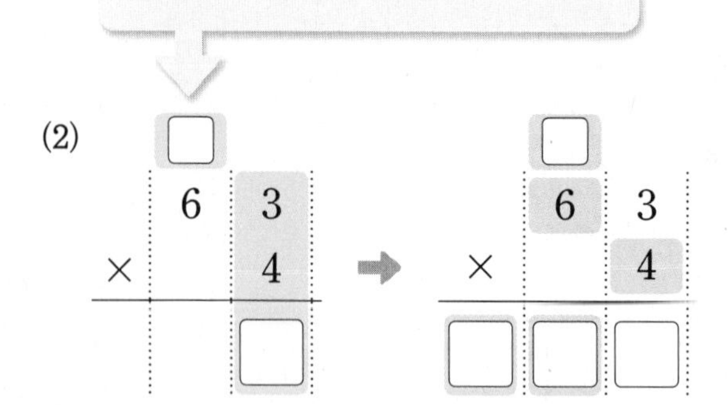

3 □ 안에 알맞은 수를 써넣으세요.

(1) $20 \times 7 =$ □
$6 \times 7 =$ □
$26 \times 7 =$ □

(2) $50 \times 4 =$ □
$9 \times 4 =$ □
$59 \times 4 =$ □

4 □ 안에 알맞은 수를 써넣으세요.

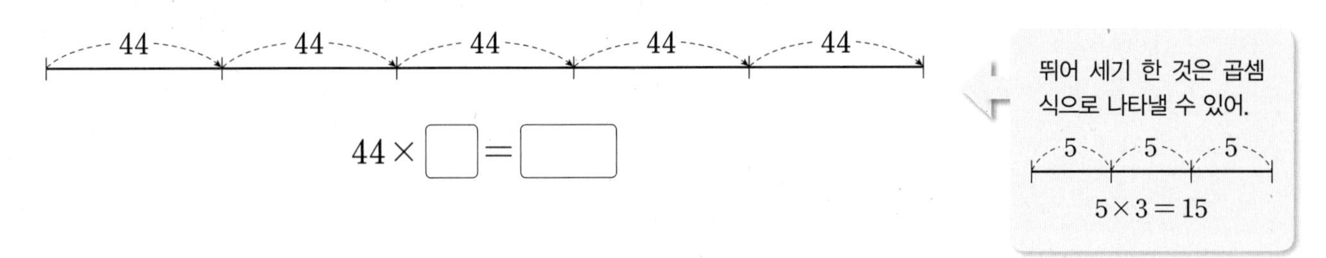

$44 \times \square = \square$

뛰어 세기 한 것은 곱셈 식으로 나타낼 수 있어.

$5 \times 3 = 15$

5 □ 안에 알맞은 수를 써넣으세요.

(1)
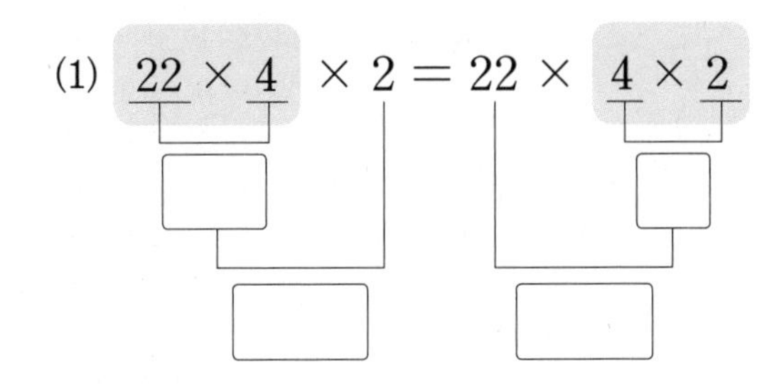

(2)
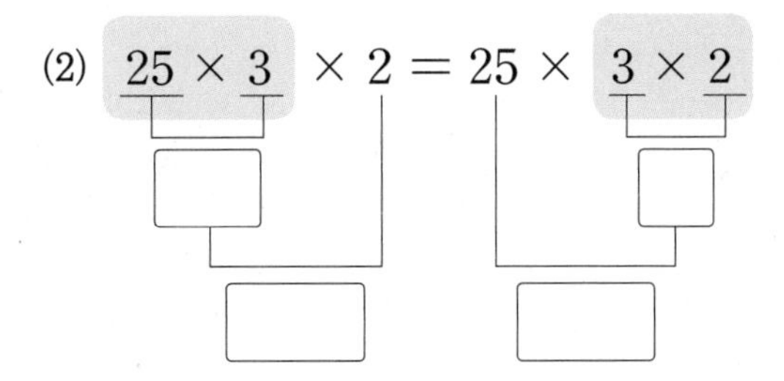

순서를 다르게 묶어 곱해도 계산 결과는 같아.

6 계산해 보세요.

(1)
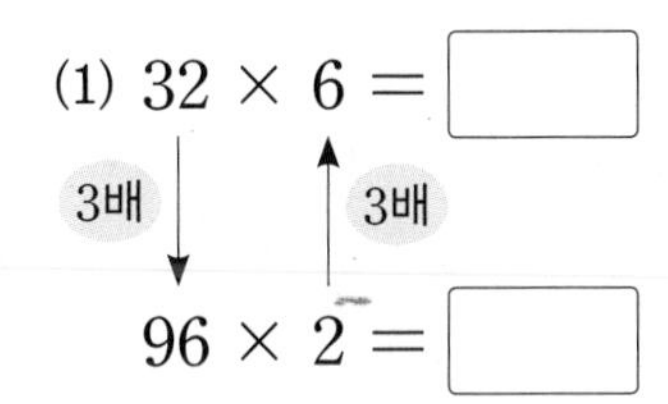

(2)
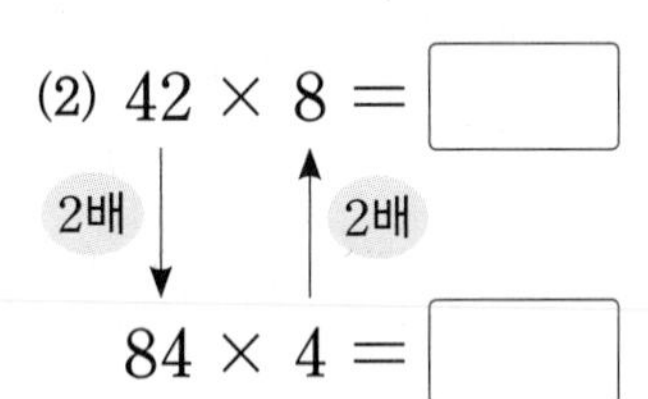

7 초콜릿과 사탕 중 어느 것이 더 많은지 어림해 보고 어림한 결과가 맞는지 계산하여 확인해 보세요.

초콜릿

42개씩 6병

사탕

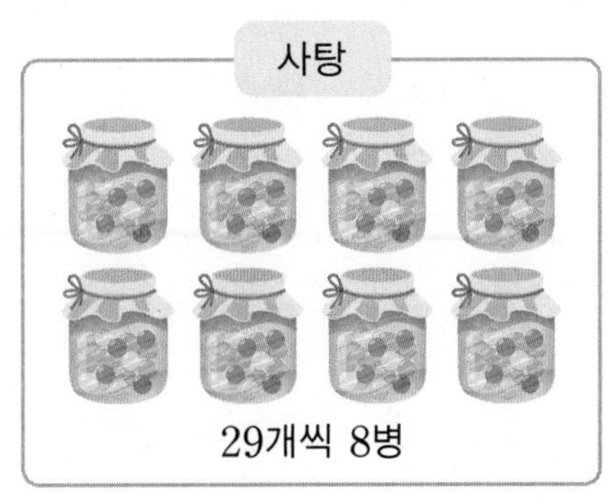

29개씩 8병

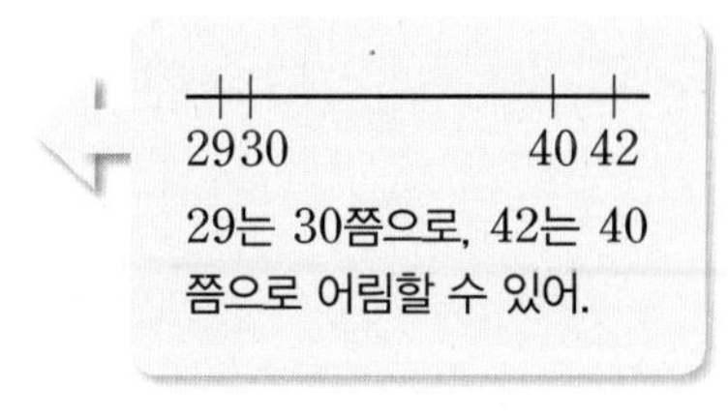

29는 30쯤으로, 42는 40쯤으로 어림할 수 있어.

➡ 어림해 보니 □이 더 많을 것 같습니다.

계산해 보니 □이 더 많습니다.

1 (몇십)×(몇)

1 계산해 보세요.

(1) $\begin{array}{r} 10 \\ \times \quad 5 \\ \hline \end{array}$

(2) $\begin{array}{r} 30 \\ \times \quad 5 \\ \hline \end{array}$

(3) 40×2

(4) 60×3

2 계산해 보세요.

(1) $3 \times 2 = \square$
$3 \times 20 = \square$
$30 \times 2 = \square$

(2) $1 \times 7 = \square$
$1 \times 70 = \square$
$10 \times 7 = \square$

▶ 곱하는 두 수 중 한 수가 10배가 되면 곱은 10배가 돼.
$5 \times 3 = 15$
↓×10 ↓×10
$5 \times 30 = 150$

(몇십)×(몇십)

$20 \times 30 = 20 \times 3 \times 10$
$= 60 \times 10$
$= 600$
20×30은 20×3의 10배

2+ 계산해 보세요.

(1) $30 \times 20 = \square$

(2) $10 \times 70 = \square$

3 □ 안에 알맞은 수를 써넣으세요.

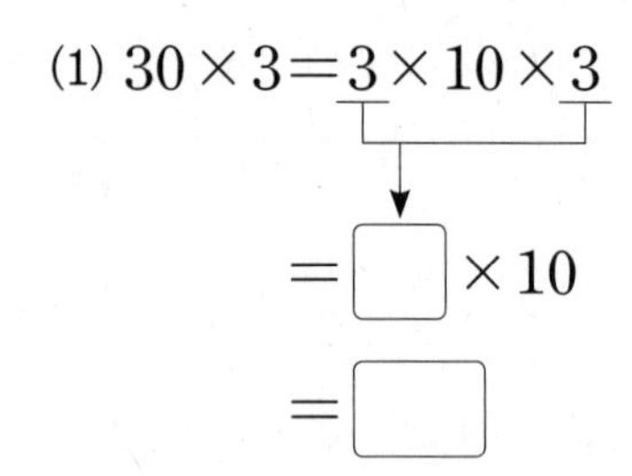

(1) $30 \times 3 = 3 \times 10 \times 3$
$= \square \times 10$
$= \square$

(2) $40 \times 6 = 4 \times 10 \times 6$
$= \square \times 10$
$= \square$

▶ ♥×▲=■×●×▲
└■×●

4 구슬 1개의 무게는 20 g입니다. 저울 위의 구슬의 무게를 써넣으세요.

(1)
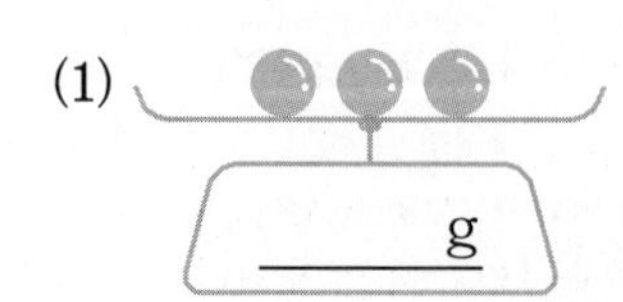

(2)
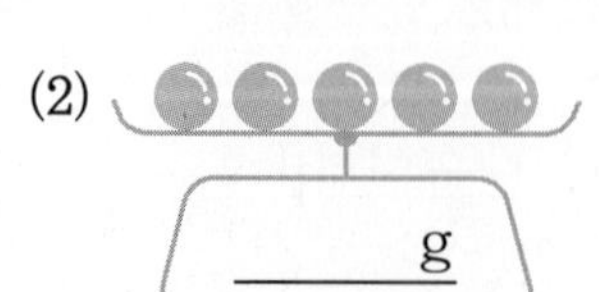

▶ g(그램)은 물건의 무게를 나타내는 단위야.

5 **과녁에 꽂힌 화살을 보고 ☐ 안에 알맞은 수를 써넣으세요.**

▶ ■점이 ▲개
➡ (■ × ▲)점

(1) 30점에 꽂힌 화살 3개: ☐점

(2) 40점에 꽂힌 화살 2개: ☐점

(3) 과녁에 꽂힌 화살의 총 점수: ☐점

6 **은영이가 가지고 있는 색종이는 몇 장일까요?**

▶ 윤지의 색종이 수를 이용하여 색종이 수를 구할 수 있는 사람은 누구일까?

윤지: 나는 색종이를 10장 가지고 있어.
현수: 나는 윤지가 가지고 있는 색종이 수의 2배를 가지고 있어.
은영: 나는 현수가 가지고 있는 색종이 수의 4배를 가지고 있어.

( )

7 **계산 결과가 240이 되도록 ☐ 안에 1부터 9까지의 수를 써넣으세요.**

▶ (몇십) × (몇)으로 또는 (몇) × (몇십)으로 나타내 봐.

☐0 × ☐ = 240

☐ × ☐0 = 240

두 수를 바꾸어 곱해도 계산 결과는 같을까?

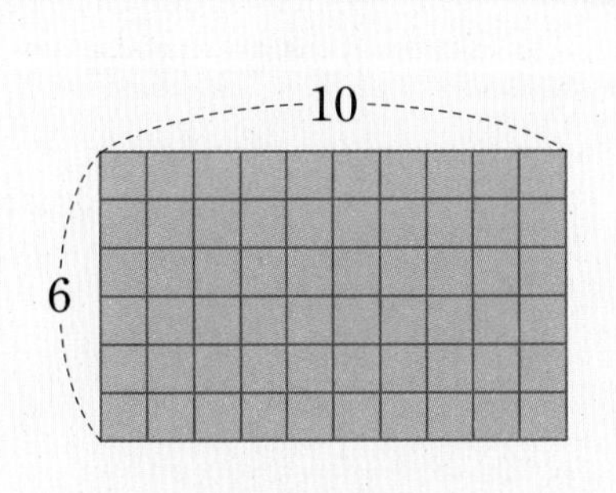

VS

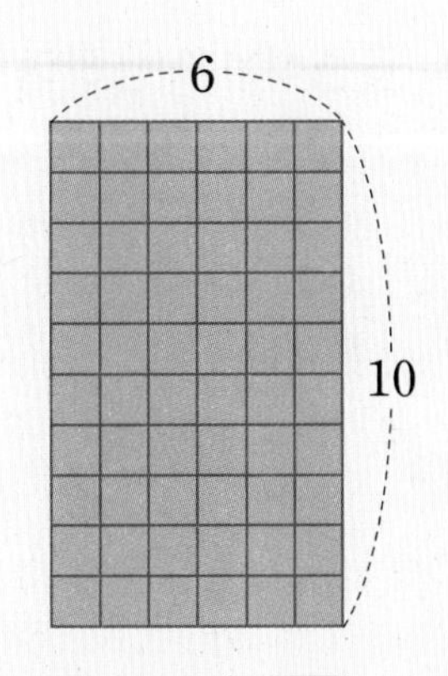

순서를 바꾸어 곱해도 작은 사각형의 수는 같아.

10 × 6 = ☐ 6 × 10 = ☐

4

8 계산해 보세요.

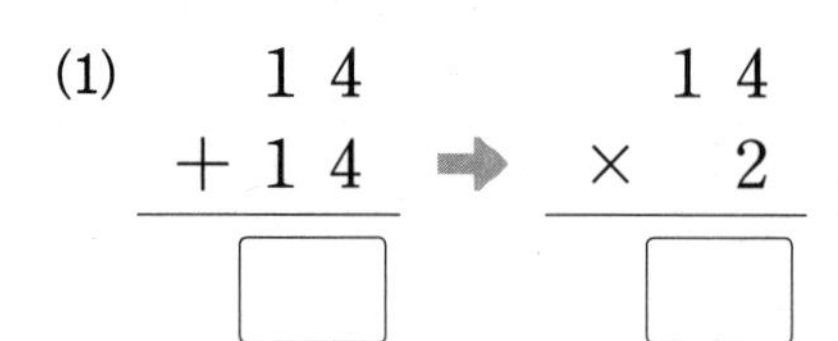

(1) $\begin{array}{r} 14 \\ +\ 14 \\ \hline \square \end{array}$ ➡ $\begin{array}{r} 14 \\ \times\ \ 2 \\ \hline \square \end{array}$ (2) $\begin{array}{r} 23 \\ +\ 23 \\ \hline \square \end{array}$ ➡ $\begin{array}{r} 23 \\ \times\ \ 2 \\ \hline \square \end{array}$

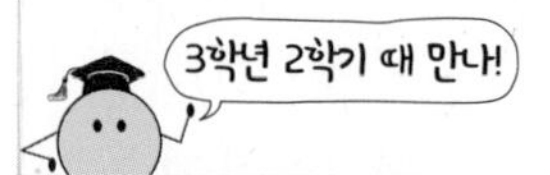

(세 자리 수)×(한 자리 수)

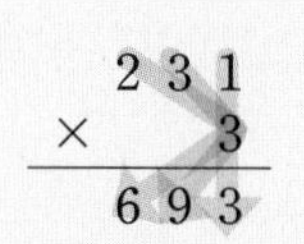

$\begin{array}{r} 231 \\ \times\ \ \ 3 \\ \hline 693 \end{array}$

➡ 자리별로 곱해서 자리에 맞게 씁니다.

8+ 계산해 보세요.

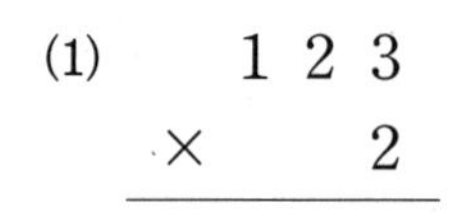

(1) $\begin{array}{r} 123 \\ \times\ \ \ 2 \\ \hline \end{array}$ (2) $\begin{array}{r} 412 \\ \times\ \ \ 2 \\ \hline \end{array}$

9 계산 결과가 같은 것끼리 이어 보세요.

12×4 •	• 33×2
11×6 •	• 24×2
22×4 •	• 44×2

▶ 계산하지 않아도 알 수 있어.
5 × 4 = 20
×2 ↓ ↑ ×2
10 × 2 = 20

10 곱의 크기를 비교하여 ○ 안에 >, =, < 중 알맞은 것을 써넣으세요.

(1) 22×3 ○ 31×2 (2) 42×2 ○ 33×3

탄탄북

11 가장 작은 사각형은 모두 몇 개인지 곱셈식을 이용하여 구해 보세요.

▶ 너무 많아서 하나씩 세기 힘들 때에는 곱셈식을 이용해.

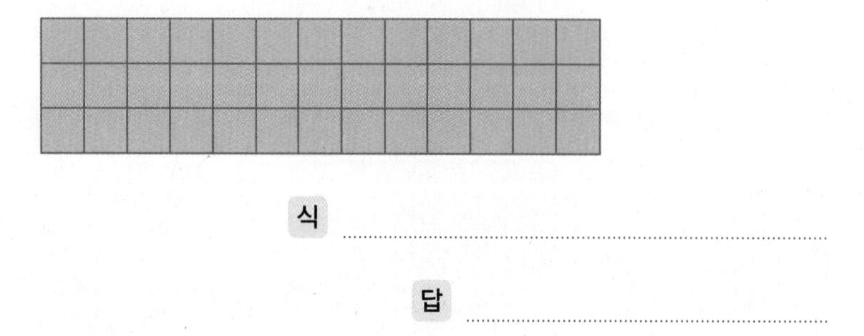

식 ....

답 ....

12 3학년 학생들이 버스를 타고 놀이공원에 도착했습니다. 대화를 읽고 놀이공원에 온 학생은 모두 몇 명인지 구해 보세요.

( )

▶ 덧셈으로 구하면 $32+32+32$인데 곱셈으로는 어떻게 구할까?

내가 만드는 문제

13 가, 나, 다, 라 쌓기나무 모양 중 1개를 고르고 무게는 몇 g인지 구해 보세요.

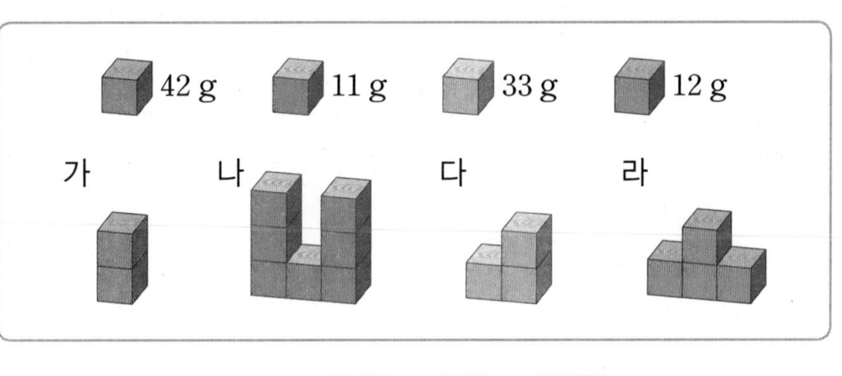

☐ 모양: ☐ × ☐ = ☐(g)

▶ 쌓기나무의 수를 세어 봐.

세로셈은 항상 일의 자리부터 계산해야 할까?

• 일의 자리부터 계산

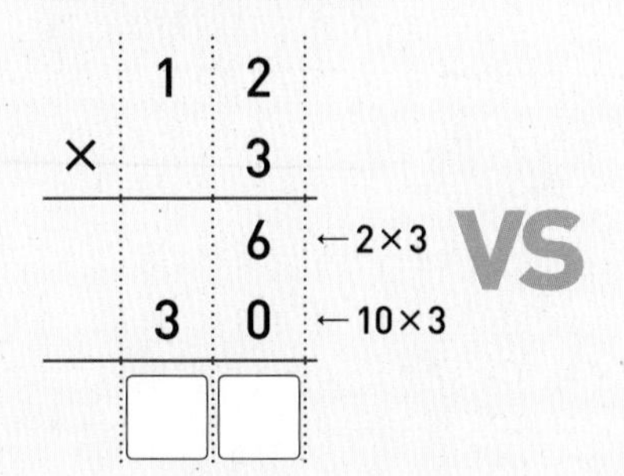

VS

• 십의 자리부터 계산

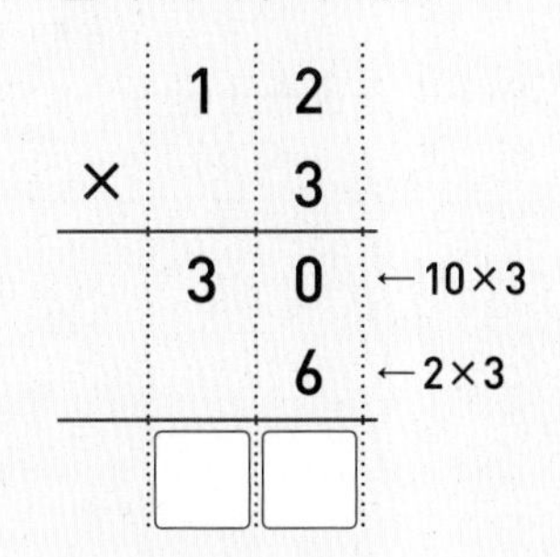

일의 자리부터 계산한 결과와 십의 자리부터 계산한 결과는 같아.

14 계산해 보세요.

(1) $\begin{array}{r} 53 \\ \times\ \ 2 \\ \hline \end{array}$

(2) $\begin{array}{r} 71 \\ \times\ \ 6 \\ \hline \end{array}$

(3) 93×3

(4) 82×4

15 어림하여 계산하기 위한 식을 찾아 ○표 하세요.

31×5	➡	30×5	40×5	50×5
54×2	➡	40×2	50×2	60×2

16 곱이 가장 큰 것에 ○표 하세요.

▶ 같은 수를 곱하는 경우는 계산을 안 해도 곱의 크기를 비교할 수 있어.

(1) 62×2 62×3 62×4

(2) 90×4 91×4 92×4

탄탄북

17 51×4와 계산 결과가 다른 하나를 찾아 기호를 써 보세요.

㉠ $51+51+51+51$
㉡ $51 \times 3+51$
㉢ 5×10과 1×4의 합
㉣ $50+50+50+50+1+1+1+1$

( )

▶ 8

$3 \times 2+2$
$=6+2$ ← 곱셈부터
$=8$

18 사람들이 걸을 때는 진동이 생깁니다. 걸을 때 생기는 진동을 전기로 바꾸어 주는 정사각형 모양의 발판이 있습니다. 다음 발판의 둘레는 몇 cm인지 구해 보세요.

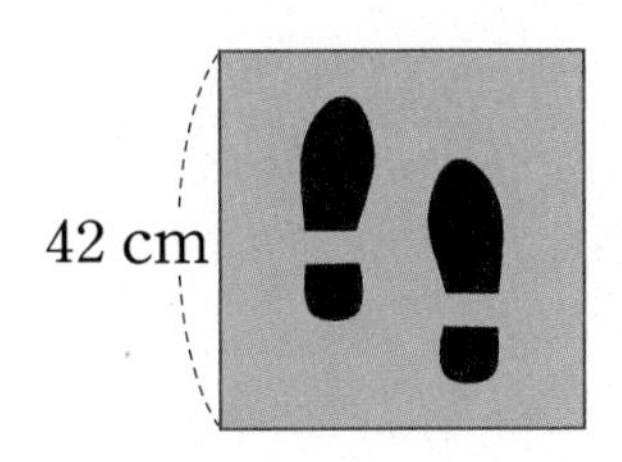

(　　　　　　　　　　)

▶ 정사각형은 네 변의 길이가 모두 같아.

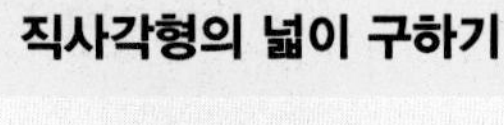

18➕ 직사각형의 넓이를 구해 보세요.

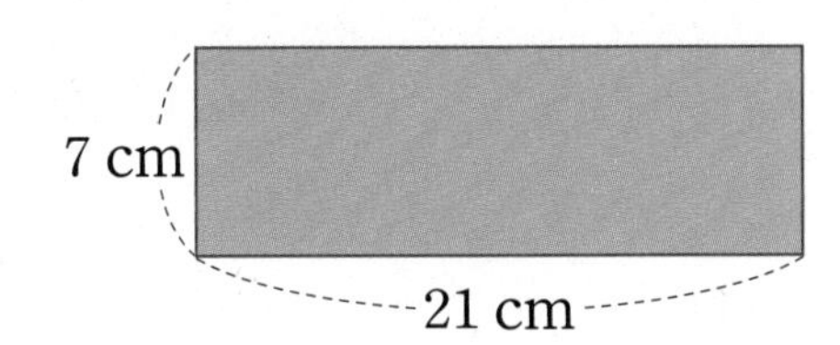

$21 \times \square = \square (cm^2)$

직사각형의 넓이 구하기

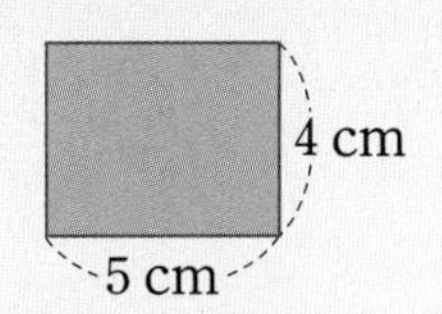

(직사각형의 넓이)
$= (가로) \times (세로)$
$= 5 \times 4 = 20(cm^2)$

내가 만드는 문제

19 길이가 51 cm인 막대를 겹치지 않게 이어 붙이려고 합니다. 이어 붙이고 싶은 막대의 수만큼 색칠하고 색칠한 막대의 전체 길이는 몇 cm인지 구해 보세요.

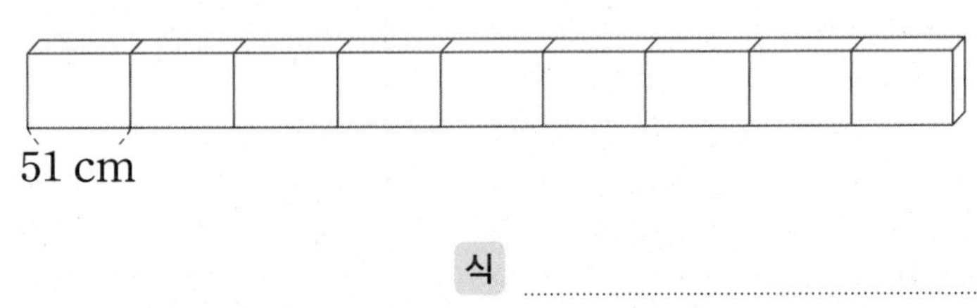

식 ....

답 ....

▶ (막대 한 개의 길이) × (색칠한 막대 수)를 계산해 봐.

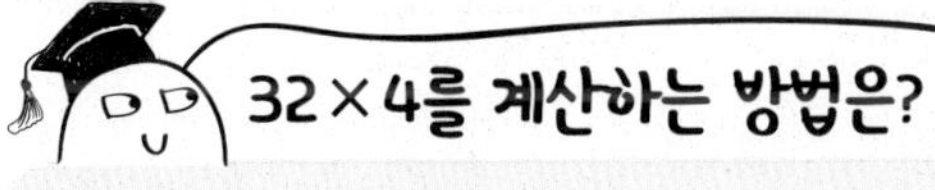
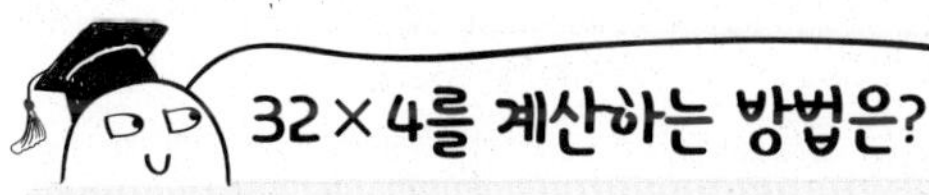

- **32**씩 **4**번 더하기
  $32 + 32 + 32 + 32$
  $= \square$
- **30**과 **2**로 가르기하여 곱하기
  32×4
  $= 30 \times \square + 2 \times \square$
  $= \square + \square$
  $= \square$
- **32**×**2**와 **32**×**2** 더하기
  32×4
  $= 32 \times \square + 32 \times \square$
  $= \square + \square$
  $= \square$

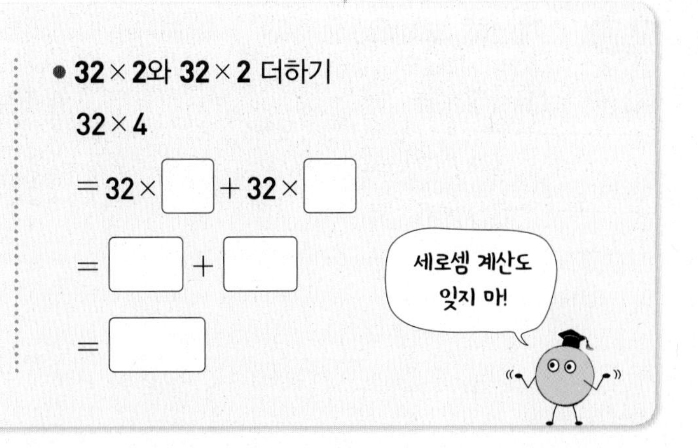
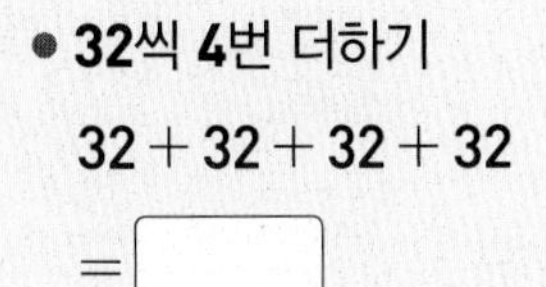

4 일의 자리에서 올림이 있는 (몇십몇)×(몇)

20 계산해 보세요.

> 십의 자리 수와의 곱에 일의 자리에서 올림한 수를 잊지 말고 더해.

(1)
$$\begin{array}{r} 1\,8 \\ \times\quad 5 \\ \hline \end{array}$$

(2)
$$\begin{array}{r} 4\,8 \\ \times\quad 2 \\ \hline \end{array}$$

(3) 23×4

(4) 37×2

21 □ 안에 알맞은 수를 써넣으세요.

> 곱해지는 수를 몇십과 몇으로 가르기하여 곱한 후 더해.
>
> $10 \times 4 = 40$
> $5 \times 4 = 20$ (⊕)
> $15 \times 4 = 60$

(1) 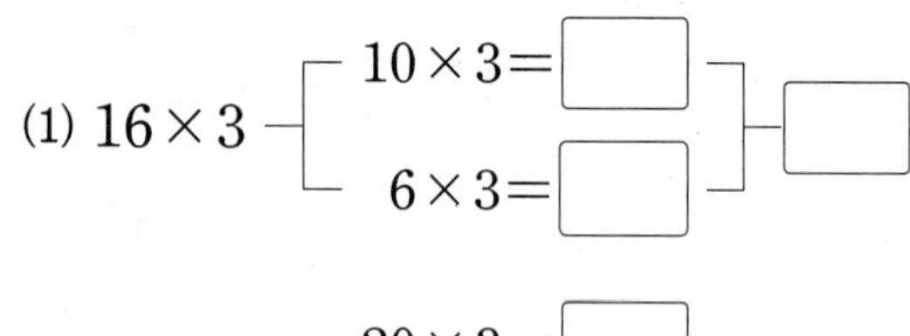

(2) 27×3 — $20 \times 3 = □$, $7 \times 3 = □$ → □

22 □ 안에 알맞은 수를 써넣으세요.

> $3 \times 3 = 9$, $6 \times 3 = 18$, $9 \times 3 = 27$ (×2, ×3)

(1) $14 \times 3 = □$
2배 ↓ 2배 ↓
$28 \times 3 = □$

(2) $18 \times 2 = □$
2배 ↓ 2배 ↓
$36 \times 2 = □$

23 계산해 보세요.

> 곱하는 수가 일정하게 커지거나 작아지면 곱이 어떻게 달라지는지 살펴봐.

(1) 15×4
15×5
15×6

(2) 17×4
17×3
17×2

24 곱의 크기를 비교하여 ○ 안에 >, =, < 중 알맞은 것을 써넣으세요.

(1) 24×4 ○ 29×3 (2) 23×4 ○ 47×2

탄탄북

25 □ 안에 알맞은 수를 써넣으세요.

(1)

$$\begin{array}{r} \square\ 2 \\ \times\quad 6 \\ \hline 7\ 2 \end{array}$$

(2)

$$\begin{array}{r} 2\ 3 \\ \times\quad \square \\ \hline 9\ 2 \end{array}$$

▶ 1 4 × 3 = 6 2 (×), 1 4 × 3 = 4 2 (○)

1+1=2, 2×3=6 / 1×3=3, 3+1=4

십의 자리 계산에서 올림한 수는 나중에 더해.

내가 만드는 문제

26 보기 와 같이 □ 안에 수를 써넣어 곱셈식을 완성해 보세요.

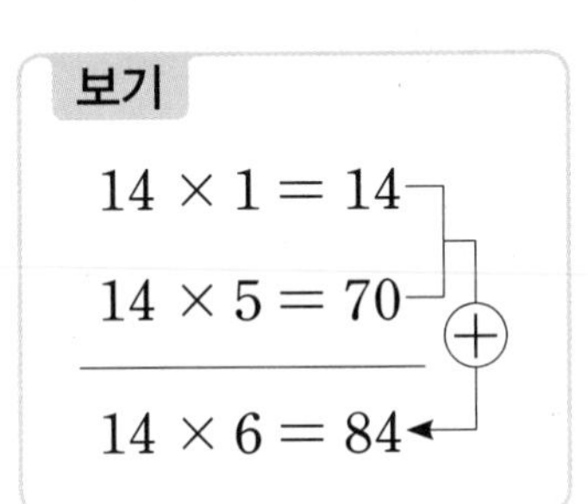

13 × □ = □
13 × □ = □
13 × 7 = □

▶ 수를 가르기하는 방법은 여러 가지야.

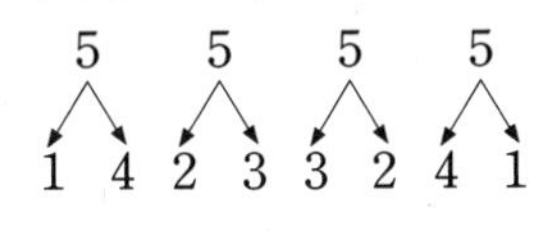

곱하는 수를 가르기하여 곱하면?

- 14씩 2번 뛰어 센 다음 14씩 4번 뛰어 세기

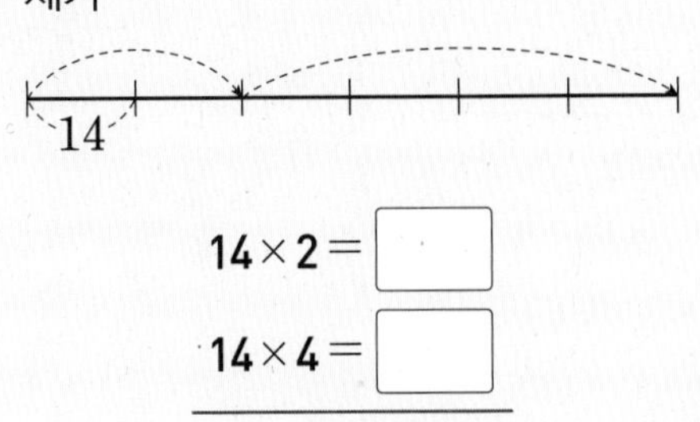

14×2=□
14×4=□
14×6=□

- 14씩 3번 뛰어 센 다음 14씩 3번 뛰어 세기

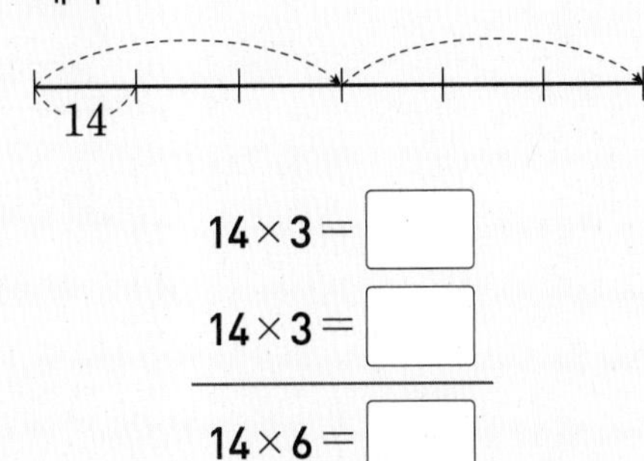

14×3=□
14×3=□
14×6=□

곱하는 수를 여러 가지 방법으로 가르기하여 곱해서 더해도 계산 결과는 같아.

27 계산해 보세요.

(1) $\begin{array}{r} 37 \\ \times \ \ 5 \\ \hline \end{array}$

(2) $\begin{array}{r} 52 \\ \times \ \ 7 \\ \hline \end{array}$

(3) 16×8

(4) 49×3

28 빈칸에 알맞은 수를 써넣으세요.

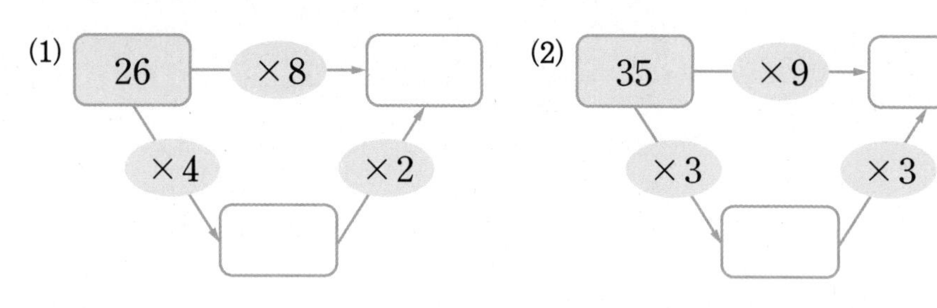

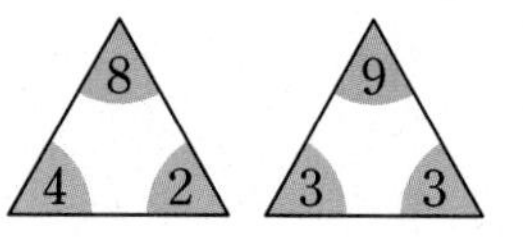

29 □ 안의 수 5가 실제로 나타내는 값은 얼마일까요?

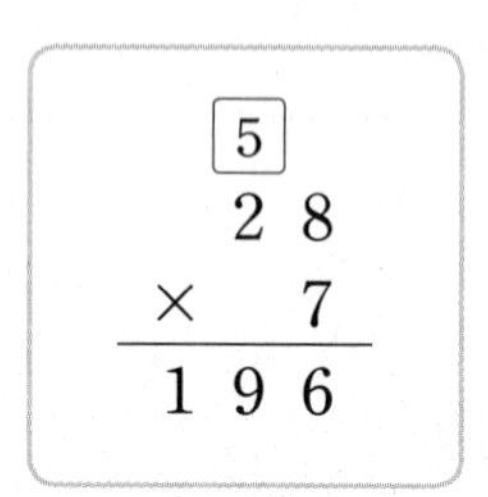

(　　　　　　　)

□ 안의 수 5는 십의 자리 위에 써 있어.

탄탄북

30 □ 안에 알맞은 수를 써넣으세요.

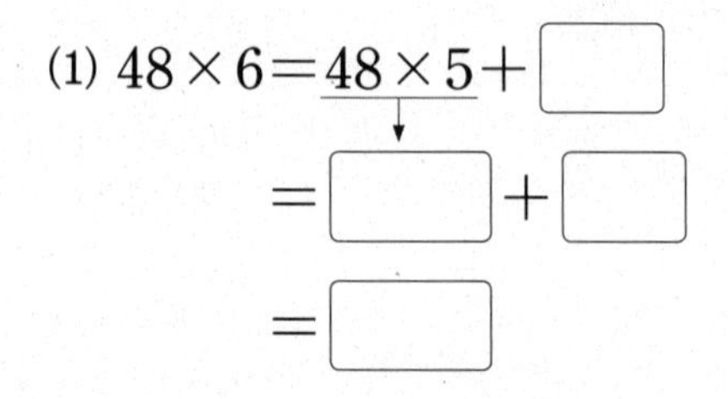

(2) $56 \times 9 = 56 \times 10 - \square$

$= \square - \square$

$= \square$

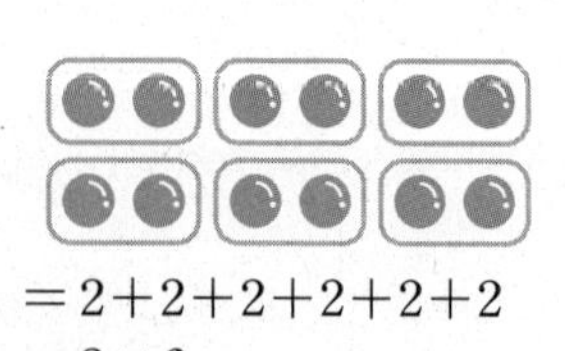

$= 2+2+2+2+2+2$
$= 2 \times 6$
$= 2 \times 5 + 2$
$= 2 \times 7 - 2$

31 방울토마토가 48개씩 6봉지 있습니다. 방울토마토의 수를 어림하여 방울토마토를 모두 담을 수 있는 가장 작은 바구니를 골라 ○표 하고, 어림한 방법을 써 보세요.

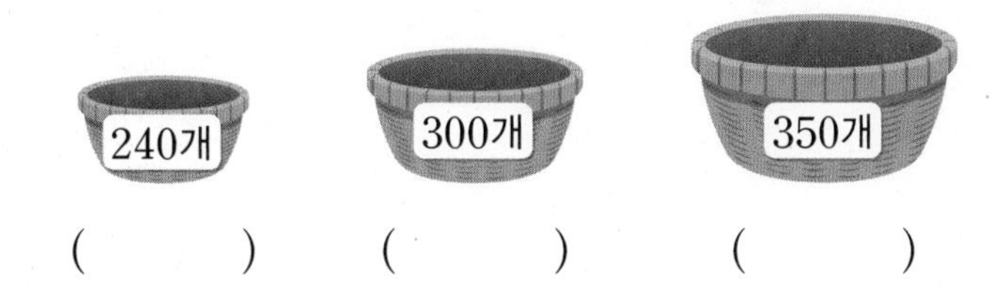

( ) ( ) ( )

어림한 방법 ....

31+ 계산 결과가 큰 것부터 차례로 기호를 써 보세요.

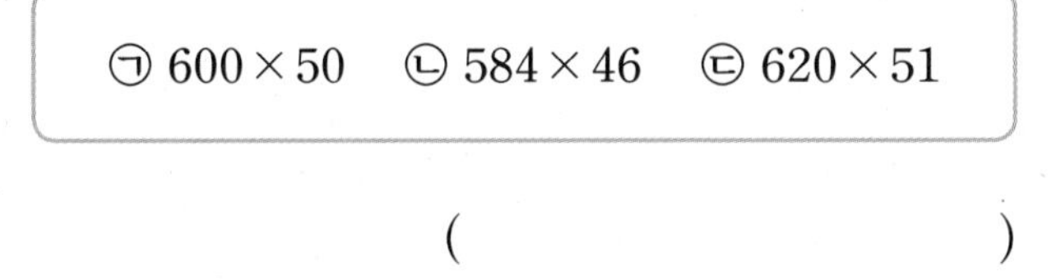

정확하게 계산하지 않고 어림하여 알 수도 있어.

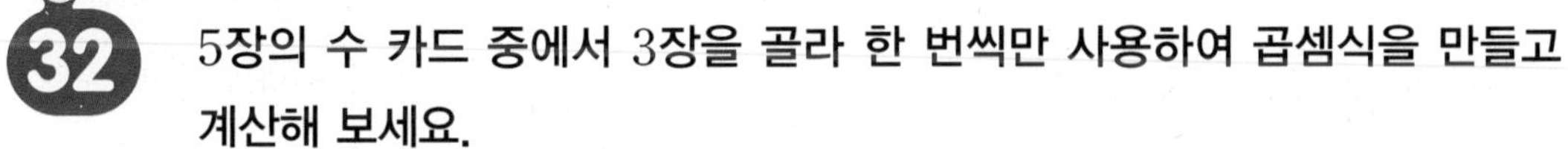

( )

▶ 큰 수로 어림하면 계산 결과도 처음 수보다 커져.

내가 만드는 문제

32 5장의 수 카드 중에서 3장을 골라 한 번씩만 사용하여 곱셈식을 만들고 계산해 보세요.

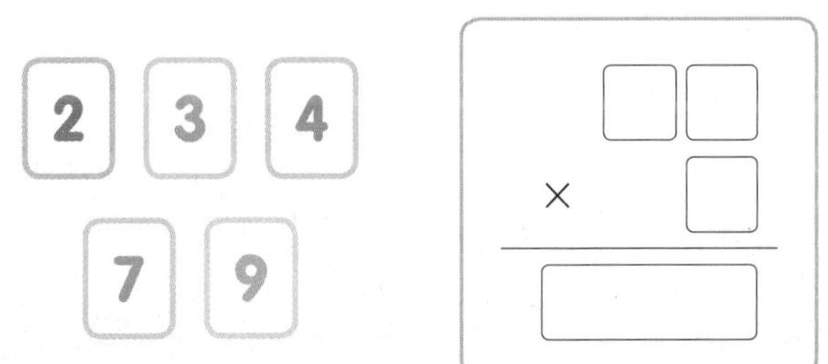

▶ 수 카드를 놓는 자리에 따라 곱셈식의 계산 결과가 커지기도 하고 작아지기도 해.

34×9를 계산하는 방법은?

• 34를 가르기하여 계산하기

34×9 = 30×9 + 4×9
= ☐ + ☐
= ☐

← 34×9 →

• 뺄셈을 이용해서 계산하기

34×9 = 34×10 − 34
= ☐ − ☐
= ☐

발전 문제

문제 풀이

1 몇배가 되는 수 찾기

1 준비

보기 에서 알맞은 수를 골라 □ 안에 써넣으세요.

보기

10 20 30 40

40은 □의 4배입니다.

2 확인

보기 에서 알맞은 두 수를 골라 □ 안에 써넣으세요.

보기

15 20 35 45

□은/는 □의 3배입니다.

3 완성

보기 에서 알맞은 두 수를 골라 □ 안에 써넣으세요.

보기

2 3 4 36 76 95

□은/는 19의 □배입니다.

2 □ 안에 알맞은 수 구하기

4 준비

□ 안에 알맞은 수를 써넣으세요.

$$\begin{array}{r} \square\,3 \\ \times \quad 2 \\ \hline 1\,8\,6 \end{array}$$

5 확인

□ 안에 알맞은 수를 써넣으세요.

$$\begin{array}{r} 2\,5 \\ \times \quad \square \\ \hline 7\,5 \end{array}$$

6 완성

□ 안에 알맞은 수를 써넣으세요.

$$\begin{array}{r} \square\,7 \\ \times \quad 9 \\ \hline 1\,\square\,3 \end{array}$$

3 어떤 수 구하기

7 준비

□ 안에 알맞은 수를 구해 보세요.

$\square \div 4 = 9$

(　　　　　　　　)

8 확인

어떤 수에 6을 곱해야 할 것을 잘못하여 뺐더니 14가 되었습니다. 바르게 계산한 값을 구해 보세요.

(　　　　　　　　)

9 완성

어떤 수에 5를 곱해야 할 것을 잘못하여 나누었더니 몫이 3이 되었습니다. 바르게 계산한 값을 구해 보세요.

(　　　　　　　　)

4 색 테이프의 길이 구하기

10 준비

길이가 15 cm인 색 테이프 3장을 그림과 같이 겹치지 않게 이어 붙였습니다. 이어 붙인 색 테이프의 전체 길이는 몇 cm인지 구해 보세요.

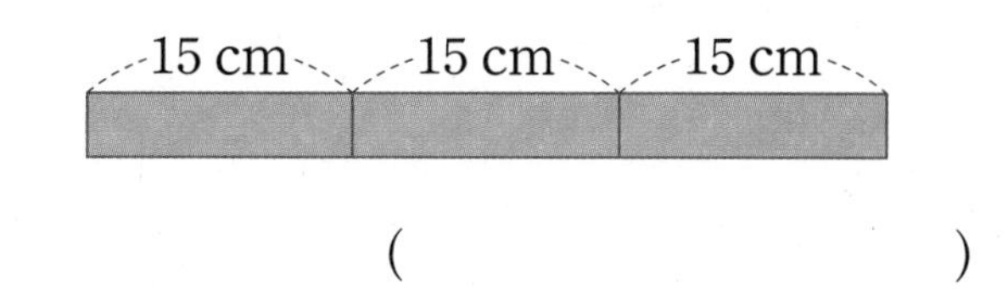

(　　　　　　　　)

11 확인

길이가 21 cm인 색 테이프 2장을 7 cm 겹치게 이었습니다. 이어 붙인 색 테이프의 전체 길이는 몇 cm인지 구해 보세요.

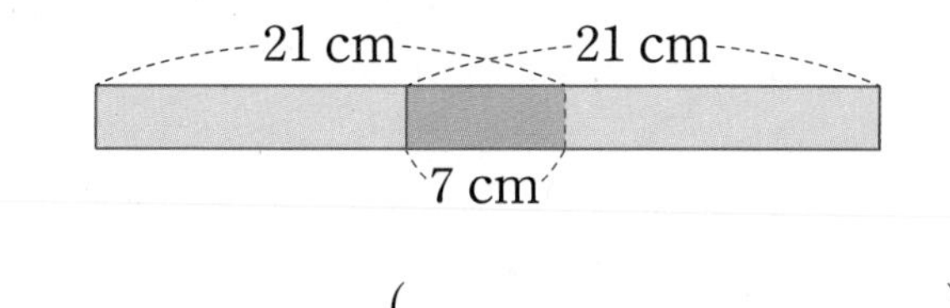

(　　　　　　　　)

12 완성

길이가 30 cm인 색 테이프 4장을 9 cm씩 겹치게 이었습니다. 이어 붙인 색 테이프의 전체 길이는 몇 cm인지 구해 보세요.

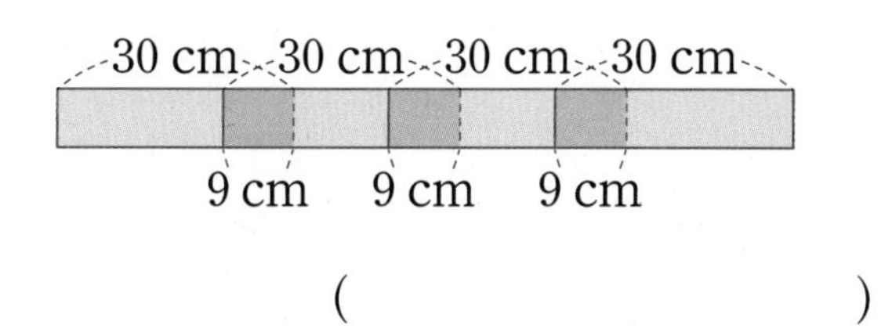

(　　　　　　　　)

5 □ 안에 들어갈 수 있는 수 구하기

13 준비

□ 안에 알맞은 수를 써넣으세요.

$$10 \times \square = 18 \times 5$$

14 확인

1부터 9까지의 수 중에서 □ 안에 들어갈 수 있는 수를 모두 써 보세요.

$$81 > 17 \times \square$$

(   )

15 완성

1부터 9까지의 수 중에서 □ 안에 들어갈 수 있는 수를 모두 써 보세요.

$$300 < 53 \times \square < 400$$

(   )

6 깃발을 꽂은 도로의 길이 구하기

16 준비

곧게 뻗은 도로의 한쪽에 그림과 같이 깃발을 꽂았습니다. 도로의 길이는 몇 m일까요?

(단, 깃대의 두께는 생각하지 않습니다.)

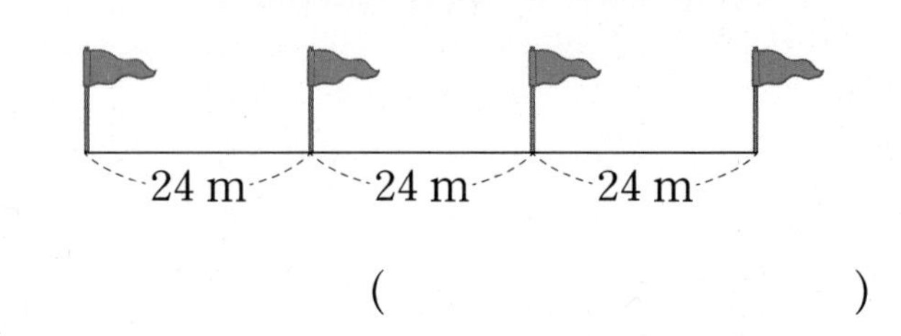

(   )

17 확인

곧게 뻗은 도로의 한쪽에 처음부터 끝까지 깃발 5개를 33 m 간격으로 꽂았습니다. 도로의 길이는 몇 m일까요? (단, 깃대의 두께는 생각하지 않습니다.)

(   )

18 완성

곧게 뻗은 도로의 한쪽에 처음부터 끝까지 깃발 7개를 11 m 간격으로 꽂았습니다. 둘째 깃발부터 다섯째 깃발 사이의 거리는 몇 m일까요? (단, 깃대의 두께는 생각하지 않습니다.)

(   )

단원 평가

점수 확인

1 수 모형을 보고 □ 안에 알맞은 수를 써넣으세요.

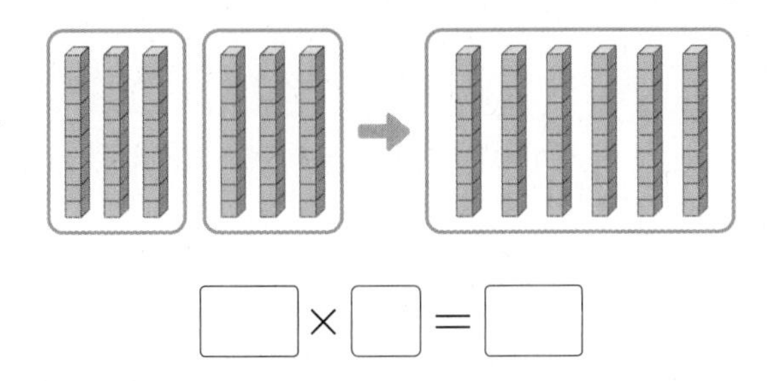

□ × □ = □

2 □ 안에 알맞은 수를 써넣으세요.

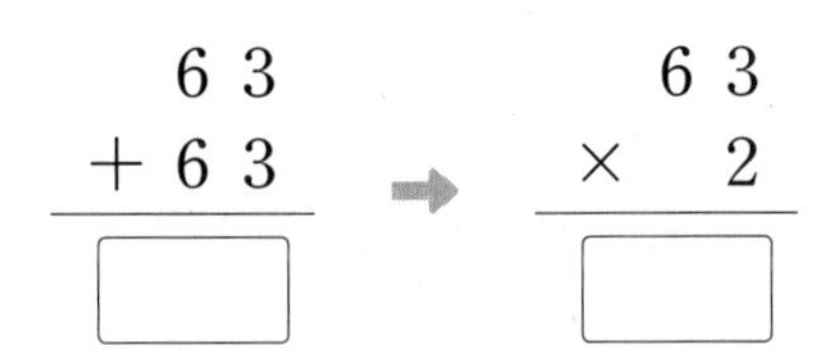

3 □ 안에 알맞은 수를 써넣으세요.

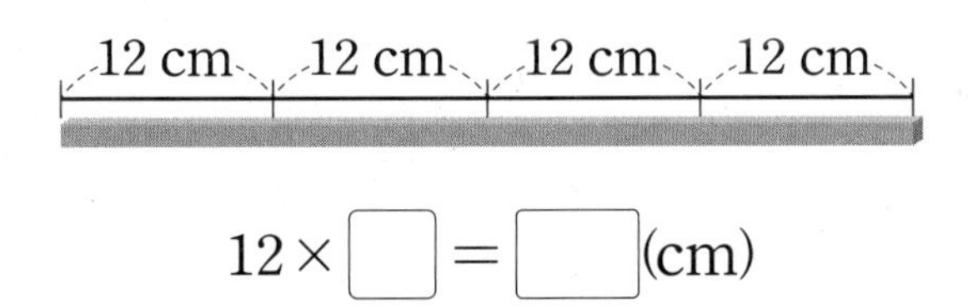

$12 \times$ □ $=$ □ (cm)

4 계산해 보세요.

(1) 31×4

(2) 45×3

5 □ 안에 알맞은 수를 써넣으세요.

$40 \times 2 =$ □

$7 \times 2 =$ □

$47 \times 2 =$ □

6 □ 안에 알맞은 수를 써넣으세요.

$40 \times 9 = 4 \times 10 \times 9$

$=$ □ $\times 10$

$=$ □

7 덧셈식을 곱셈식으로 나타내 보세요.

(1) $61 + 61 + 61$

➡ ....

(2) $43 + 43 + 43 + 43 + 43$

➡ ....

8 곱이 가장 작은 것을 찾아 기호를 써 보세요.

㉠ 20×4	㉡ 32×3
㉢ 4×18	㉣ 2×42

(　　　　　　)

9 계산 결과가 같은 것끼리 이어 보세요.

13×6 •	• 12×6
24×3 •	• 39×2

10 계산 결과가 다른 하나를 찾아 기호를 써 보세요.

㉠ $31+31$
㉡ 30×2와 1×2의 합
㉢ 31의 2배
㉣ 31×3

( )

11 곱셈식에서 잘못된 곳을 찾아 바르게 계산해 보세요.

$$\begin{array}{r} 5\ 8 \\ \times\quad 3 \\ \hline 1\ 6\ 4 \end{array} \Rightarrow \square$$

12 책꽂이 한 칸에 책을 38권씩 2칸에 꽂았습니다. 책꽂이에 꽂은 책은 모두 몇 권일까요?

( )

13 두 곱 사이에 있는 두 자리 수를 모두 구해 보세요.

23×4 19×5

( )

14 진우 어머니와 아버지는 윗몸 일으키기를 각각 몇 번 했는지 구해 보세요.

- 진우는 윗몸 일으키기를 15번 했습니다.
- 진우 어머니는 윗몸 일으키기를 진우의 2배만큼 했습니다.
- 진우 아버지는 윗몸 일으키기를 진우의 4배만큼 했습니다.

진우 어머니 ( )
진우 아버지 ( )

15 □ 안에 알맞은 수를 써넣으세요.

$$\begin{array}{r} \square\ 2 \\ \times\quad 6 \\ \hline 3\ 1\ 2 \end{array}$$

정답과 풀이 26쪽 서술형 문제

16 1부터 9까지의 수 중에서 □ 안에 들어갈 수 있는 수를 모두 써 보세요.

$19 \times 5 > 22 \times \square$

(　　　　　　　　)

17 길이가 18 cm인 색 테이프 2장을 그림과 같이 6 cm 겹치게 이어 붙였습니다. 이어 붙인 색 테이프의 전체 길이는 몇 cm일까요?

18 cm　18 cm
6 cm

(　　　　　　　　)

18 곧게 뻗은 도로의 한쪽에 나무 8그루를 25 m 간격으로 심었습니다. 도로의 처음과 끝에도 나무를 심었다면 도로의 길이는 몇 m일까요?
(단, 나무의 두께는 생각하지 않습니다.)

(　　　　　　　　)

19 구슬을 재희는 27개씩 5상자를 가지고 있고, 수빈이는 57개씩 2상자를 가지고 있습니다. 구슬을 더 많이 가지고 있는 사람은 누구인지 풀이 과정을 쓰고 답을 구해 보세요.

풀이

답

20 어떤 수에 7을 곱해야 할 것을 잘못하여 나누었더니 몫이 3이 되었습니다. 바르게 계산한 값은 얼마인지 풀이 과정을 쓰고 답을 구해 보세요.

풀이

답

4

5 길이와 시간

길이와 시간에 따라 알맞은 단위가 필요해!

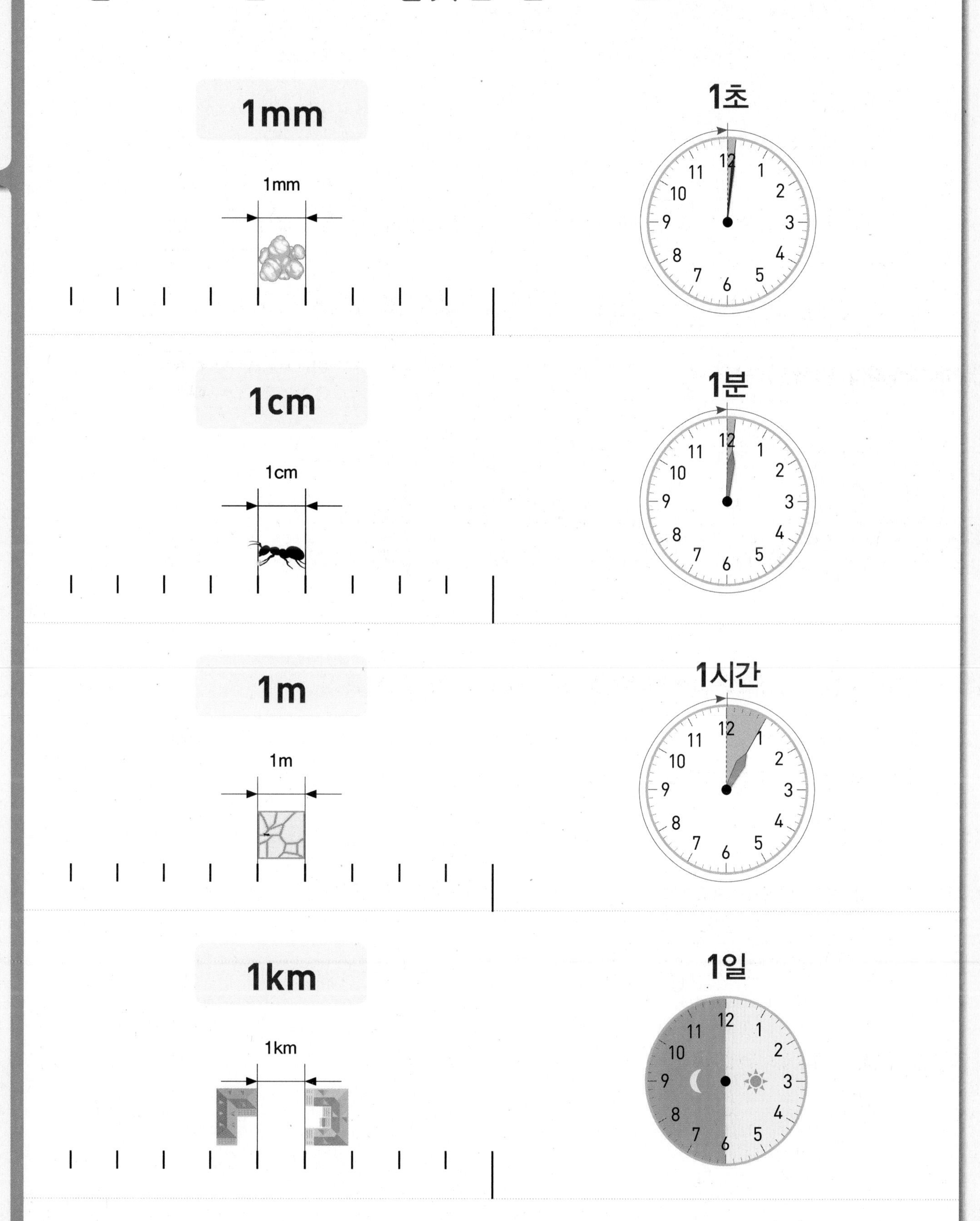

1 cm보다 짧은 길이는 mm로 나타내.

- **1 mm 알아보기** → 1 cm보다 더 정확한 길이를 잴 수 있습니다.

1 mm: 1 cm를 10칸으로 똑같이 나누었을 때 작은 눈금 한 칸의 길이

쓰기 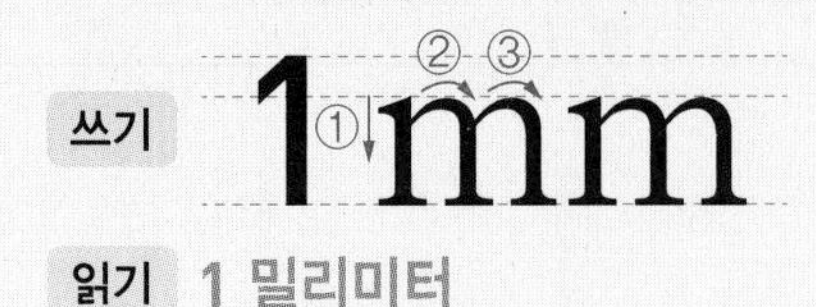

읽기 1 밀리미터

1 cm = 10 mm

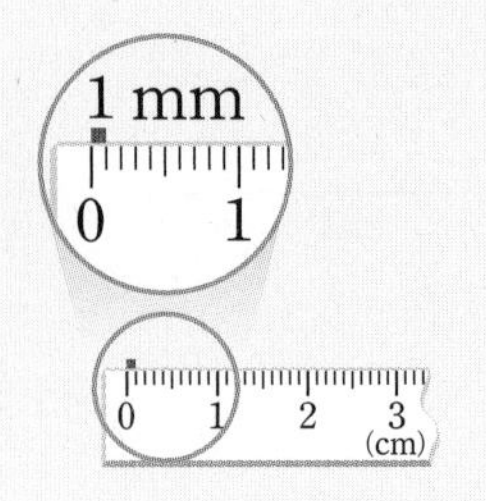

- **12 cm보다 6 mm 더 긴 길이 알아보기**
  → 12 cm 6 mm

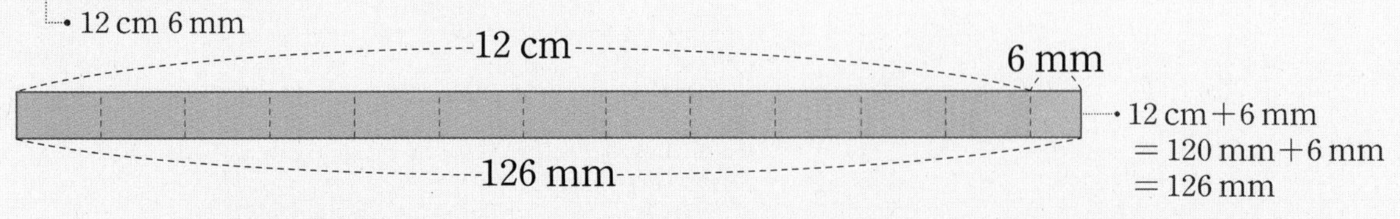

12 cm+6 mm
=120 mm+6 mm
=126 mm

cm		mm	쓰기	읽기
십	일	일		
1	2	6	12 cm 6 mm 126 mm	12 센티미터 6 밀리미터 126 밀리미터

1 □ 안에 알맞은 수를 써넣으세요.

(1)

cm		mm	쓰기
십	일	일	
1	4	3	14 cm 3 mm = □ mm

→ ■ cm ▲ mm를 ■▲ mm로 나타낼 수 있습니다.

(2)

cm		mm	쓰기
십	일	일	
	9	4	□ cm □ mm = □ mm

2 못의 길이를 재고 읽어 보세요.

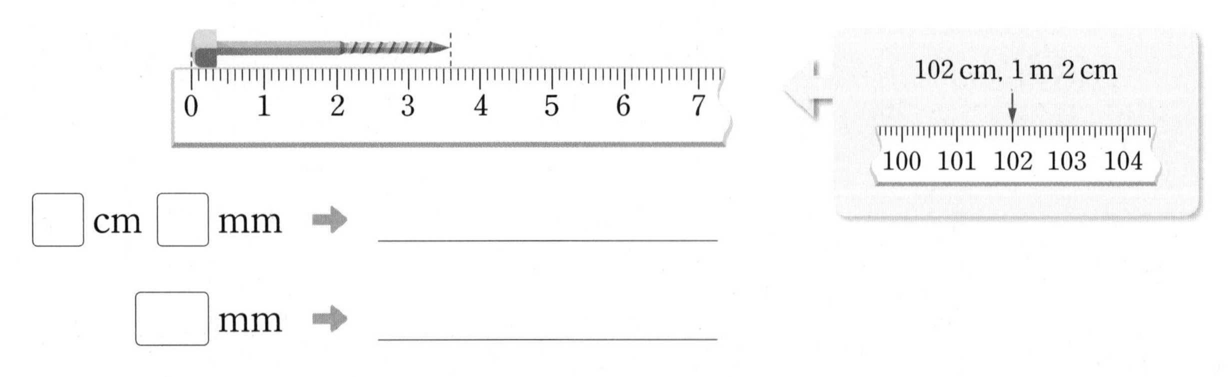

□ cm □ mm ➡ ______________

□ mm ➡ ______________

정답과 풀이 27쪽

2 m보다 긴 길이는 km로 나타내.

● 1 km 알아보기

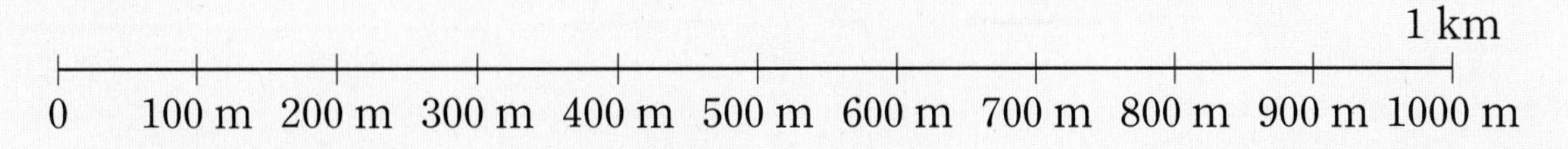

쓰기 

1000 m = 1 km

읽기 1 킬로미터

● 3 km보다 700 m 더 긴 길이 알아보기

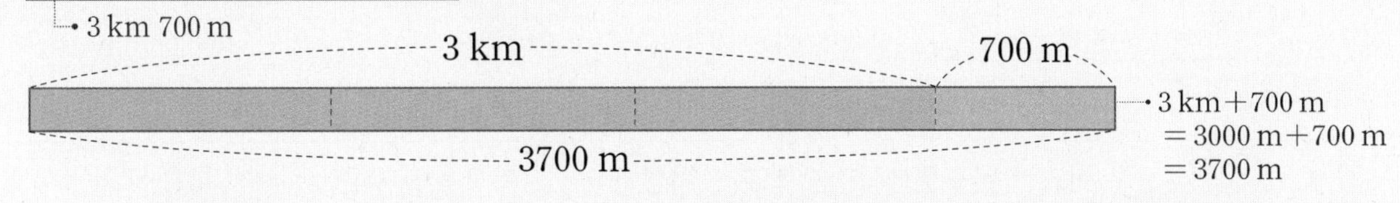

km	m			쓰기	읽기
일	백	십	일		
3	7	0	0	3 km 700 m 3700 m	3 킬로미터 700 미터 3700 미터

1 □ 안에 알맞은 수를 써넣으세요.

(1)

km	m			쓰기
일	백	십	일	
4	2	0	0	4 km 200 m =□ m

■ km ▲ m로 나타내거나
● m로 나타낼 수 있습니다.

(2)

km	m			쓰기
일	백	십	일	
8	7	0	0	□ km □ m =□ m

2 수직선 위의 화살표가 가리키는 곳의 길이를 쓰고 읽어 보세요.

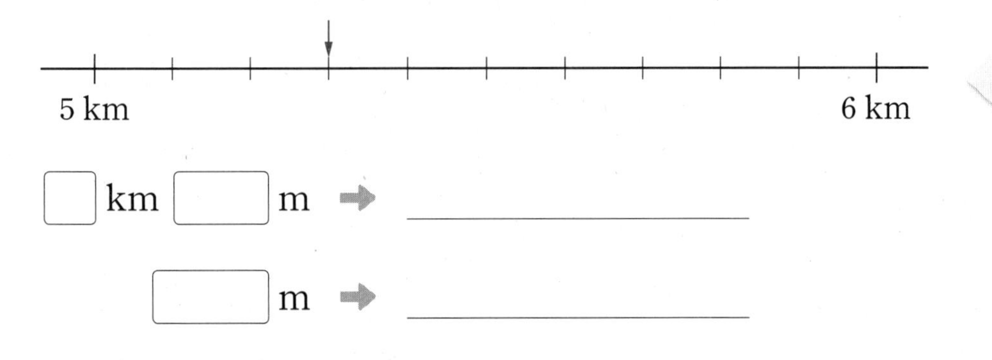

1 km(1000 m)가 10칸으로 나누어져 있으므로 작은 눈금의 한 칸의 길이는 100 m야.

3 몸의 일부나 도구로 길이나 거리를 어림할 수 있어.

● **길이 어림하기**

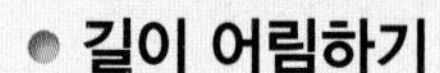

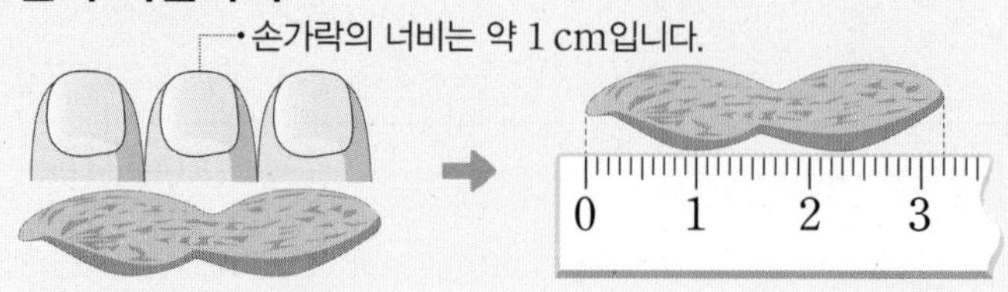

약 1 cm가 3번쯤

➡ 약 3 cm

물건	어림한 길이	잰 길이
땅콩	약 3 cm	3 cm 2 mm

길이를 어림하여 말할 때는 '약'으로 표현합니다.

● **거리 어림하기**

	학교～문구점	학교～서점	학교～도서관	학교～공원
어림한 거리	약 500 m	약 1 km	약 1 km 500 m	약 2 km

학교에서 문구점까지 거리의 약 2배입니다.

● **알맞은 단위 선택하기** 단위의 길이를 생각하여 알맞은 단위를 선택합니다.

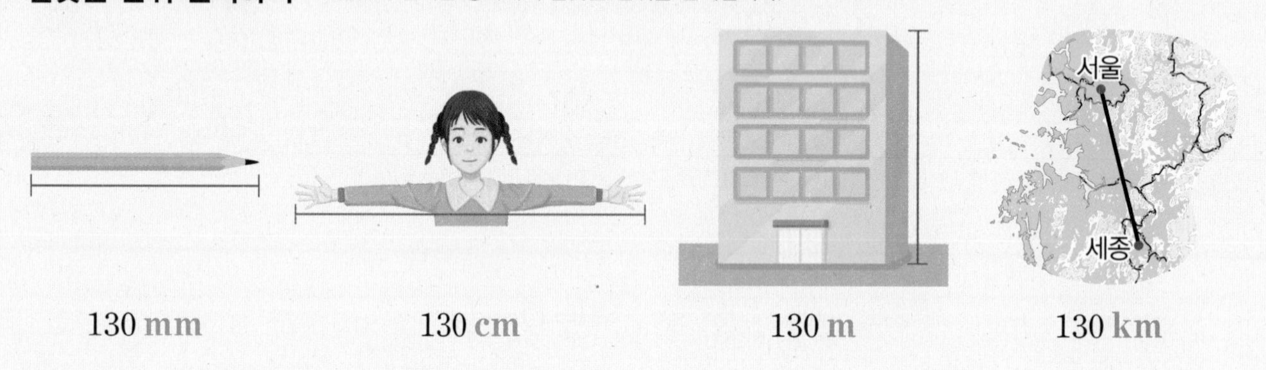

1 **색연필의 길이를 어림하고 자로 재어 확인해 보세요.**

(1)

한 뼘의 길이가 약 12 cm인데 색연필은 이것보다 조금 더 짧으므로 약 ☐ cm입니다.

(2)

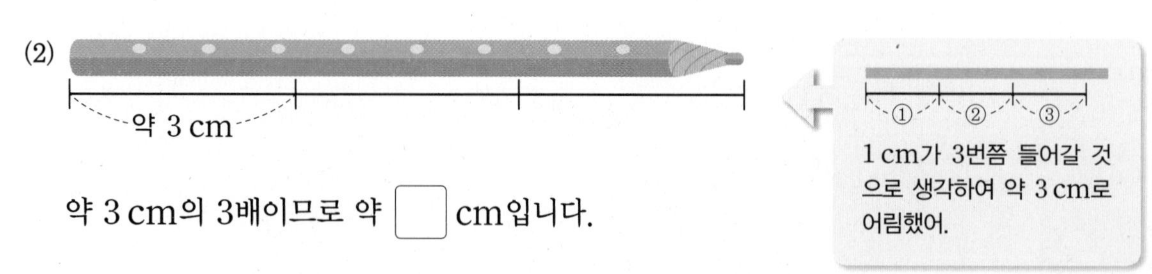

약 3 cm의 3배이므로 약 ☐ cm입니다.

2 길이가 1 km보다 긴 것에 ○표 하세요.

책상의 높이	올림픽 대교의 길이	허리띠의 길이	손가락의 길이
(　　)	(　　)	(　　)	(　　)

3 길이에 알맞은 물건을 예상하여 찾고 자로 재어 확인해 보세요.

길이	예상한 물건	잰 길이
약 35 mm		
약 150 mm		

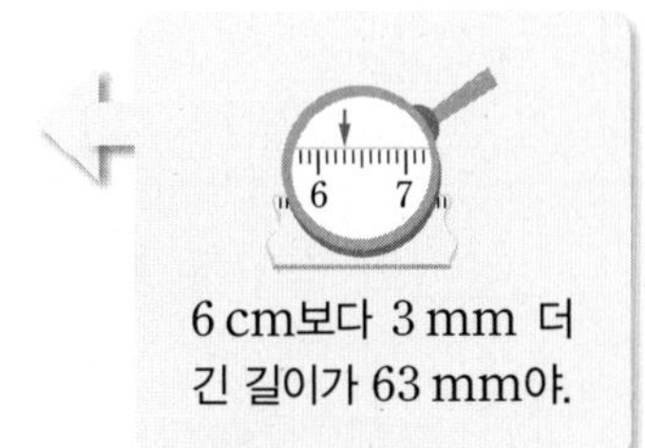

4 보기 에서 알맞은 단위를 찾아 □ 안에 써넣으세요.

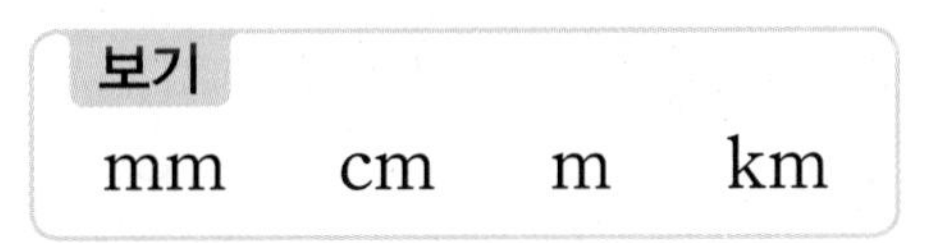

(1)

운동장 한 바퀴의 길이는 약 400 □ 입니다.

(2)

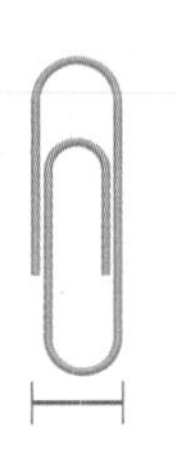

클립의 가로는 약 7 □ 입니다.

(3)

예진이의 키는 약 140 □ 입니다.

(4)

산책로 한 바퀴의 길이는 약 5 □ 입니다.

1 1 cm보다 작은 단위

1 □ 안에 알맞은 수를 써넣으세요.

▶ 1 cm = 10 mm

(1) 64 mm
= □ mm + 4 mm
= □ cm □ mm

(2) 103 mm
= □ mm + 3 mm
= □ cm □ mm

(3) 7 cm 7 mm = □ mm

(4) 12 cm 8 mm = □ mm

2 물건의 길이를 자로 재어 □ 안에 알맞은 수를 써넣으세요.

▶ 왼쪽 끝을 자의 눈금 0에 맞추고 길이를 재어 봐.

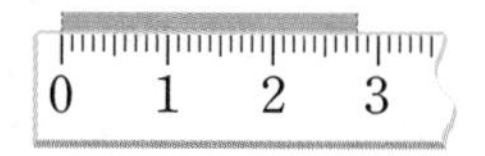

➡ 2 cm 8 mm, 28 mm

(1)

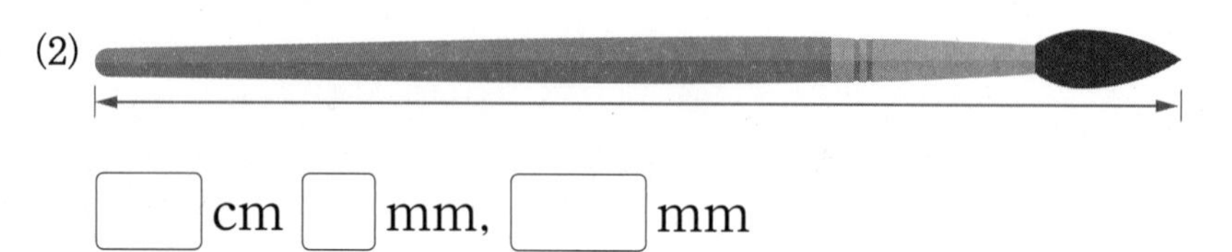

□ cm □ mm, □ mm

(2)

□ cm □ mm, □ mm

3 한 뼘의 길이가 더 긴 사람을 써 보세요.

▶ ■cm ▲mm = ■▲mm

형섭: 내 한 뼘의 길이는 13 cm 4 mm야.
수진: 내 한 뼘의 길이는 131 mm야.

(　　　　　　　　)

탄탄북

4 수직선을 보고 □ 안에 알맞은 수를 써넣으세요.

▶ 1 cm = 10 mm이므로 수직선의 작은 눈금 한 칸의 길이는 1 mm야.

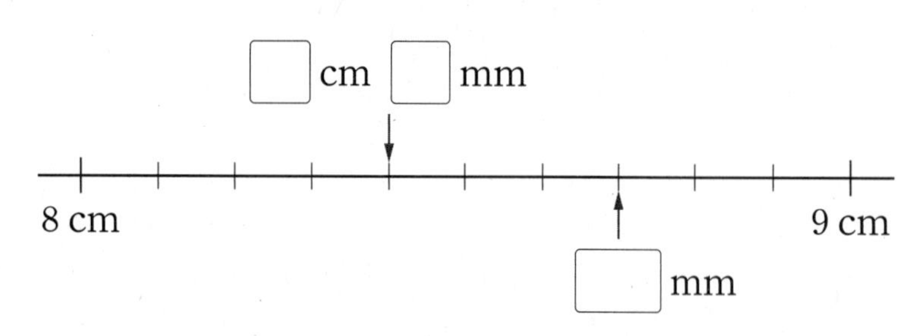

정답과 풀이 28쪽

5 막대 과자의 길이를 바르게 말한 사람은 누구인가요?

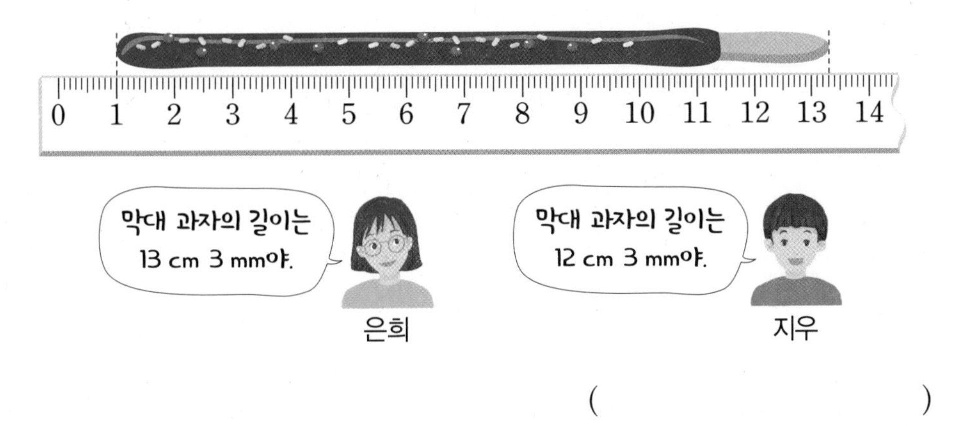

( )

▶ 막대 과자의 왼쪽 끝이 자의 눈금 0에 맞춰져 있지 않아.

6 봉선화는 봉숭아라고도 하는데 햇볕이 잘 드는 곳이면 어느 곳이든 잘 자랍니다. 봉선화 싹이 14 mm일 때 2 cm가 되려면 몇 mm 더 자라야 하는지 구해 보세요.

( )

▶ 1 cm = 10 mm
2 cm = 20 mm

내가 만드는 문제

7 서로 다른 두 개의 점을 골라 선분을 그어 보고, 그 선분의 길이를 자로 재어 두 가지 방법으로 나타내 보세요.

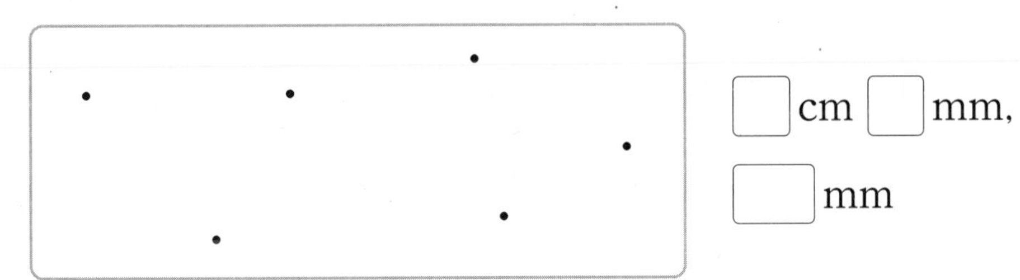

☐ cm ☐ mm, ☐ mm

▶ 두 점을 골라 곧게 잇고 한 점을 자의 눈금 0에 맞춰 길이를 재어 봐.

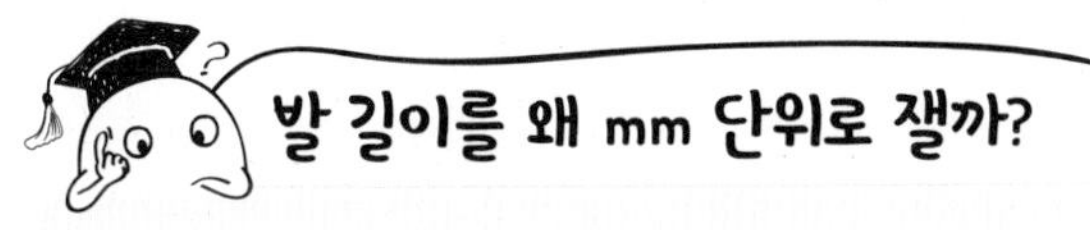

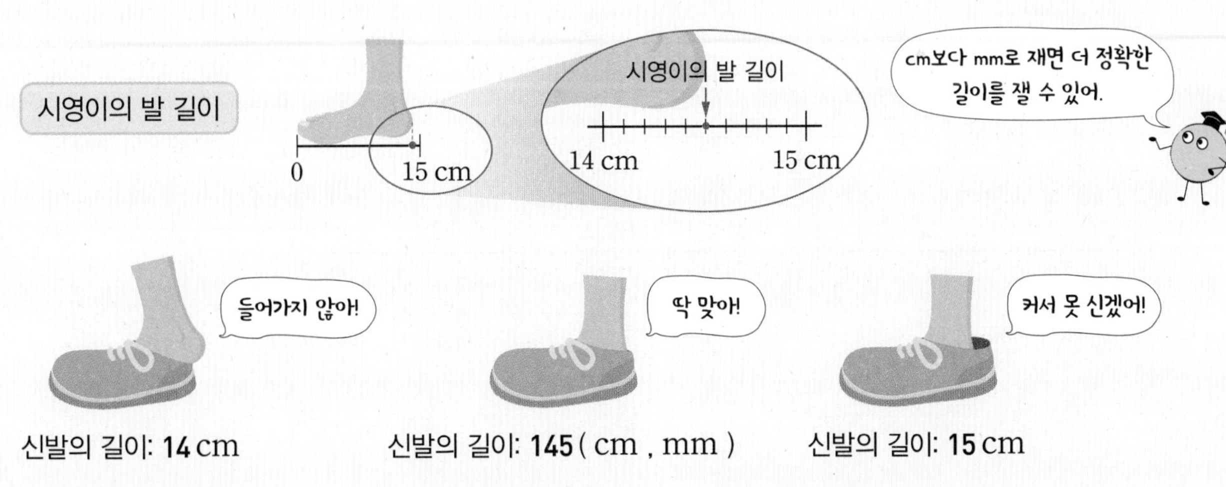

8 □ 안에 알맞은 수를 써넣으세요.

▶ 1000 m = 1 km

(1) 1300 m
= □ m + 300 m
= □ km □ m

(2) 3060 m
= □ m + 60 m
= □ km □ m

(3) 8 km 500 m = □ m

(4) 6 km 70 m = □ m

9 바르게 말한 사람을 찾아 이름을 써 보세요.

영수: 830 m는 8 km 30 m야.
한빛: 5 km 20 m는 5200 m야.
서현: 3009 m는 3 km 9 m야.

(　　　　　　)

10 관계있는 것끼리 이어 보세요.

32 km	3 km 2 m	3 km 20 m
3020 m	32000 m	3002 m

▶

km	m		
일	백	십	일
5	0	5	0

➡ 5 km 50 m
➡ 5050 m

11 수직선을 보고 □ 안에 알맞은 수를 써넣으세요.

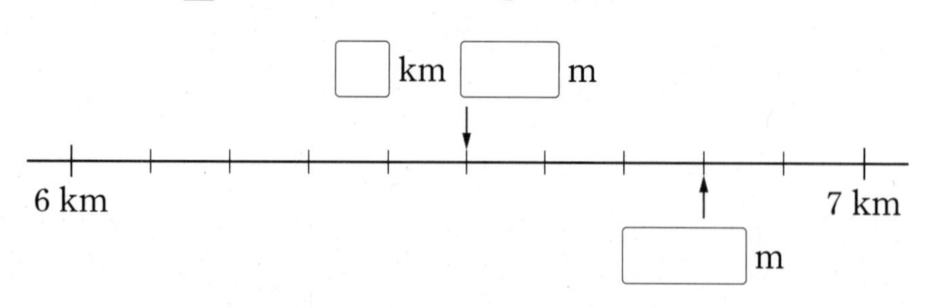

▶ 1 km = 1000 m이므로 수직선의 작은 눈금 한 칸의 길이는 100 m야.

탄탄북

12 놀이터와 도서관 중에서 집에서 더 가까운 곳은 어디일까요?

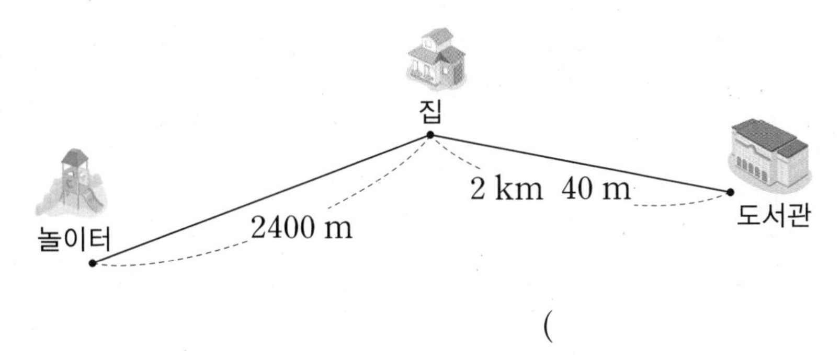

( )

▶ 2400 m를 몇 km 몇 m로 바꾸거나 2 km 40 m를 몇 m로 바꾸어서 비교해 봐.

13 두 길이를 모으기하여 1 km를 만들려고 합니다. 빈칸에 알맞은 길이는 몇 m인지 써넣으세요.

(1)

1 km	
500 m	

(2)

1 km	
200 m	

▶ 모으기하여 10, 100 만들기

10	
1	9
2	8
3	7
⋮	

100	
10	90
20	80
30	70
⋮	

내가 만드는 문제

14 다음 밧줄 중 하나를 여러 번 사용하여 2 km 밧줄을 만들려고 합니다. 밧줄 하나를 선택하고, 밧줄을 몇 개 사용하여 만들 수 있는지 써 보세요.
(단, 밧줄을 묶는 길이는 생각하지 않습니다.)

2 m 밧줄 | 10 m 밧줄 | 20 m 밧줄 | 50 m 밧줄

선택한 밧줄: ☐

밧줄을 사용한 수: ☐

▶ 먼저 선택한 밧줄로 100 m를 만들려면 몇 개 필요한지 구해 봐.

5

1 mm, 1 cm, 1 m, 1 km 사이에는 어떤 관계가 있을까?

1 km = 1000 m
1 m = 100 cm
1 cm = 10 mm

➡

1 km = 1000 m
= 100000 cm
= 1000000 mm

➡

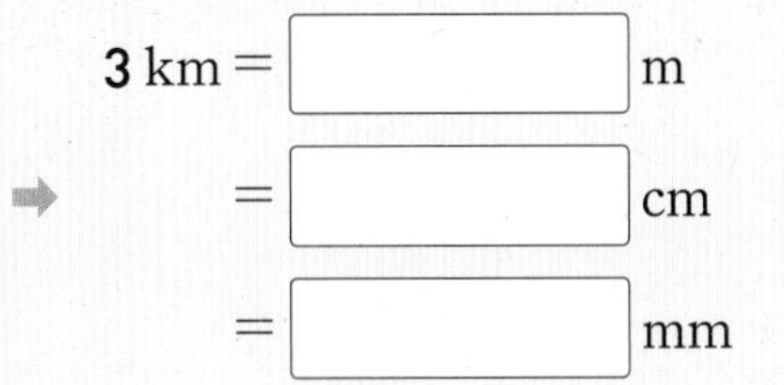

100000은 10만, 1000000은 100만이라고 읽어.

15 1 km보다 긴 길이를 찾아 ○표 하세요.

▶ 1 km = 1000 m

기린의 키	농구 선수의 키	설악산의 높이

(　　　)	(　　　)	(　　　)

16 보기 에서 알맞은 단위를 찾아 □ 안에 써넣으세요.

▶ 1 mm ↘ 10배 1 cm ↘ 100배 1 m ↘ 1000배 1 km

> 보기
> mm　　cm　　m　　km

(1) 아빠의 발 길이는 약 280 □입니다.

(2) 소방차의 길이는 약 15 □입니다.

(3) 양화대교의 길이는 약 1 □입니다.

17 가장 긴 길이에 ○표 하세요.

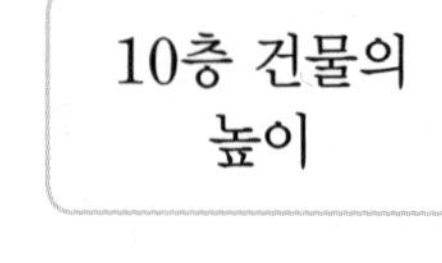

10층 건물의 높이	서울에서 인천까지의 거리	소나무의 높이
(　　　)	(　　　)	(　　　)

18 줄넘기 한 개의 길이가 약 2 m일 때 연못의 둘레는 약 몇 m인지 어림해 보세요.

▶ 줄넘기 1개: 약 2 m
줄넘기 2개: 약 $2 \times 2 = 4$(m)

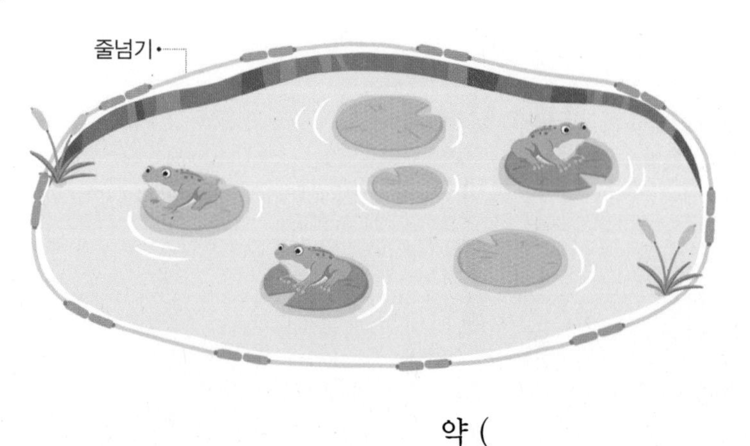

약 (　　　　　　　　)

19 단위를 잘못 사용한 사람을 찾아 이름을 써 보세요.

영민: 나는 가로가 15 cm인 색종이로 종이학을 접었어.
혜리: 과자를 사러 500 km를 5분 만에 걸어서 갔어.
예슬: 학교 앞 나무의 높이는 2 m야.

( )

20 명수네 집에서 약 2 km 떨어진 곳은 어디일까요?

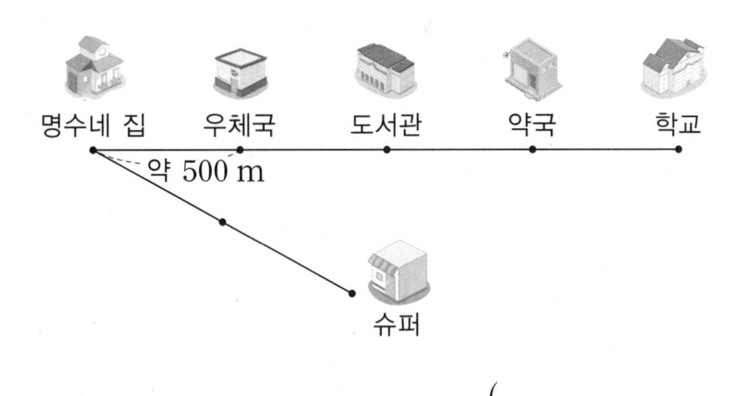

( )

▶ 0 5 10 15 20 (5, 5, 5, 5)

내가 만드는 문제

21 □ 안에 곧은 선을 하나 그어 길이를 어림해 보고 자로 재어 보세요.

▶ 구불거리지 않고 반듯하게 쭉 뻗은 선을 그어 보자.

어림한 길이	잰 길이

지구의 둘레를 어림하면?

탁구공의 둘레 약 120(mm , cm)

농구공의 둘레 약 75(mm , cm)

지구의 둘레 약 40000(m , km)

4 초침이 가리키는 작은 눈금 한 칸은 1초야.

● **초침이 가리키는 시각**
　　└• 가늘고 가장 빨리 움직이는 바늘입니다.
1초: 초침이 작은 눈금 한 칸을 가는 데 걸리는 시간

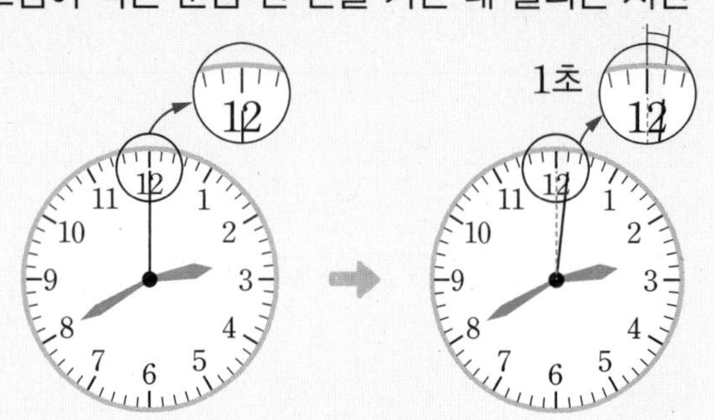

작은 눈금 한 칸 = 1초

● **시계의 분침과 초침**

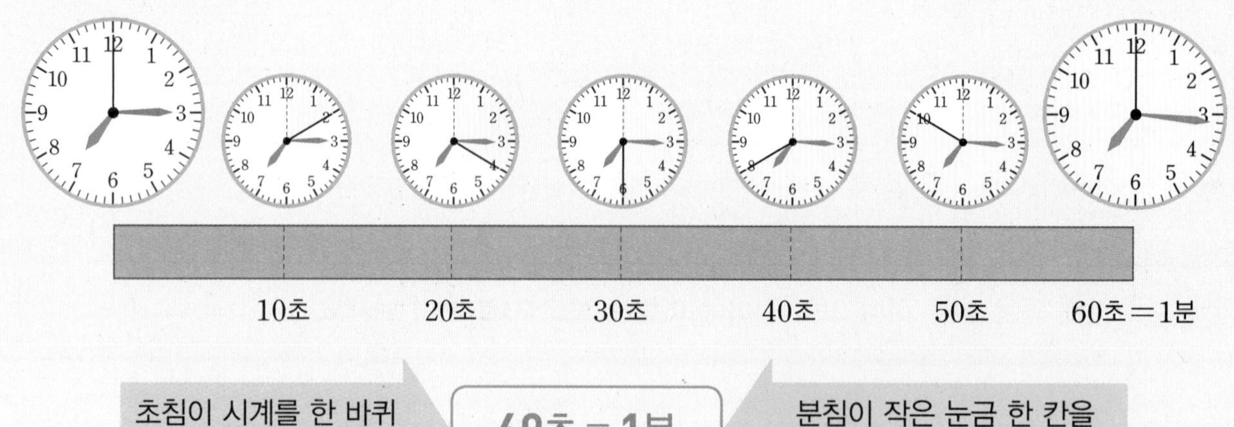

● **시간을 분과 초로 나타내기**

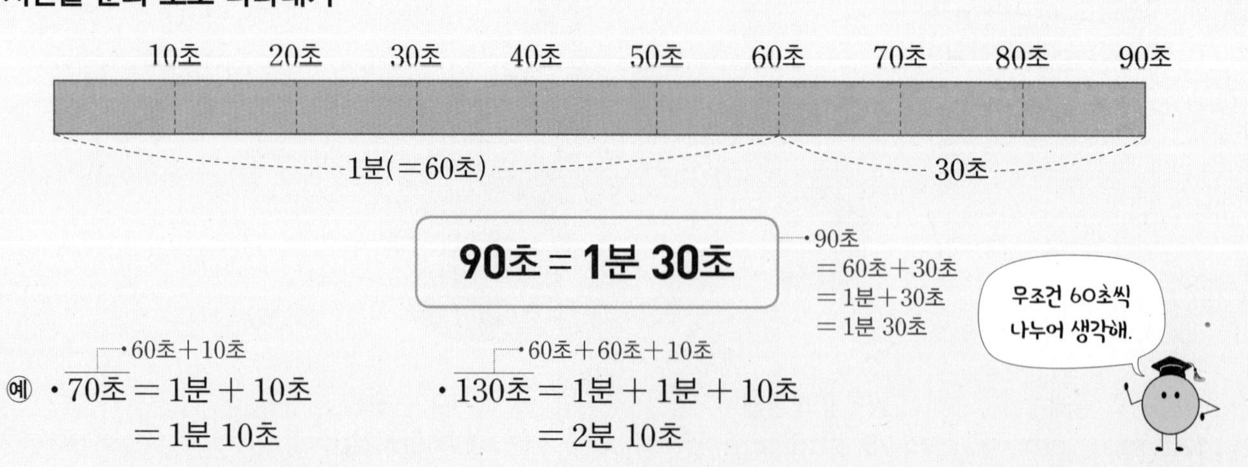

90초 = 1분 30초

• 90초
= 60초 + 30초
= 1분 + 30초
= 1분 30초

예 • 70초 = 1분 + 10초 (70초 = 60초 + 10초)
　　　= 1분 10초

• 130초 = 1분 + 1분 + 10초 (130초 = 60초 + 60초 + 10초)
　　　= 2분 10초

1 시계에서 각각의 숫자가 몇 초를 나타내는지 ◯ 안에 써넣으세요.

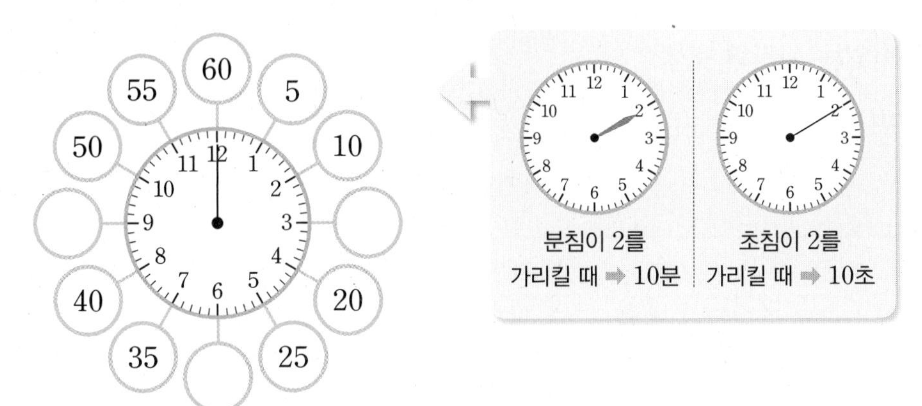

2 시각을 읽어 보세요.

(1)

(2)

(3)

□시 □분 □초

(4)

□시 □분 □초

3 □ 안에 알맞은 수를 써넣으세요.

(1) 1분 = □초

(2) 2분 = □초

(3) 1분 40초 = □초 + □초 = □초

(4) 200초 = 60초 + □초 + □초 + 20초

= □분 + □초 = □분 □초

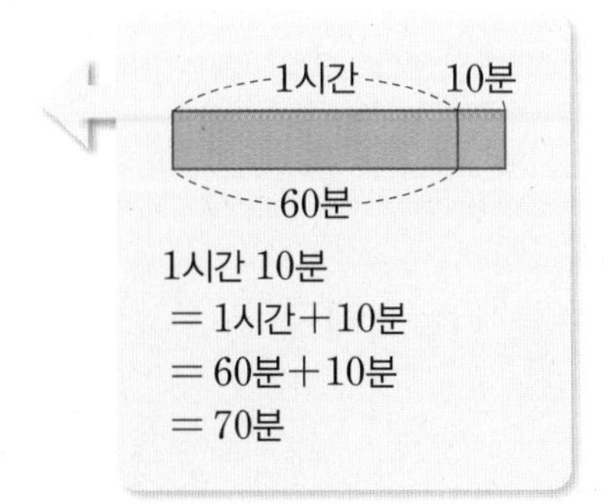

5 시는 시끼리, 분은 분끼리, 초는 초끼리 더해.

● 받아올림이 없는 시간의 덧셈

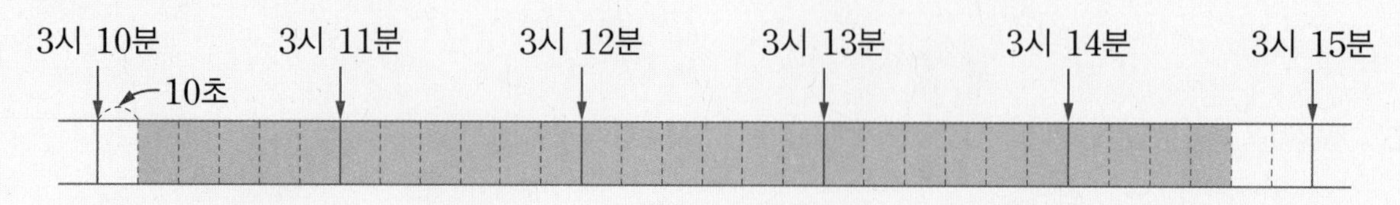

	3시	10분	10초
+		4분	30초
	3시	14분	40초

3시 10분 10초 + 4분 30초 (14분, 40초)

= 3시 14분 40초

● 받아올림이 있는 시간의 덧셈

	13분	30초
+	5분	50초
	18분	80초
	+1분 ←	−60초
	19분	20초

	5시	35분	16초
+	2시간	40분	40초
	7시	75분	56초
	+1시간 ←	−60분	
	8시	15분	56초

분끼리, 초끼리의 합이 60이거나 60을 넘으면 60분은 1시간으로, 60초는 1분으로 받아올림해.

1 4시 43분 10초에서 2분 20초 후의 시각을 시간 띠에 나타내 구해 보세요.

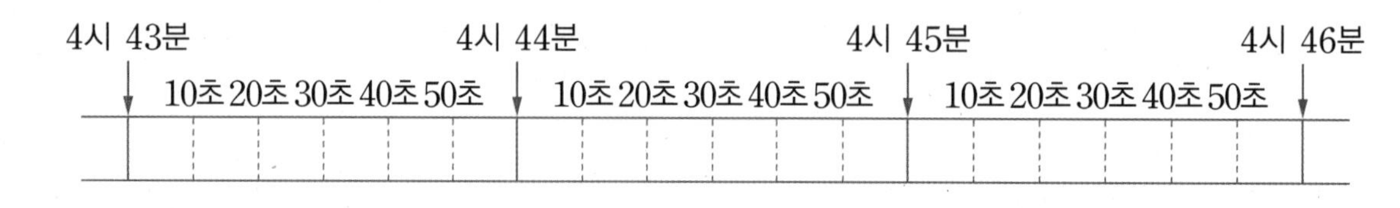

(1)

	4 시	43 분	10 초
+		2 분	20 초
	4 시	□ 분	□ 초

(2) 4시 43분 10초 + 2분 20초

= 4시 □분 □초

2 □ 안에 알맞은 수를 써넣으세요.

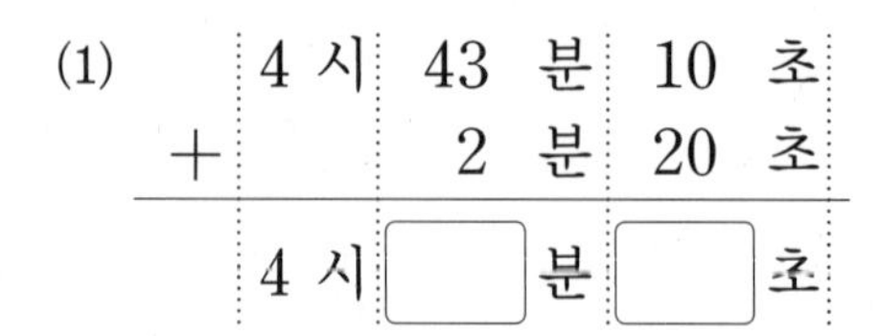

(1)

	7 시	11 분
+	3 시간	46 분
	□ 시	□ 분

(2)

	18 분	35 초
+	33 분	40 초
	□ 분	□ 초
	+1분 ←	−60초
	□ 분	□ 초

3 □ 안에 알맞은 수를 써넣으세요.

(1) 6시 26분+2시간 32분

=□시 □분

(2) 3시간 12분 27초+4시간 41분 14초

=□시간 □분 □초

(3) 4시 41분+5시간 32분

=□시 □분

(4) 2시간 34분 48초+7시간 12분 30초

=□시간 □분 □초

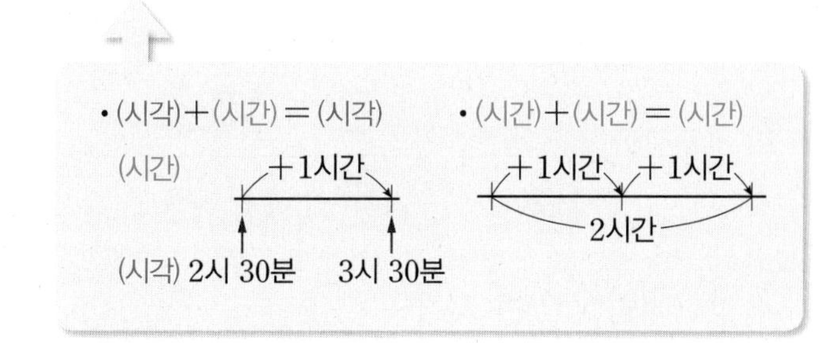

4 □ 안에 알맞은 수를 써넣으세요.

(1)

	13 시	24 분	37 초
+	2 시간	17 분	21 초
	□시	□분	□초

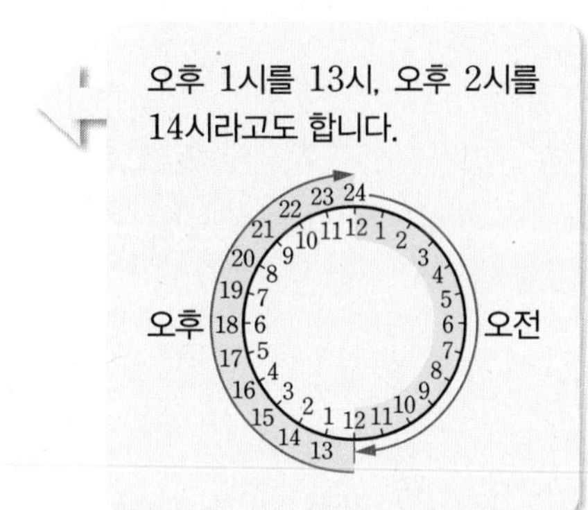

5 두 명이 한 모둠이 되어 이어달리기 시합을 했습니다. 두 모둠의 이어달리기 기록을 각각 구해 보세요.

모둠	이름	달리기 기록	모둠	이름	달리기 기록
가 모둠	한비	2분 32초	나 모둠	석일	2분 52초
	미래	1분 58초		명진	1분 36초

(1) 가 모둠

	2 분	32 초
+	1 분	58 초
	□분	□초

(2) 나 모둠

	2 분	52 초
+	1 분	36 초
	□분	□초

6 시는 시끼리, 분은 분끼리, 초는 초끼리 빼.

● 받아내림이 없는 시간의 뺄셈

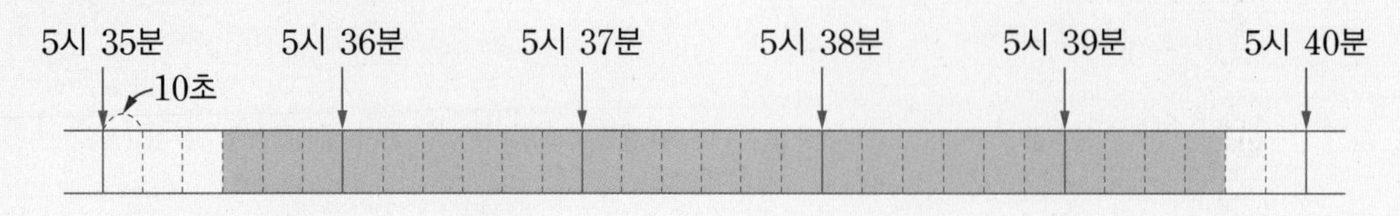

	5시	39분	40초
−		4분	10초
	5시	35분	30초

5시 39분 40초 − 4분 10초 (35분, 30초)

= 5시 35분 30초

● 받아내림이 있는 시간의 뺄셈

1분=60초, 1시간=60분이므로 60을 받아내림해!

	11	60
	~~12~~분	25초
−	6분	45초
	5분	40초

	5	60	
	~~6~~시	25분	50초
−	2시간	30분	30초
	3시	55분	20초

1 4시 36분 40초에서 2분 20초 전의 시각을 시간 띠에 나타내 구해 보세요.

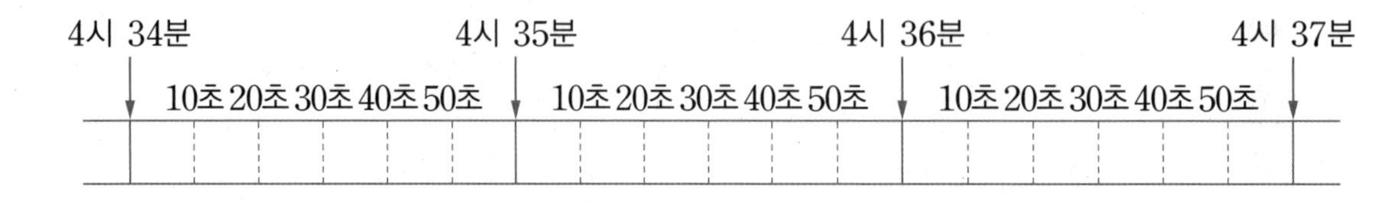

(1)

	4 시	36 분	40 초
−		2 분	20 초
	4 시	□ 분	□ 초

(2) 4시 36분 40초 − 2분 20초

= 4시 □분 □초

2 □ 안에 알맞은 수를 써넣으세요.

(1)

	28 분	49 초
−	12 분	35 초
	□분	□초

(2)

	□	□
	~~6~~ 시	20 분
−	3 시	34 분
	□시간	□분

3 □ 안에 알맞은 수를 써넣으세요.

(1) 10시 36분−3시간 26분

= □시 □분

(2) 12시 57분 41초−5시간 29분 21초

= □시 □분 □초

(3) 8시 29분−2시 45분

= □시간 □분

(4) 5시간 51분 33초−1시간 23분 50초

= □시간 □분 □초

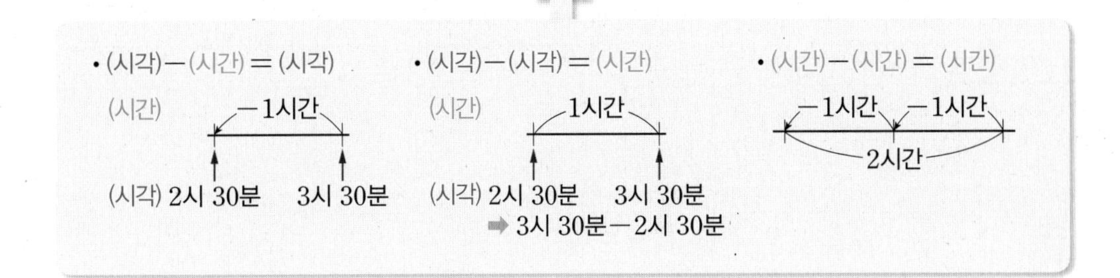

4 10시 47분 59초에서 8시간 15분 27초 전의 시각을 구해 보세요.

	10 시	47 분	59 초
−	8 시간	15 분	27 초
	□ 시	□ 분	□ 초

10시 47분 59초−8시간 15분 27초

= □시 □분 □초

5 가, 나 마라톤 대회에서 어느 선수의 출발 시각과 도착 시각을 나타낸 표입니다. 이 선수의 기록을 각각 구해 보세요.

대회	출발 시각	도착 시각
가 마라톤 대회	13시 30분 20초	15시 46분 10초
나 마라톤 대회	15시 55분 39초	18시 14분 47초

(1) 가 마라톤 대회

	15 시	46 분	10 초
−	13 시	30 분	20 초
	□ 시간	□ 분	□ 초

(2) 나 마라톤 대회

	18 시	14 분	47 초
−	15 시	55 분	39 초
	□ 시간	□ 분	□ 초

4 1분보다 작은 단위

1 1초 동안 할 수 있는 일을 찾아 ○표 하세요.

▶ '째깍'처럼 1초는 아주 짧은 시간이야.

목욕하기 / 100 m 달리기 / 눈 한 번 깜빡이기

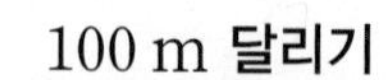

( ) ( ) ( )

2 □ 안에 알맞은 수를 써넣으세요.

▶ 1분 = 60초

(1) 1분 55초 = □초 (2) 210초 = □분 □초

(3) 2분 30초 = □초 (4) 300초 = □분

3 시각에 맞게 초침을 그려 보세요.

▶ 숫자가 나타내는 초

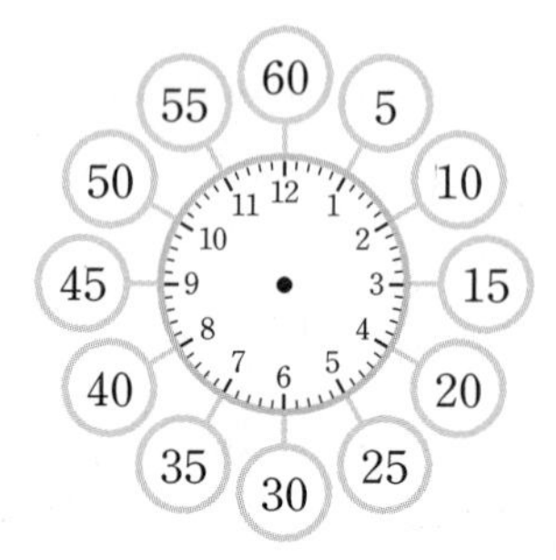

(1) 7시 47분 10초

(2) 2시 35분 8초

4 시간이 다른 하나를 찾아 기호를 써 보세요.

▶ 분과 초로 나타낸 것을 초로 바꾼 다음 비교해.

㉠ 2분 30초 ㉡ 230초 ㉢ 150초

( )

정답과 풀이 30쪽

5 보기 에서 알맞은 단위를 찾아 □ 안에 써넣으세요.

보기

초 분 시간

(1) 물 한 컵을 마시는 데 걸리는 시간은 15□입니다.

(2) 영화관에서 영화 한 편을 보는 데 걸리는 시간은 2□입니다.

(3) 놀이공원에서 대관람차를 한 번 타는 데 걸리는 시간은 30□입니다.

▶ 1분 = 60초, 60분 = 1시간

6 □ 안에 알맞은 수를 써넣으세요.

(1) 30초 + □초 = 1분 (2) 45초 + □초 = 1분

▶ 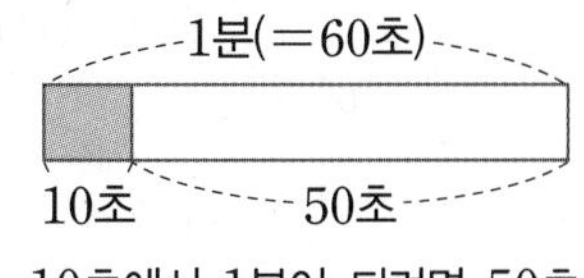

10초에서 1분이 되려면 50초가 더 지나야 해.

내가 만드는 문제

7 3개의 시계 중 하나를 골라 ○표 하고 시각을 읽어 보세요.

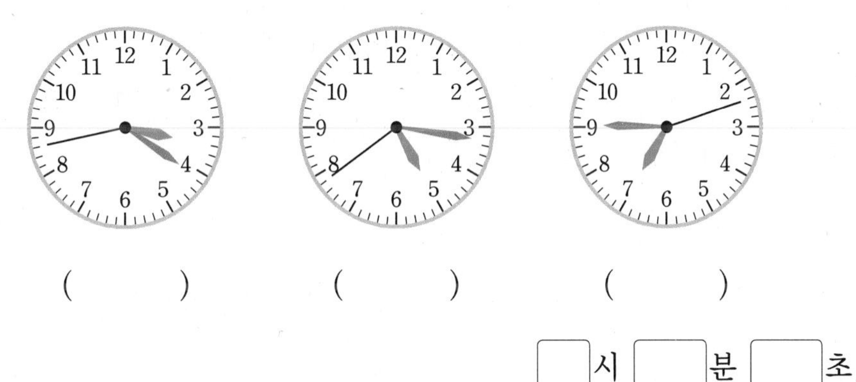

( ) ( ) ( )

□시 □분 □초

▶ 시각을 읽을 때는 시 → 분 → 초 단위의 순서로 읽어.

1초, 1분, 1시간 사이에는 어떤 관계가 있을까?

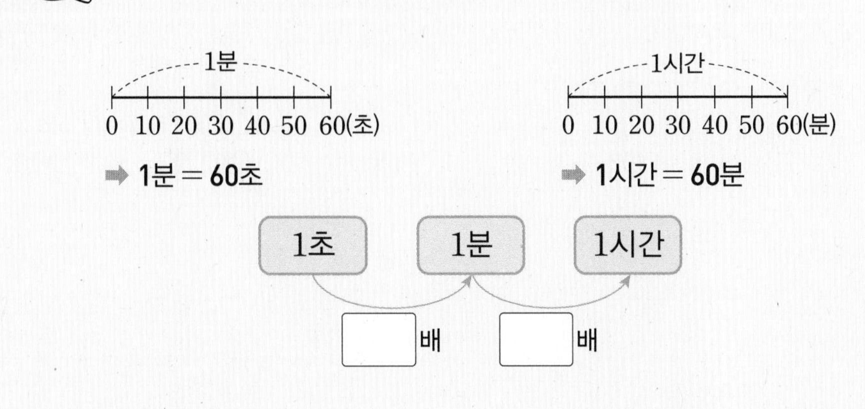

➡ 1분 = 60초

➡ 1시간 = 60분

1시간은 60분이니까 60분은 1분의 60배가 돼.

8 계산해 보세요.

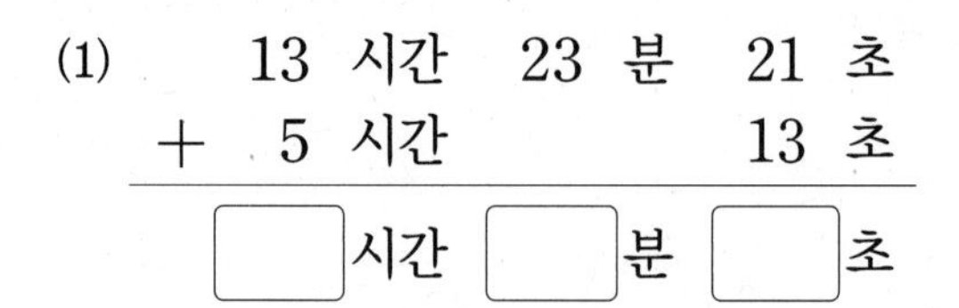

(1)

	13 시간	23 분	21 초
+	5 시간		13 초
	□시간	□분	□초

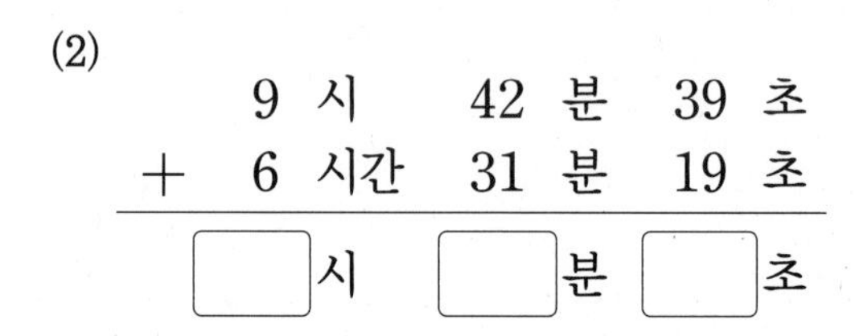

(2)

	9 시	42 분	39 초
+	6 시간	31 분	19 초
	□시	□분	□초

▶ • 자연수의 덧셈

$$\begin{array}{r} 50 \\ +50 \\ \hline 100 \end{array}$$

• 시간의 덧셈

	50분
+	50분
	100분
+1시간 ⬅	−60분
1시간	40분

9 □ 안에 알맞은 수를 써넣으세요.

10 윤상이는 8시 29분 4초에 박물관에 들어가서 2시간 43분 후에 나왔습니다. 윤상이가 박물관에서 나온 시각을 찾아 ○표 하세요.

( ) ( ) ( )

▶ 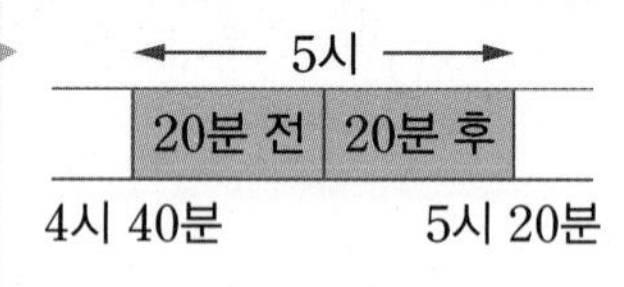

11 계산에서 잘못된 곳을 찾아 바르게 계산해 보세요.

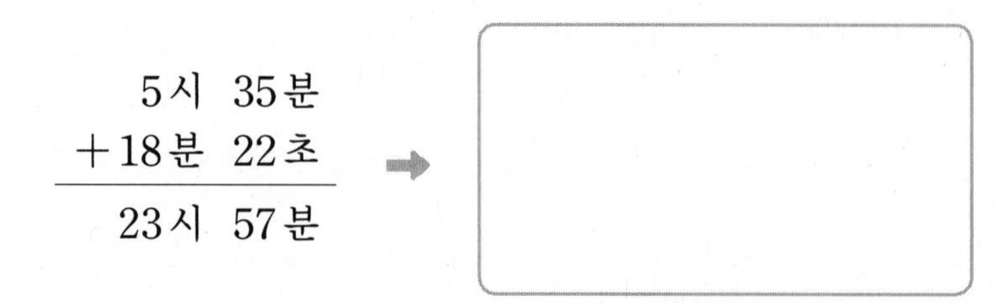

	5시	35분	
+		18분	22초
	23시	57분	

➡ □

▶ 덧셈과 뺄셈에서 자리를 나타내는 값에 대해서 이미 다 배웠어.

X: 백 십 일 / 535 / +18 (잘못 맞춤)

O: 백 십 일 / 535 / + 18

12 체험 활동을 할 수 있는 시간이 1시간 20분 남아 있습니다. 남아 있는 시간 안에 3가지 체험 활동을 하려면 어떤 활동을 해야 할지 기호를 써 보세요.

▶ 3가지 체험 활동 시간이 1시간 20분을 넘으면 안 돼.

체험 활동	㉠ 동요 배우기	㉡ 꽃다발 만들기	㉢ 전통 놀이 하기	㉣ 슬러시 만들기
시간	22분	40분	30분	16분

( )

탄탄북

13 영진이는 5시 45분에 기차를 타고 서울에서 출발하여 128분 후에 경주에 도착했습니다. 경주에 도착한 시각은 몇 시 몇 분일까요?

▶ 128분은 몇 시간 몇 분일까?

( )

내가 만드는 문제

14 11시 45분 15초에 공부를 시작했습니다. 공부를 한 시간을 자유롭게 정해 공부가 끝난 시각을 구하고, 시계에 그려 보세요.

11 시	45 분	15 초	→ 공부를 시작한 시각
+ □시간	□분	□초	→ 공부를 한 시간
□시	□분	□초	→ 공부가 끝난 시각

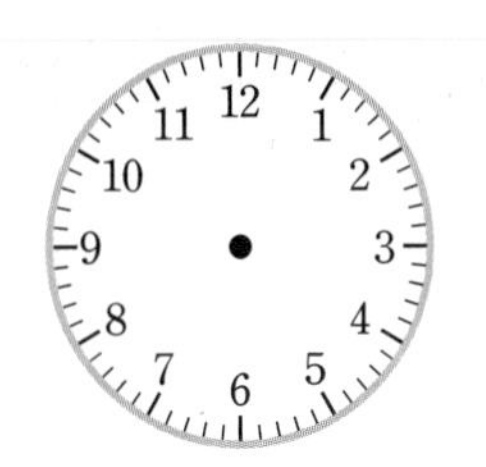

시간에서도 10이 모여야 윗자리로 받아올림을 할까?

• 548 + 276

$$\begin{array}{rrrr} & 500 + & 40 + & 8 \\ + & 200 + & 70 + & 6 \\ \hline & 700 + & 110 + & 14 \end{array}$$

+10 ← −10

+100 ← −100

$$800 + 20 + 4 = 824$$

• 5시간 40분 50초 + 2시간 50분 30초

	5 시간	40 분	50 초
+	2 시간	50 분	30 초
	7 시간	90 분	80 초
		+1분 ←	−60초
	+1시간 ←	−60분	
	8 시간	31 분	20 초

➡ 수는 (10 , 60)이 모이면 받아올림하지만 시간에서는 (10 , 60)이 모이면 받아올림합니다.

15 계산해 보세요.

(1)
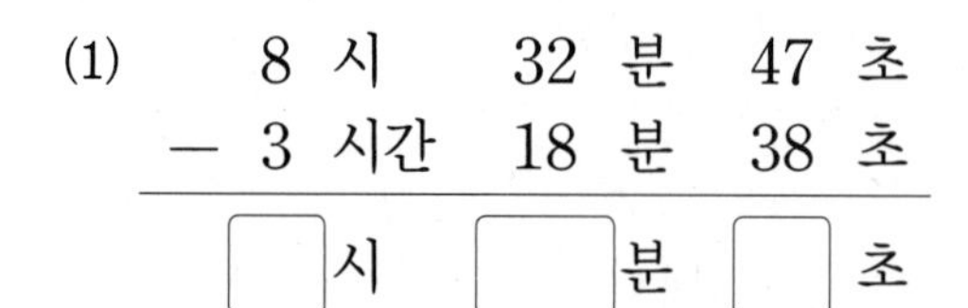

(2)
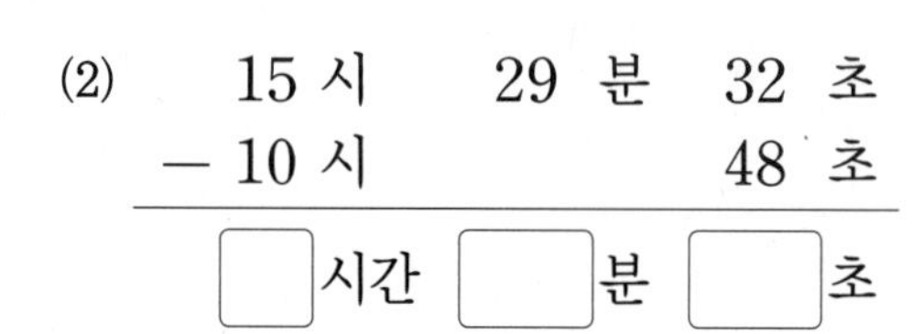

▶ • 자연수의 뺄셈

$$\begin{array}{r} \overset{10}{\cancel{1}}10 \\ -\ 50 \\ \hline 60 \end{array}$$

• 시간의 뺄셈

$$\begin{array}{r} \overset{60}{\cancel{1}}\text{시 } 10\text{분} \\ -\quad 50\text{분} \\ \hline 20\text{분} \end{array}$$

16 □ 안에 알맞은 수를 써넣으세요.

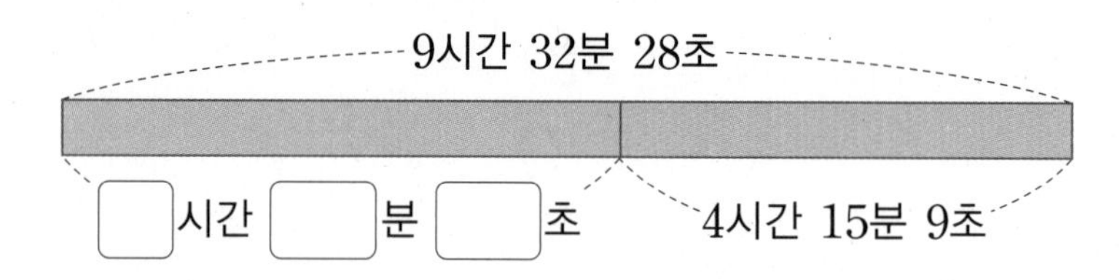

▶
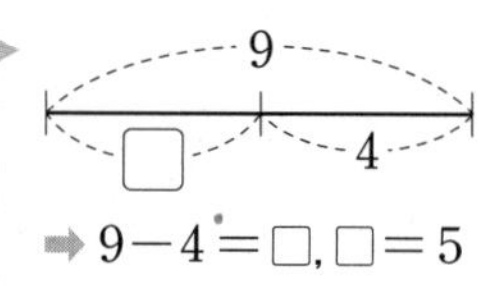

➡ 9−4=□, □=5

🔗 탄탄북

17 수호는 운동을 9시 39분 43초에 끝냈습니다. 2시간 43분 50초 동안 운동을 했을 때 수호가 운동을 시작한 시각을 찾아 ○표 하세요.

( ) ( ) ( )

▶ (운동을 시작한 시각)
=(운동을 끝낸 시각)
−(운동을 한 시간)

18 잘못 계산한 사람의 이름을 써 보세요.

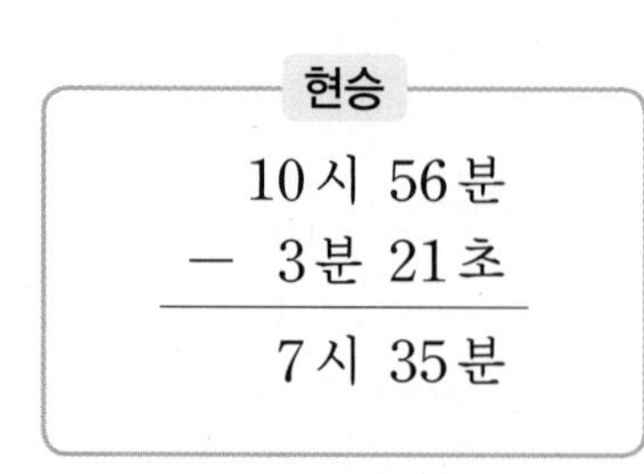

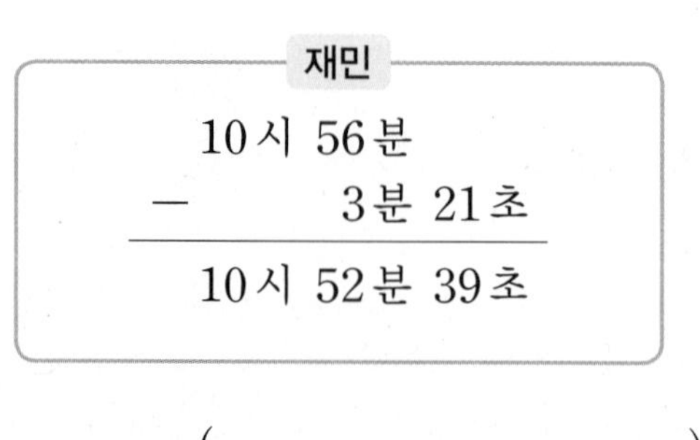

( )

▶ 시간의 덧셈과 같이 시간의 뺄셈도 시, 분, 초의 자리가 중요해.

19 다음은 육지, 바다, 하늘에서 가장 빠른 동물이 서울에서 부산(394 km)까지 갈 때 걸리는 시간입니다. 동물들이 서울에서 동시에 출발할 때 부산에 가장 먼저 도착하는 동물과 가장 늦게 도착하는 동물의 시간의 차를 구해 보세요.

▶ 걸리는 시간이 짧을수록 먼저 도착해.

치타	청새치	매
4시간 40분 1초	5시간 3분 21초	1시간 20분 8초

( )

😊 내가 만드는 문제

20 오전 8시 42분 12초에 등교를 했습니다. 오후에 하교를 한 시각을 자유롭게 정하여 시계에 그리고, 학교에 있었던 시간을 구해 보세요.

▶ 오후 시각에 12를 더하는 방법으로 바꾸어 계산해.
오후 1시 = 13시
오후 2시 = 14시
⋮
오후 12시 = 24시

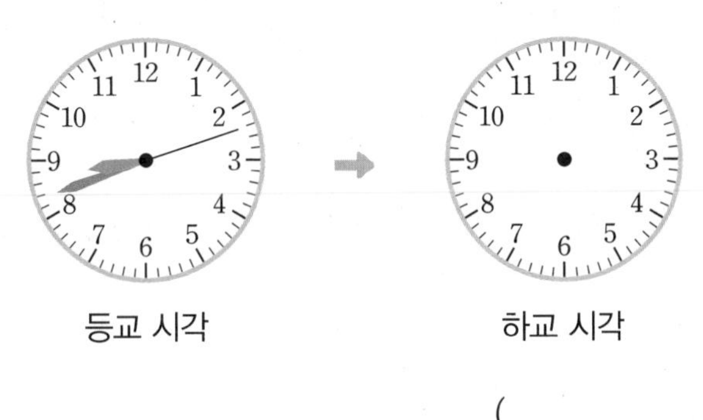

등교 시각 → 하교 시각

( )

오후 2시 30분에서 오전 10시 50분을 빼는 방법은?

- 뺄셈은 큰 수에서 작은 수를 빼는 것이므로 10시 50분에서 2시 30분을 빼.

	10시	50분
−	2시	30분
	8시간	20분

- 오후 시각에 12를 더한 시각에서 오전 시각을 빼.

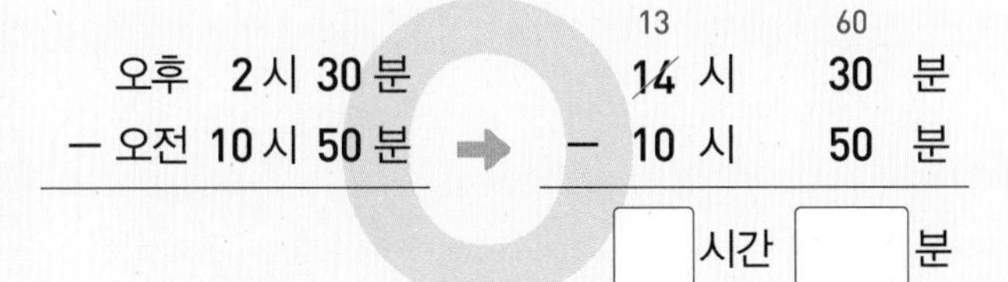

발전 문제

① 더 가까운 곳 찾기

1 준비

길이가 더 짧은 것에 ○표 하세요.

2690 m	2 km 69 m
(　　)	(　　)

2 확인

태주네 집에서 도서관까지의 거리는 2980 m이고 태주네 집에서 은행까지의 거리는 2 km 986 m입니다. 도서관과 은행 중 태준이네 집에서 더 가까운 곳은 어디일까요?

(　　　　　　)

3 완성

지도를 보고 공원에서 거리가 가까운 곳부터 차례로 써 보세요.

(　　　　　　)

② 느리거나 빠른 시각 구하기

4 준비

시각을 읽어 보세요.

(　　　　　　)

5 확인

세연이의 시계는 30초 느립니다. 세연이의 시계를 보고 현재 시각을 구해 보세요.

세연이의 시계

(　　　　　　)

6 완성

민현이의 시계는 40초 빠릅니다. 현재 시각은 2시 36분 30초일 때 민현이의 시계를 그려 보세요.

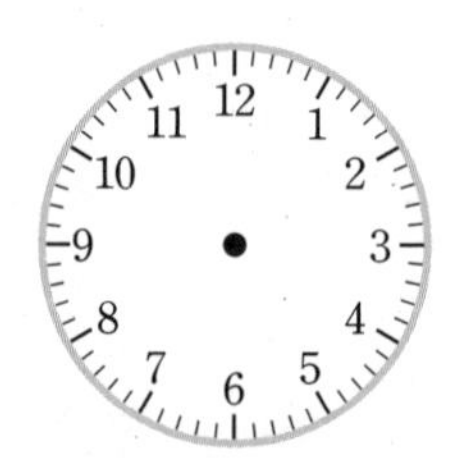

3 시, 분, 초의 관계 알아보기

7 준비

알맞은 말에 ○표 하세요.

(1) 초침이 작은 눈금 한 칸을 가는 데 걸리는 시간은 (1초 , 1분)입니다.

(2) 초침이 시계를 한 바퀴 도는 데 걸리는 시간은 (1초 , 1분)입니다.

8 확인

시계의 분침이 숫자 2에서 3까지 가는 동안 초침은 몇 바퀴 도는지 구해 보세요.

(   )

9 완성

시계의 시침이 숫자 2에서 3까지 가는 동안 초침은 몇 바퀴 도는지 구해 보세요.

(   )

4 시간의 합과 차에서 모르는 수 구하기

10 준비

□ 안에 알맞은 수를 써넣으세요.

	34 분	23 초
+	□분	19 초
	52 분	42 초

11 확인

□ 안에 알맞은 수를 써넣으세요.

	41 분	□초
−	□분	18 초
	18 분	52 초

12 완성

□ 안에 알맞은 수를 써넣으세요.

	□시	55 분	□초
+	2 시간	□분	22 초
	7 시	40 분	43 초

5

5 시작한 시각 구하기

13 준비

어느 날 해가 진 시각은 19시 44분 9초였습니다. 해가 14시간 12분 2초 동안 떠 있었다면 해가 뜬 시각은 몇 시 몇 분 몇 초였을까요?

( )

14 확인

영민이네 학교는 30분 수업을 하고 10분을 쉽니다. 3교시 수업이 시작하는 시각은 10시 15분입니다. 1교시 수업이 시작하는 시각은 몇 시 몇 분일까요?

( )

15 완성

윤호는 그림 하나를 완성하는 데 7분 동안 그림을 그리고 11분 15초 동안 색칠합니다. 그림 2개를 완성했을 때 11시 29분 5초였다면 그림을 그리기 시작한 시각은 몇 시 몇 분 몇 초일까요? (단, 쉬는 시간은 없습니다.)

( )

6 가장 짧은 거리 어림하기

16 준비

빨간색 자동차에서 주황색 자동차까지의 거리는 약 몇 m인지 어림해 보세요.

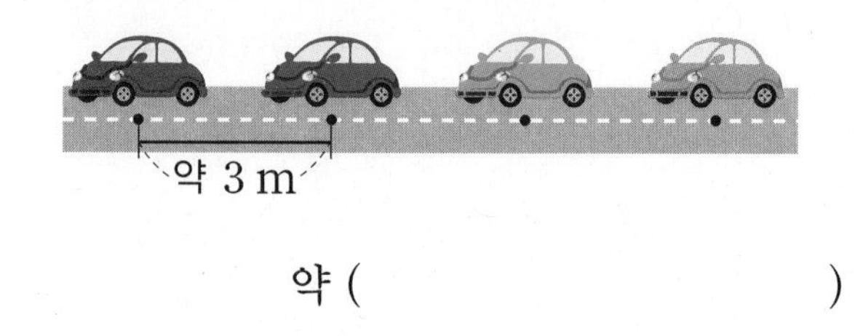

약 ( )

17 확인

집에서 버스 정류장까지 가는 가장 짧은 거리는 약 몇 km 몇 m인지 어림해 보세요.

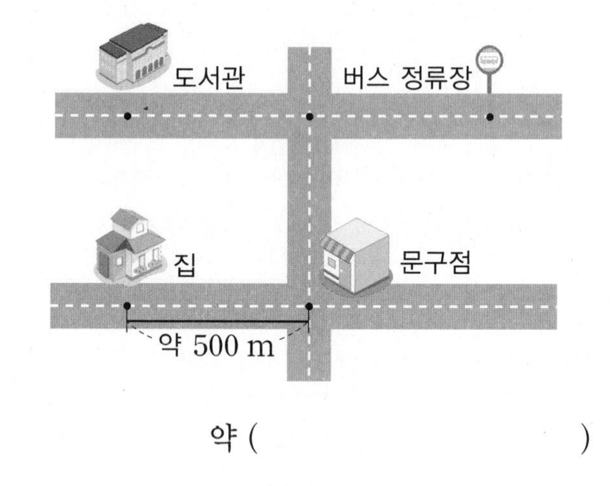

약 ( )

18 완성

은행에서 우체국까지 가는 가장 짧은 거리는 약 몇 km 몇 m인지 어림해 보세요.

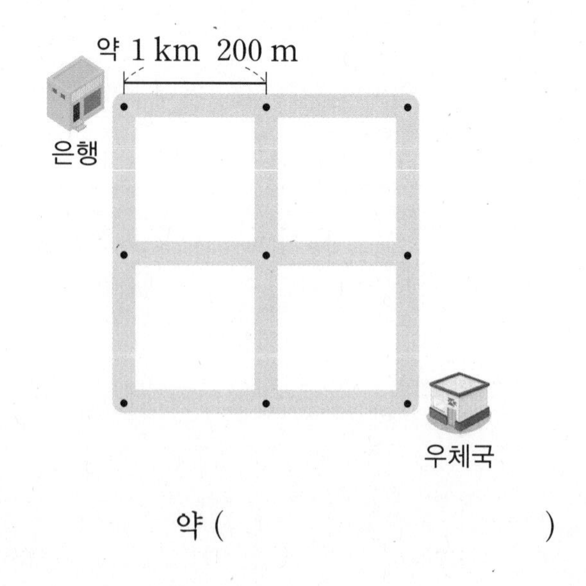

약 ( )

단원 평가

점수 확인

1 □ 안에 알맞은 수를 써넣으세요.

(1) 7 km보다 400 m 더 먼 거리

➡ □ km □ m

(2) 23 km보다 20 m 더 먼 거리

➡ □ km □ m

2 머리핀의 길이를 재어 보세요.

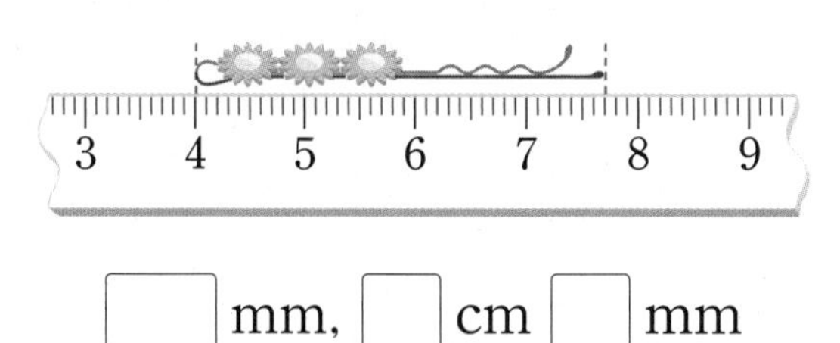

□ mm, □ cm □ mm

3 시각을 읽어 보세요.

(　　　　　　　　)

4 10초 동안 할 수 있는 일로 알맞은 것을 찾아 기호를 써 보세요.

㉠ 책 한 권 읽기　　㉡ 잠자기
㉢ 물 마시기　　㉣ 목욕하기

(　　　　　　　　)

5 계산해 보세요.

(1)
	2	시	20	분	35	초
+	8	시간	25	분	20	초
	□	시	□	분	□	초

(2)
	10	시	45	분	30	초
−	2	시간	15	분	10	초
	□	시	□	분	□	초

6 □ 안에 알맞은 수를 써넣으세요.

초침이 시계를 세 바퀴 도는 데 걸리는 시간은 □ 초입니다.

7 보기 에서 알맞은 단위를 찾아 □ 안에 써넣으세요.

보기
mm　cm　m　km

(1) 등산로의 길이는 약 3 □ 입니다.

(2) 종이컵의 높이는 약 73 □ 입니다.

8 같은 것끼리 이어 보세요.

9 km 58 m •	• 9580 m
95 km 800 m •	• 9058 m
9 km 580 m •	• 95800 m

9 단위를 옳게 쓴 문장을 찾아 기호를 써 보세요.

㉠ 볼펜의 길이는 약 14 mm입니다.
㉡ 수수깡의 길이는 약 35 km입니다.
㉢ 3층 건물의 높이는 약 10 cm입니다.
㉣ 젓가락의 길이는 약 20 cm입니다.

(　　　　　　　　)

10 자로 재어 길이가 57 mm인 선을 찾아 기호를 써 보세요.

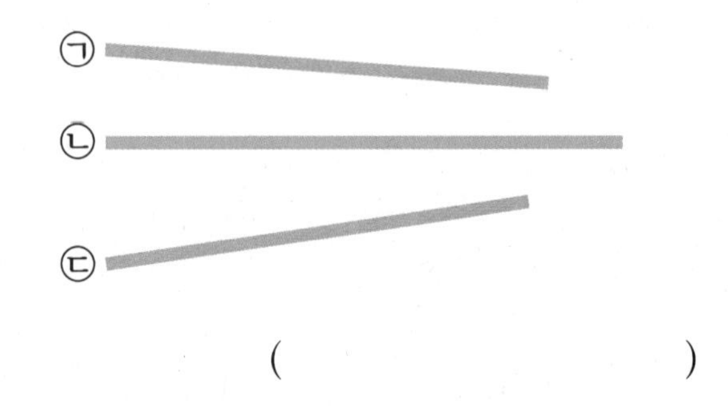

(　　　　　　　　)

11 수직선을 보고 □ 안에 알맞은 수를 써넣으세요.

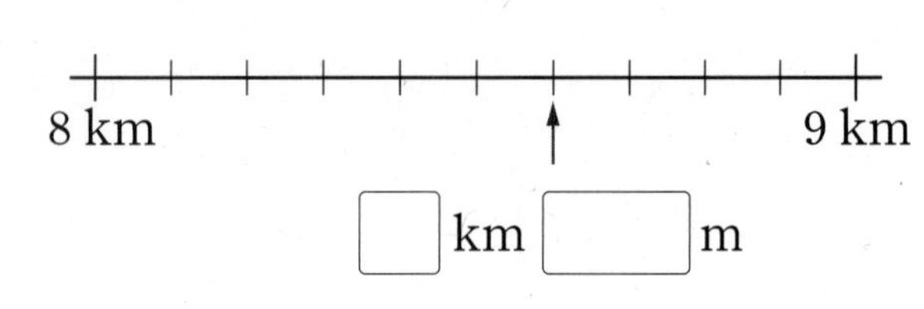

12 시간이 짧은 것부터 차례로 기호를 써 보세요.

㉠ 5분 10초　㉡ 280초
㉢ 4분 14초　㉣ 321초

(　　　　　　　　)

13 미라는 1시간 15분 동안 달리기를 하고, 65분 동안 수영을 했습니다. 미라가 달리기와 수영을 한 시간은 모두 몇 시간 몇 분일까요?

(　　　　　　　　)

14 어느 날 해가 뜬 시각과 해가 진 시각을 나타낸 것입니다. 해가 떠 있던 시간은 몇 시간 몇 분 몇 초인지 구해 보세요.

(　　　　　　　　)

15 아빠의 한 걸음은 약 50 cm이고 아빠가 있는 곳에서 경찰서까지의 거리는 600 m입니다. 아빠는 경찰서까지 약 몇 걸음을 걸어야 하는지 구해 보세요.

약 (　　　　　　　　)

16 □ 안에 알맞은 수를 써넣으세요.

	4 시	□ 분	13 초
+	□ 시간	51 분	□ 초
	7 시	11 분	40 초

17 시계의 시침이 12에서 6까지 가는 동안 초침은 시계를 몇 바퀴 도는지 구해 보세요.

(　　　　　　　　)

18 소방서에서 경찰서까지 가는 가장 짧은 거리는 약 몇 km 몇 m인지 어림해 보세요.

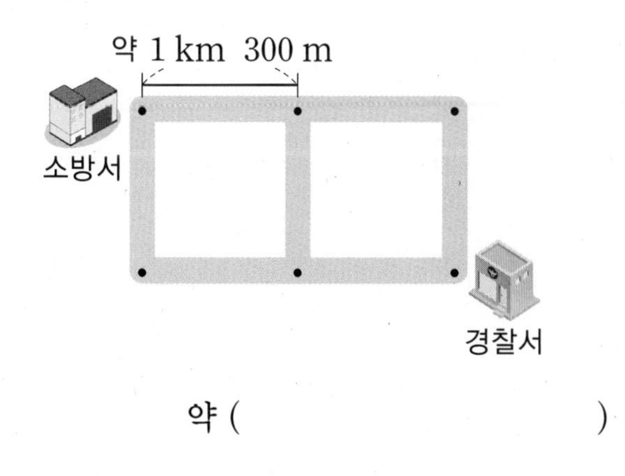

약 (　　　　　　　　)

정답과 풀이 33쪽

서술형 문제

19 가온이가 가지고 있는 색 테이프의 길이는 157 mm이고 준면이가 가지고 있는 색 테이프의 길이는 14 cm 5 mm입니다. 가지고 있는 색 테이프의 길이가 더 긴 사람은 누구인지 풀이 과정을 쓰고 답을 구해 보세요.

풀이

답

20 민정이는 5시 10분 54초에 공부를 시작하여 7시 44분 10초에 공부를 끝마쳤습니다. 민정이가 공부를 한 시간은 몇 시간 몇 분 몇 초인지 풀이 과정을 쓰고 답을 구해 보세요.

풀이

답

6 분수와 소수

4조각으로 나누어서 각자 1조각씩 먹자!
나머지 1조각은 내가 먹고! ㅋㅋㅋ
그리지 말고 6조각으로 나누어서 2조각씩 먹는 건 어때?
그냥 간단하게 3조각으로 나누지?
앗싸! 2조각 먹을 수 있다!

수를 나눈 분(分) 수, 작은 수 소(小) 수

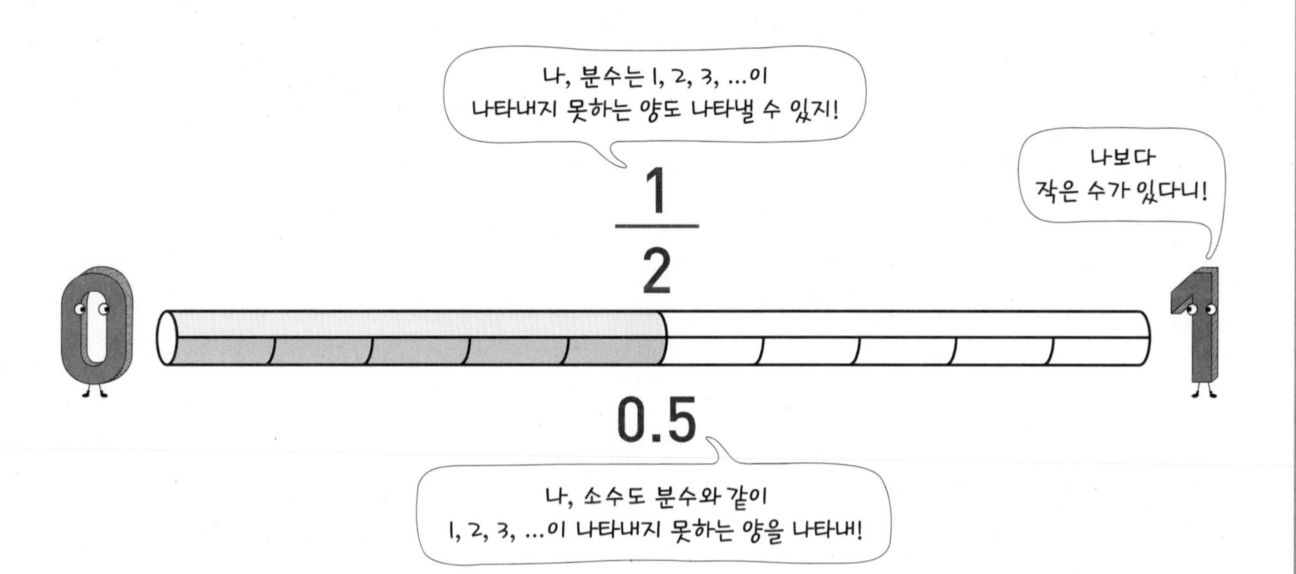

1 전체를 똑같이 나누는 방법은 여러 가지야.

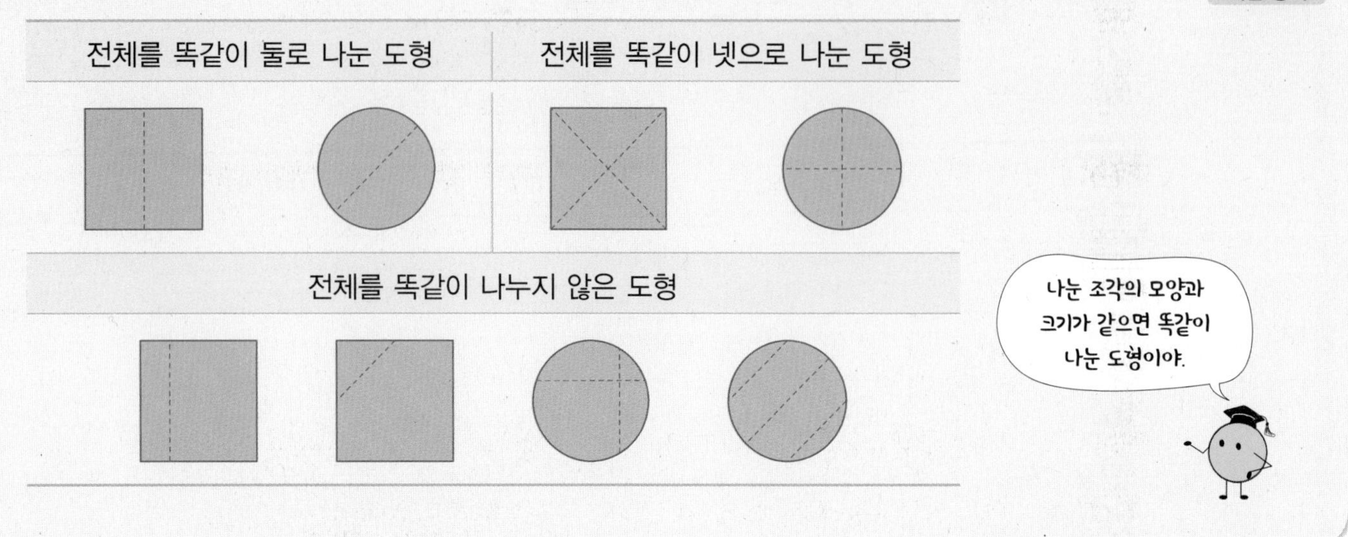

나눈 조각의 모양과 크기가 같으면 똑같이 나눈 도형이야.

1 도형을 보고 □ 안에 알맞은 기호를 써 보세요.

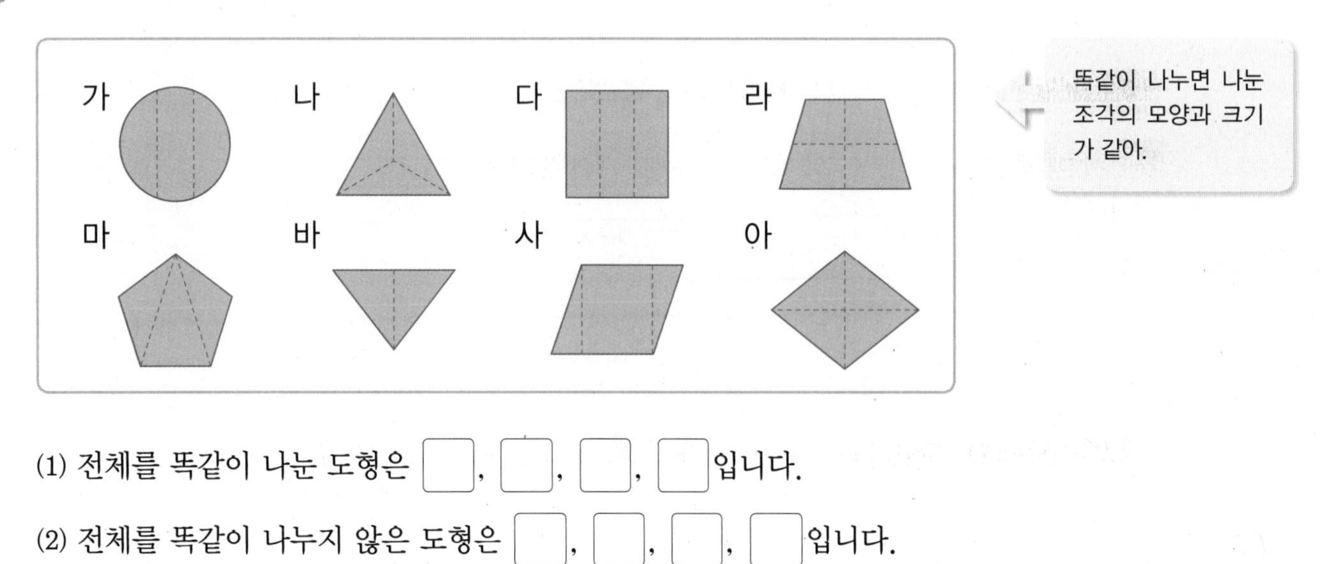

똑같이 나누면 나눈 조각의 모양과 크기가 같아.

(1) 전체를 똑같이 나눈 도형은 □, □, □, □입니다.

(2) 전체를 똑같이 나누지 않은 도형은 □, □, □, □입니다.

2 전체를 똑같이 넷으로 나눈 도형을 모두 찾아 기호를 써 보세요.

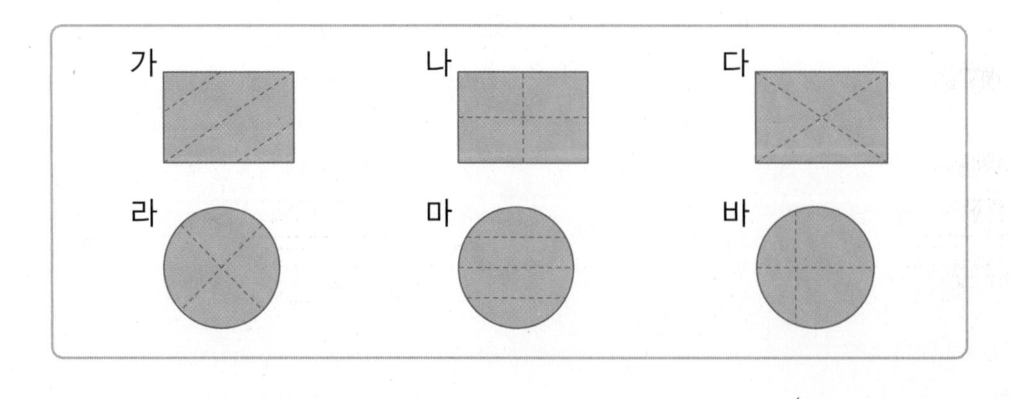

(　　　　　　　　)

정답과 풀이 34쪽

2 $\frac{(\text{부분의 수})}{(\text{전체를 똑같이 나눈 수})} = \frac{\text{분자}}{\text{분모}}$로 나타내.

● **분수 알아보기**

전체를 똑같이 6으로 나눈 것 중의 2 ➡ 쓰기 $\frac{2}{6}$ 읽기 6분의 2

• $\frac{1}{2}$, $\frac{2}{3}$와 같은 수: 분수

$\frac{2}{6}$ ← 2: 분자, 6: 분모

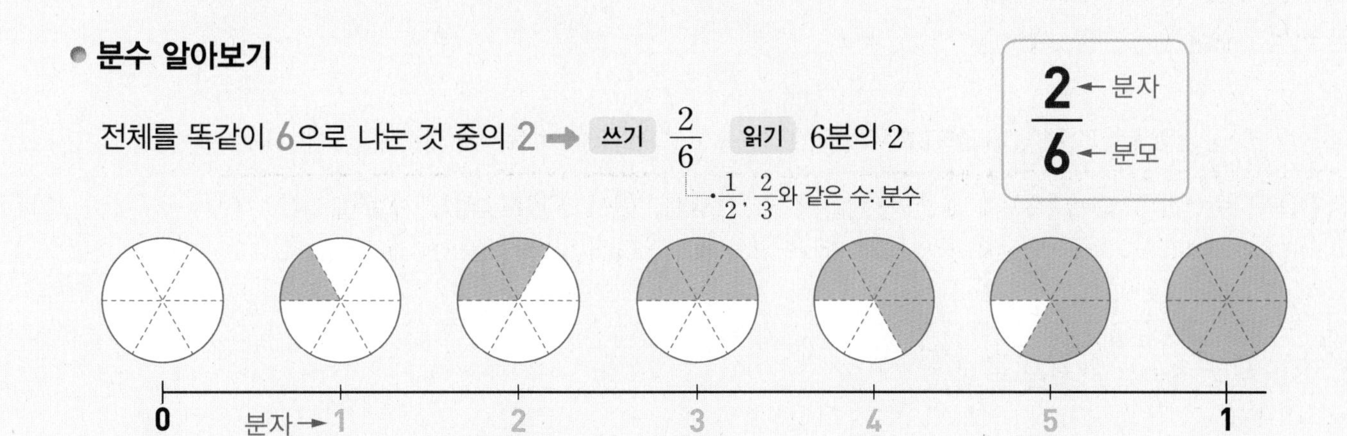

● **색칠한 부분과 색칠하지 않은 부분을 분수로 나타내기**

	색칠한 부분	색칠하지 않은 부분
(원)	전체의 $\frac{1}{4}$	전체의 $\frac{3}{4}$

	색칠한 부분	색칠하지 않은 부분
(오각형)	전체의 $\frac{2}{5}$	전체의 $\frac{3}{5}$

1 □ 안에 알맞은 수를 써넣으세요.

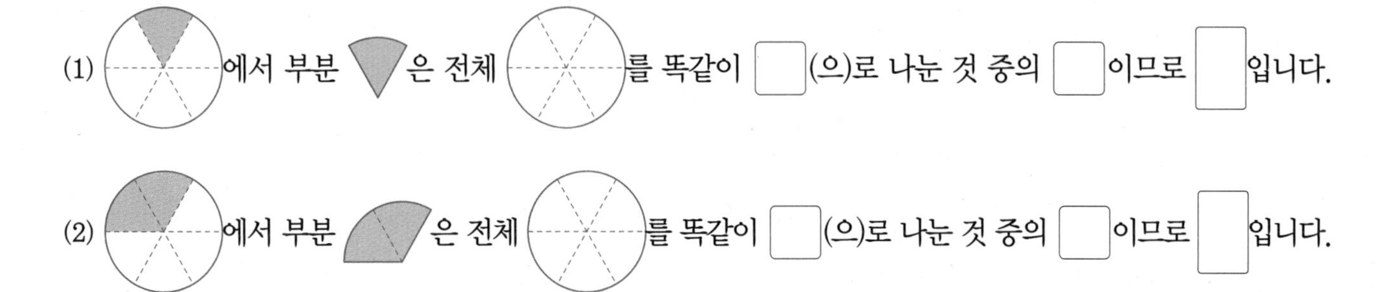

(1) ( )에서 부분 ( )은 전체 ( )를 똑같이 □(으)로 나눈 것 중의 □이므로 □입니다.

(2) ( )에서 부분 ( )은 전체 ( )를 똑같이 □(으)로 나눈 것 중의 □이므로 □입니다.

2 주어진 분수만큼 색칠하거나 색칠한 부분을 분수로 나타내 보세요.

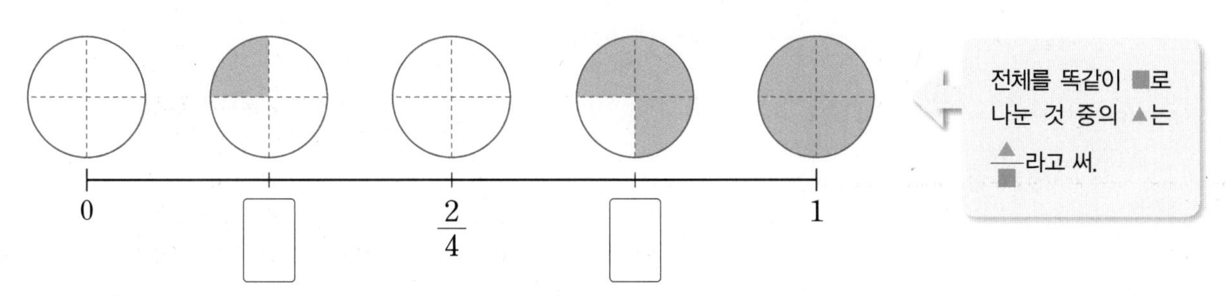

전체를 똑같이 ■로 나눈 것 중의 ▲는 $\frac{▲}{■}$라고 써.

3 $\frac{2}{5}$만큼 색칠한 것을 찾아 ○표 하세요.

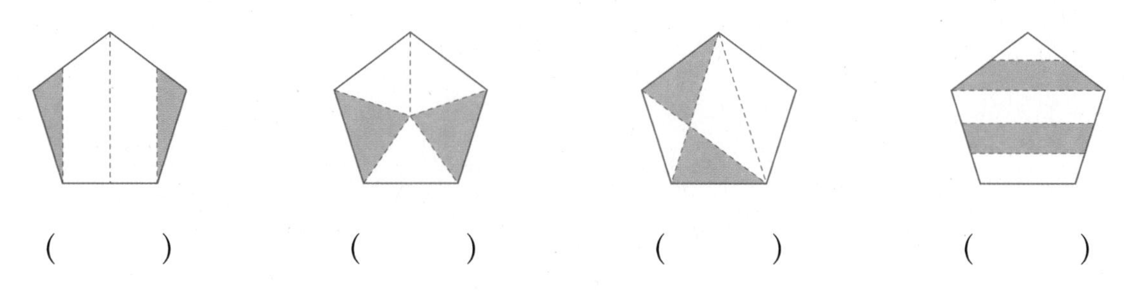

( ) ( ) ( ) ( )

4 주어진 분수만큼 색칠해 보세요.

(1) 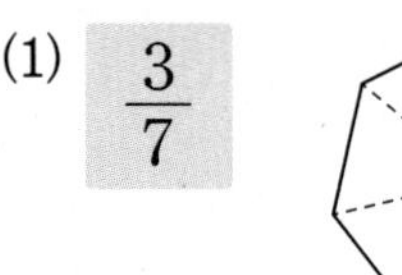 $\frac{3}{7}$ 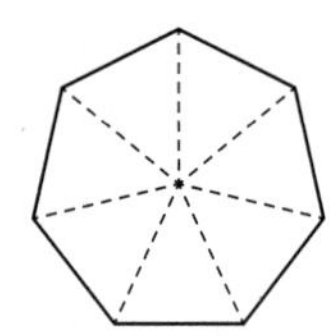

(2) 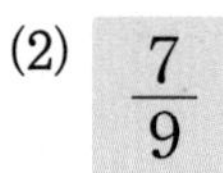 $\frac{7}{9}$ 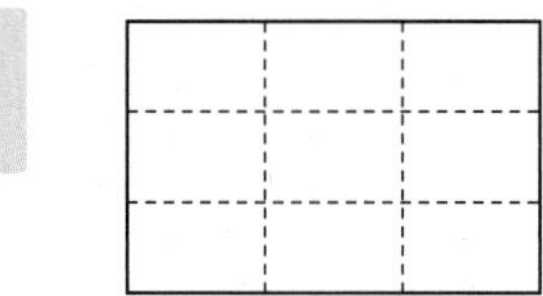

5 □ 안에 알맞은 수를 써넣으세요.

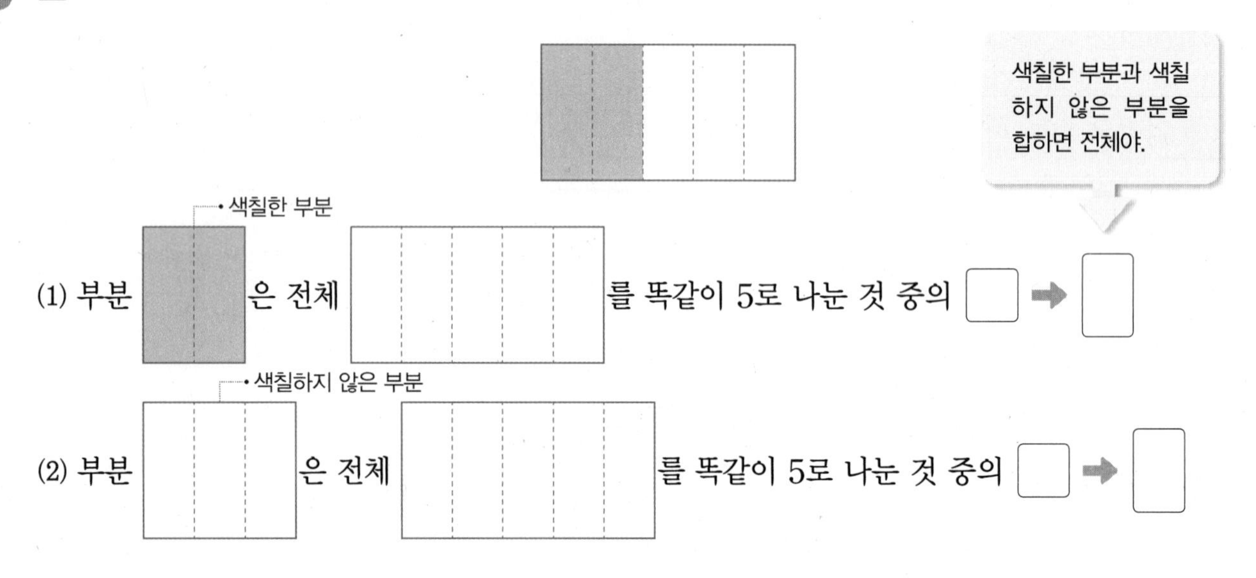

6 색칠한 부분과 색칠하지 않은 부분을 분수로 나타내 보세요.

정답과 풀이 35쪽

3 분수 중에서 분자가 1인 분수를 단위분수라고 해.

- 단위분수: 분수 중에서 $\frac{1}{2}$, $\frac{1}{3}$, $\frac{1}{4}$과 같이 분자가 1인 분수

- **분수를 단위분수의 개수로 알아보기**

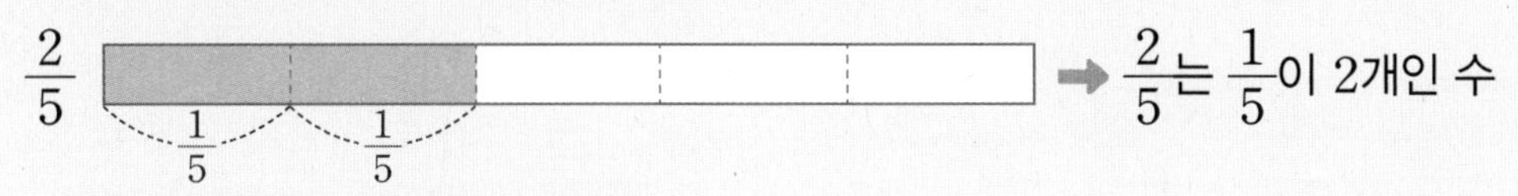

➡ $\frac{2}{5}$는 $\frac{1}{5}$이 2개인 수

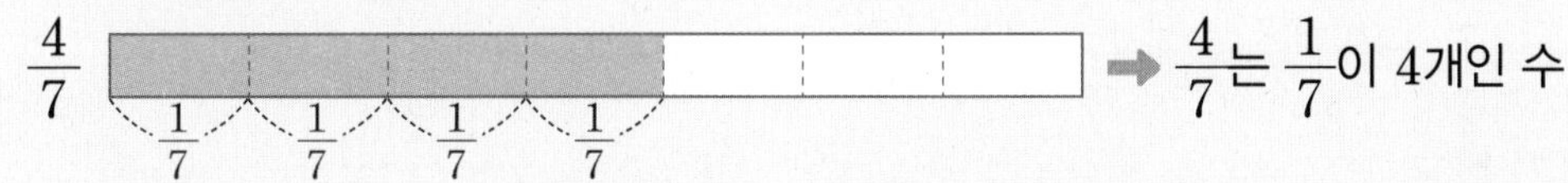

➡ $\frac{4}{7}$는 $\frac{1}{7}$이 4개인 수

1 색칠한 부분을 분수로 나타내 보세요.

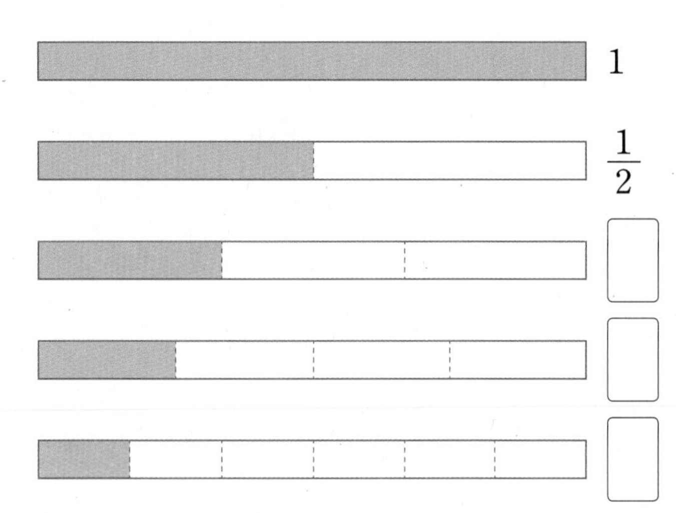

2 주어진 분수만큼 색칠하고, □ 안에 알맞은 수를 써넣으세요.

(1) $\frac{3}{5}$

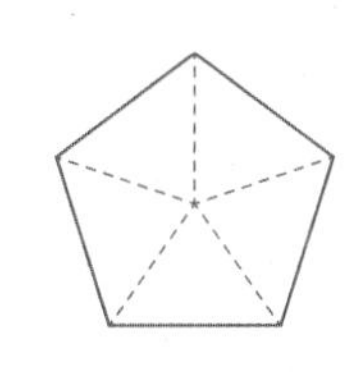

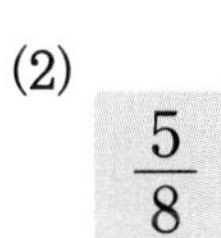

$\frac{1}{5}$이 □개

(2) $\frac{5}{8}$

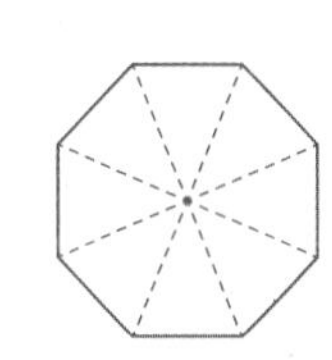

$\frac{1}{8}$이 □개

3 부분을 보고 전체를 그려 보세요.

(1)

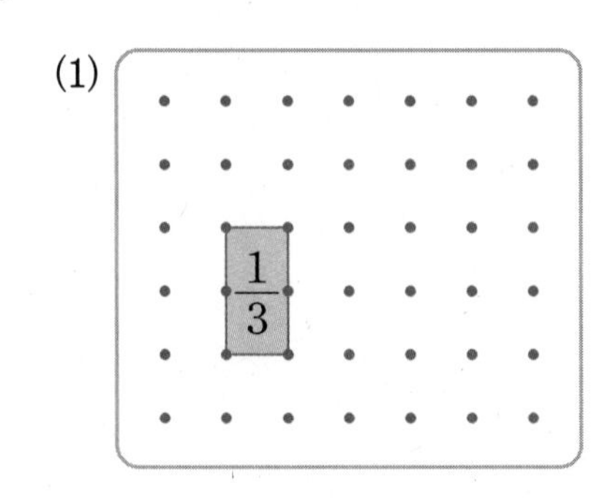

(2)

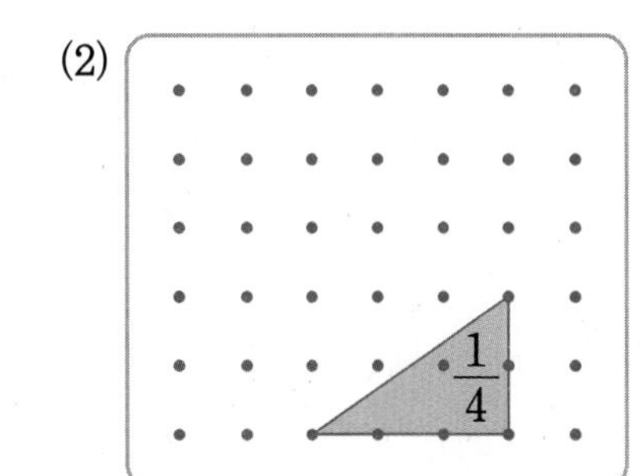

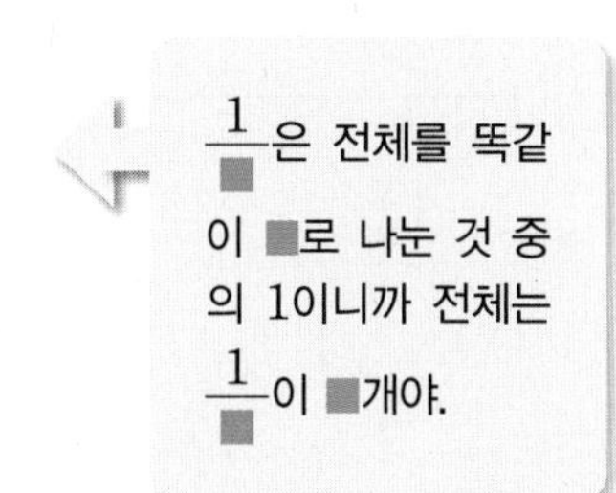

4 분모가 같은 분수는 분자가 클수록 더 큰 수야.

● **분모가 같은 분수의 크기 비교**

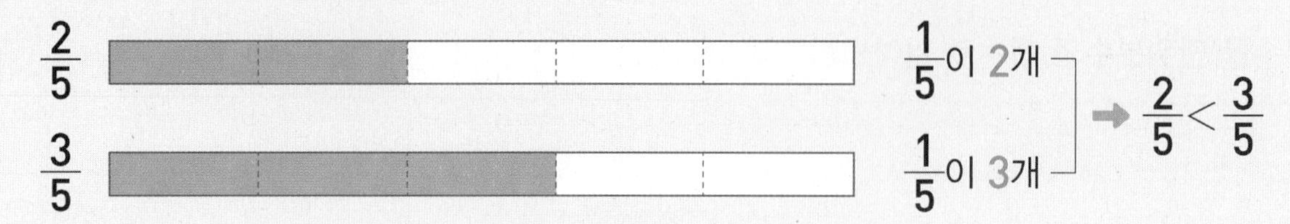

➡ 분모가 같은 분수는 단위분수의 개수가 많을수록 더 큽니다.

● **수직선에서 분수의 크기 비교**

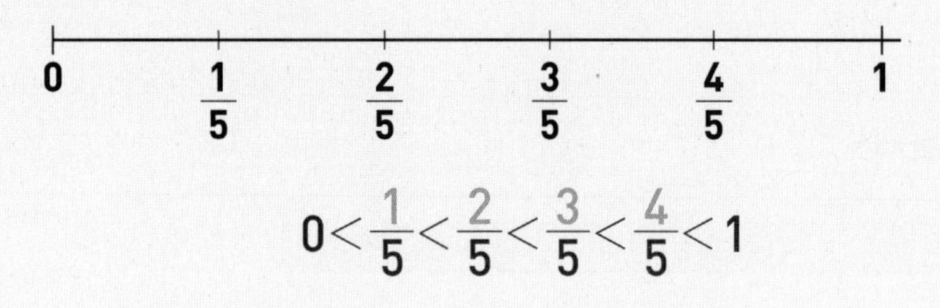

$0<\frac{1}{5}<\frac{2}{5}<\frac{3}{5}<\frac{4}{5}<1$

➡ 수직선에서 오른쪽으로 갈수록 큰 수입니다.

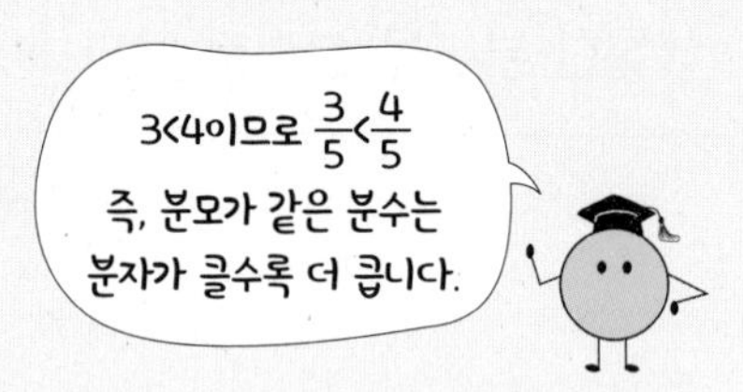

1 주어진 분수만큼 색칠하고, ○ 안에 $>$, $=$, $<$ 중 알맞은 것을 써넣으세요.

(1)

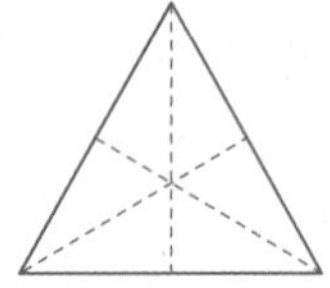

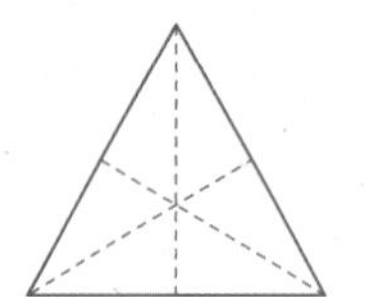

$\frac{2}{6}$ ○ $\frac{4}{6}$

(2)

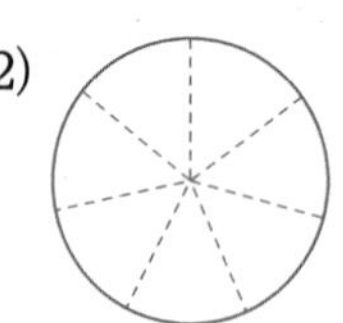

$\frac{3}{7}$ ○ $\frac{5}{7}$

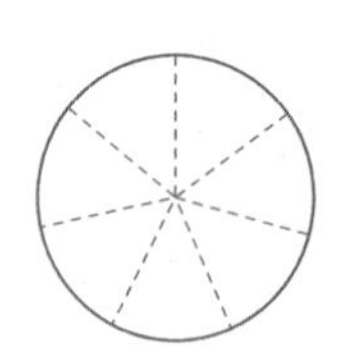

2 수직선을 보고 ○ 안에 $>$, $=$, $<$ 중 알맞은 것을 써넣으세요.

(1)

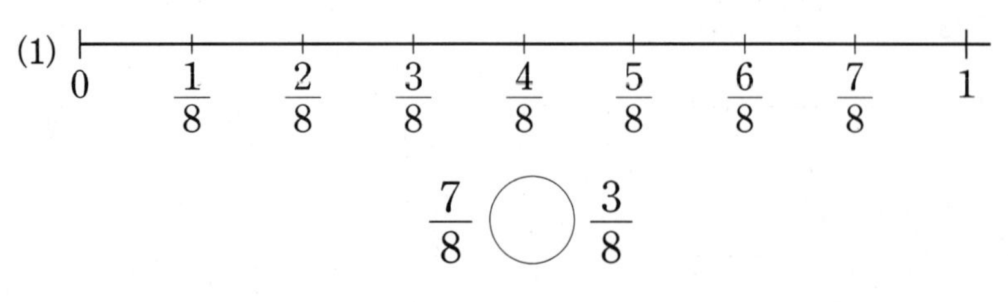

$\frac{7}{8}$ ○ $\frac{3}{8}$

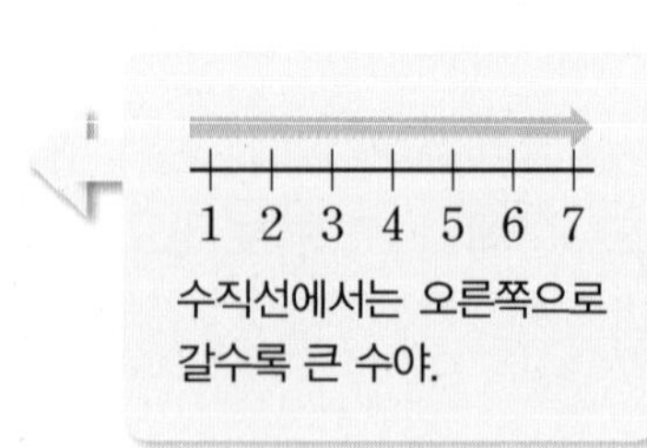

(2) 0, $\frac{1}{12}$, $\frac{2}{12}$, $\frac{3}{12}$, $\frac{4}{12}$, $\frac{5}{12}$, $\frac{6}{12}$, $\frac{7}{12}$, $\frac{8}{12}$, $\frac{9}{12}$, $\frac{10}{12}$, $\frac{11}{12}$, 1

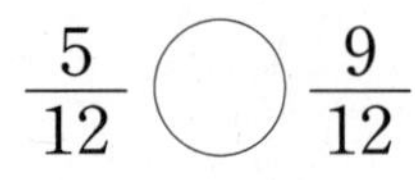

$\frac{5}{12}$ ○ $\frac{9}{12}$

정답과 풀이 35쪽

5 단위분수는 분모가 클수록 더 작은 수야.

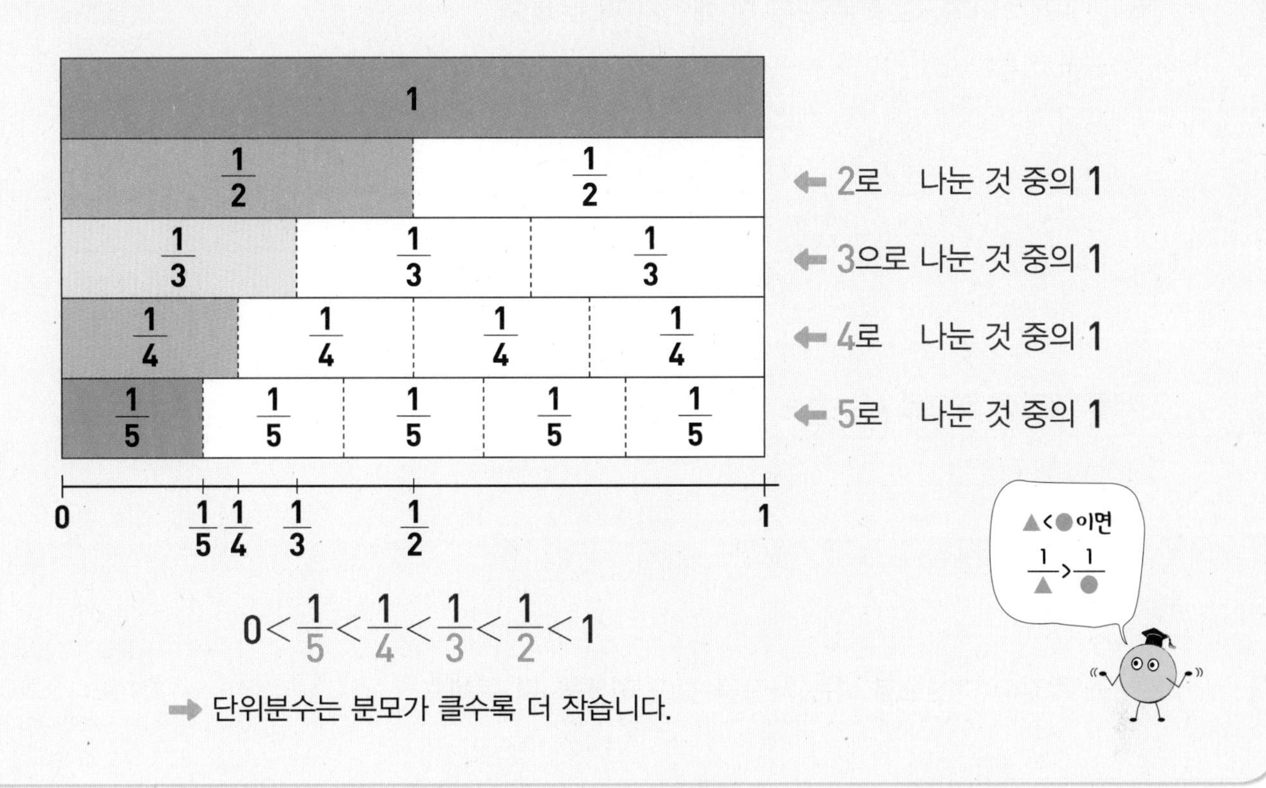

$$0<\frac{1}{5}<\frac{1}{4}<\frac{1}{3}<\frac{1}{2}<1$$

➡ 단위분수는 분모가 클수록 더 작습니다.

1 그림을 보고 ○ 안에 >, =, < 중 알맞은 것을 써넣으세요.

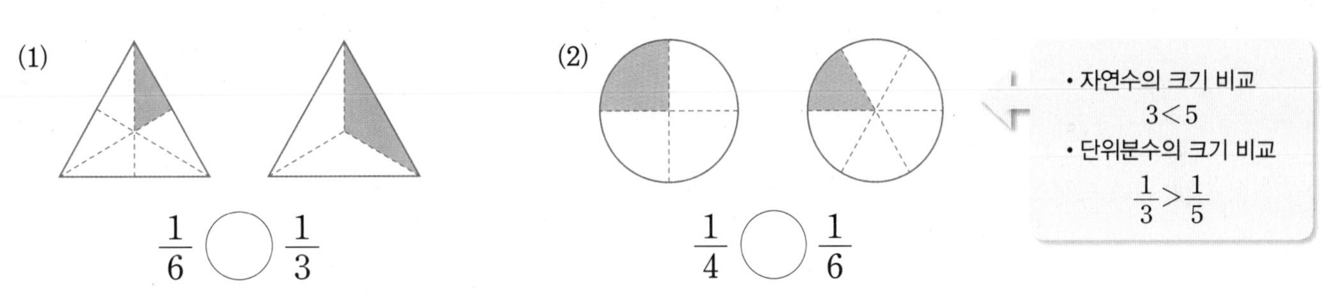

2 수직선을 보고 ○ 안에 >, =, < 중 알맞은 것을 써넣으세요.

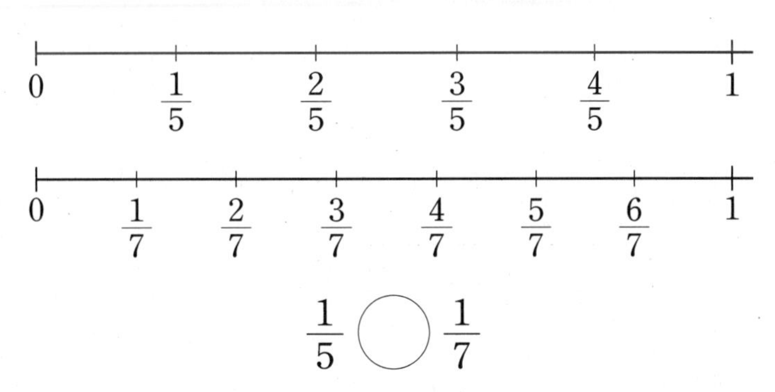

1 똑같이 나누기

1 전체를 똑같이 나눈 도형은 모두 몇 개인지 써 보세요.

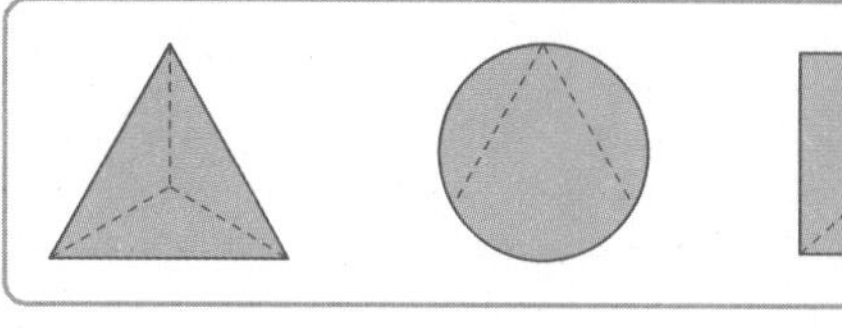
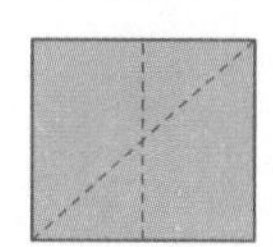
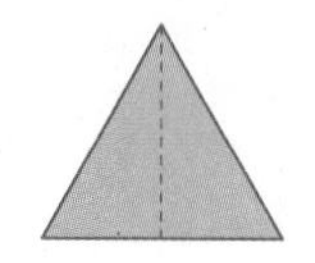
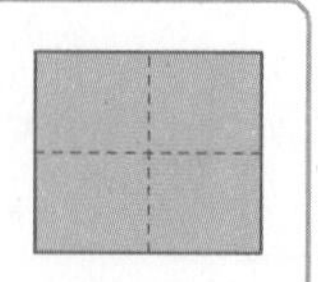

( )

▶ 도형을 똑같이 나누면 나누어진 조각의 모양과 크기가 같아.

2 전체를 똑같이 몇으로 나누었는지 구해 보세요.

(1) 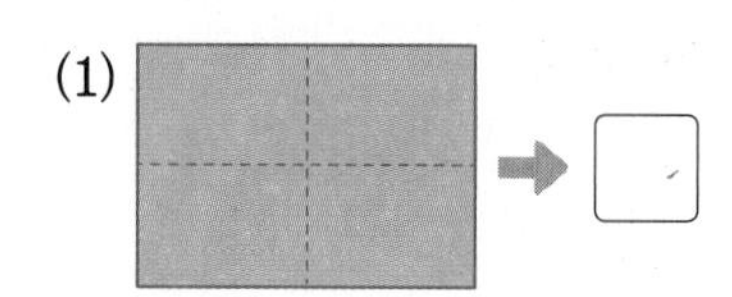

(2) 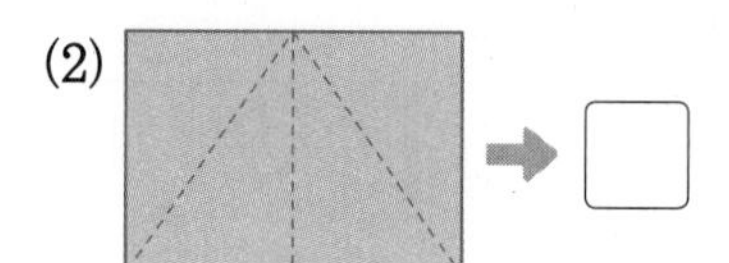

3 도형을 똑같이 다섯으로 나눈 사람을 찾아 이름을 써 보세요.

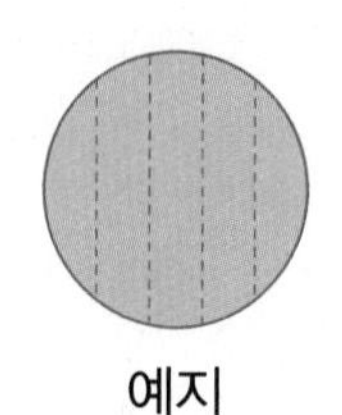
예지

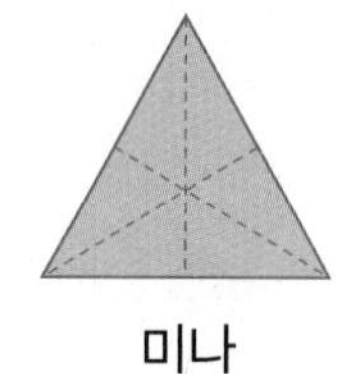
미나

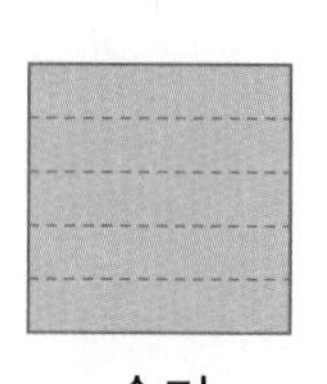
슬기

( )

▶ 전체를 다섯으로 나누었는지, 나눈 5개의 모양과 크기가 모두 같은지 살펴봐.

도형의 합동 알아보기

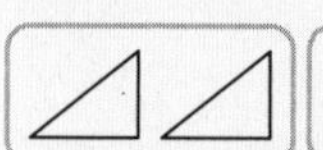
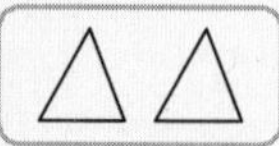

합동: 모양과 크기가 같아서 포개었을 때 완전히 겹치는 두 도형

3+ 왼쪽 도형과 모양과 크기가 같은 도형을 찾아 ○표 하세요.

( ) ( ) ( )

4 표시된 점을 이용하여 주어진 수만큼 전체를 똑같이 나누어 보세요.

(1) 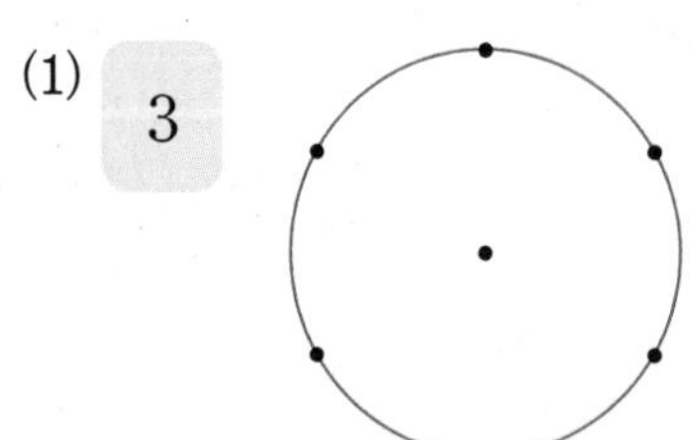

(2) 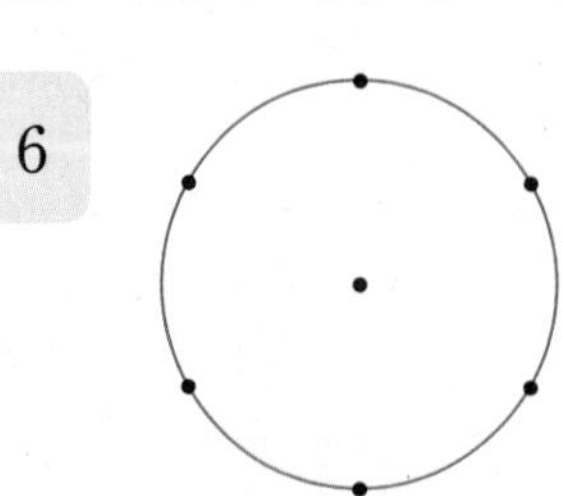

정답과 풀이 36쪽

5 **빈칸에 알맞은 기호를 써넣으세요.**

▶ 먼저 전체를 똑같이 나누었는지 꼭 확인해 봐야 해.

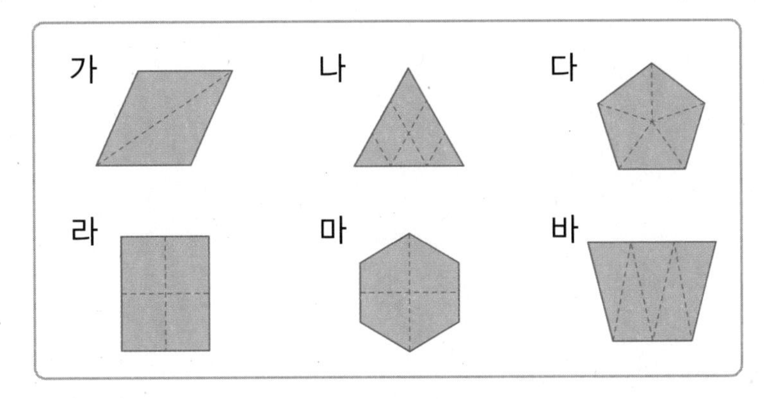

똑같이 나눈 조각의 수	2개	4개	5개
기호			

내가 만드는 문제

6 **보기 와 같이 나눈 부분에 ♥가 한 개씩 있도록 점선을 따라 도형을 똑같이 두 부분으로 나누어 보세요.**

▶ 전체가 모양과 크기가 같은 작은 사각형 8개이니까 한 부분에 작은 사각형이 4개씩 되도록 나누어야 해.

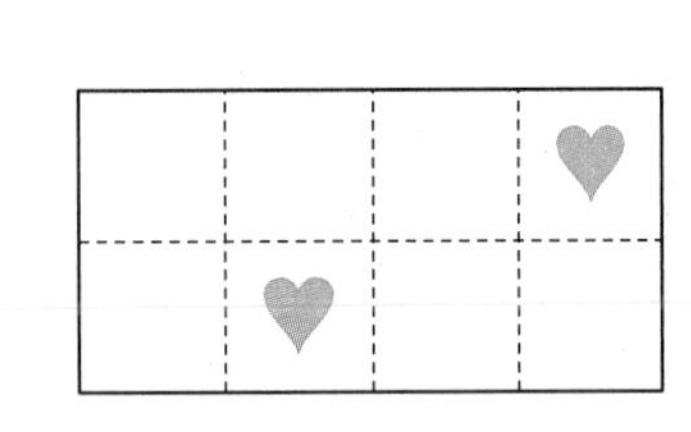

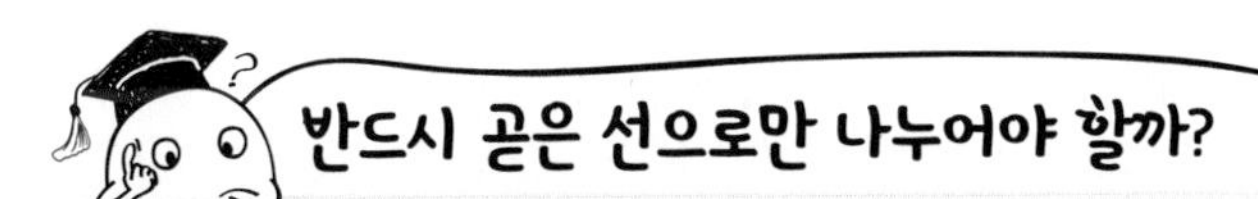

● 전체를 똑같이 두 부분으로 나누기

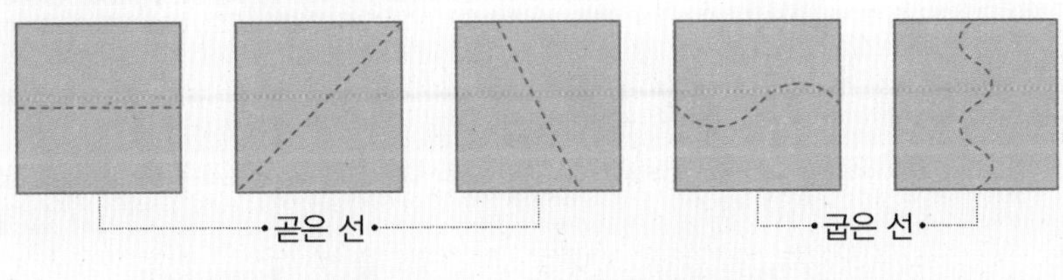

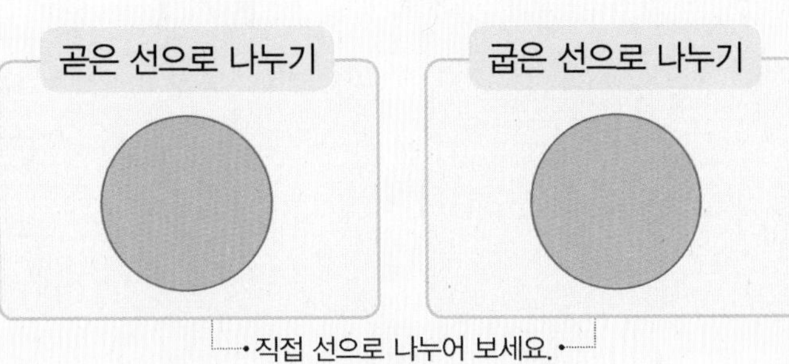

나눈 부분의 모양과 크기만 같다면 선의 종류는 상관없어.

7 관계있는 것끼리 이어 보세요.

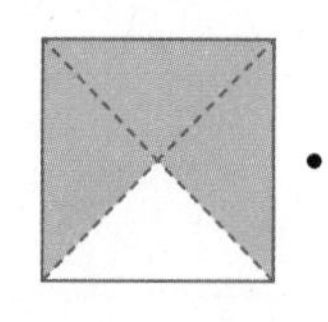 • • $\frac{2}{4}$ • • 4분의 3

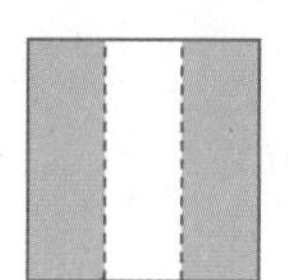 • • $\frac{2}{3}$ • • 3분의 2

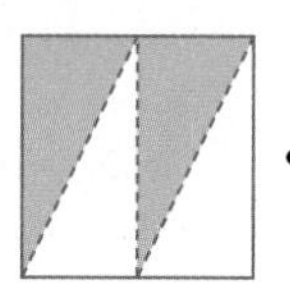 • • $\frac{3}{4}$ • • 4분의 2

▶ ▲ ← 분자 ➡ 가로선 위의 수
■ ← 분모 ➡ 가로선 아래의 수
분수를 읽을 때는 분모를 먼저 읽고 분자를 나중에 읽어.

8 분수에 맞게 색칠한 것을 찾아 ○표 하세요.

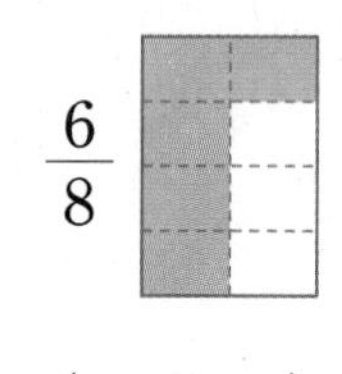
( )

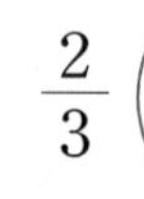
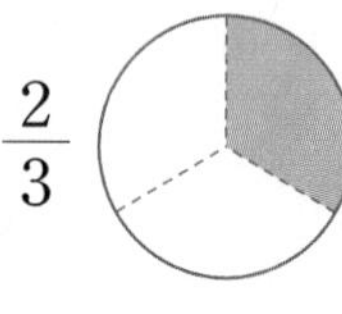
( )

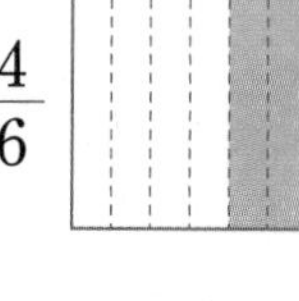
( )

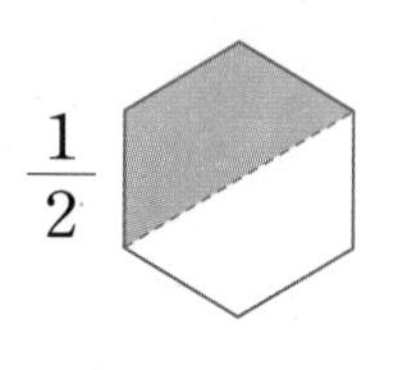
( )

▶ 전체에서 색칠한 부분을 분수로 나타내면 $\frac{(\text{색칠한 부분의 수})}{(\text{전체를 똑같이 나눈 수})}$야.

9 주어진 분수에 맞게 나머지 부분을 색칠해 보세요.

(1) 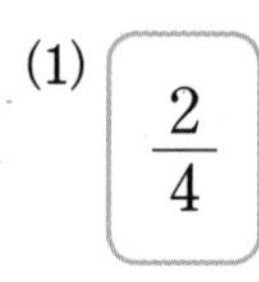 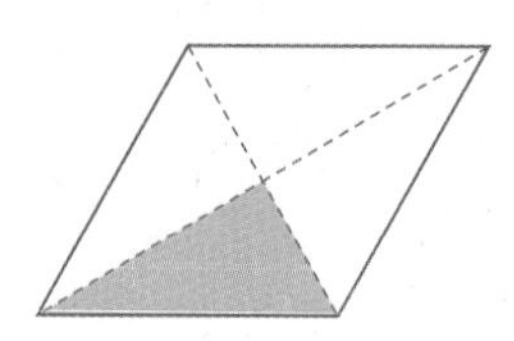

(2) $\frac{4}{8}$ 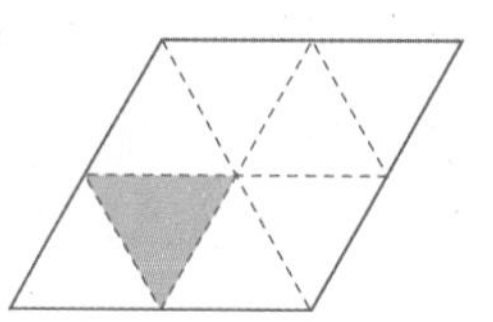

▶ 분자가 색칠한 부분의 수야.

9+ 알맞은 말에 ○표 하세요.

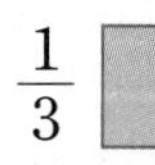 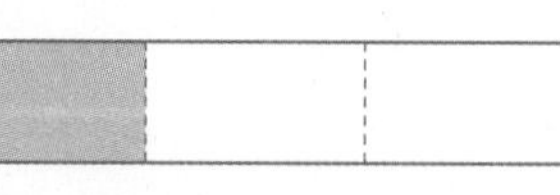

$\frac{2}{6}$ 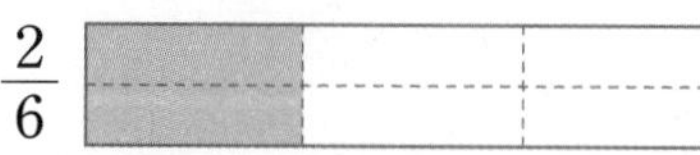

$\frac{1}{3}$과 $\frac{2}{6}$는 크기가 (같은 , 다른) 분수입니다.

크기가 같은 분수 알아보기

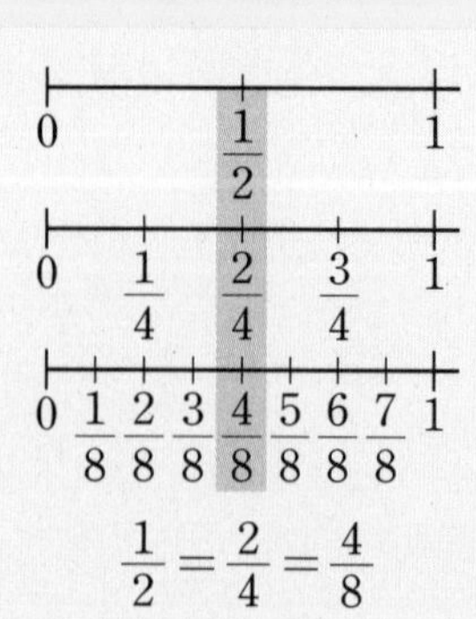

10 설명하는 분수가 나머지 두 사람과 다른 사람의 이름을 써 보세요.

▶ 설명하는 분수를 나타내 봐.

유미: 전체를 똑같이 9로 나눈 것 중의 4야.

지우: 에서 색칠한 부분을 나타내는 분수야.

민수: 9분의 4라고 읽어.

(　　　　　　　　)

11 남은 부분과 먹은 부분은 전체의 얼마인지 분수로 나타내 보세요.

▶ 전체를 똑같이 몇 개로 나누었는지 세어 봐.

(1)

남은 부분은 전체의 ☐

먹은 부분은 전체의 ☐

(2)

남은 부분은 전체의 ☐

먹은 부분은 전체의 ☐

내가 만드는 문제

12 사각형 전체를 똑같이 6으로 나눈 다음 빨간색과 파란색으로 자유롭게 칠하고 색칠한 부분을 분수로 나타내 보세요.

▶ 빨간색 부분과 파란색 부분은 같을 수도 다를 수도 있지.

빨간색 ☐　파란색 ☐

전체를 똑같이 4로 나눈 것 중의 2를 찾아볼까?

전체　조각　조각　조각　조각

(　　)　(　　)　(　　)　(　　)　(　　)

조각이 2개인 것을 찾아.

13 색칠한 부분에 맞게 □ 안에 알맞은 분수를 써넣으세요.

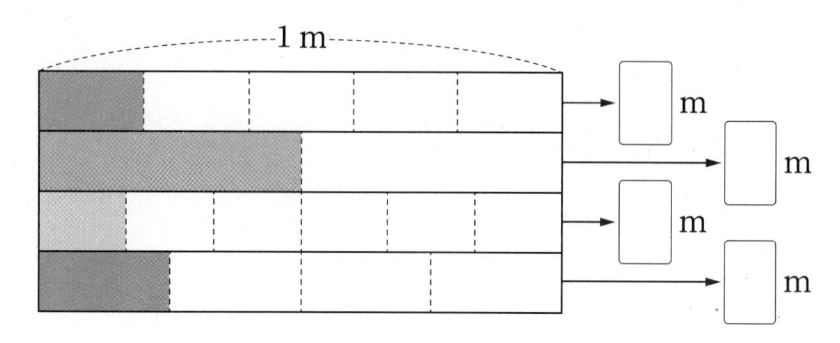

▶ 1 m를 똑같이 몇으로 나누었는지 세어 봐.

14 단위분수를 모두 찾아 ○표 하세요.

$\frac{1}{2}$ $\frac{2}{3}$ $\frac{5}{4}$ $\frac{1}{5}$ $\frac{4}{6}$ $\frac{1}{8}$

▶ 단위분수는 $\frac{1}{▲}$ 꼴이야.

15 □ 안에 알맞은 수를 써넣으세요.

(1) 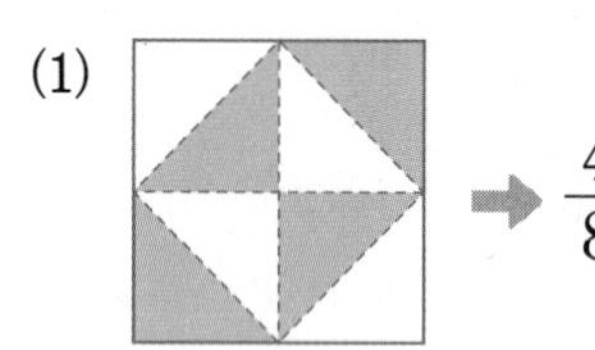

➡ $\frac{4}{8}$는 $\frac{1}{8}$이 □개입니다.

(2) 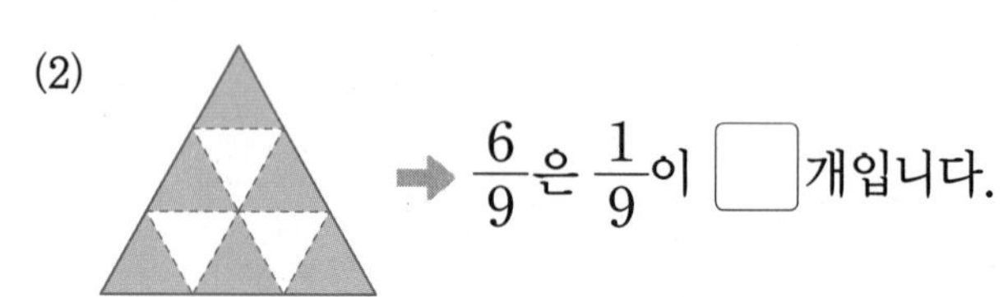

➡ $\frac{6}{9}$은 $\frac{1}{9}$이 □개입니다.

▶ $\frac{▲}{■}$는 $\frac{1}{■}$이 ▲개야.

탄탄북

16 부분을 보고 전체에 알맞은 도형을 모두 찾아 기호를 써 보세요.

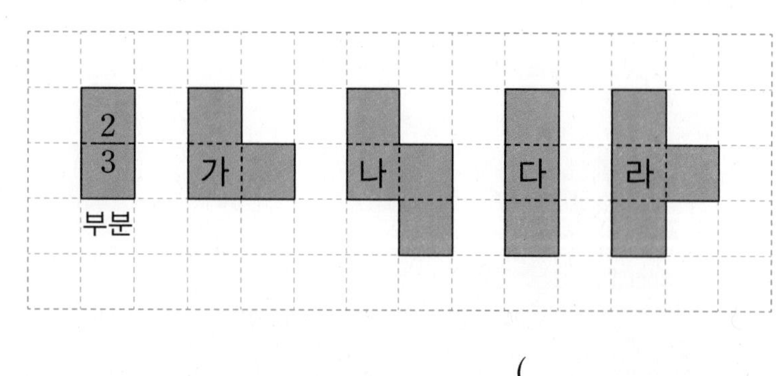

( )

▶ $\frac{●}{■}$는 전체를 똑같이 ■로 나눈 것 중의 ●이므로 전체는 작은 소삭이 ■개인 도형이야.

17 부분을 보고 전체를 그려 보세요.

▶ 전체는 $\frac{1}{■}$이 ■개야.

(1)

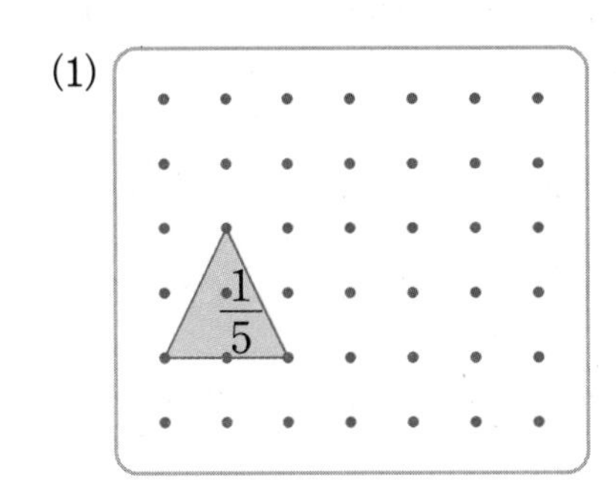

(2)

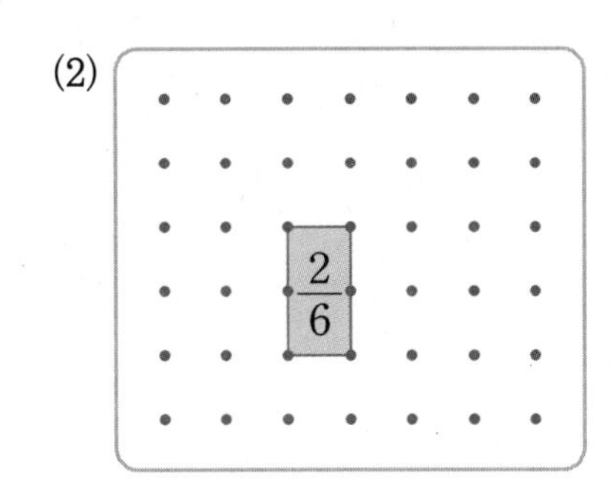

18 채린이는 와플을 똑같이 4조각으로 나누어 전체의 $\frac{3}{4}$만큼 먹었습니다. 채린이는 와플 몇 조각을 먹었을까요?

( )

▶ 와플 한 조각을 단위분수로 나타내 봐.

내가 만드는 문제

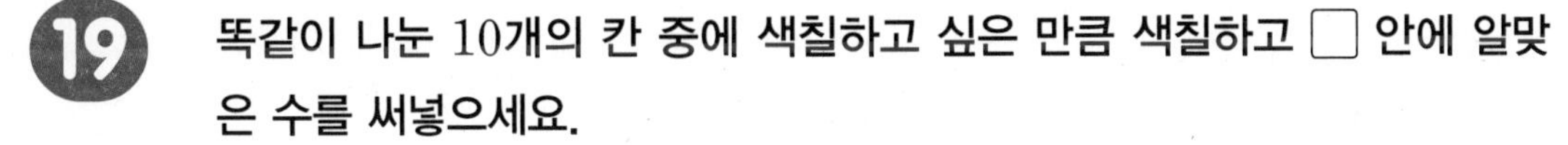

19 똑같이 나눈 10개의 칸 중에 색칠하고 싶은 만큼 색칠하고 □ 안에 알맞은 수를 써넣으세요.

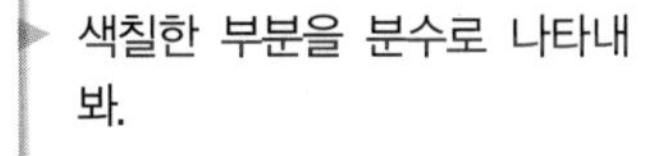

▶ 색칠한 부분을 분수로 나타내 봐.

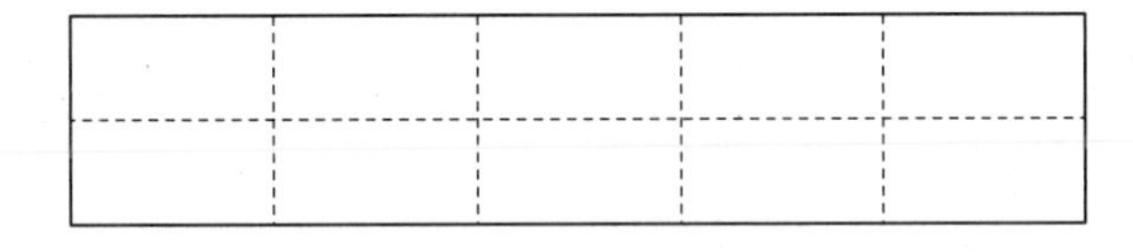

(1) 색칠한 부분은 단위분수 $\frac{1}{□}$이 □개인 수입니다.

(2) 색칠하지 않은 부분은 단위분수 $\frac{1}{□}$이 □개인 수입니다.

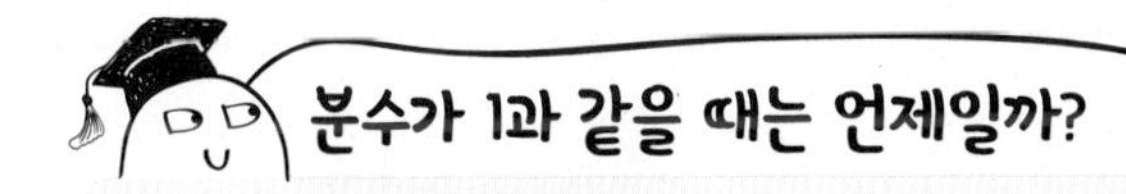

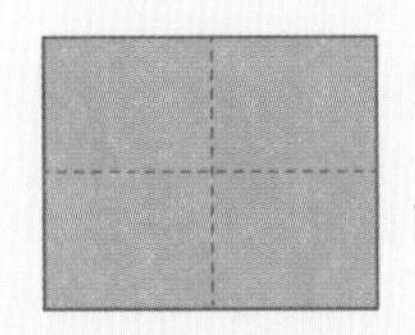

단위분수 $\frac{1}{4}$이 4개

$\frac{4}{4}=1$

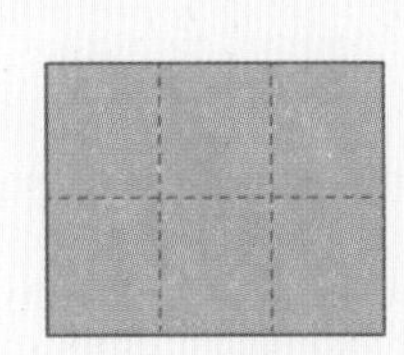

단위분수 $\frac{1}{6}$이 6개

$\frac{6}{6}=□$

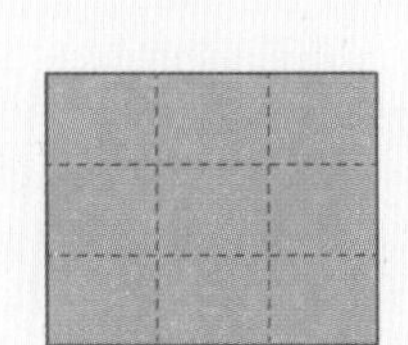

단위분수 $\frac{1}{9}$이 9개

$\frac{9}{9}=□$

20 주어진 분수만큼 색칠하고 ○ 안에 >, =, < 중 알맞은 것을 써넣으세요.

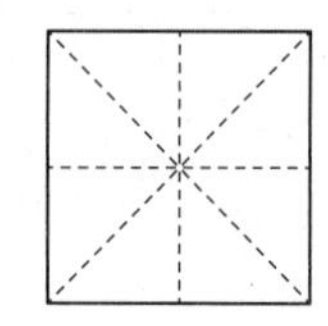 $\frac{3}{8}$ ○ $\frac{5}{8}$ 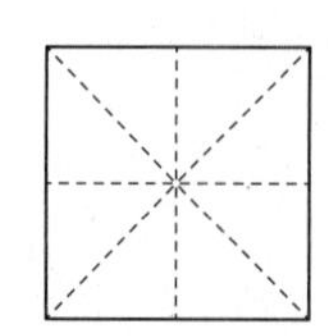

21 두 수의 크기를 비교하여 ○ 안에 >, =, < 중 알맞은 것을 써넣으세요.

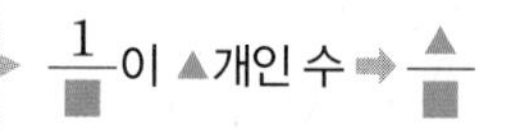

(1) $\frac{1}{7}$이 5개인 수 ○ $\frac{1}{7}$이 6개인 수

(2) $\frac{1}{14}$이 11개인 수 ○ $\frac{1}{14}$이 3개인 수

22 두 분수의 크기를 비교하여 ○ 안에 >, =, < 중 알맞은 것을 써넣으세요.

▶ 분모가 같은 수이므로 단위분수의 개수를 비교해.

(1) $\frac{5}{9}$ ○ $\frac{7}{9}$ (2) $\frac{11}{15}$ ○ $\frac{8}{15}$

23 주어진 분수를 수직선에 ↑로 나타내고 ○ 안에 >, =, < 중 알맞은 것을 써넣으세요.

▶ 수직선에서는 오른쪽에 있는 수가 더 커.

(1)

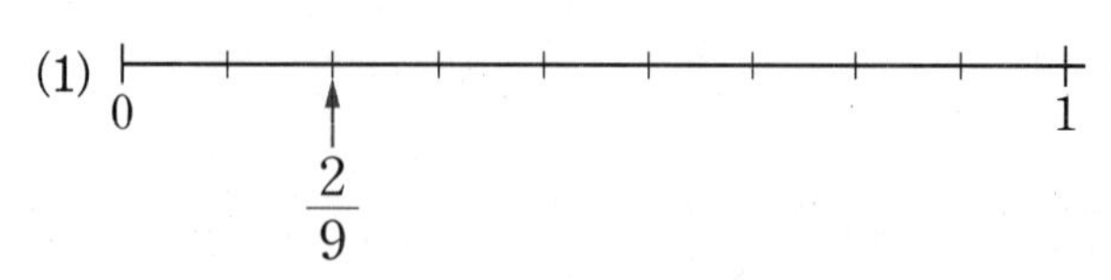

$\frac{2}{9}$ ○ $\frac{5}{9}$

(2) 0 ―― 1

$\frac{11}{12}$ ○ $\frac{4}{12}$

24 친구들이 먹은 피자의 양을 분수로 나타내고 가장 많이 먹은 친구를 써 보세요.

▶ (먹은 피자의 양) $= \frac{\text{(먹은 피자의 조각 수)}}{\text{(똑같이 나눈 조각 수)}}$

미영 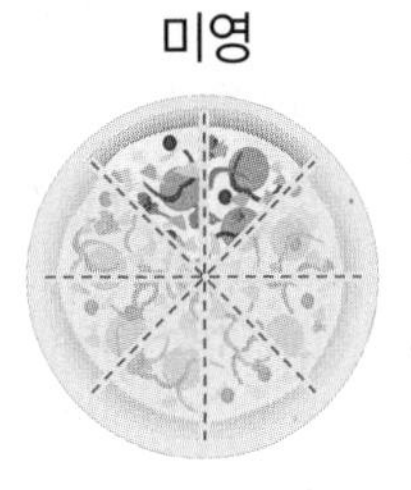 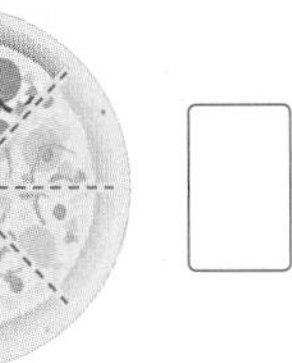

은정 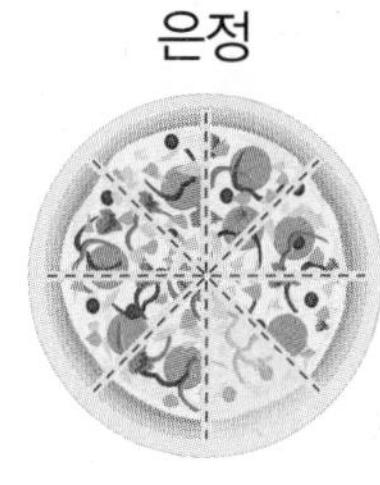 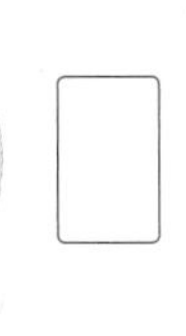

지연 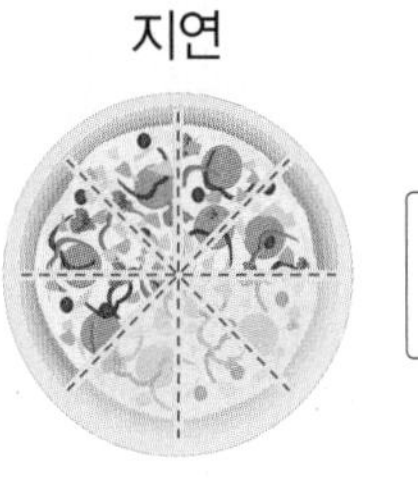 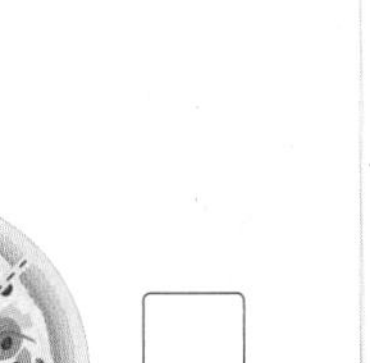

(   )

탄탄북

25 가장 큰 분수와 가장 작은 분수를 각각 찾아 써 보세요.

▶ 분자의 크기를 비교해 봐.

$\frac{11}{13}$	$\frac{2}{13}$	$\frac{8}{13}$	$\frac{3}{13}$	$\frac{12}{13}$

가장 큰 분수 (   )

가장 작은 분수 (   )

내가 만드는 문제

26 □ 안에 알맞은 수를 자유롭게 써넣어 크기를 비교해 보세요.

▶ 1부터 9까지의 수 중에서 세 수를 골라 작은 수부터 차례로 왼쪽에 써.

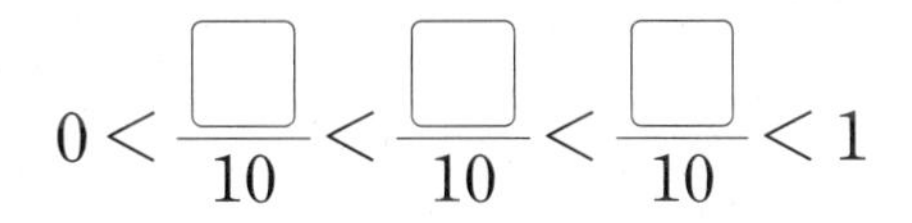

$0 < \frac{\square}{10} < \frac{\square}{10} < \frac{\square}{10} < 1$

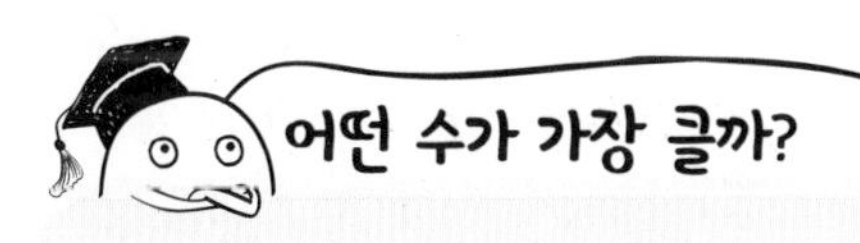

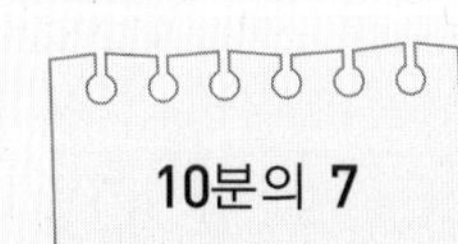

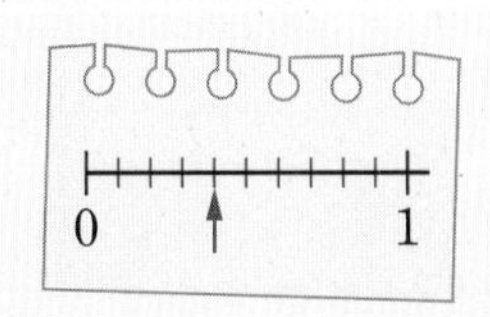

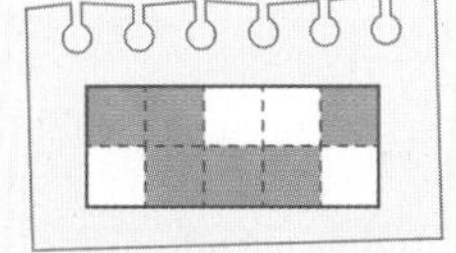

차례로 분수로 나타내면 $\frac{7}{10}$, , $\frac{6}{10}$, □입니다.

➡ 분모가 같은 분수는 분자가 클수록 큰 수이므로 가장 큰 수는 입니다.

27 색칠한 부분에 맞게 □ 안에 알맞은 분수를 써넣고, ○ 안에 >, =, < 중 알맞은 것을 써넣으세요.

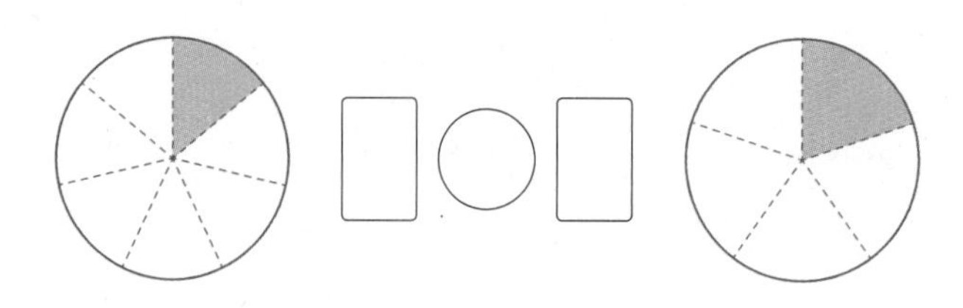

▶ 똑같은 피자 한 판을 똑같이 5조각으로 나눈 것과 똑같이 2조각으로 나눈 것 중 어떤 피자의 한 조각이 더 클까?

28 주어진 분수만큼 색칠하고 ○ 안에 >, =, < 중 알맞은 것을 써넣으세요.

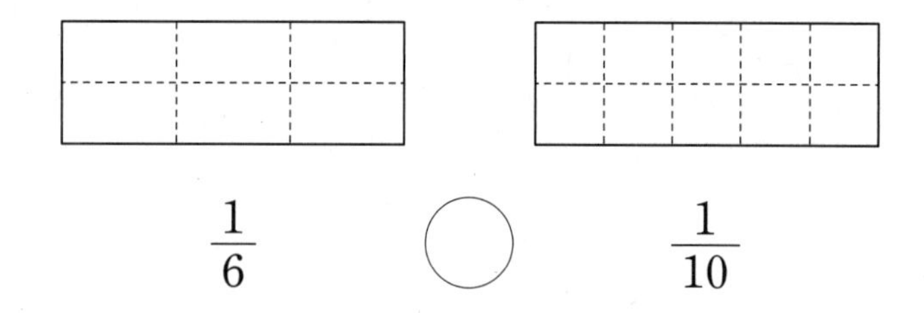

$\frac{1}{6}$ ○ $\frac{1}{10}$

29 $\frac{1}{2}$과 $\frac{1}{5}$을 수직선에 ↑로 나타내고 ○ 안에 >, =, < 중 알맞은 것을 써넣으세요.

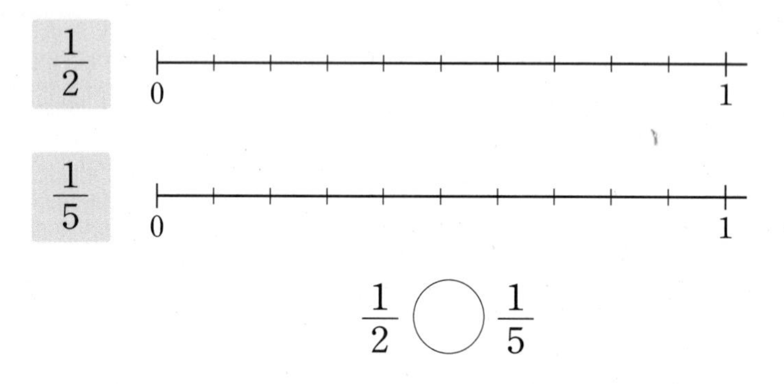

$\frac{1}{2}$ ○ $\frac{1}{5}$

▶ 분모만큼으로 나누어져 있지 않아도 수직선에 분수를 나타낼 수 있어.

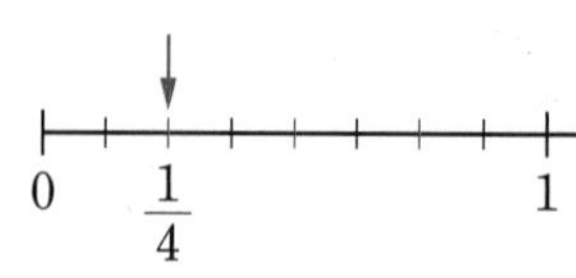

30 $\frac{1}{6}$보다 작은 분수를 모두 찾아 ○표 하세요.

$\frac{1}{2}$ $\frac{1}{8}$ $\frac{1}{3}$ $\frac{1}{7}$ $\frac{1}{5}$ $\frac{1}{4}$

▶

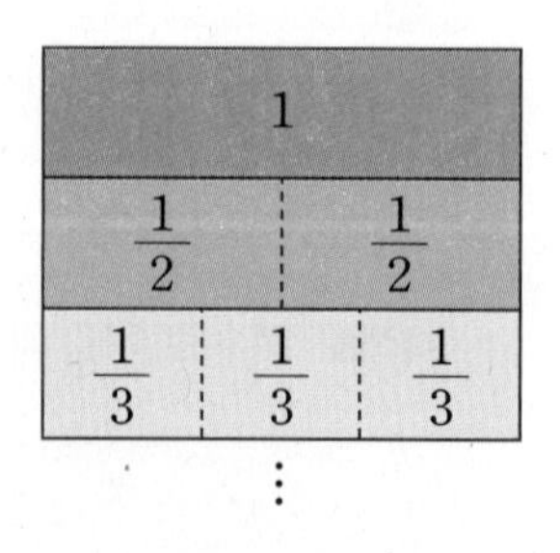

31 수박을 가장 많이 먹은 친구를 찾아 이름을 써 보세요. (단, 수박 한 통의 크기는 모두 같습니다.)

(   )

▶ 분수의 크기가 클수록 많이 먹은 거야.

32 가장 큰 분수에 ○표, 가장 작은 분수에 △표 하세요.

$\frac{1}{5}$ $\frac{1}{9}$ $\frac{1}{11}$ $\frac{1}{7}$ $\frac{1}{13}$

▶ 모두 단위분수니까 분모의 크기를 비교해 봐.

내가 만드는 문제

33 $\frac{1}{11}$보다 큰 단위분수 2개를 자유롭게 정한 다음 크기를 비교해 보세요.

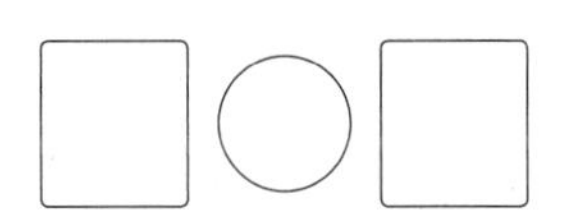

▶ $\frac{1}{11}$보다 큰 단위분수의 분모는 2부터 10까지의 수가 될 수 있어.

분수는 분모가 클수록 큰 수일까?

$\frac{2}{8}$ VS $\frac{4}{8}$

➡ 분모가 같은 분수는 분자가 클수록 (작은 , 큰) 수이므로 $\frac{2}{8}$ ◯ $\frac{4}{8}$입니다.

$\frac{1}{5}$ VS $\frac{1}{3}$

➡ 분자가 같은 분수는 분모가 클수록 (작은 , 큰) 수이므로 $\frac{1}{5}$ ◯ $\frac{1}{3}$입니다.

분자가 같은 분수는 분모의 크기를 비교해.

6 분모가 10인 분수는 소수 0.■로 나타내.

소수: 0.1, 0.2, 0.3, ...과 같은 수
소수점: 소수에서 숫자와 숫자 사이에 찍은 점

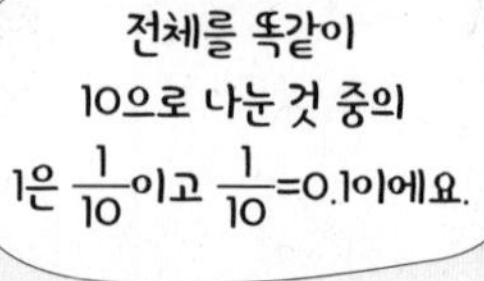

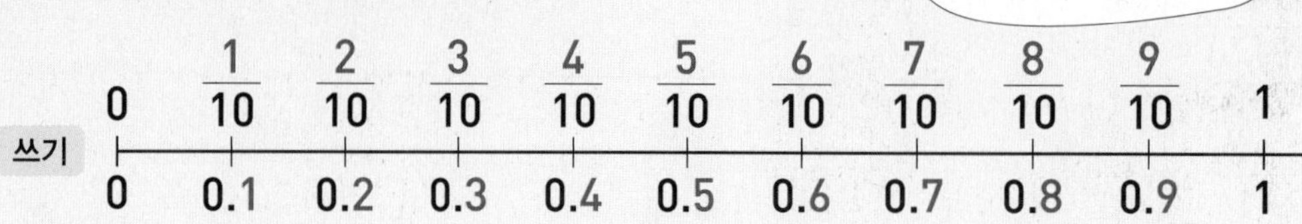

읽기 영점일 영점이 영점삼 영점사 영점오 영점육 영점칠 영점팔 영점구

$\frac{1}{10}$이 3개인 수, 0.1이 3개인 수

1 □ 안에 알맞은 분수나 소수를 써넣으세요.

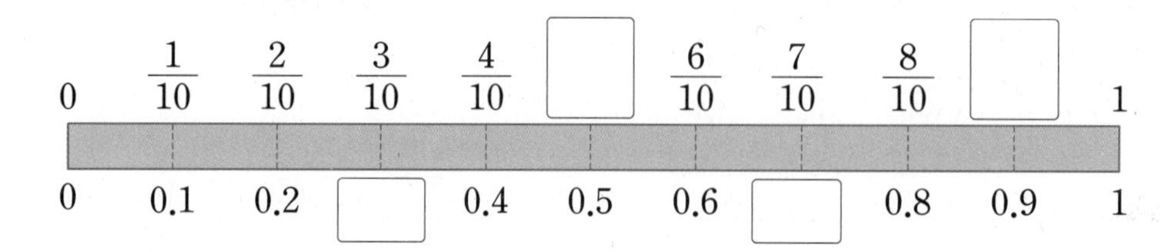

2 그림을 보고 □ 안에 알맞은 수를 써넣으세요.

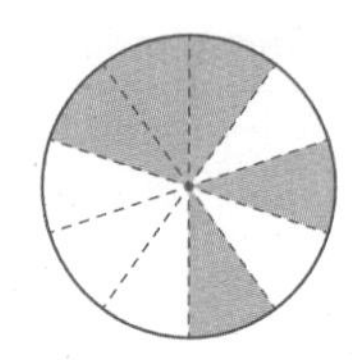

(1) 전체를 똑같이 10으로 나눈 것 중의 □

(2) $\frac{1}{10}$이 □개인 수 ➡ 분수로 나타내면 □

(3) 0.1이 □개인 수 ➡ 소수로 나타내면 □

3 그림을 보고 소수로 나타내고 읽어 보세요.

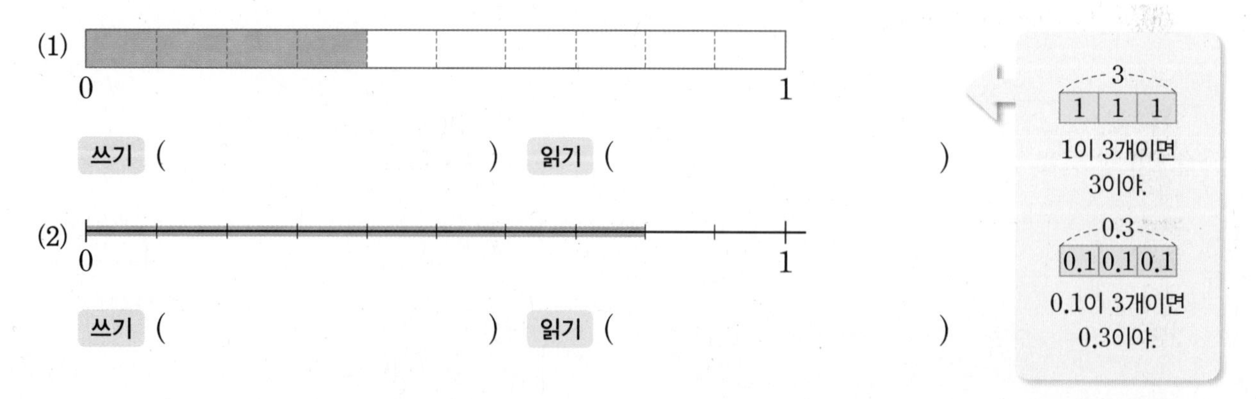

정답과 풀이 39쪽

7 mm를 소수를 이용해서 cm로 나타내.

● 자연수가 있는 소수

└• 1부터 시작하여 1씩 커지는 수 (1, 2, 3, 4, ...)

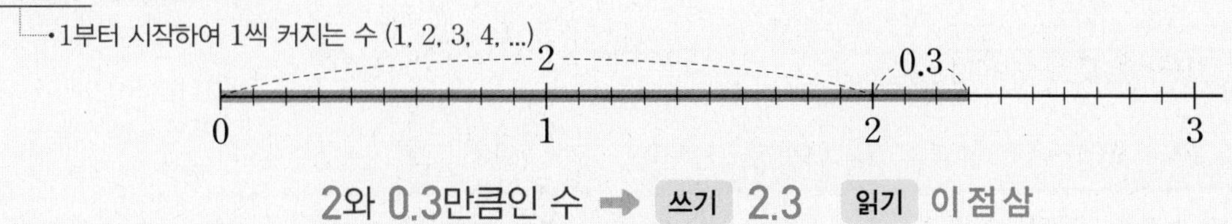

2와 0.3만큼인 수 ➡ 쓰기 2.3 읽기 이 점 삼

└• 1이 2개, 0.1이 3개인 수
0.1이 23개인 수

● 길이를 소수로 나타내기

1 mm는 1 cm를 똑같이 10으로 나눈 것 중의 1 ➡ 1 mm = 0.1 cm

① 2 cm 3 mm
= 2 cm보다 3 mm 더 긴 길이
= 2 cm보다 0.3 cm 더 긴 길이
➡ 2.3 cm

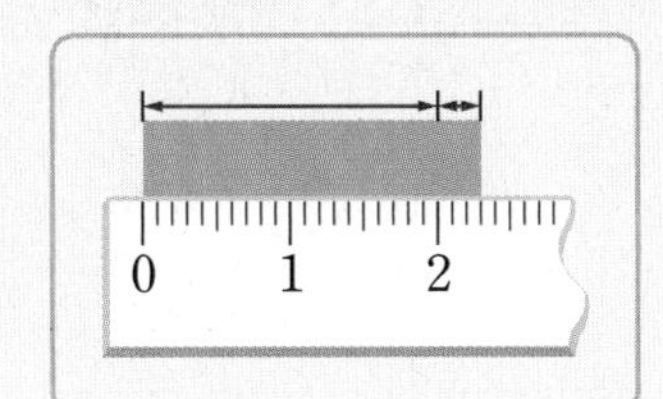

② 23 mm
= 1 mm가 23개인 길이
= 0.1 cm가 23개인 길이
➡ 2.3 cm

2 cm 3 mm = 23 mm = 2.3 cm

1 그림을 보고 소수로 나타내고 읽어 보세요.

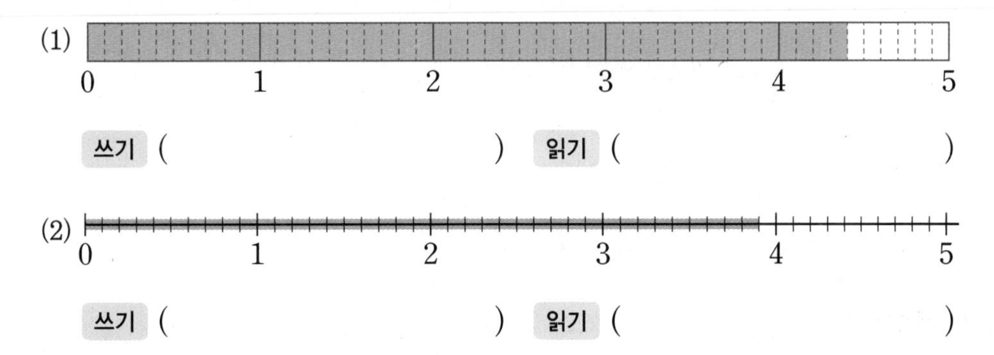

2 크레파스의 길이를 소수로 나타내려고 합니다. □ 안에 알맞은 수를 써넣으세요.

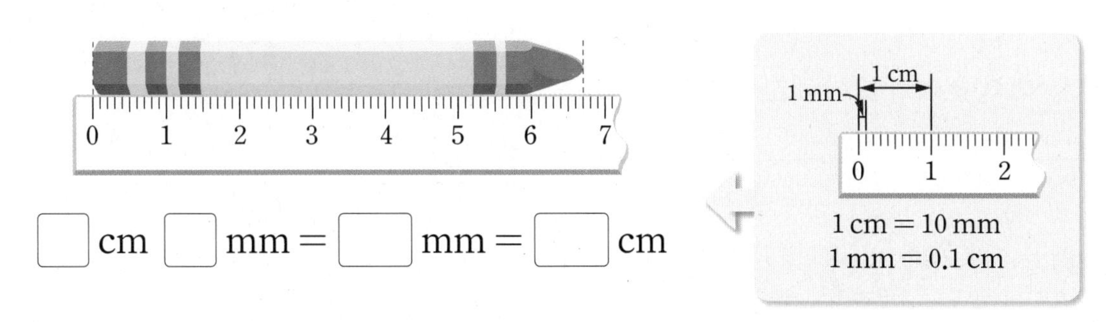

8 0.1이 많을수록 더 큰 수야.

● **0.5와 0.7의 크기 비교**

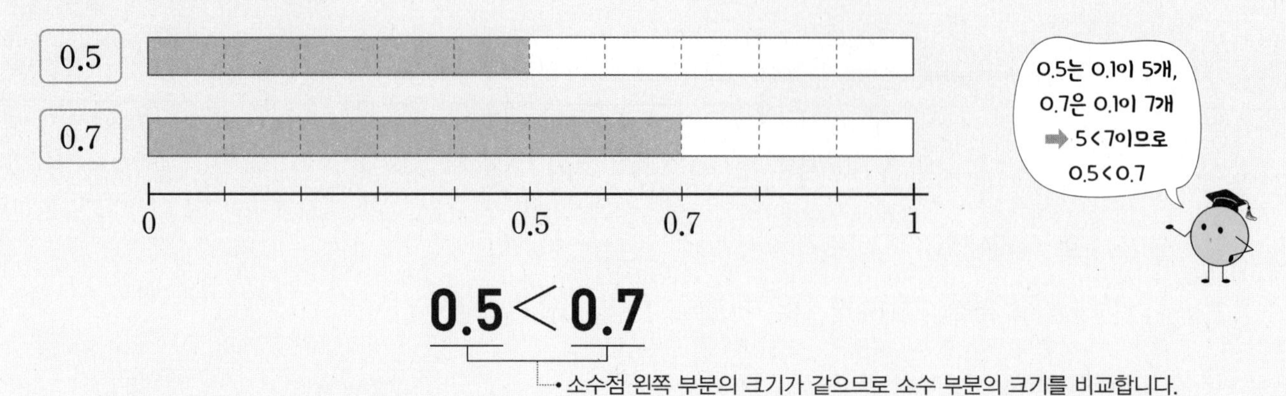

0.5 < 0.7

소수점 왼쪽 부분의 크기가 같으므로 소수 부분의 크기를 비교합니다.

● **1.3과 1.7의 크기 비교**

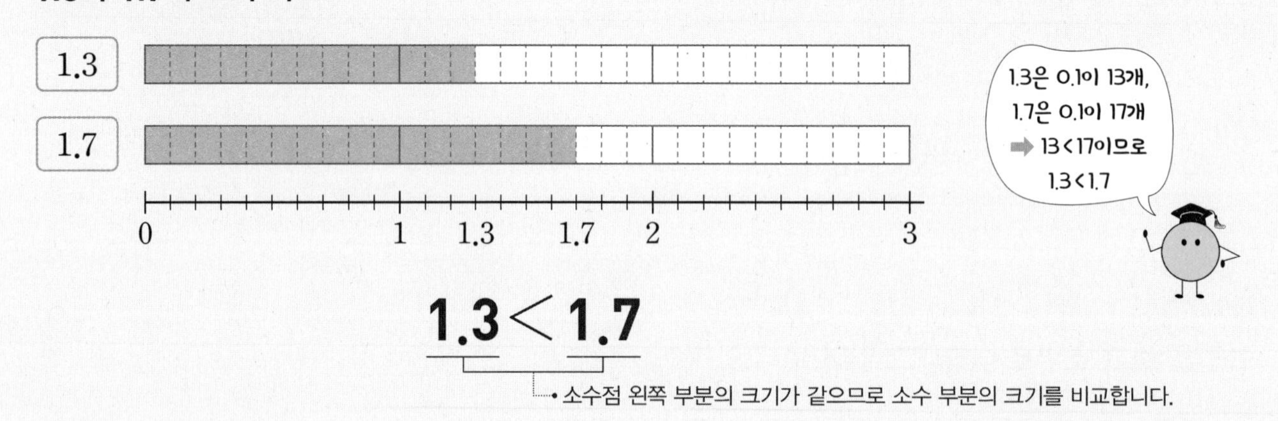

1.3 < 1.7

소수점 왼쪽 부분의 크기가 같으므로 소수 부분의 크기를 비교합니다.

● **1.7과 2.5의 크기 비교**

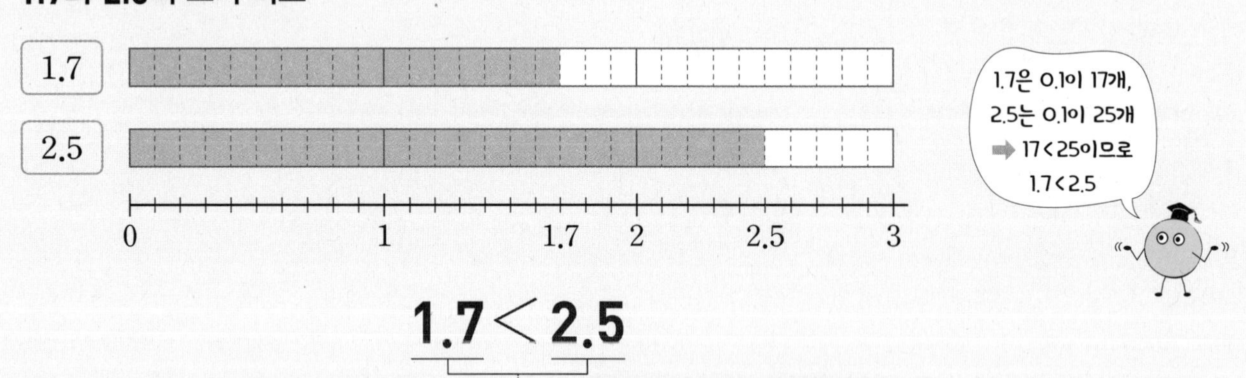

1.7 < 2.5

소수점 왼쪽 부분의 크기가 다르므로
소수 부분의 크기를 비교하지 않아도 됩니다.

● **수직선에서 소수의 크기 비교**

0.7 < 1.3 < 2.5

1 그림을 보고 물음에 답하세요.

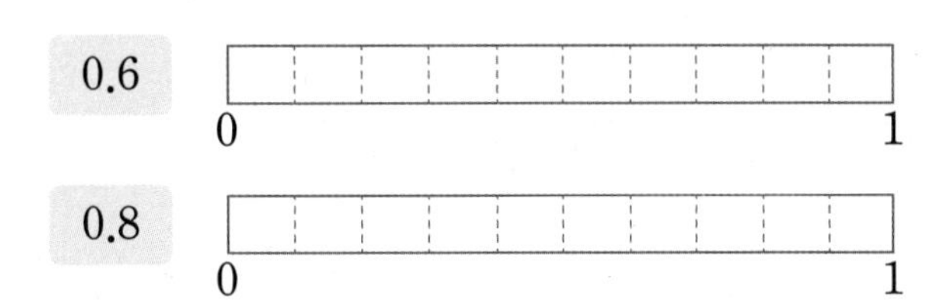

(1) 0.6과 0.8만큼 색칠해 보세요.

(2) 0.6은 0.1이 □개, 0.8은 0.1이 □개입니다.

(3) 0.6과 0.8 중에서 더 큰 수는 □입니다.

2 소수를 수직선에 ↑로 나타내고 ○ 안에 >, =, < 중 알맞은 것을 써넣으세요.

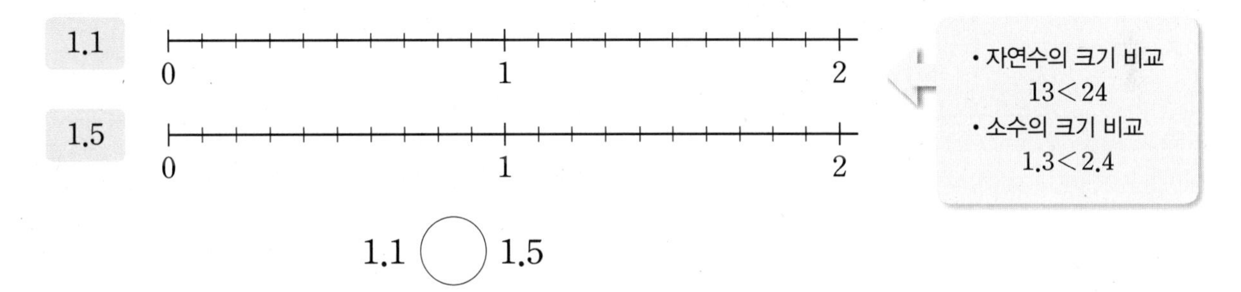

1.1 ○ 1.5

3 □ 안에 알맞은 수를 쓰고 ○ 안에 >, =, < 중 알맞은 것을 써넣으세요.

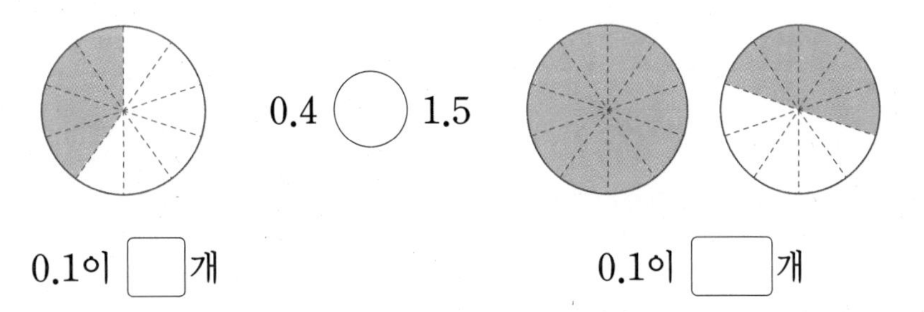

0.1이 □개 　　　 0.1이 □개

4 □ 안에 알맞은 수를 쓰고 ○ 안에 >, =, < 중 알맞은 것을 써넣으세요.

(1) 2.1은 0.1이 □개이고 0.9는 0.1이 □개입니다. ➡ 2.1 ○ 0.9

(2) 4.2는 0.1이 □개이고 3.8은 0.1이 □개입니다. ➡ 4.2 ○ 3.8

6 소수 알아보기(1)

1 색칠한 부분을 분수와 소수로 나타내 보세요.

▶ 색칠한 부분의 수를 세어 봐.

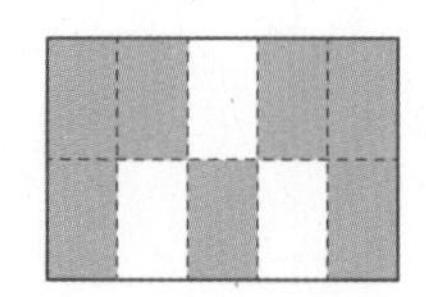

분수	
소수	

소수 두 자리 수 알아보기

전체를 똑같이 100으로 나눈 것 중의 1

➡ $\frac{1}{100}=0.01$

읽기 영 점 영일

1+ 보기 와 같이 그림을 보고 소수와 분수로 나타내 보세요.

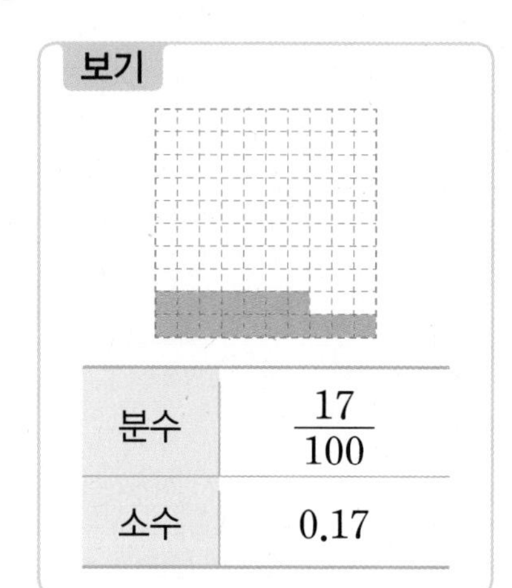

분수	$\frac{17}{100}$
소수	0.17

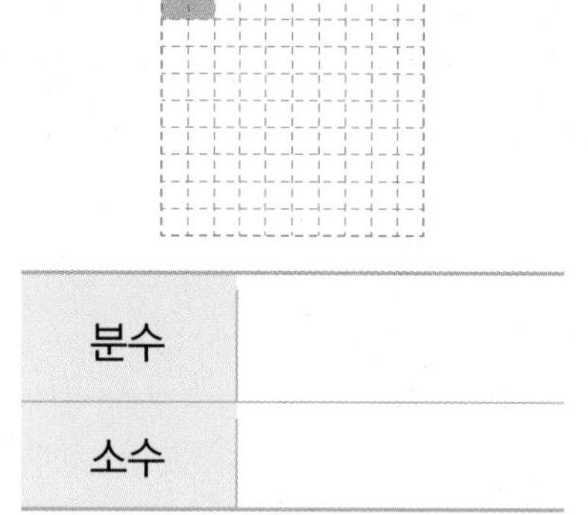

분수	
소수	

2 같은 것끼리 이어 보세요.

▶ 나라마다 다른 소수점의 표기 방법
한국, 미국: 0.1
독일, 프랑스: 0,1

$\frac{1}{10}$ •	• 0.4 •	• 영점일
$\frac{4}{10}$ •	• 0.7 •	• 영점칠
$\frac{7}{10}$ •	• 0.1 •	• 영점사

3 씨앗의 길이를 소수로 나타내 보세요.

▶ 1 mm = 0.1 cm

(1) 해바라기 씨

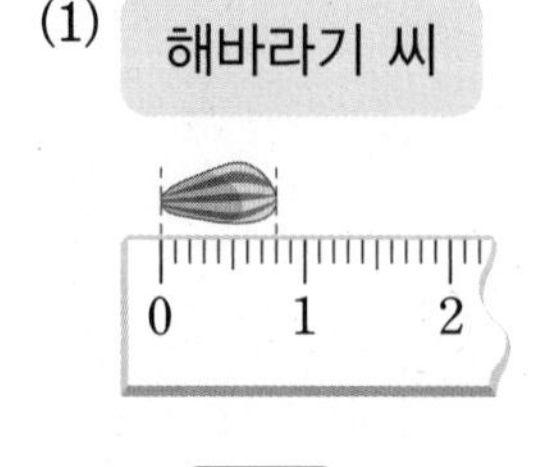

☐ cm

(2) 호박 씨

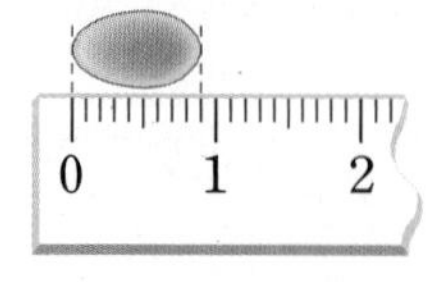

☐ cm

정답과 풀이 40쪽

4 □ 안에 알맞은 수를 써넣으세요.

(1) 0.1이 6개인 수 ➡ 분수 □ 소수 □

(2) $\frac{1}{10}$이 9개인 수 ➡ 분수 □ 소수 □

▶ 0.1 또는 $\frac{1}{10}$이 ■개인 수는 0.■, $\frac{■}{10}$야.

5 테이프 1 m를 똑같이 10조각으로 나누어 그중 정원이가 4조각, 윤아가 6조각을 사용했습니다. 정원이와 윤아가 사용한 테이프의 길이는 각각 몇 m인지 소수로 나타내 보세요.

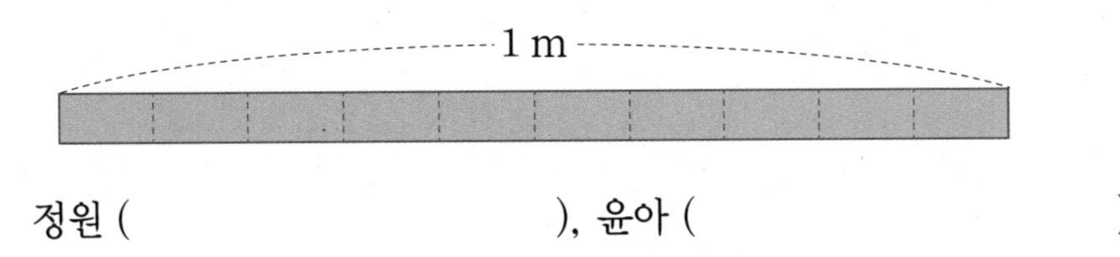

정원 ( ), 윤아 ( )

▶ m 단위를 생각하지 말고 테이프의 길이를 똑같이 10으로 나눈 것에 집중해.

내가 만드는 문제

6 수직선에서 한 곳을 정해 ㉡으로 나타내고, 보기 와 같이 ㉡이 나타내는 수를 분수와 소수로 나타내 보세요.

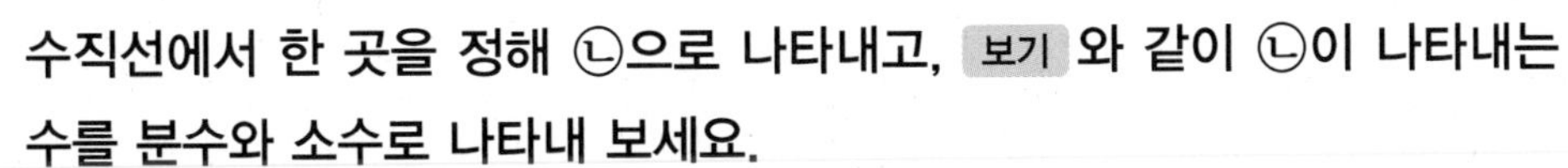

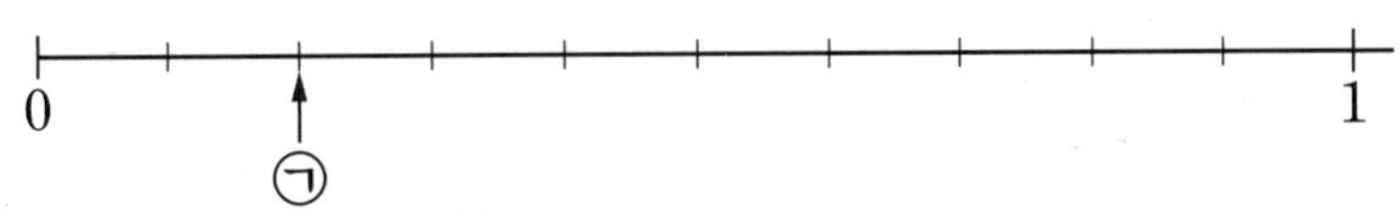

보기

㉠ 분수 $\frac{2}{10}$ 소수 0.2

㉡ 분수 □ 소수 □

▶ 0.1이 3개인 수

➡ 0.3, $\frac{3}{10}$

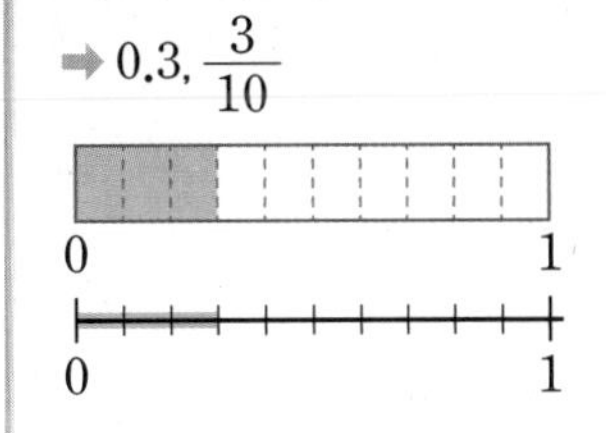

0과 1 사이에도 수가 있을까?

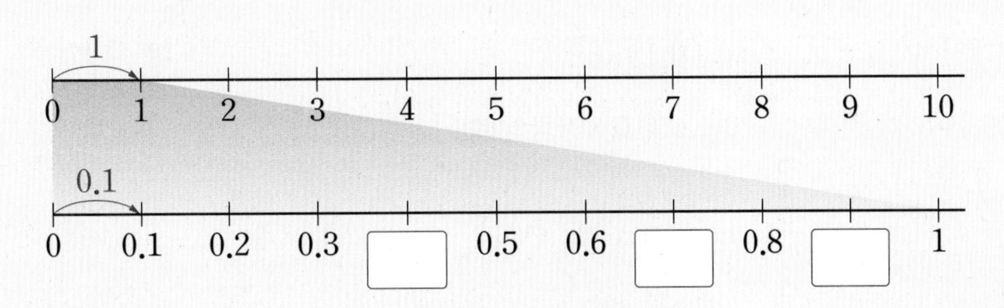

7 같은 것끼리 이어 보세요.

3과 0.6만큼인 수 •	• 6.7 •	• 육점칠
5와 0.3만큼인 수 •	• 5.3 •	• 삼점육
6과 0.7만큼인 수 •	• 3.6 •	• 오점삼

8 □ 안에 알맞은 소수를 써넣으세요.

(1) 5 cm 8 mm = □ cm (2) 25 mm = □ cm

(3) 7 cm 1 mm = □ cm (4) 88 mm = □ cm

▶ ■mm = 0.■cm
▲cm ■mm = ▲.■cm

9 □ 안에 알맞은 수를 써넣으세요.

(1) 0.1이 6개 ➡ □
0.1이 20개 ➡ □
0.1이 26개 ➡ □

(2) 0.1이 9개 ➡ □
0.1이 50개 ➡ □
0.1이 59개 ➡ □

▶ 0.1이 10개인 수는 1이야.

0.1	0.1	0.1	0.1	0.1
0.1	0.1	0.1	0.1	0.1

$0.1 \xrightarrow{\times 10} 1$

10 보기 를 보고 피자가 모두 몇 판인지 소수로 나타내 보세요.

보기

한 판

 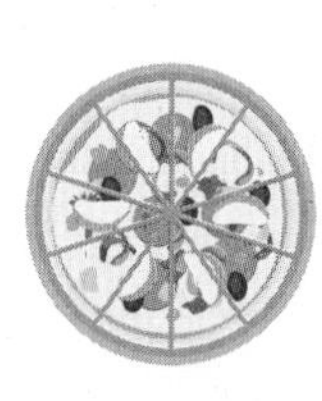  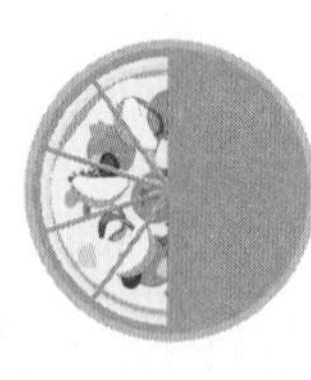

( )

▶ 피자 한 판을 똑같이 10조각으로 나누었으므로 피자 한 조각은 0.1판이야.

탄탄북

11 나타내는 수가 다른 하나를 찾아 기호를 써 보세요.

㉠ $\frac{1}{10}$이 68개인 수 ㉡ 0.1이 69개인 수
㉢ 1이 6개, 0.1이 8개인 수 ㉣ 6과 0.8만큼인 수

( )

▶ 5.3 알아보기
➡ $\frac{1}{10}$이 53개인 수
➡ 0.1이 53개인 수
➡ 5와 0.3만큼인 수
➡ 1이 5개, 0.1이 3개인 수
➡ 5보다 0.3만큼 더 큰 수

12 수직선을 보고 □ 안에 알맞은 수를 써넣으세요.

▶ 작은 눈금 한 칸은 0.1이야.

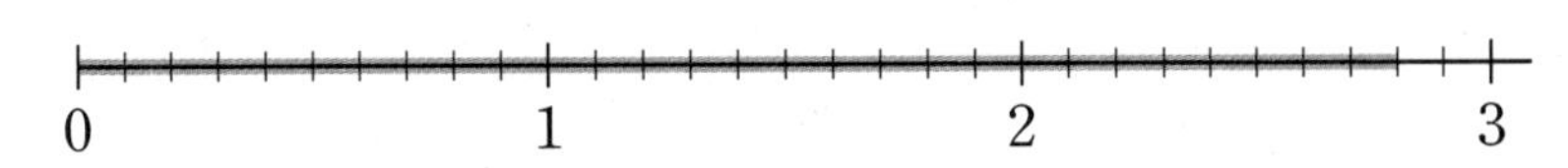

(1) 2.8은 3보다 □만큼 더 작습니다.

(2) 2.8은 1이 □개, 0.1이 □개입니다.

13 학교에서 도서관까지의 거리와 학교에서 태준이네 집까지의 거리를 각각 소수로 나타내 보세요.

▶ 1 km = 1000 m
10배↑ ↑10배
0.1 km = 100 m

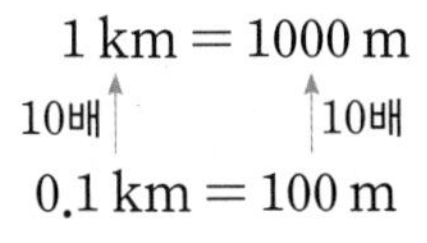

학교 도서관 태준이네 집

0 1 km 2 km 3 km

학교~도서관: □ km, 학교~태준이네 집: □ km

내가 만드는 문제

14 자 위에 원하는 만큼 선을 그어 그 길이를 소수로 나타내고 읽어 보세요.

▶ 0부터 선을 그으면 길이를 재기 편해.

0 1 2 3 4 5 6 7 8 9 10 11

쓰기 (　　　　　　) cm

읽기 (　　　　　　) 센티미터

자연수와 소수의 관계를 알아볼까?

백의 자리	십의 자리	일의 자리	영점일의 자리
3	3	3 .	3

300 + 30 + 3 + 0.3 = 333.3

□배 □배 10배

0.1이 3개 ➡ □

0.1이 30개 ➡ □

0.1이 33개 ➡ 3.3

① 3과 0.3만큼인 수

② 1이 3개, 0.1이 3개인 수

8 소수의 크기 비교

15 □ 안에 알맞은 수를 쓰고 ○ 안에 >, =, < 중 알맞은 것을 써넣으세요.

▶ 0.1 또는 $\frac{1}{10}$이 많을수록 더 큰 수야.

(1) 7.2는 0.1이 □개
7.5는 0.1이 □개
➡ 7.2 ○ 7.5

(2) 3.9는 $\frac{1}{10}$이 □개
2.3은 $\frac{1}{10}$이 □개
➡ 3.9 ○ 2.3

16 두 소수의 크기를 비교하여 ○ 안에 >, =, < 중 알맞은 것을 써넣으세요.

▶ 1은 0.1이 10개
2는 0.1이 20개
3은 0.1이 30개
⋮

(1) 0.9 ○ 0.6　　(2) 4.5 ○ 4.8　　(3) 6.1 ○ 5.9

17 주어진 소수를 수직선에 ↑로 나타내고 ○ 안에 >, =, < 중 알맞은 것을 써넣으세요.

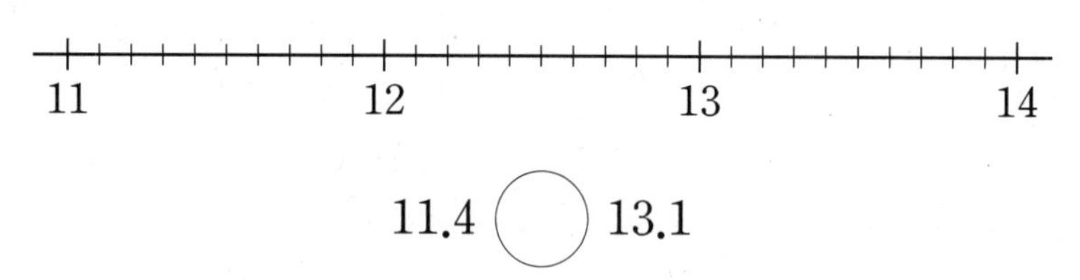

11.4 ○ 13.1

소수의 크기 비교

5.382
5.381

소수점 왼쪽 부분의 크기가 같으면 소수 부분에서 차례로 소수 첫째 자리, 소수 둘째 자리, 소수 셋째 자리의 수를 비교합니다.

17+ 수직선을 보고 ○ 안에 >, =, < 중 알맞은 것을 써넣으세요.

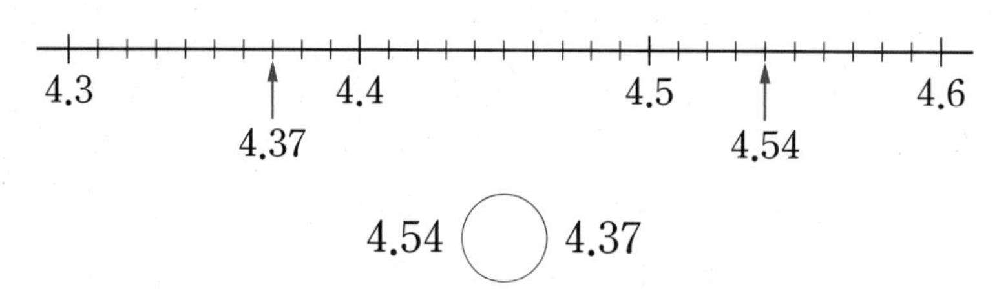

4.54 ○ 4.37

18 □ 안에 주어진 수를 알맞게 써넣으세요.

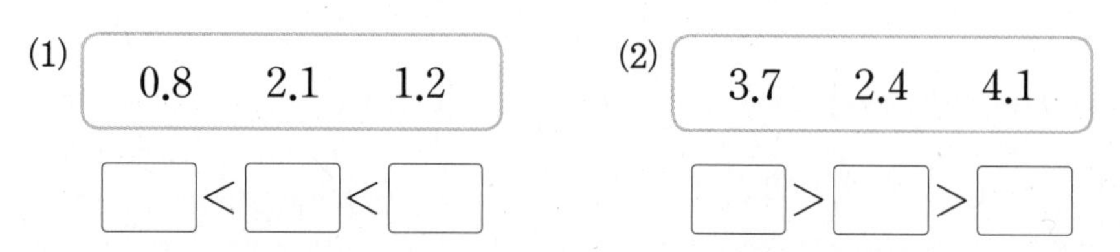

19 큰 수부터 차례로 기호를 써 보세요.

▶ 주어진 수를 소수로 써 봐.

㉠ 0.1이 24개인 수	㉡ $\frac{1}{10}$이 25개인 소수
㉢ 24.3	㉣ 5와 0.7만큼인 수

( )

탄탄북

20 미술 시간에 사용한 수수깡의 길이입니다. 수수깡을 가장 많이 사용한 학생을 찾아 이름을 써 보세요.

▶ mm 또는 cm로 단위를 같게 하여 길이를 비교해.

환희: 31 mm	승찬: 6.3 cm
영미: 5 cm 1 mm	은정: 6 mm

( )

내가 만드는 문제

21 소수를 작은 수부터 차례로 쓰려고 합니다. 빈칸에 알맞은 수를 자유롭게 써넣으세요.

▶ $7<12<15<\cdots$

0.7 — 1.2 — 1.5 — ☐ — ☐ — ☐

가장 작은 수부터 시작해서 수를 연결해 볼까?

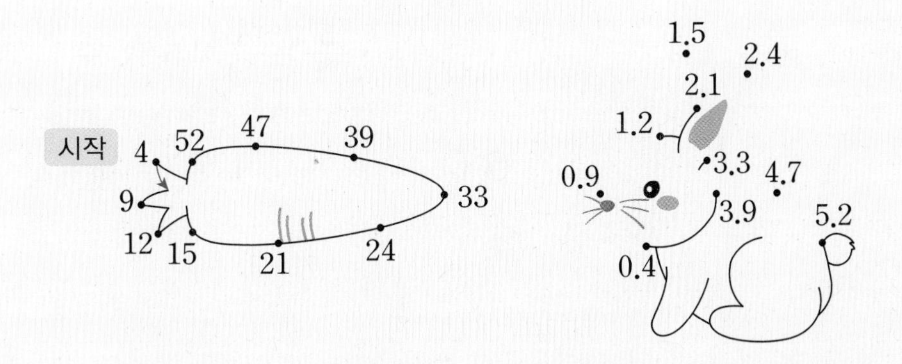

발전 문제

문제 풀이

1 도형을 똑같이 나누기

1 준비

도형을 똑같이 둘로 나누어 보세요.

2 확인

도형을 똑같이 넷으로 나누어 보세요.

3 완성

도형을 똑같이 다섯으로 나누어 보세요.

2 단위분수가 몇 개인지 알아보기

4 준비

□ 안에 알맞은 수를 써넣으세요.

$\frac{2}{5}$ 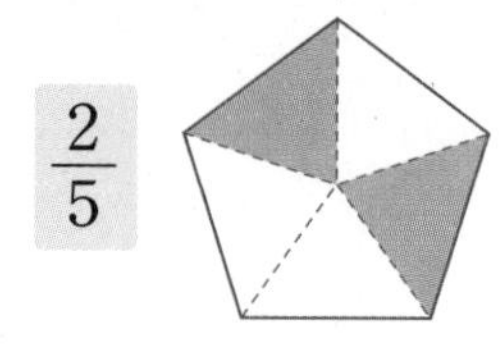 $\frac{3}{4}$ 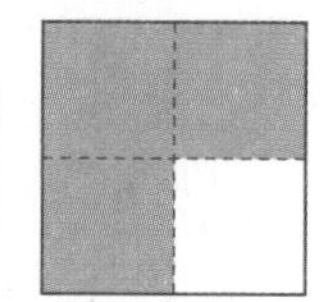

(1) $\frac{2}{5}$는 $\frac{1}{5}$이 □개인 수입니다.

(2) $\frac{3}{4}$은 $\frac{1}{\square}$이 3개인 수입니다.

5 확인

㉠과 ㉡에 알맞은 수를 구해 보세요.

- $\frac{3}{6}$은 $\frac{1}{6}$이 ㉠개
- $\frac{4}{7}$는 $\frac{1}{7}$이 ㉡개

㉠ (　　　　), ㉡ (　　　　)

6 완성

㉠과 ㉡에 알맞은 수를 구해 보세요.

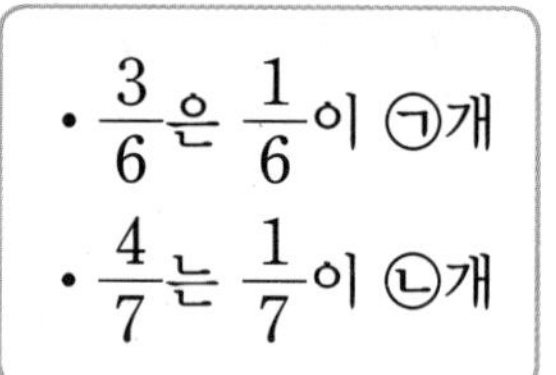

- $\frac{2}{8}$는 $\frac{1}{㉠}$이 2개인 수
- $\frac{5}{11}$는 $\frac{1}{㉡}$이 5개인 수

㉠ (　　　　), ㉡ (　　　　)

③ 분수의 크기 비교하기

7 준비

두 분수의 크기를 비교하여 ○ 안에 >, =, < 중 알맞은 것을 써넣으세요.

(1) $\frac{3}{11}$ ○ $\frac{7}{11}$ (2) $\frac{1}{3}$ ○ $\frac{1}{7}$

8 확인

1부터 9까지의 수 중에서 □ 안에 들어갈 수 있는 수를 모두 써 보세요.

$\frac{4}{9} < \frac{\square}{9} < \frac{8}{9}$

( )

9 완성

1부터 10까지의 수 중에서 □ 안에 들어갈 수 있는 수를 모두 써 보세요.

$\frac{1}{11} < \frac{1}{\square} < \frac{1}{7}$

( )

④ 소수의 크기 비교하기

10 준비

□ 안에 들어갈 수 있는 수에 모두 ○표 하세요.

(1) $0.5 < 0.\square$

(1, 2, 3, 4, 5, 6, 7, 8, 9)

(2) $\square.2 < 6.9$

(1, 2, 3, 4, 5, 6, 7, 8, 9)

11 확인

1부터 9까지의 수 중에서 □ 안에 들어갈 수 있는 수를 모두 써 보세요.

$0.\square > 0.6$

( )

12 완성

1부터 9까지의 수 중에서 □ 안에 들어갈 수 있는 수는 모두 몇 개인지 써 보세요.

(0.1이 40개인 수) < 4.□ < 4.7

( )

5 조건에 알맞은 분수 구하기

13 준비

조건에 알맞은 분수를 모두 찾아 ○표 하세요.

- 분모가 9입니다.
- $\frac{6}{9}$보다 큰 분수입니다.

($\frac{5}{9}$, $\frac{6}{9}$, $\frac{7}{9}$, $\frac{8}{9}$)

14 확인

조건에 알맞은 분수는 모두 몇 개인지 구해 보세요.

- 분모가 7인 분수입니다.
- $\frac{1}{7}$이 5개인 수보다 작습니다.

(　　　　　　　　)

15 완성

조건에 알맞은 분수는 모두 몇 개인지 구해 보세요.

- 단위분수입니다.
- $\frac{1}{10}$보다 큰 분수입니다.
- 분모는 6보다 큽니다.

(　　　　　　　　)

6 조건에 알맞은 소수 구하기

16 준비

조건에 알맞은 소수 ■.▲를 모두 써 보세요.

- $\frac{3}{10}$보다 큰 수입니다.
- 0.6보다 작습니다.

(　　　　　　　　)

17 확인

조건에 알맞은 소수 ■.▲는 모두 몇 개인지 구해 보세요.

- 5와 0.9만큼인 수보다 작습니다.
- 0.1이 50개인 수보다 큽니다.

(　　　　　　　　)

18 완성

조건에 알맞은 소수 ■.▲는 모두 몇 개인지 구해 보세요.

- 1이 2개, 0.1이 4개인 수보다 큽니다.
- 2보다 0.8만큼 더 큰 수보다 작습니다.

(　　　　　　　　)

7 수 카드로 단위분수 만들어 크기 비교하기

19 준비

수 카드 1, 4, 3 중 2장을 골라 한 번씩만 사용하여 만들 수 있는 단위분수를 모두 써 보세요.

( )

20 확인

수 카드 1, 8, 5 중 2장을 골라 한 번씩만 사용하여 만들 수 있는 분수 중 가장 큰 단위분수를 구해 보세요.

( )

21 완성

수 카드 1, 6, 7, 9 중 2장을 골라 한 번씩만 사용하여 만들 수 있는 분수 중 가장 작은 단위분수를 구해 보세요.

( )

8 전체의 길이 구하기

22 준비

색 테이프의 $\frac{1}{5}$이 2 cm입니다. 전체 색 테이프의 길이는 몇 cm일까요?

2 cm

( )

23 확인

색 테이프의 $\frac{1}{7}$이 3 cm입니다. 전체 색 테이프의 길이는 몇 cm일까요?

( )

24 완성

색 테이프의 $\frac{3}{5}$이 9 cm입니다. 전체 색 테이프의 길이는 몇 cm일까요?

( )

6

단원 평가

점수 확인

1 전체를 똑같이 셋으로 나눈 도형에 ○표 하세요.

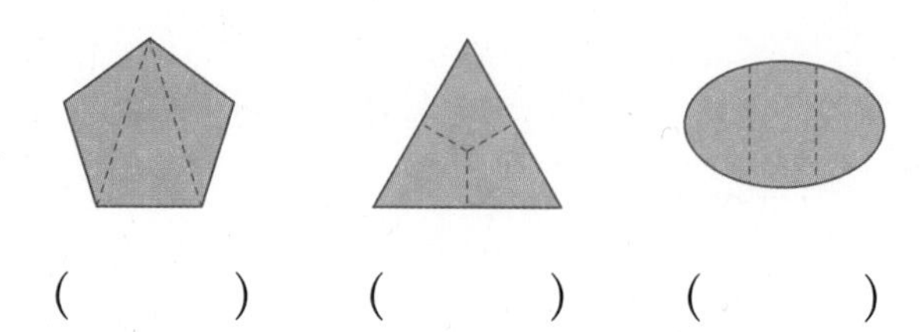

( ) ( ) ( )

2 □ 안에 알맞은 소수를 써넣으세요.

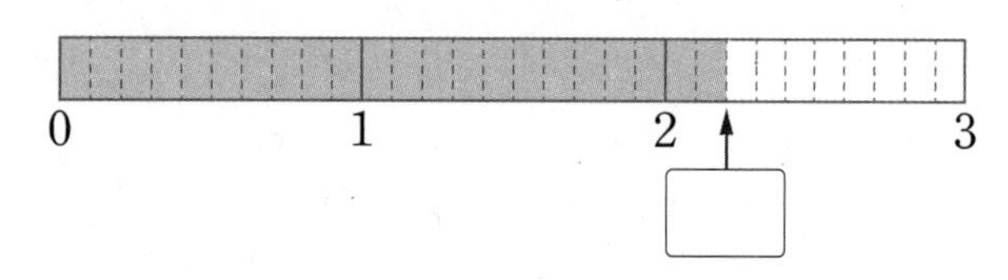

3 □ 안에 알맞은 분수 또는 소수를 써넣으세요.

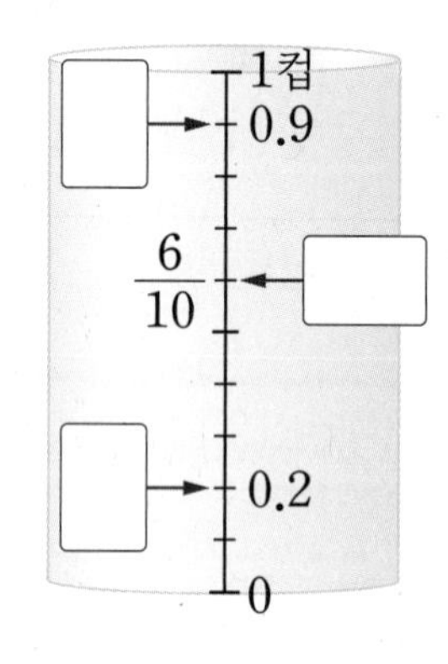

4 그림을 보고 □ 안에 알맞은 수를 써넣으세요.

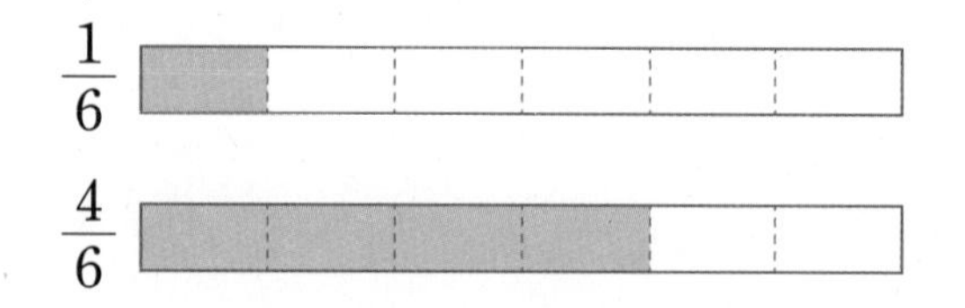

(1) $\frac{1}{6}$ ➡ $\frac{1}{6}$이 □개, $\frac{4}{6}$ ➡ $\frac{1}{6}$이 □개

(2) $\frac{1}{6}$과 $\frac{4}{6}$ 중 더 큰 수는 □입니다.

5 색칠한 부분과 색칠하지 않은 부분을 분수로 나타내 보세요.

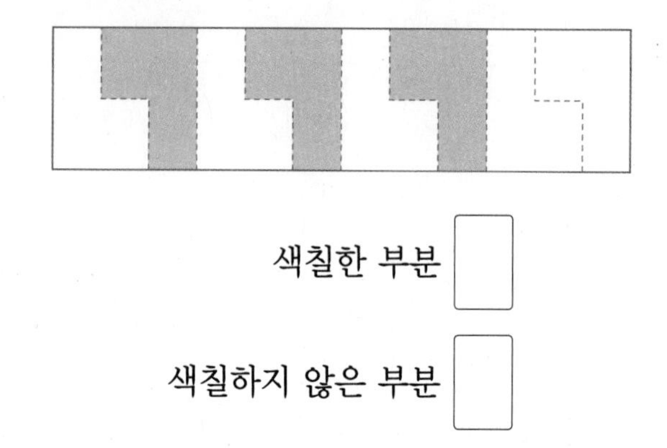

색칠한 부분 □

색칠하지 않은 부분 □

6 색칠한 부분이 전체의 $\frac{3}{4}$인 것을 찾아 기호를 써 보세요.

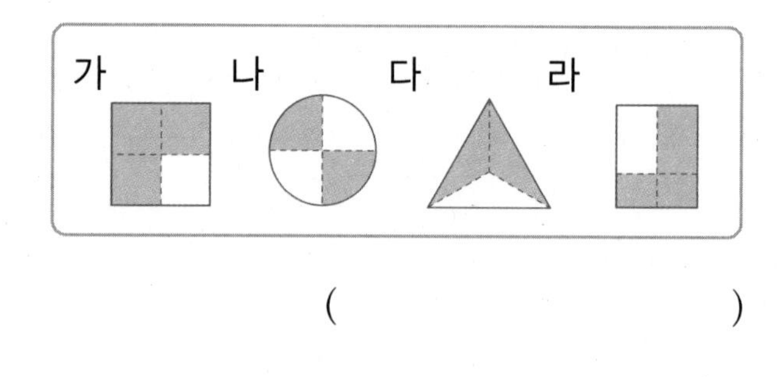

( )

7 같은 것끼리 이어 보세요.

$\frac{1}{10}$이 5개인 수 •	• $\frac{5}{10}$
$\frac{1}{10}$이 8개인 수 •	• $\frac{6}{10}$
$\frac{2}{10}$가 3개인 수 •	• $\frac{8}{10}$

8 □ 안에 알맞은 소수를 써넣으세요.

(1) 6 cm 8 mm = □ cm

(2) 74 mm = □ cm

9 두 분수의 크기를 비교하여 ○ 안에 >, =, < 중 알맞은 것을 써넣으세요.

(1) $\frac{10}{13}$ ○ $\frac{7}{13}$ (2) $\frac{1}{8}$ ○ $\frac{1}{5}$

10 면봉의 길이는 몇 cm인지 소수로 나타내 보세요.

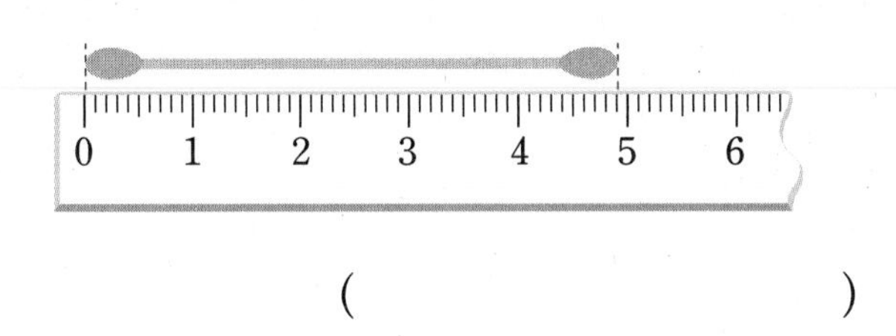

( )

11 부분을 보고 전체를 그려 보세요.

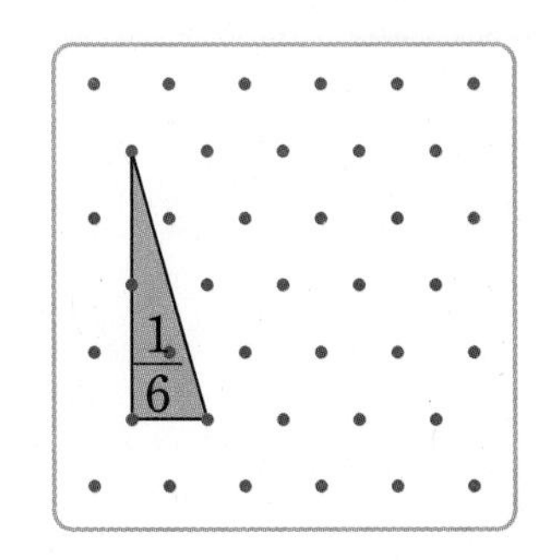

12 □ 안에 알맞은 분수를 쓰고 ○ 안에 >, =, < 중 알맞은 것을 써넣으세요.

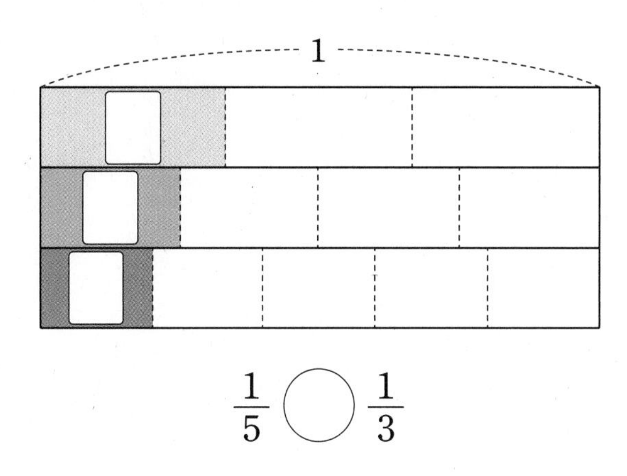

$\frac{1}{5}$ ○ $\frac{1}{3}$

13 두 소수의 크기를 비교하여 ○ 안에 >, =, < 중 알맞은 것을 써넣으세요.

(1) 0.1이 9개인 수 ○ 0.8

(2) 0.1이 32개인 수 ○ 3과 0.2만큼인 수

14 가장 작은 소수를 찾아 써 보세요.

2.5	3.8	1.9	3.1

( )

15 분모가 12인 분수 중 $\frac{4}{12}$와 $\frac{8}{12}$ 사이에 있는 분수는 모두 몇 개일까요?

( )

6

16 조건에 알맞은 소수 ■.▲를 구해 보세요.

- 0.1과 0.9 사이에 있는 수입니다.
- $\frac{4}{10}$보다 큰 수입니다.
- 0.1이 6개인 수보다 작은 수입니다.

(　　　　　　　　)

17 1부터 9까지의 수 중에서 □ 안에 들어갈 수 있는 수를 모두 구해 보세요.

7.□ > (1이 7개, 0.1이 7개인 수)

(　　　　　　　　)

18 수 카드 7, 9, 3, 5 중에서 한 장을 뽑아 그 수를 분모로 하는 단위분수를 4개 만들었습니다. 만든 분수를 큰 수부터 차례로 써 보세요.

(　　　　　　　　)

정답과 풀이 42쪽 서술형 문제

19 색칠한 부분이 전체의 $\frac{5}{9}$가 되려면 몇 칸을 더 색칠해야 하는지 풀이 과정을 쓰고 답을 구해 보세요.

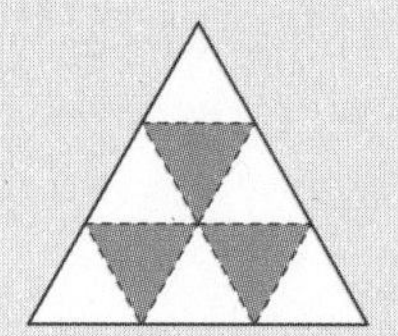

풀이

답

20 종이에 자를 대고 소희는 $\frac{9}{10}$ cm, 예빈이는 1.4 cm, 유리는 1 cm 2 mm 선을 그었습니다. 가장 길게 선을 그은 사람은 누구인지 풀이 과정을 쓰고 답을 구해 보세요.

풀이

답

상위권의 기준

상위권의 기준

최상위 사고력

수학 좀 한다면

디딤돌

수학 좀 한다면

기본탄탄북

3-1

차례

수학 좀 한다면

초등수학

기본탄탄북

3-1

- **개념 적용 복습** | 진도책의 개념 적용에서 틀리기 쉽거나 중요한 문제들을 다시 한번 풀어 보세요.
- **서술형 문제** | 쓰기 쉬운 서술형 문제로 수학적 의사표현 능력을 키워 보세요.
- **수행 평가** | 수시평가를 대비하여 꼭 한번 풀어 보세요. 시험에 대한 자신감이 생길 거예요.
- **총괄 평가** | 최종적으로 모든 단원의 문제를 풀어 보면서 실력을 점검해 보세요.

➕ 개념 적용

1

진도책 13쪽
6번 문제

양쪽이 같게 되도록 □ 안에 알맞은 수를 써넣으세요.

$$433+141 = 500+\square$$

세 자리 수의 덧셈을 여러 가지 방법으로 계산해 보자!

세 자리 수의 덧셈은 백의 자리부터 더하여 계산하거나 일의 자리부터 더하여 계산할 수도 있고, 몇백과 몇십몇으로 나누어 계산할 수도 있어.
문제에 주어진 식에서 433+141을 계산한 결과가 500+□와 같으니까 433을 400과 □, 141을 100과 □(으)로 나누어서 몇백끼리 더하고 몇십몇끼리 더해서 계산한 거야.

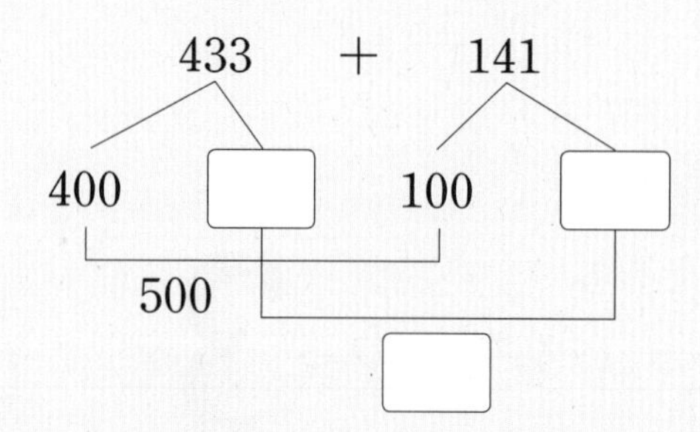

그럼, 433+141=500+□(이)라고 할 수 있지.

아~ □ 안에 알맞은 수는 □(이)구나!

2 양쪽이 같게 되도록 □ 안에 알맞은 수를 써넣으세요.

$$325+262=300+\square$$

3 양쪽이 같게 되도록 □ 안에 알맞은 수를 써넣으세요.

$$654+114=700+\square$$

4

진도책 15쪽
13번 문제

두 주머니에 세 자리 수가 적혀 있는 구슬이 들어 있습니다. 다른 수들과 어울리지 않는다고 생각하는 수를 각각 하나씩 골라 더해 보세요.

└• 다양하게 답이 나올 수 있습니다.

어떻게 풀었니?

각 주머니에서 어울리지 않는다고 생각하는 수를 골라 보자!

사람마다 생각은 다르니까 어울리지 않는 이유가 타당하다면 모두 정답이 될 수 있어. 예를 들어서 한 번 풀어 볼게.

노란색 주머니에서 어울리지 않는 수를 골라 보면 [   ], [   ]은/는 각각 같은 숫자로만 이루어진 수니까 난 [   ]이/가 어울리지 않는다고 생각해.

파란색 주머니에서 어울리지 않는 수를 골라 보면 [   ], [   ]은/는 각각 백의 자리 숫자와 일의 자리 숫자가 같은 수니까 난 [   ]이/가 어울리지 않는다고 생각해.

내가 고른 두 수를 더해 보면 [   ] + [   ] = [   ](이)야.

아~ 어울리지 않는다고 생각하는 수를 하나씩 골라 더하면 [   ](이)구나!

1

5

두 주머니에 세 자리 수가 적혀 있는 구슬이 들어 있습니다. 다른 수들과 어울리지 않는다고 생각하는 수를 각각 하나씩 골라 더해 보세요.

└• 다양하게 답이 나올 수 있습니다.

(   )

6

가와 나에서 다른 도형들과 어울리지 않는다고 생각하는 도형을 각각 하나씩 골라 도형 안에 있는 수의 합을 구해 보세요.

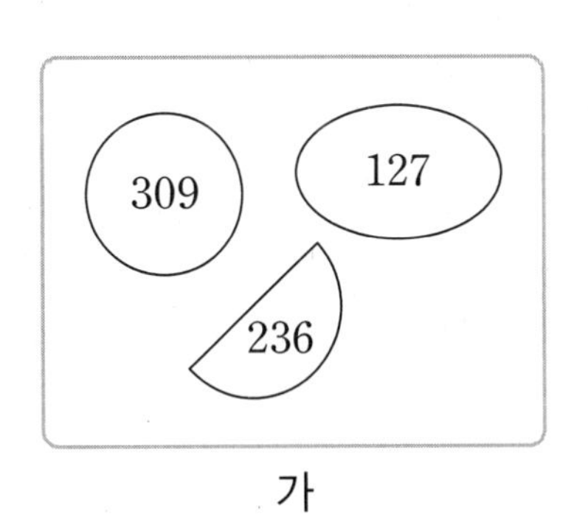

가

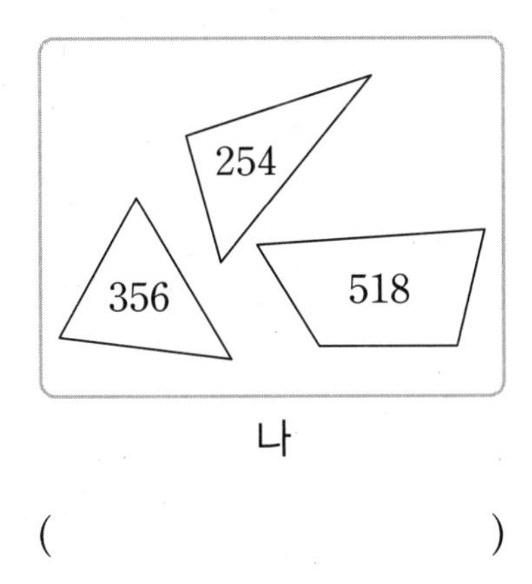

나

(   )

7

진도책 23쪽 6번 문제

☐ 안에 알맞은 수를 써넣으세요.

$$\square + 256 = 578$$

주어진 식을 수직선에 나타내 보자!

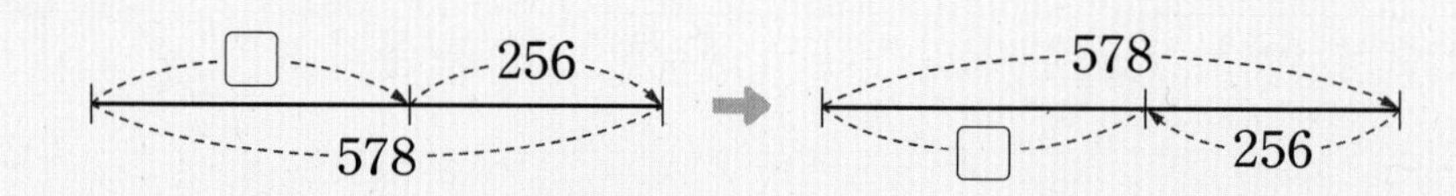

☐만큼 간 다음 256만큼 더 가면 578이니까, 578만큼 간 다음 256만큼 되돌아오면 ☐가 된다는 걸 알았니?

눈에 보이는 식은 덧셈식이지만 뺄셈 문제인 거야.

수직선을 보고 ☐를 구하는 식을 써 보면

$$\square = \square - \square, \ \square = \square$$

이/가 되지.

아~ ☐ 안에 알맞은 수는 ☐(이)구나!

8

☐ 안에 알맞은 수를 써넣으세요.

$$361 + \square = 786$$

9

어떤 수에 453을 더했더니 676이 되었습니다. 어떤 수를 구해 보세요.

(　　　　　　　　)

10

진도책 25쪽
12번 문제

규칙을 찾아 빈칸에 알맞은 수를 써넣으세요.

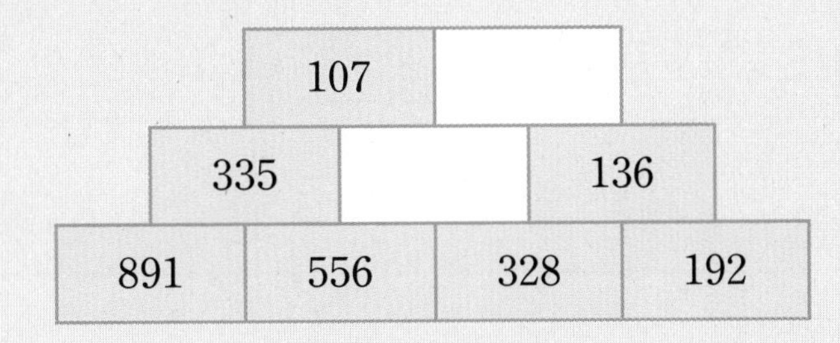

어떻게 풀었니?

먼저 규칙을 찾아보자!

위쪽으로 갈수록 칸의 수가 줄어들고 있으니까 아래 칸의 수에 따라 위 칸의 수가 어떻게 변하는지 살펴보자.

$891-556=\square$, $328-192=\square$

(이)니까 두 수의 차를 바로 위의 칸에 쓰는 규칙이야.

그럼, 둘째 줄의 빈칸에 알맞은 수는 $556-328=\square$(이)고, 첫째 줄의 빈칸에 알맞은 수는 $\square-136=\square$이/가 되지.

아~ 위에서부터 빈칸에 차례로 $\square$, $\square$을/를 써넣으면 되는구나!

11

규칙을 찾아 빈칸에 알맞은 수를 써넣으세요.

793 358 164 539

435 ☐ 375

241 ☐

12

규칙을 찾아 빈칸에 알맞은 수를 써넣으세요.

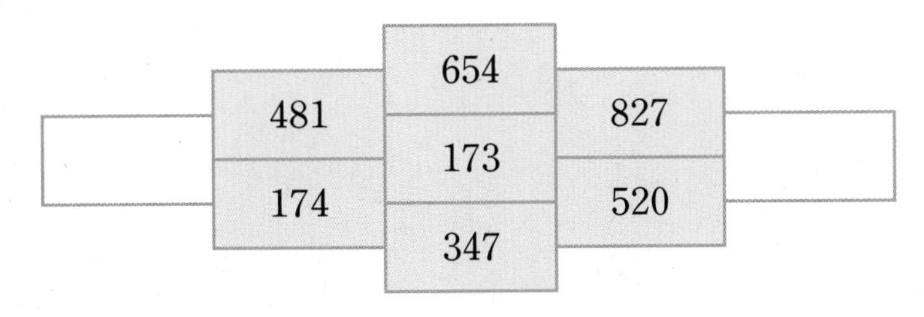

쓰기 쉬운 서술형

1 ■보다 ▲만큼 더 큰/작은 수 구하기

수 모형이 나타내는 수보다 158만큼 더 큰 수는 얼마인지 풀이 과정을 쓰고 답을 구해 보세요.

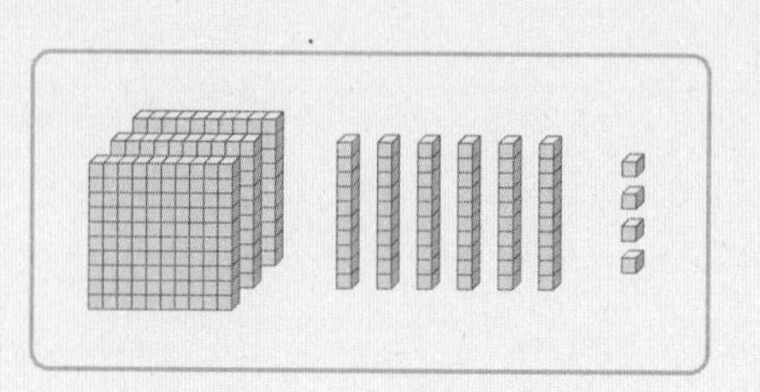

수 모형이 나타내는 수와 158의 합은?

■보다 ▲만큼 더 큰 수는 ■+▲야.

무엇을 쓸까?
❶ 수 모형이 나타내는 수 구하기
❷ 수 모형이 나타내는 수보다 158만큼 더 큰 수 구하기

풀이 예 백 모형이 (　　)개, 십 모형이 (　　)개, 일 모형이 (　　)개이므로

수 모형이 나타내는 수는 (　　　)입니다. --- ❶

따라서 수 모형이 나타내는 수보다 158만큼 더 큰 수는

(　　　)$+158=$(　　　)입니다. --- ❷

답

1-1

100이 6개, 10이 4개, 1이 7개인 수보다 486만큼 더 큰 수는 얼마인지 풀이 과정을 쓰고 답을 구해 보세요.

무엇을 쓸까?
❶ 100이 6개, 10이 4개, 1이 7개인 수 구하기
❷ 100이 6개, 10이 4개, 1이 7개인 수보다 486만큼 더 큰 수 구하기

풀이

답

1-2

수 모형이 나타내는 수보다 235만큼 더 작은 수는 얼마인지 풀이 과정을 쓰고 답을 구해 보세요.

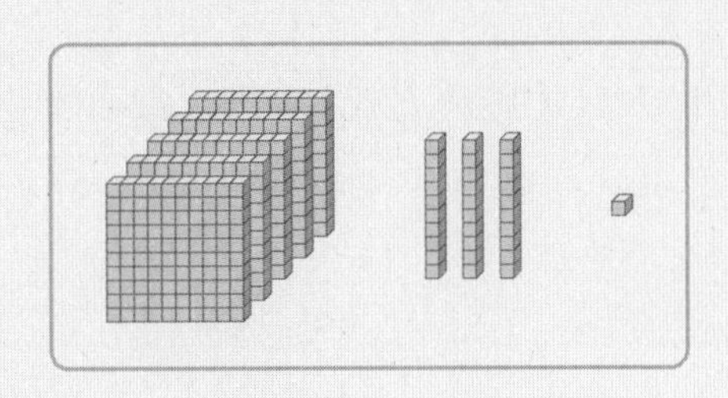

무엇을 쓸까? ❶ 수 모형이 나타내는 수 구하기
❷ 수 모형이 나타내는 수보다 235만큼 더 작은 수 구하기

풀이

답

1

1-3

다음이 나타내는 수보다 619만큼 더 작은 수는 얼마인지 풀이 과정을 쓰고 답을 구해 보세요.

100이 7개, 10이 12개, 1이 4개인 수

무엇을 쓸까? ❶ 100이 7개, 10이 12개, 1이 4개인 수 구하기
❷ 100이 7개, 10이 12개, 1이 4개인 수보다 619만큼 더 작은 수 구하기

풀이

답

2 어림하여 구하기

오늘 박물관에 입장한 사람은 오전에 314명, 오후에 497명입니다. 오전과 오후에 박물관에 입장한 사람은 약 몇 명인지 어림하여 구한 값을 찾아 쓰려고 합니다. 풀이 과정을 쓰고 답을 구해 보세요.

700명　800명　900명

오전과 오후에 입장한 사람 수를 어림하여 구하면?

어림할 때 몇백에 가까운지 알아봐.

무엇을 쓸까? ① 오전과 오후에 입장한 사람 수 각각 어림하기
② 오전과 오후에 입장한 사람은 약 몇 명인지 어림하여 구하기

풀이 예 오전과 오후에 박물관에 입장한 사람 수는 각각 314를 어림하면 (　　　)쯤이고, 497을 어림하면 (　　　)쯤입니다. --- ①

따라서 오전과 오후에 입장한 사람은 약 (　　　)+(　　　)=(　　　)(명)입니다. --- ②

답 약

2-1

세빈이는 길이가 882 cm인 철사를 가지고 있었습니다. 그중에서 509 cm를 사용했을 때 남은 철사의 길이는 약 몇 cm인지 어림하여 구한 값을 찾아 쓰려고 합니다. 풀이 과정을 쓰고 답을 구해 보세요.

400 cm　500 cm　600 cm

무엇을 쓸까? ① 가지고 있던 철사와 사용한 철사의 길이 각각 어림하기
② 사용하고 남은 철사의 길이는 약 몇 cm인지 어림하여 구하기

풀이

답 약

3 수 카드로 수를 만들어 계산하기

3장의 수 카드 3, 8, 5를 한 번씩만 사용하여 만들 수 있는 세 자리 수 중에서 가장 큰 수와 가장 작은 수의 합은 얼마인지 풀이 과정을 쓰고 답을 구해 보세요.

가장 큰 수와 가장 작은 수를 만들어 더하면?

①>②>③일 때
가장 큰 수: ①②③
가장 작은 수: ③②①

무엇을 쓸까? ❶ 만들 수 있는 가장 큰 수와 가장 작은 수 각각 구하기
❷ 만들 수 있는 가장 큰 수와 가장 작은 수의 합 구하기

풀이 예 수 카드의 수의 크기를 비교하면 (　　)>(　　)>(　　)이므로
만들 수 있는 가장 큰 수는 (　　　)이고, 가장 작은 수는 (　　　)입니다. --- ❶
따라서 만들 수 있는 가장 큰 수와 가장 작은 수의 합은
(　　　)+(　　　)=(　　　)입니다. --- ❷

답

3-1

4장의 수 카드 6, 7, 0, 4 중에서 3장을 골라 한 번씩만 사용하여 세 자리 수를 만들려고 합니다. 만들 수 있는 가장 큰 수와 가장 작은 수의 차는 얼마인지 풀이 과정을 쓰고 답을 구해 보세요.

무엇을 쓸까? ❶ 만들 수 있는 가장 큰 수와 가장 작은 수 각각 구하기
❷ 만들 수 있는 가장 큰 수와 가장 작은 수의 차 구하기

풀이

답

4 □ 안에 들어갈 수 있는 수 구하기

□ 안에 들어갈 수 있는 가장 작은 세 자리 수는 얼마인지 풀이 과정을 쓰고 답을 구해 보세요.

$\square - 317 > 369$

□−317=369라 하여
□를 구하면?

■−▲=●
●+▲=■

무엇을 쓸까? ❶ □−317=369라 할 때 □의 값 구하기
❷ □ 안에 들어갈 수 있는 가장 작은 세 자리 수 구하기

풀이 예 □−317=369라 하면 □=369+(   ), □=(   )입니다. --- ❶

□−317>369이므로 □ 안에는 (   )보다 큰 수가 들어가야 합니다.

따라서 □ 안에 들어갈 수 있는 가장 작은 세 자리 수는 (   )입니다. --- ❷

답

4-1

□ 안에 들어갈 수 있는 가장 큰 세 자리 수는 얼마인지 풀이 과정을 쓰고 답을 구해 보세요.

$840 - \square > 276$

무엇을 쓸까? ❶ 840−□=276이라 할 때 □의 값 구하기
❷ □ 안에 들어갈 수 있는 가장 큰 세 자리 수 구하기

풀이

답

5 바르게 계산한 값 구하기

어떤 수에 385를 더해야 할 것을 잘못하여 뺐더니 416이 되었습니다. 바르게 계산한 값은 얼마인지 풀이 과정을 쓰고 답을 구해 보세요.

어떤 수를 □라 하여
잘못 계산한 식을 세우면?

어떤 수를 구하는 게 아니라 바르게 계산한 값을 구해야 해!

무엇을 쓸까? ❶ 어떤 수 구하기
❷ 바르게 계산한 값 구하기

풀이 예 어떤 수를 □라 하면 □－(　　　)＝416이므로
□＝416＋(　　　), □＝(　　　)입니다. --- ❶
따라서 바르게 계산하면 (　　　)＋(　　　)＝(　　　)입니다. --- ❷

답

5-1

어떤 수에서 193을 빼야 할 것을 잘못하여 더했더니 541이 되었습니다. 바르게 계산한 값은 얼마인지 풀이 과정을 쓰고 답을 구해 보세요.

무엇을 쓸까? ❶ 어떤 수 구하기
❷ 바르게 계산한 값 구하기

풀이

답

수행 평가

1 계산해 보세요.

(1)
$$\begin{array}{r} 2\ 4\ 3 \\ +\ 3\ 7\ 1 \\ \hline \end{array}$$

(2)
$$\begin{array}{r} 8\ 6\ 4 \\ -\ 4\ 5\ 9 \\ \hline \end{array}$$

2 계산에서 잘못된 부분을 찾아 바르게 계산해 보세요.

$$\begin{array}{r} 4\ 9\ 5 \\ +\ 7\ 3\ 8 \\ \hline 1\ 2\ 2\ 3 \end{array}$$ ➡ □

3 □ 안에 알맞은 수를 써넣으세요.

884 + 397 = □

884 + 400 − 3 = □

4 가장 큰 수와 가장 작은 수의 차를 구해 보세요.

285　417　636　549

(　　　　　　)

5 윤서네 학교 남학생은 437명이고, 여학생은 466명입니다. 윤서네 학교 전체 학생 수는 몇 명인지 구해 보세요.

(　　　　　　)

6 다음 수 중에서 2개를 골라 차가 가장 작게 나오도록 뺄셈식을 만들려고 합니다. □ 안에 알맞은 수를 써넣으세요.

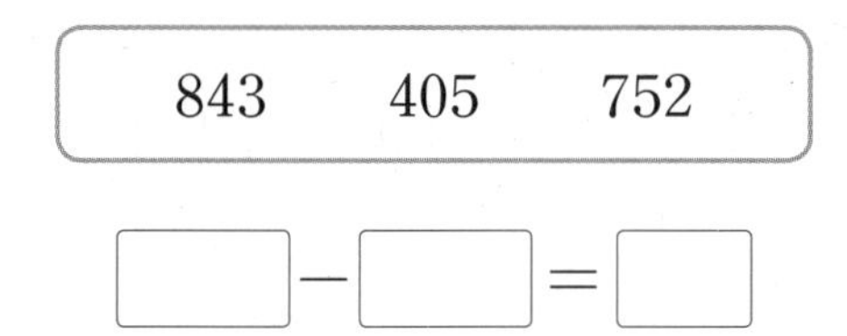

□ − □ = □

7 공원과 은행 중 민주네 집에서 더 가까운 곳은 어디이고, 몇 m 더 가까운지 구해 보세요.

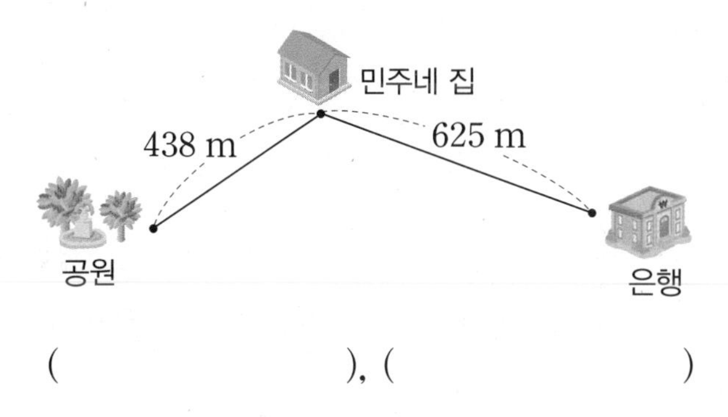

( ), ( )

8 □ 안에 알맞은 수를 써넣으세요.

$$\begin{array}{r} 2\,\square\,5 \\ +\ \square\,3\,9 \\ \hline 1\,0\,1\,\square \end{array}$$

9 빨간색 끈의 길이는 276 cm이고, 파란색 끈의 길이는 빨간색 끈보다 129 cm만큼 더 짧습니다. 빨간색 끈과 파란색 끈의 길이의 합은 몇 cm인지 구해 보세요.

( )

서술형 문제

10 어떤 수에 463을 더해야 할 것을 잘못하여 뺐더니 198이 되었습니다. 바르게 계산한 값은 얼마인지 풀이 과정을 쓰고 답을 구해 보세요.

풀이

답

1

➕ 개념 적용

1

진도책 39쪽
6번 문제

도형에서 찾을 수 있는 선분은 모두 몇 개인지 구해 보세요.

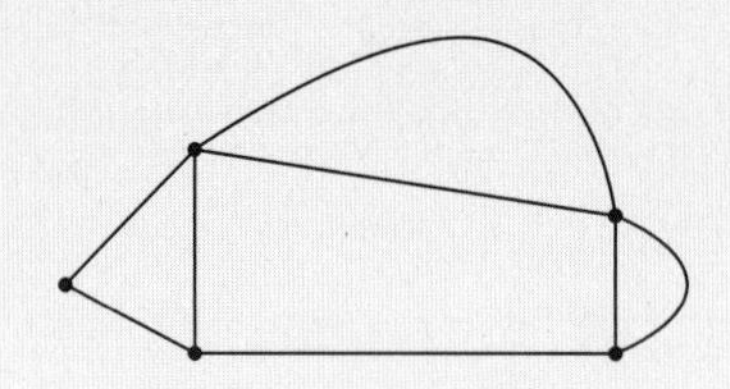

어떻게 풀었니?

선분에 대해 알아보자!

두 점을 곧게 이은 선을 선분이라고 해.

즉, 두 점을 이은 선이라도 굽은 선은 선분이라고 할 수 없지.

도형에서 선분을 모두 찾아 ○표 해 보면 오른쪽과 같아.

아~ 도형에서 찾을 수 있는 선분은 모두 ☐개구나!

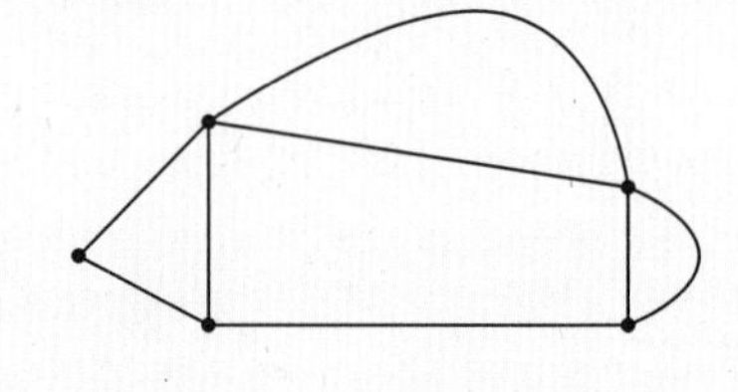

2 도형에서 찾을 수 있는 선분은 모두 몇 개인지 구해 보세요.

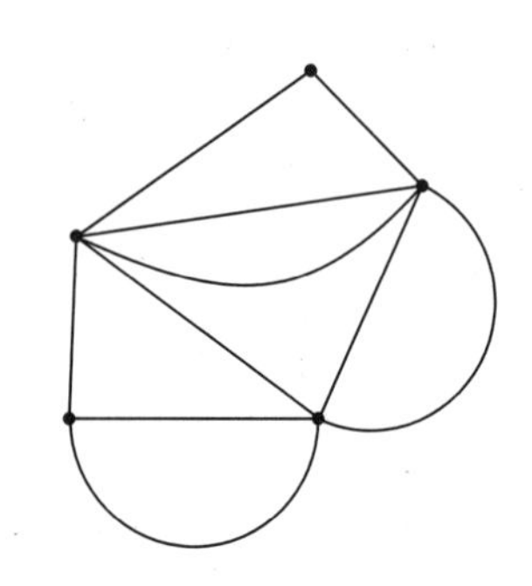

(　　　　　　　　)

3 두 도형에서 찾을 수 있는 선분의 수의 차는 몇 개인지 구해 보세요.

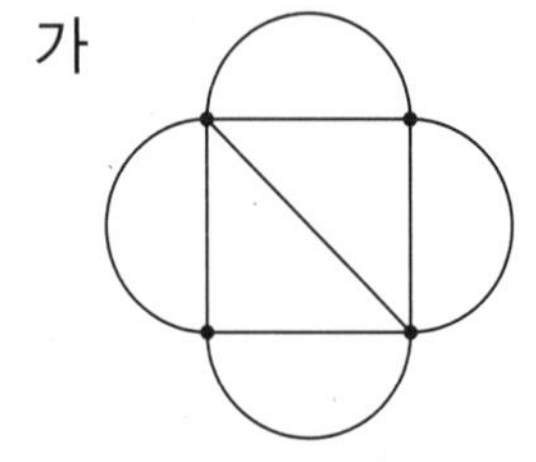

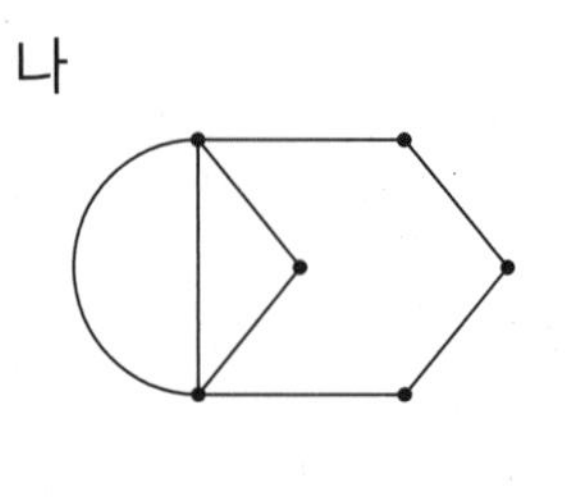

(　　　　　　　　)

4

진도책 41쪽
13번 문제

각이 가장 많은 도형을 찾아 기호를 써 보세요.

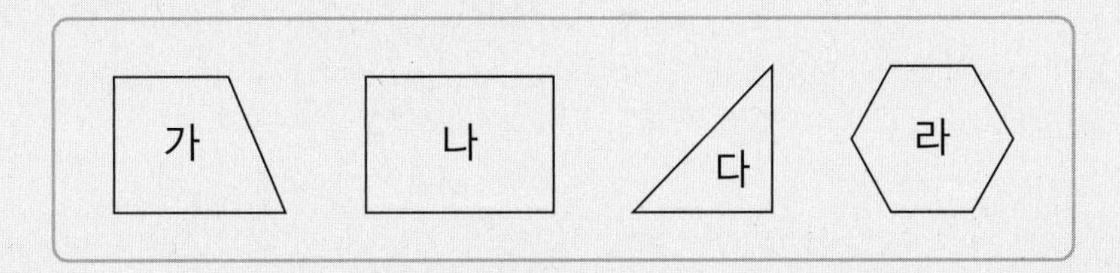

도형의 각의 수를 각각 세어 보자!

주어진 도형은 모두 변으로 둘러싸인 도형이니까 두 변이 만나는 곳에 각이 생겨.
도형에서 각을 모두 찾아 ○표 해 보면 다음과 같아.

가 나 다 라

각의 수를 세어 보면 가는 ☐개, 나는 ☐개, 다는 ☐개, 라는 ☐개야.

아~ 각이 가장 많은 도형은 ☐구나!

5

각이 가장 많은 도형과 가장 적은 도형을 각각 찾아 기호를 써 보세요.

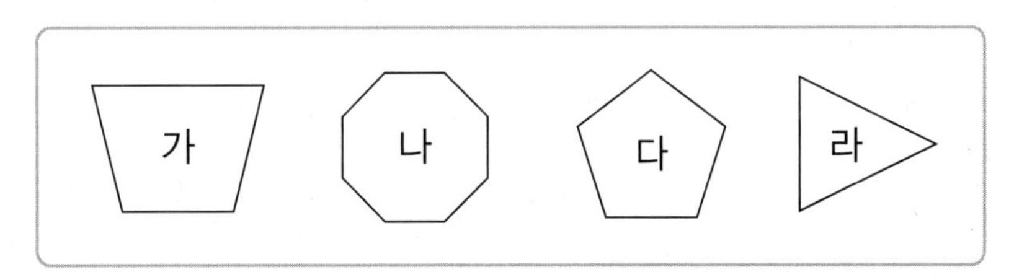

각이 가장 많은 도형 (　　　　　　　　)
각이 가장 적은 도형 (　　　　　　　　)

6

두 도형에서 찾을 수 있는 각은 모두 몇 개인지 구해 보세요.

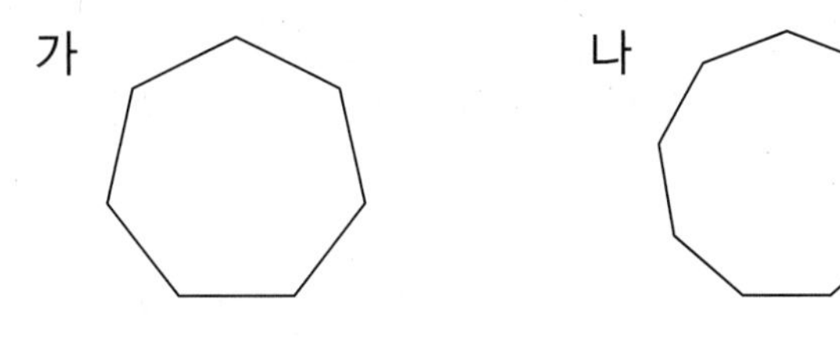

(　　　　　　　　)

7 그림에서 찾을 수 있는 직각삼각형은 모두 몇 개인지 구해 보세요.

진도책 49쪽 11번 문제

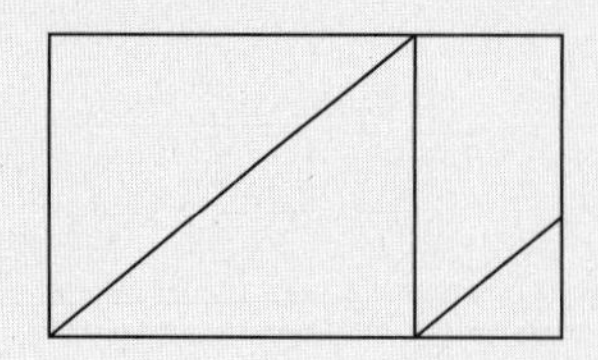

직각삼각형에 대해 알아보자!

세 변으로 둘러싸인 도형을 삼각형이라고 하지?

그중에서 □ 각이 직각인 삼각형을 직각삼각형이라고 해.

그림에서 삼각형을 먼저 찾고,
직각인 부분이 있으면 직각 표시를 모두 해 봐.

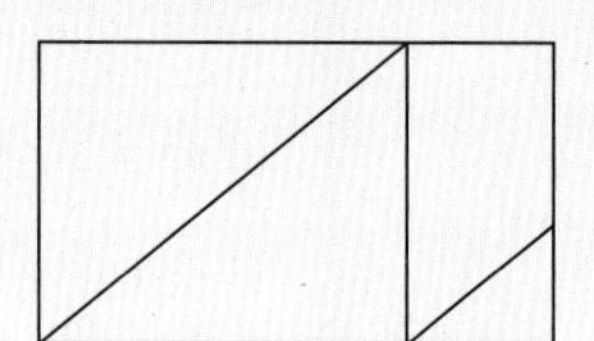

한 각이 직각인 삼각형이 □개 있네.

아~ 그림에서 찾을 수 있는 직각삼각형은 모두 □개구나!

8 그림에서 찾을 수 있는 직각삼각형은 모두 몇 개인지 구해 보세요.

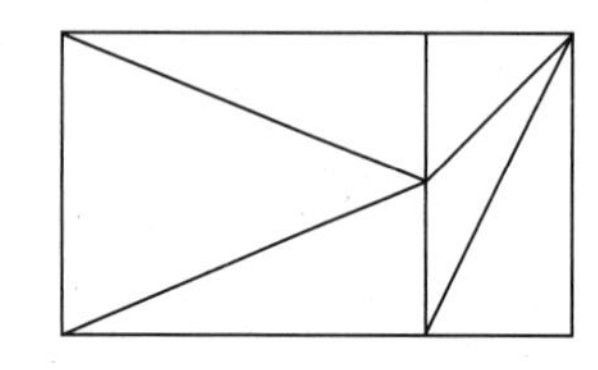

(　　　　　　)

9 그림에서 찾을 수 있는 크고 작은 직각삼각형은 모두 몇 개인지 구해 보세요.

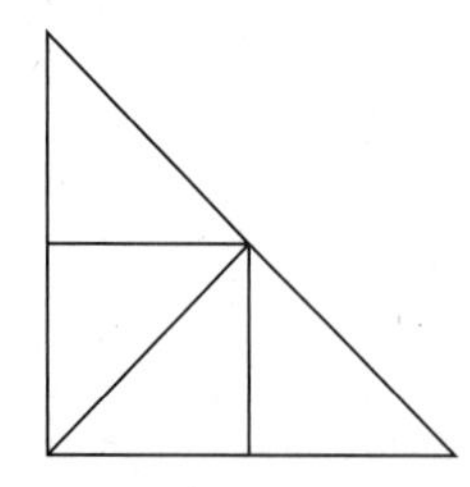

(　　　　　　)

10

진도책 53쪽
24번 문제

다음과 같이 직사각형 모양의 종이를 접고 자른 후 다시 펼쳤습니다. 이 도형의 이름을 모두 찾아 기호를 써 보세요.

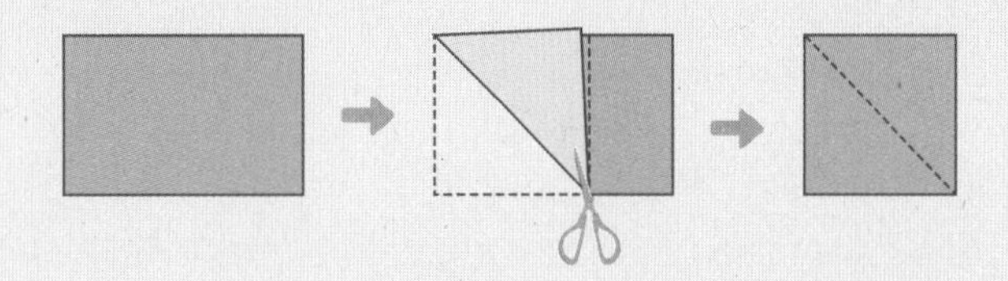

㉠ 직사각형 ㉡ 직각삼각형 ㉢ 정사각형 ㉣ 삼각형

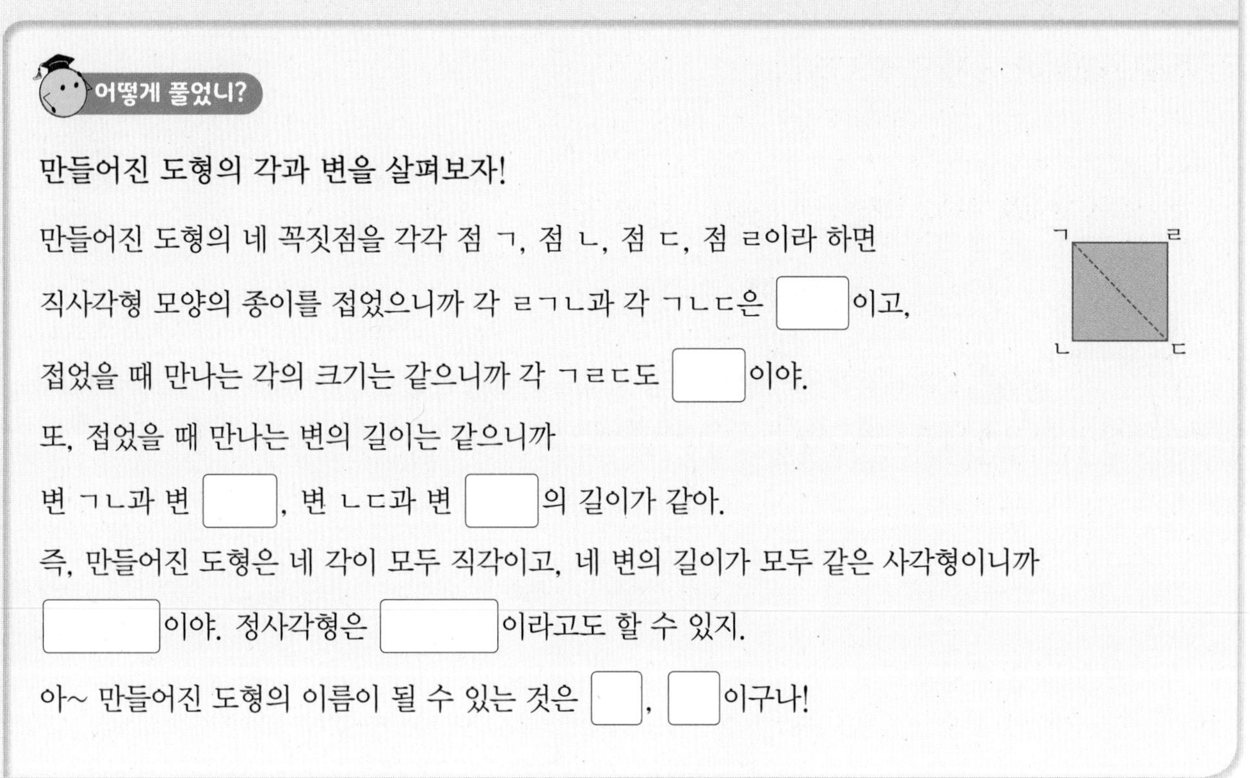

어떻게 풀었니?

만들어진 도형의 각과 변을 살펴보자!

만들어진 도형의 네 꼭짓점을 각각 점 ㄱ, 점 ㄴ, 점 ㄷ, 점 ㄹ이라 하면

직사각형 모양의 종이를 접었으니까 각 ㄹㄱㄴ과 각 ㄱㄴㄷ은 ☐이고,

접었을 때 만나는 각의 크기는 같으니까 각 ㄱㄹㄷ도 ☐이야.

또, 접었을 때 만나는 변의 길이는 같으니까

변 ㄱㄴ과 변 ☐, 변 ㄴㄷ과 변 ☐의 길이가 같아.

즉, 만들어진 도형은 네 각이 모두 직각이고, 네 변의 길이가 모두 같은 사각형이니까

☐이야. 정사각형은 ☐이라고도 할 수 있지.

아~ 만들어진 도형의 이름이 될 수 있는 것은 ☐, ☐이구나!

11

다음과 같이 정사각형 모양의 색종이를 두 번 접었다가 펼친 후 접은 선을 따라 잘랐습니다. 이때 어떤 도형이 몇 개 만들어지는지 써 보세요.

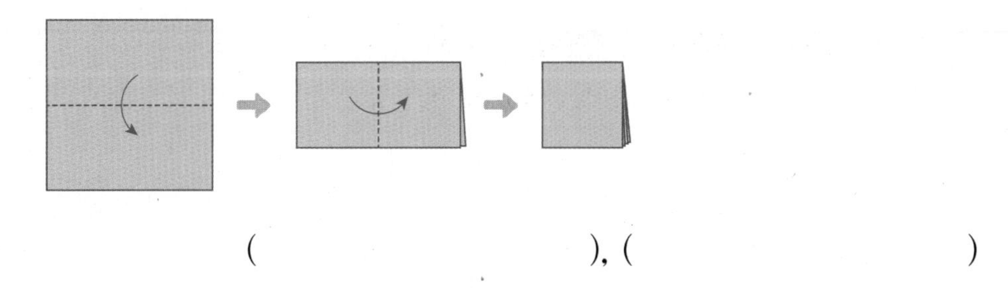

( ), ( )

쓰기 쉬운 서술형

1 각 알아보기

각을 찾아 각의 이름을 써 보려고 합니다. 풀이 과정을 쓰고 답을 구해 보세요.

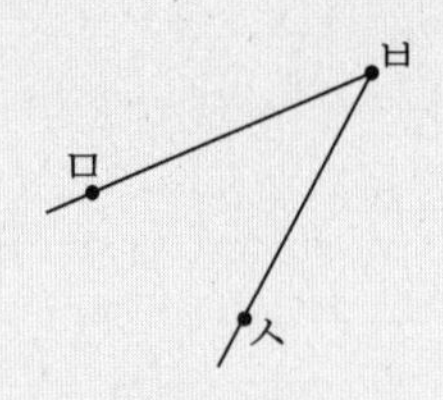

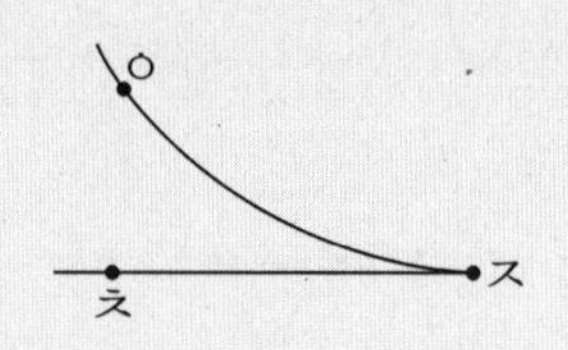

한 점에서 그은 두 반직선으로 이루어진 도형은?

무엇을 쓸까? ❶ 각의 뜻 쓰기
❷ 각을 찾아 각의 이름 쓰기

풀이 예 각은 한 점에서 그은 두 (선분 , 반직선 , 직선)으로 이루어진 도형입니다. --- ❶

따라서 각을 찾아 각의 이름을 쓰면 각 (   )입니다. --- ❷

답

1-1

각을 찾아 각의 이름을 써 보려고 합니다. 풀이 과정을 쓰고 답을 구해 보세요.

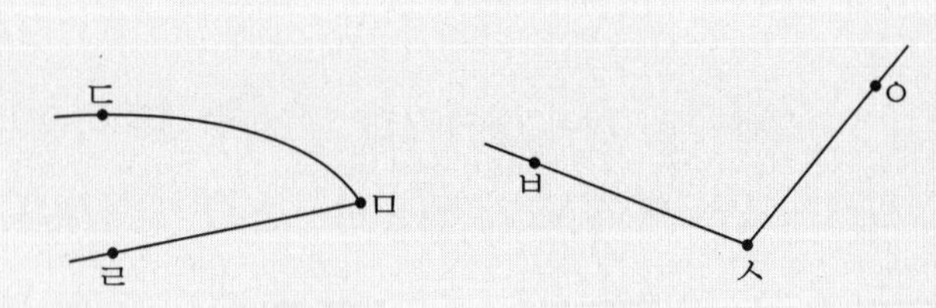

무엇을 쓸까? ❶ 각의 뜻 쓰기
❷ 각을 찾아 각의 이름 쓰기

풀이

답

2 선분, 반직선, 직선의 수 구하기

주어진 점 중 두 점을 이어 그을 수 있는 직선은 모두 몇 개인지 풀이 과정을 쓰고 답을 구해 보세요.

두 점을 지나는 직선을 모두 그어 보면?

직선 ㄱㄴ=직선 ㄴㄱ

무엇을 쓸까? ❶ 두 점을 지나는 직선 긋기
❷ 그을 수 있는 직선의 수 구하기

풀이 예 두 점을 지나는 직선을 그어 보면 오른쪽과 같습니다. --- ❶

따라서 그을 수 있는 직선은 모두 (   )개입니다. --- ❷

답

2-1

주어진 점 중 두 점을 이어 그을 수 있는 선분은 모두 몇 개인지 풀이 과정을 쓰고 답을 구해 보세요.

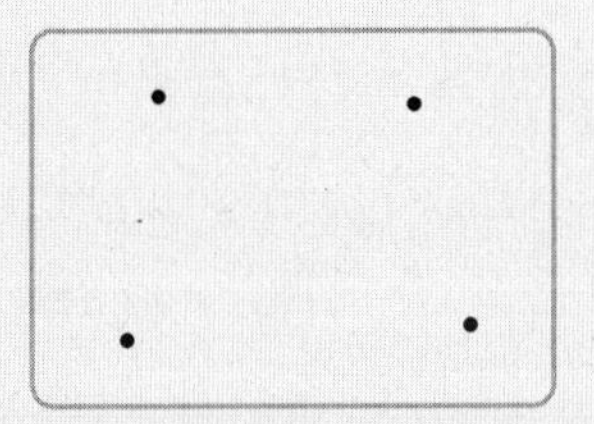

무엇을 쓸까? ❶ 두 점을 이은 선분 긋기
❷ 그을 수 있는 선분의 수 구하기

풀이

답

2-2

주어진 점 중 두 점을 이어 그을 수 있는 반직선은 모두 몇 개인지 풀이 과정을 쓰고 답을 구해 보세요.

무엇을 쓸까? ❶ 점 ㄱ, 점 ㄴ, 점 ㄷ에서 시작하는 반직선 각각 구하기
❷ 그을 수 있는 반직선의 수 구하기

풀이

답

2-3

주어진 점 중에서 두 점을 이어 직선과 반직선을 그으려고 합니다. 그을 수 있는 반직선은 직선보다 몇 개 더 많은지 풀이 과정을 쓰고 답을 구해 보세요.

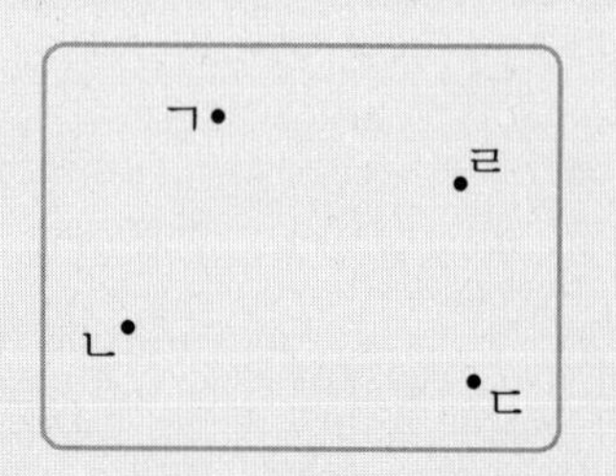

무엇을 쓸까? ❶ 두 점을 이어 그을 수 있는 직선과 반직선의 수 각각 구하기
❷ 그을 수 있는 반지선은 지선보다 몇 개 더 많은지 구하기

풀이

답

3 크고 작은 직사각형의 수 구하기

오른쪽 그림에서 찾을 수 있는 크고 작은 직사각형은 모두 몇 개인지 풀이 과정을 쓰고 답을 구해 보세요.

작은 직사각형 1개, 2개, 4개로 이루어진 직사각형의 수는?

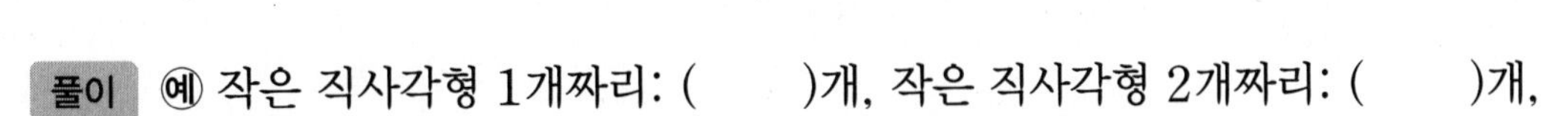

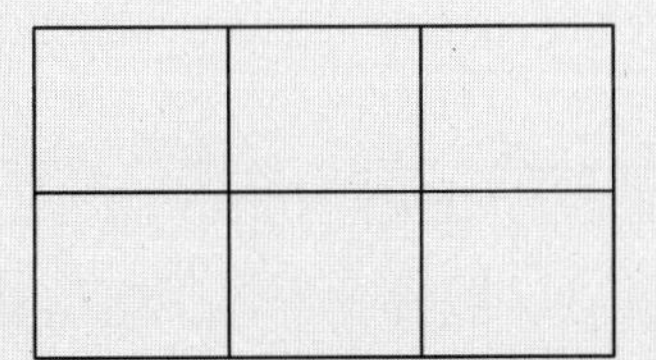

무엇을 쓸까? ❶ 작은 직사각형으로 이루어진 직사각형의 수 각각 구하기
❷ 찾을 수 있는 크고 작은 직사각형의 수 구하기

풀이 예 작은 직사각형 1개짜리: (　　)개, 작은 직사각형 2개짜리: (　　)개,
작은 직사각형 4개짜리: (　　)개 --- ❶
따라서 찾을 수 있는 크고 작은 직사각형은 모두 (　　)+(　　)+(　　)=(　　)(개)
입니다. --- ❷

답

3-1

오른쪽 그림에서 찾을 수 있는 크고 작은 직사각형은 모두 몇 개인지 풀이 과정을 쓰고 답을 구해 보세요.

무엇을 쓸까? ❶ 작은 직사각형으로 이루어진 직사각형의 수 각각 구하기
❷ 찾을 수 있는 크고 작은 직사각형의 수 구하기

풀이

답

4 직사각형/정사각형의 변의 길이 구하기

오른쪽 직사각형의 네 변의 길이의 합은 몇 cm인지 풀이 과정을 쓰고 답을 구해 보세요.

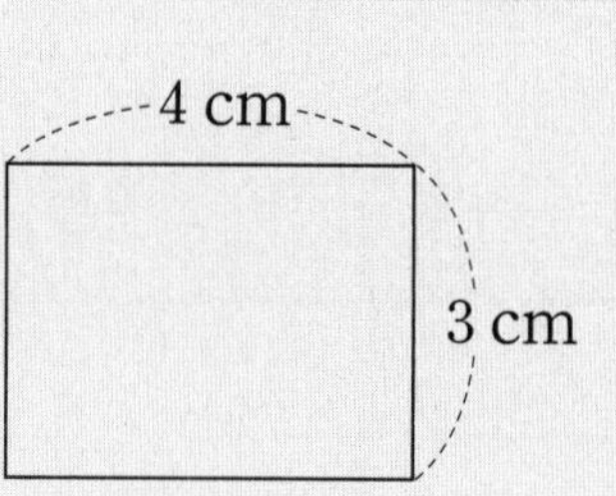

직사각형에서
나머지 두 변의 길이는?

직사각형은 마주 보는
두 변의 길이가 같아!

무엇을 쓸까? ❶ 직사각형의 변의 성질 쓰기
❷ 직사각형의 네 변의 길이의 합 구하기

풀이 예 직사각형은 (이웃한 , 마주 보는) 두 변의 길이가 같습니다. ··· ❶

따라서 직사각형의 네 변의 길이의 합은

$4+3+(\quad)+(\quad)=(\quad)$(cm)입니다. ··· ❷

답

4-1

한 변의 길이가 7 cm인 정사각형의 네 변의 길이의 합은 몇 cm인지 풀이 과정을 쓰고 답을 구해 보세요.

무엇을 쓸까? ❶ 정사각형의 변의 성질 쓰기
❷ 정사각형의 네 변의 길이의 합 구하기

풀이

답

4-2

그림과 같은 직사각형 모양의 종이를 잘라서 가장 큰 정사각형을 만들었습니다. 만든 정사각형의 네 변의 길이의 합은 몇 cm인지 풀이 과정을 쓰고 답을 구해 보세요.

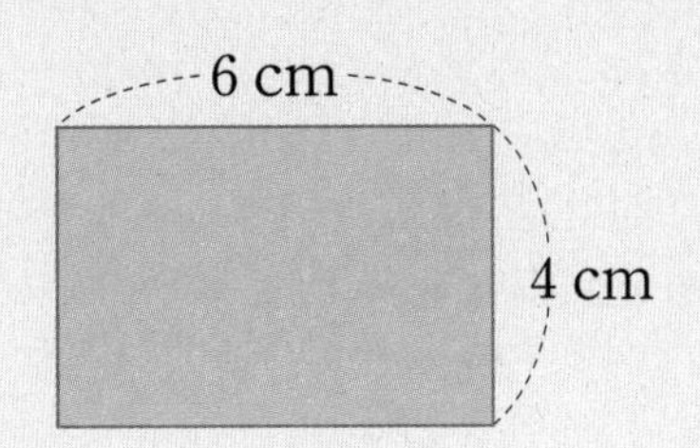

무엇을 쓸까? ① 만든 정사각형의 한 변의 길이 구하기
② 만든 정사각형의 네 변의 길이의 합 구하기

풀이

답

2

4-3

네 변의 길이의 합이 32 cm인 정사각형이 있습니다. 이 정사각형의 한 변의 길이는 몇 cm인지 풀이 과정을 쓰고 답을 구해 보세요.

무엇을 쓸까? ① 정사각형의 변의 성질 쓰기
② 정사각형의 한 변의 길이 구하기

풀이

답

수행 평가

1 도형의 이름을 써 보세요.

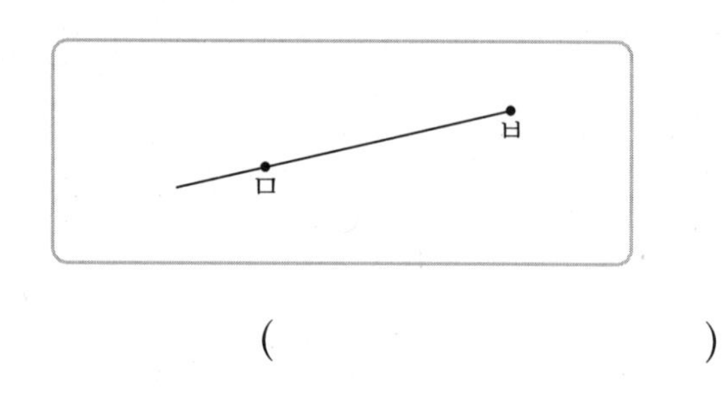

( )

2 직사각형입니다. □ 안에 알맞은 수를 써넣으세요.

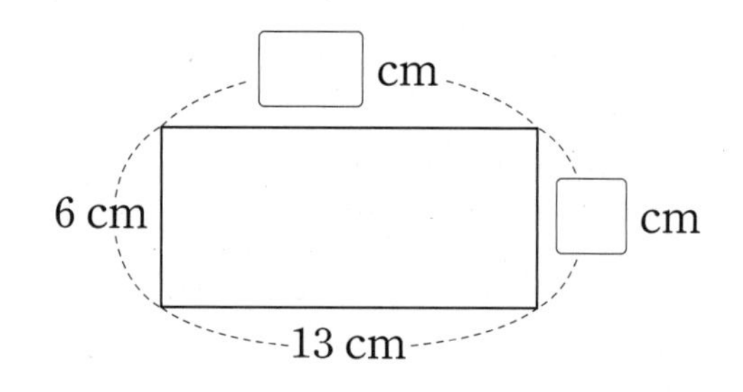

3 각 ㄷㄹㅁ을 그려 보세요.

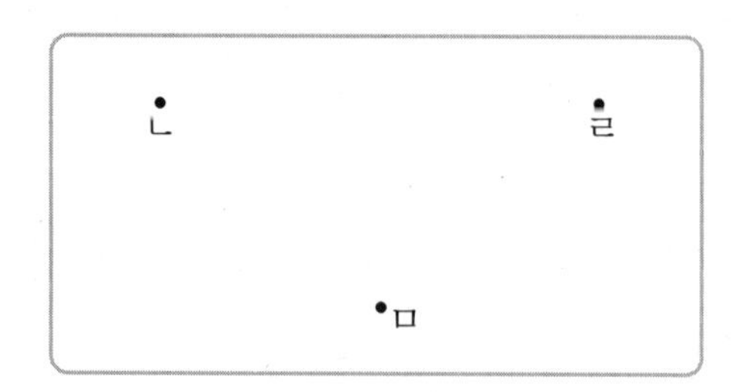

4 점 종이에 모양과 크기가 다른 직각삼각형을 2개 그려 보세요.

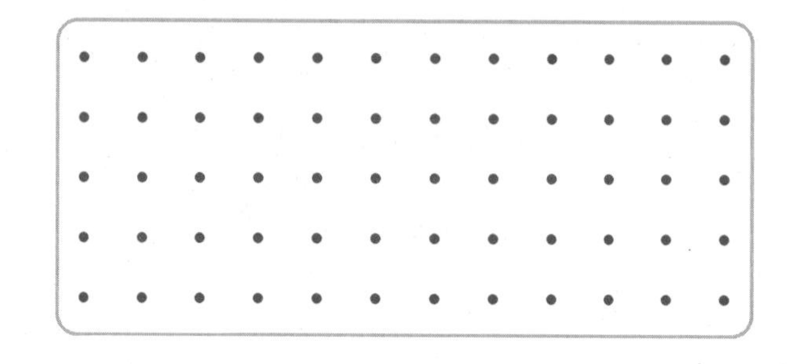

5 각의 수가 많은 도형부터 차례로 기호를 써 보세요.

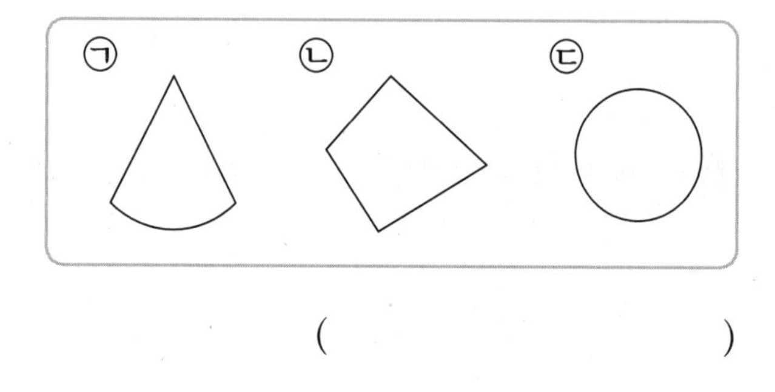

( )

6 직사각형은 모두 몇 개인지 구해 보세요.

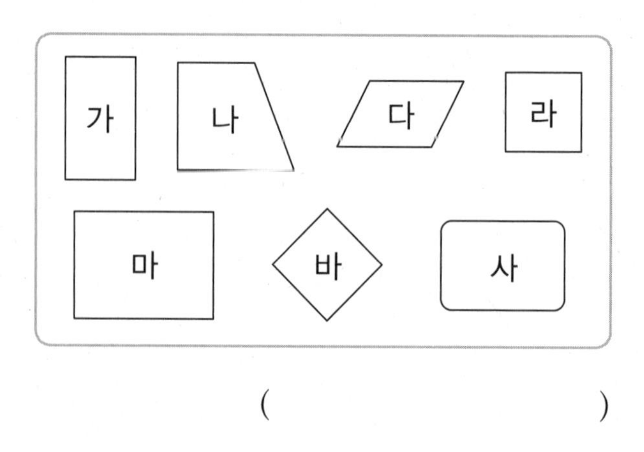

( )

7 직각을 모두 찾아 ㄴ 로 표시해 보세요.

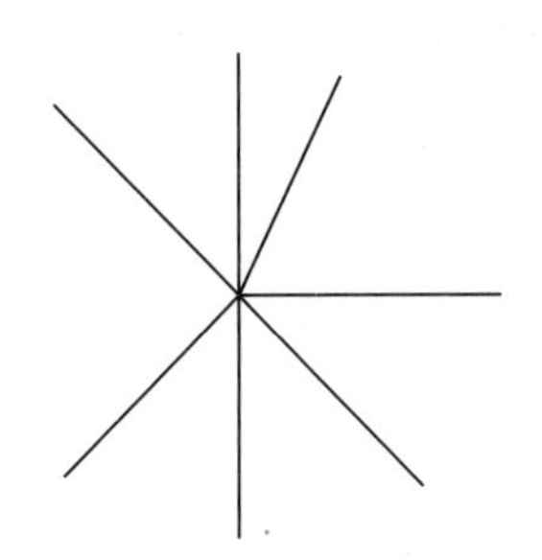

8 다음 설명 중 옳지 않은 것은 어느 것일까요?

( )

① 직각삼각형은 직각이 1개 있습니다.
② 직사각형은 네 각이 모두 직각입니다.
③ 네 변의 길이가 모두 같은 사각형은 정사각형입니다.
④ 정사각형은 직사각형이라고 할 수 있습니다.
⑤ 직사각형은 마주 보는 두 변의 길이가 같습니다.

9 한 변의 길이가 9 cm인 정사각형의 네 변의 길이의 합은 몇 cm인지 구해 보세요.

( )

서술형 문제

10 그림에서 찾을 수 있는 크고 작은 정사각형은 모두 몇 개인지 풀이 과정을 쓰고 답을 구해 보세요.

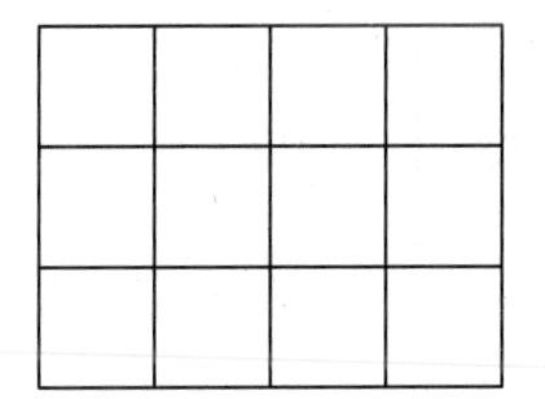

풀이

답

개념 적용

1

진도책 68쪽
8번 문제

뺄셈식을 보고 나눗셈식으로 나타내 보세요.

$42-6-6-6-6-6-6-6=0$ ➡ $42 \div \square = \square$

어떻게 풀었니?

뺄셈식을 나눗셈식으로 나타내는 방법을 알아보자!

구슬 42개를 6개씩 덜어 내면 □번 덜어 낼 수 있어.

42에서 6을 □번 빼면 0이 되니까 뺄셈식으로 나타내면

$42-6-6-6-6-6-6-6=0$이 되지.

즉, 구슬 42개를 6개씩 묶으면 □묶음이 된다는 것과

같으니까 나눗셈식으로 나타내면 $42 \div \square = \square$(이)야.

아~ 문제의 □ 안에 □, □을/를 차례로 써넣으면 되는구나!

2

뺄셈식을 보고 나눗셈식으로 나타내 보세요.

$30-5-5-5-5-5-5=0$ ➡ $30 \div \square = \square$

3

나눗셈식을 보고 뺄셈식으로 나타내 보세요.

$32 \div 8 = 4$

뺄셈식 ....

4 3장의 수 카드를 한 번씩만 사용하여 만들 수 있는 곱셈식과 나눗셈식을 각각 2개씩 써 보세요.

진도책 77쪽 4번 문제

45　9　5

어떻게 풀었니?

먼저 곱셈식을 만든 다음, 곱셈식을 나눗셈식으로 바꿔 보자!

0과 1이 아닌 어떤 두 수를 곱하면 계산 결과는 곱한 두 수보다 크게 돼.

그러니까 세 수 45, 9, 5로 만든 곱셈식에서 곱은 가장 큰 수인 □가 되겠지?

곱셈식을 만들어 보면 □ × □ = □이고, 곱셈에서 두 수를 바꾸어 곱해도 곱은 같으니까

□ × □ = □라고 쓸 수도 있어.

이제, 만든 곱셈식을 나눗셈식으로 바꿔 보자.

하나의 곱셈식으로 2개의 나눗셈식을 만들 수 있는데, 아까 만든 곱셈식은 곱하는 순서만 바꾼 것이니까 둘 중 아무거나 골라도 결과는 같아.

□ × □ = □ → □ ÷ □ = □, □ ÷ □ = □

아~ 주어진 수 카드로 곱셈식을 만들면 □ × □ = □, □ × □ = □,

나눗셈식을 만들면 □ ÷ □ = □, □ ÷ □ = □구나!

3

5 3장의 수 카드를 한 번씩만 사용하여 만들 수 있는 곱셈식과 나눗셈식을 각각 2개씩 써 보세요.

56　7　8

곱셈식 .... , ...

나눗셈식 .... , ...

6

진도책 79쪽 10번 문제

관계있는 것끼리 이어 보세요.

$36 \div 6 = \square$ •	• $9 \times \square = 36$ •	• $\square = 4$
$36 \div 4 = \square$ •	• $4 \times \square = 36$ •	• $\square = 6$
$36 \div 9 = \square$ •	• $6 \times \square = 36$ •	• $\square = 9$

어떻게 풀었니?

나눗셈의 몫을 곱셈식으로 구해 보자!

$36 \div 6$ ➡ 6과 곱해서 36이 되는 수는 $\square$(이)니까 곱셈식으로 나타내면 $6 \times \square = 36$이야.

즉, $36 \div 6$의 몫은 $\square$(이)지. 따라서 $36 \div 6 = \square$와 관계있는 것은

($9 \times \square = 36$, $4 \times \square = 36$, $6 \times \square = 36$)과 ($\square = 4$, $\square = 6$, $\square = 9$)(이)야.

$36 \div 4$ ➡ 4와 곱해서 36이 되는 수는 $\square$(이)니까 곱셈식으로 나타내면 $4 \times \square = 36$이야.

즉, $36 \div 4$의 몫은 $\square$(이)지. 따라서 $36 \div 4 = \square$와 관계있는 것은

($9 \times \square = 36$, $4 \times \square = 36$, $6 \times \square = 36$)과 ($\square = 4$, $\square = 6$, $\square = 9$)(이)야.

$36 \div 9$ ➡ 9와 곱해서 36이 되는 수는 $\square$(이)니까 곱셈식으로 나타내면 $9 \times \square = 36$이야.

즉, $36 \div 9$의 몫은 $\square$(이)지. 따라서 $36 \div 9 = \square$와 관계있는 것은

($9 \times \square = 36$, $4 \times \square = 36$, $6 \times \square = 36$)과 ($\square = 4$, $\square = 6$, $\square = 9$)(이)야.

아~ 관계있는 것끼리 이어 보면 • • • • 이구나!

7

관계있는 것끼리 이어 보세요.

$24 \div 3 = \square$ •	• $4 \times \square = 24$ •	• $\square = 6$
$24 \div 4 = \square$ •	• $3 \times \square = 24$ •	• $\square = 8$

8

진도책 81쪽 16번 문제

곱셈표의 일부분이 지워졌습니다. □ 안에 알맞은 수를 구해 보세요.

어떻게 풀었니?

곱셈표는 가로줄과 세로줄이 만나는 칸에 두 수의 곱을 써넣은 표라는 걸 알고 있니?

□ 안에 알맞은 수를 구하기 위해 먼저 ㉠과 ㉡의 값을 구해 보자!

표에서 □의 아래가 18이고, 18은 ㉠과 3이 만나는 칸에 있으니까

㉠×3=18에서 ㉠=18÷□, ㉠=□(이)야.

또, □의 오른쪽이 14이고, 14는 7과 ㉡이 만나는 칸에 있으니까

7×㉡=14에서 ㉡=14÷□, ㉡=□(이)야.

따라서 □는 ㉠과 ㉡이 만나는 칸에 있으니까 □×□=□이/가 되지.

아~ □ 안에 알맞은 수는 □(이)구나!

9

곱셈표의 일부분이 지워졌습니다. □ 안에 알맞은 수를 구해 보세요.

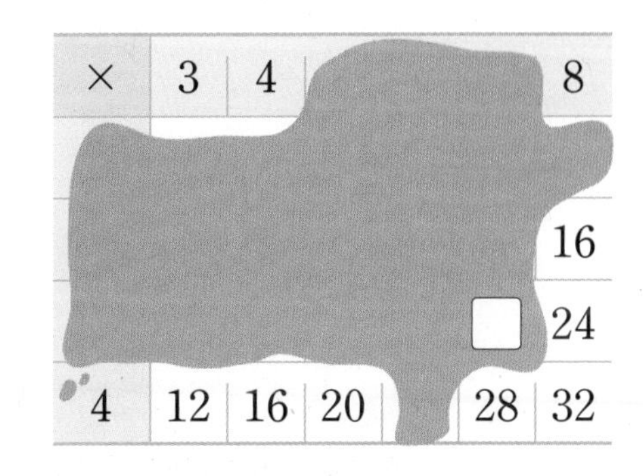

(　　　　　　　　)

10

곱셈표의 일부분이 지워졌습니다. □ 안에 알맞은 수를 구해 보세요.

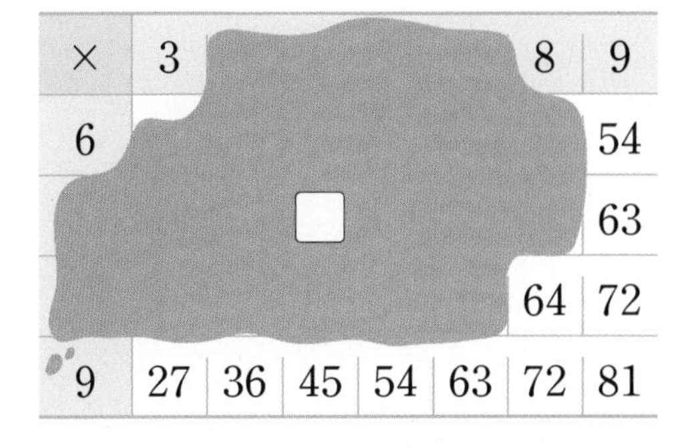

(　　　　　　　　)

1 나눗셈의 활용

쿠키 24개를 접시 4개에 똑같이 나누어 담으려고 합니다. 접시 한 개에 쿠키를 몇 개씩 담아야 하는지 풀이 과정을 쓰고 답을 구해 보세요.

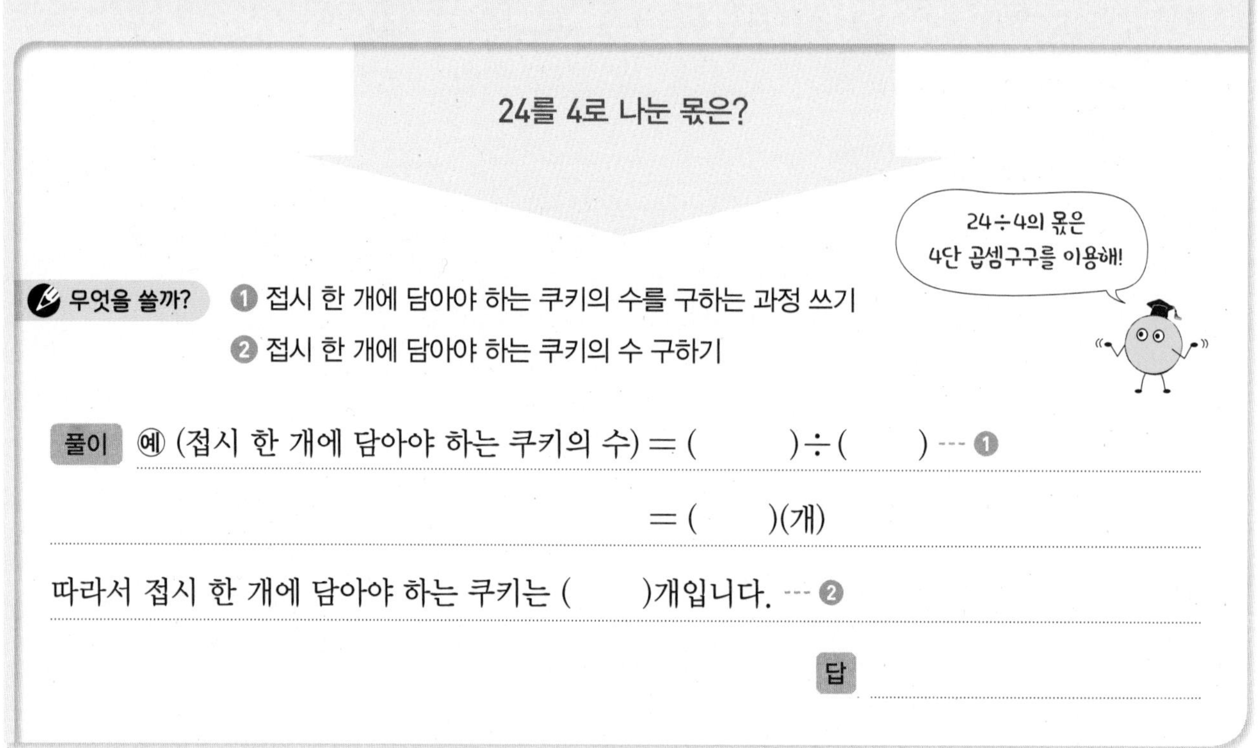

24를 4로 나눈 몫은?

무엇을 쓸까? ❶ 접시 한 개에 담아야 하는 쿠키의 수를 구하는 과정 쓰기
❷ 접시 한 개에 담아야 하는 쿠키의 수 구하기

풀이 예 (접시 한 개에 담아야 하는 쿠키의 수) = (　　) ÷ (　　) --- ❶

= (　　)(개)

따라서 접시 한 개에 담아야 하는 쿠키는 (　　)개입니다. --- ❷

답

1-1

초콜릿 40개를 학생들에게 똑같이 나누어 주었습니다. 한 학생이 초콜릿을 8개씩 가졌다면 몇 명에게 나누어 준 것인지 풀이 과정을 쓰고 답을 구해 보세요.

무엇을 쓸까? ❶ 나누어 준 학생 수를 구하는 과정 쓰기
❷ 나누어 준 학생 수 구하기

풀이

답

1-2

빨간색 색종이 32장과 파란색 색종이 24장이 있습니다. 이 색종이를 색깔에 관계없이 7명의 학생들에게 똑같이 나누어 주려고 합니다. 한 명에게 색종이를 몇 장씩 나누어 줄 수 있는지 풀이 과정을 쓰고 답을 구해 보세요.

무엇을 쓸까?
1. 전체 색종이의 수 구하기
2. 한 명에게 나누어 줄 수 있는 색종이의 수를 구하는 과정 쓰기
3. 한 명에게 나누어 줄 수 있는 색종이의 수 구하기

풀이

답

3

1-3

리본 끈 50 cm 중에서 14 cm를 사용했습니다. 남은 리본 끈을 9도막으로 똑같이 자르려고 합니다. 한 도막의 길이는 몇 cm가 되는지 풀이 과정을 쓰고 답을 구해 보세요.

무엇을 쓸까?
1. 남은 리본 끈의 길이 구하기
2. 한 도막의 길이를 구하는 과정 쓰기
3. 한 도막의 길이 구하기

풀이

답

2 나누어지는 수 구하기

10보다 크고 30보다 작은 수 중에서 6으로 나누어지는 수는 모두 몇 개인지 풀이 과정을 쓰고 답을 구해 보세요.

6단 곱셈구구에 있는 수는?

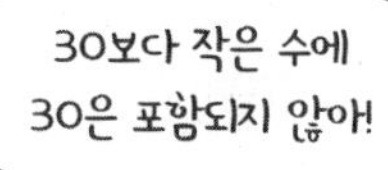

무엇을 쓸까? ❶ 6단 곱셈구구의 수 찾기
❷ 6으로 나누어지는 수의 개수 구하기

풀이 예 6으로 나누어지는 수는 6단 곱셈구구에 있는 수입니다.

$6\times1=(\quad)$, $6\times2=(\quad)$, $6\times3=(\quad)$, $6\times4=(\quad)$,

$6\times5=(\quad)$ --- ❶

따라서 10보다 크고 30보다 작은 수 중에서 6으로 나누어지는 수는

(　　), (　　), (　　)(으)로 모두 (　　)개입니다. --- ❷

답

2-1

20보다 크고 35보다 작은 수 중에서 5로 나누어지는 수는 모두 몇 개인지 풀이 과정을 쓰고 답을 구해 보세요.

무엇을 쓸까? ❶ 5단 곱셈구구의 수 찾기
❷ 5로 나누어지는 수의 개수 구하기

풀이

답

정답과 풀이 51쪽

2-2

다음 나눗셈에서 2□는 두 자리 수입니다. 몫이 자연수가 될 때, □ 안에 들어갈 수 있는 모든 수의 합은 얼마인지 풀이 과정을 쓰고 답을 구해 보세요.

2□÷3=●

무엇을 쓸까?
❶ 3단 곱셈구구에서 곱이 2□인 경우 찾기
❷ □ 안에 들어갈 수 있는 모든 수의 합 구하기

풀이

답

2-3

3장의 수 카드 중 2장을 골라 한 번씩만 사용하여 만들 수 있는 두 자리 수 중에서 4로 나누어지는 수는 모두 몇 개인지 풀이 과정을 쓰고 답을 구해 보세요.

1 2 3

무엇을 쓸까?
❶ 만들 수 있는 두 자리 수 구하기
❷ 4로 나누어지는 수의 개수 구하기

풀이

답

3 □ 안에 알맞은 수 구하기

□ 안에 알맞은 수는 얼마인지 풀이 과정을 쓰고 답을 구해 보세요.

$27 \div \square = 45 \div 5$

45÷5의 몫을 먼저 구하면?

❶ 45÷5의 몫 구하기
❷ □ 안에 알맞은 수 구하기

풀이 예 $5 \times (\quad) = 45$이므로 $45 \div 5 = (\quad)$입니다. --- ❶

$27 \div \square = (\quad) \Rightarrow (\quad) \times \square = 27$에서 $\square = (\quad)$입니다. --- ❷

답

3-1

□ 안에 알맞은 수는 얼마인지 풀이 과정을 쓰고 답을 구해 보세요.

$35 \div \square = 15 \div 3$

무엇을 쓸까?

❶ 15÷3의 몫 구하기
❷ □ 안에 알맞은 수 구하기

풀이

답

4 몫이 가장 작은 나눗셈식 만들기

3장의 수 카드 4, 1, 7 을 한 번씩만 사용하여 몫이 가장 작은 (두 자리 수)÷(한 자리 수)를 만들었습니다. 만든 나눗셈식의 몫은 얼마인지 풀이 과정을 쓰고 답을 구해 보세요.

나눗셈식의 몫이
가장 작게 되려면?

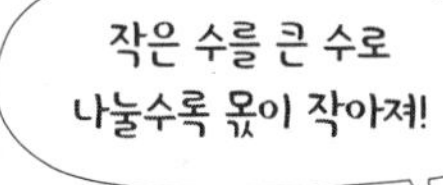

무엇을 쓸까? ❶ 몫이 가장 작게 되는 나눗셈식 만들기
❷ 만든 나눗셈식의 몫 구하기

풀이 ⓔ 몫이 가장 작게 되려면 가장 (큰 , 작은) 두 자리 수를 나머지 수로 나누어야 하므

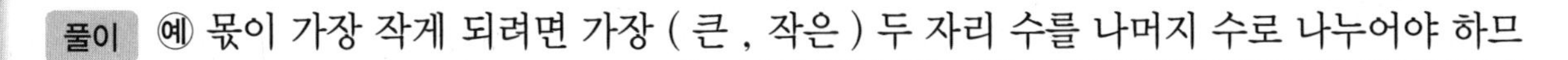

로 (　　)÷(　　)입니다. --- ❶

따라서 만든 나눗셈식의 몫은 (　　)÷(　　)=(　　)입니다. --- ❷

답

4-1

3장의 수 카드 2, 8, 4 를 한 번씩만 사용하여 몫이 가장 작은 (두 자리 수)÷(한 자리 수)를 만들었습니다. 만든 나눗셈식의 몫은 얼마인지 풀이 과정을 쓰고 답을 구해 보세요.

무엇을 쓸까? ❶ 몫이 가장 작게 되는 나눗셈식 만들기
❷ 만든 나눗셈식의 몫 구하기

풀이

답

수행 평가

1 그림을 보고 □ 안에 알맞은 수를 써넣으세요.

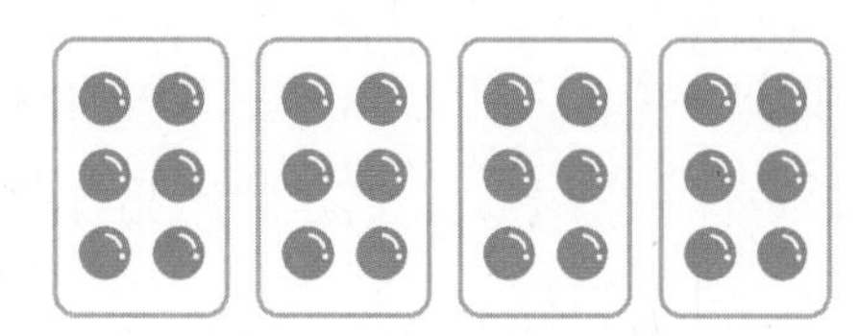

$24 \div 6 = \square$

2 □ 안에 알맞은 수를 써넣으세요.

$42-7-7-7-7-7-7=0$

➡ $42 \div \square = \square$

3 나눗셈식을 곱셈식 2개로 나타내 보세요.

$27 \div 3 = 9$

곱셈식 ...., ...

4 $32 \div 4$의 몫을 구할 때 필요한 곱셈식을 써 보세요.

곱셈식 ....

5 □ 안에 알맞은 수를 써넣으세요.

$9 \times \square = 54$ ➡ $54 \div 9 = \square$

6 귤 72개를 한 봉지에 8개씩 담으려고 합니다. 필요한 봉지는 몇 개인지 구해 보세요.

( )

7 어떤 수를 7로 나누었더니 몫이 3이 되었습니다. 어떤 수를 구해 보세요.

( )

8 1부터 9까지의 수 중에서 □ 안에 들어갈 수 있는 수는 모두 몇 개인지 구해 보세요.

20÷4>□

( )

9 3장의 수 카드 6, 3, 9를 한 번씩만 사용하여 몫이 가장 작은 (두 자리 수)÷(한 자리 수)를 만들었습니다. 만든 나눗셈의 몫은 얼마인지 구해 보세요.

( )

서술형 문제

10 한 봉지에 4개씩 들어 있는 사탕이 6봉지 있습니다. 이 사탕을 8명이 똑같이 나누어 가졌다면 한 사람이 가진 사탕은 몇 개인지 풀이 과정을 쓰고 답을 구해 보세요.

풀이

답

3

개념 적용

1

진도책 98쪽
11번 문제

가장 작은 사각형은 모두 몇 개인지 곱셈식을 이용하여 구해 보세요.

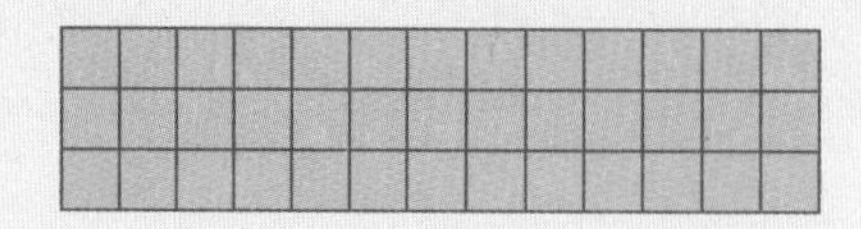

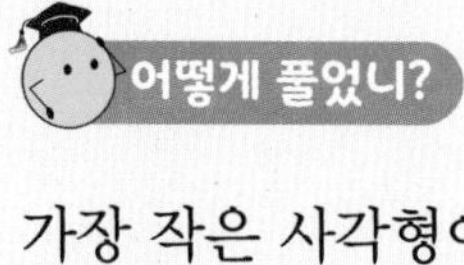

가장 작은 사각형이 한 줄에 몇 개씩 몇 줄인지 알아보자!

사각형의 수를 구할 때 하나하나 직접 세어서 구할 수도 있지만
수가 많아지면 세다가 빠뜨리거나 두 번 세는 실수를 할 수도 있어.
그러니까 곱셈식을 이용하면 편리하지.

가장 작은 사각형이 한 줄에 13개씩 □줄이야.

즉, □씩 □묶음 있는 것과 같으니까 곱셈식으로 나타낸 다음 계산하면

□ × □ = □(이)지.

아~ 가장 작은 사각형은 □개구나!

2 가장 작은 사각형은 모두 몇 개인지 곱셈식을 이용하여 구해 보세요.

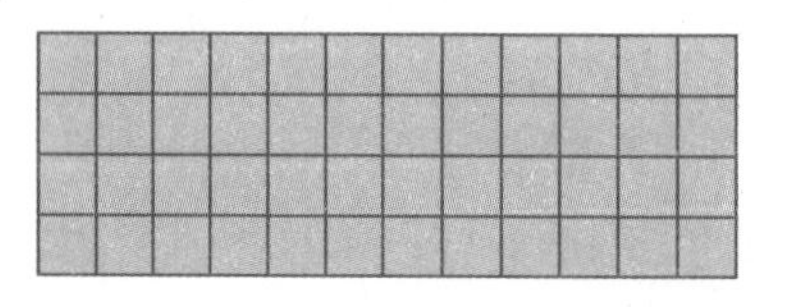

식 .... 답 ....

3 가장 작은 사각형은 모두 몇 개인지 구해 보세요.

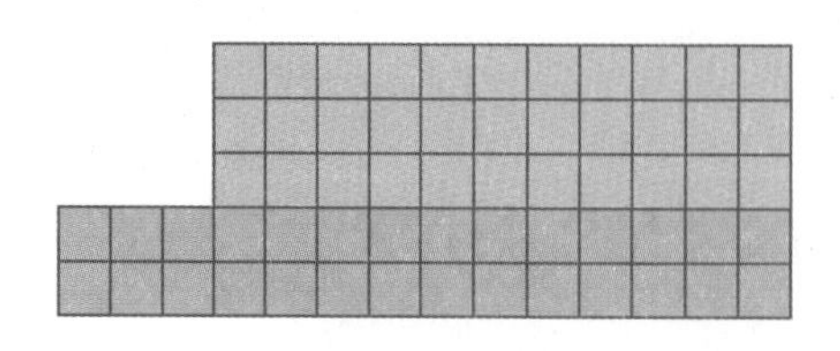

(　　　　　　　　)

4

진도책 100쪽 17번 문제

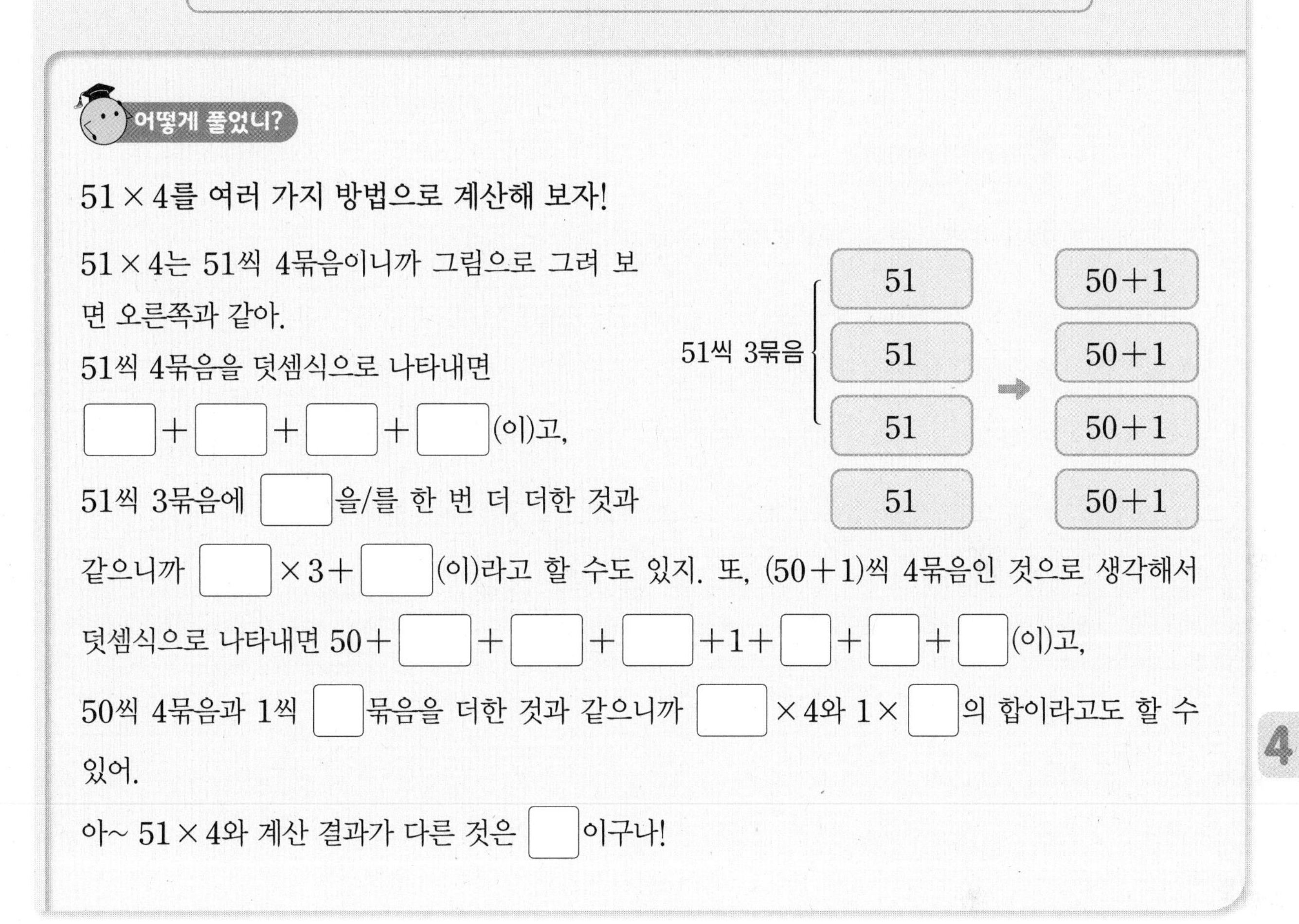

51 × 4와 계산 결과가 다른 하나를 찾아 기호를 써 보세요.

㉠ 51 + 51 + 51 + 51	㉡ 51 × 3 + 51
㉢ 5 × 10과 1 × 4의 합	㉣ 50 + 50 + 50 + 50 + 1 + 1 + 1 + 1

어떻게 풀었니?

51 × 4를 여러 가지 방법으로 계산해 보자!

51 × 4는 51씩 4묶음이니까 그림으로 그려 보면 오른쪽과 같아.

51씩 4묶음을 덧셈식으로 나타내면 ☐ + ☐ + ☐ + ☐ (이)고,

51씩 3묶음에 ☐ 을/를 한 번 더 더한 것과 같으니까 ☐ × 3 + ☐ (이)라고 할 수도 있지. 또, (50 + 1)씩 4묶음인 것으로 생각해서 덧셈식으로 나타내면 50 + ☐ + ☐ + ☐ + 1 + ☐ + ☐ + ☐ (이)고,

50씩 4묶음과 1씩 ☐ 묶음을 더한 것과 같으니까 ☐ × 4와 1 × ☐ 의 합이라고도 할 수 있어.

아~ 51 × 4와 계산 결과가 다른 것은 ☐ 이구나!

5

42 × 3과 계산 결과가 다른 하나를 찾아 기호를 써 보세요.

㉠ 42 + 42 + 42	㉡ 42 × 2 + 42
㉢ 40 × 3과 2 × 3의 합	㉣ 40 + 40 + 40 + 3 + 3 + 3

( )

6

☐ 안에 알맞은 수를 써넣으세요.

31 × 5는 ☐ × 5와 1 × 5의 합과 같습니다.

7

진도책 103쪽 25번 문제

□ 안에 알맞은 수를 써넣으세요.

$$\begin{array}{r} \square\ 2 \\ \times \quad 6 \\ \hline 7\ 2 \end{array}$$

어떻게 풀었니?

일의 자리부터 순서대로 계산해 보자!

일의 자리 계산 $2\times6=$ □에서 □은/는 일의 자리에 쓰고, 10은 십의 자리로 올림해서 1을 작게 써.

그 다음 십의 자리 계산을 보면 ㉠×6에 올림한 수 □을/를 더해서 7이 되었으니까 ㉠×6은 7에서 □을/를 뺀 □(이)라는 것을 알 수 있지.

$$\begin{array}{r} {}^{1}\ \ \\ ㉠\ 2 \\ \times \quad 6 \\ \hline 7\ 2 \end{array}$$

㉠×6= □ ➡ □×6= □(이)니까 ㉠= □(이)야.

아~ □ 안에 □을/를 써넣으면 되는구나!

8

□ 안에 알맞은 수를 써넣으세요.

$$\begin{array}{r} \square\ 8 \\ \times \quad 3 \\ \hline 8\ 4 \end{array}$$

9

□ 안에 알맞은 수를 써넣으세요.

$$\begin{array}{r} 3\ 9 \\ \times \quad \square \\ \hline \square\ 8 \end{array}$$

10

진도책 104쪽
30번 문제

□ 안에 알맞은 수를 써넣으세요.

$56 \times 9 = \underline{56 \times 10} - \square$
$= \square - \square$
$= \square$

어떻게 풀었니?

56×9를 56×10을 이용해서 쉽게 계산하는 방법을 알아보자!

$40-19$를 계산할 때 40에서 20을 빼고 1을 더하는 방법으로 계산하면 편리하다는 걸 기억하니?
이와 같이 계산할 때 10, 20, 30, ...과 같은 수들을 이용하면 좀 더 쉽게 계산할 수 있어.

$9=10-1$이니까 $56 \times 9 = 56 \times 10 - 56 \times \square$(이)야.

즉, 56×9는 56×10에서 □을/를 빼서 구할 수 있지.

아~ □ 안에 수를 오른쪽과 같이 차례대로 써넣으면 되는구나!

$56 \times 9 = \underline{56 \times 10} - \square$
$= \square - \square$
$= \square$

4

11

□ 안에 알맞은 수를 써넣으세요.

$47 \times 9 = \underline{47 \times 10} - \square$
$= \square - \square$
$= \square$

12

□ 안에 알맞은 수를 써넣으세요.

$64 \times 6 = \underline{64 \times 5} + \square$
$= \square + \square$
$= \square$

쓰기 쉬운 서술형

1 곱셈의 활용

진호는 동화책을 매일 32쪽씩 읽습니다. 진호가 일주일 동안 읽은 동화책은 모두 몇 쪽인지 풀이 과정을 쓰고 답을 구해 보세요.

하루에 읽은 책의 쪽수에 일주일의 날수를 곱하면?

일의 자리 계산에서 올림한 수를 잊지 마!

무엇을 쓸까? ❶ 일주일 동안 읽은 동화책의 쪽수를 구하는 과정 쓰기
❷ 일주일 동안 읽은 동화책의 쪽수 구하기

풀이 예 일주일은 (　　)일입니다.

(일주일 동안 읽은 동화책의 쪽수) = (　　　) × (　　) --- ❶

= (　　　)(쪽)

따라서 진호가 일주일 동안 읽은 동화책은 모두 (　　　)쪽입니다. --- ❷

답

1-1

농장에 닭 45마리와 염소 25마리가 있습니다. 농장에 있는 닭과 염소의 다리는 모두 몇 개인지 풀이 과정을 쓰고 답을 구해 보세요.

무엇을 쓸까? ❶ 닭과 염소의 다리 수 각각 구하기
❷ 닭과 염소의 다리는 모두 몇 개인지 구하기

풀이

답

2 이어 붙인 색 테이프의 길이 구하기

길이가 78 cm인 색 테이프 2장을 13 cm 겹치게 이어 붙였습니다. 이어 붙인 색 테이프 전체의 길이는 몇 cm인지 풀이 과정을 쓰고 답을 구해 보세요.

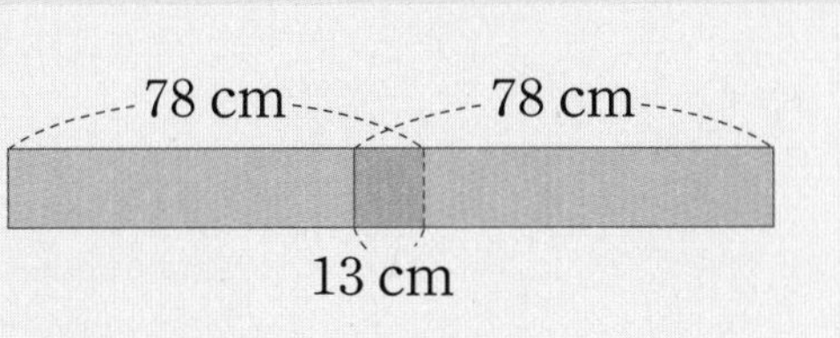

색 테이프 2장의 길이의 합에서
겹친 부분의 길이를 빼면?

2장을 이어 붙이면
겹친 부분은
한 군데야!

무엇을 쓸까?
❶ 색 테이프 2장의 길이의 합 구하기
❷ 이어 붙인 색 테이프 전체의 길이 구하기

풀이 예 (색 테이프 2장의 길이의 합) = (　　　) × (　　　) = (　　　)(cm) --- ❶

따라서 이어 붙인 색 테이프 전체의 길이는

(　　　) − (　　　) = (　　　)(cm)입니다. --- ❷

답 ______________

4

2-1

길이가 84 cm인 색 테이프 3장을 16 cm씩 겹치게 이어 붙였습니다. 이어 붙인 색 테이프 전체의 길이는 몇 cm인지 풀이 과정을 쓰고 답을 구해 보세요.

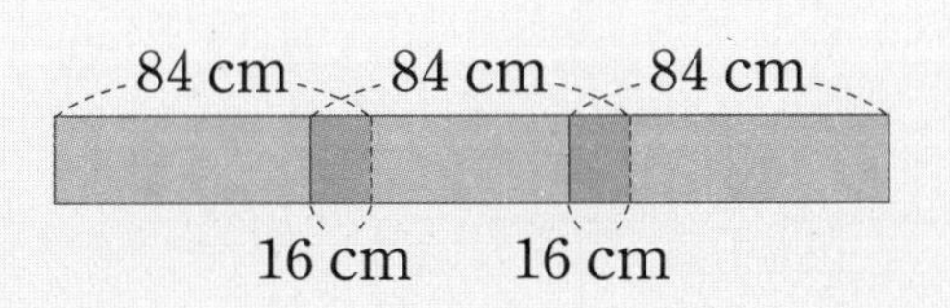

무엇을 쓸까?
❶ 색 테이프 3장의 길이의 합 구하기
❷ 겹친 부분의 길이의 합 구하기
❸ 이어 붙인 색 테이프 전체의 길이 구하기

풀이 ______________

답 ______________

2-2

길이가 57 cm인 색 테이프 4장을 15 cm씩 겹치게 이어 붙였습니다. 이어 붙인 색 테이프 전체의 길이는 몇 cm인지 풀이 과정을 쓰고 답을 구해 보세요.

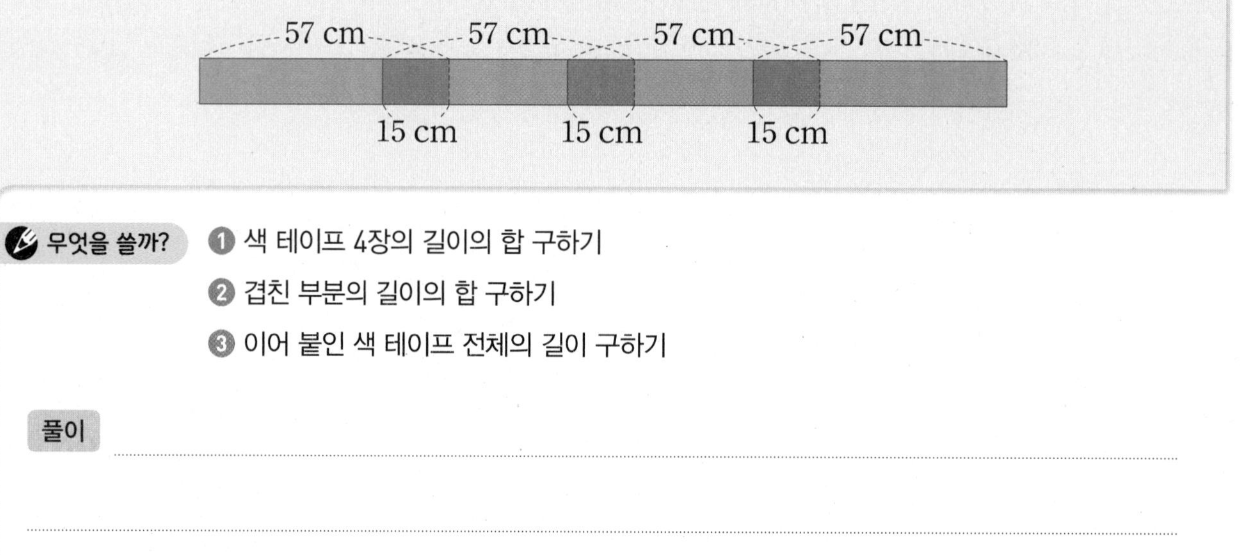

무엇을 쓸까?
1. 색 테이프 4장의 길이의 합 구하기
2. 겹친 부분의 길이의 합 구하기
3. 이어 붙인 색 테이프 전체의 길이 구하기

풀이

답

2-3

길이가 45 cm인 색 테이프 5장을 17 cm씩 겹치게 이어 붙였습니다. 이어 붙인 색 테이프 전체의 길이는 몇 cm인지 풀이 과정을 쓰고 답을 구해 보세요.

무엇을 쓸까?
1. 색 테이프 5장의 길이의 합 구하기
2. 겹친 부분의 길이의 합 구하기
3. 이어 붙인 색 테이프 전체의 길이 구하기

풀이

답

3 □ 안에 알맞은 수 구하기

곱셈식에서 □ 안에 알맞은 수는 얼마인지 풀이 과정을 쓰고 답을 구해 보세요.

	5	□
×		6
3	4	2

□×6의 일의 자리 수가 2가 되는 □는?

일의 자리에서 올림한 수가 얼마인지 알아봐!

무엇을 쓸까? ❶ 일의 자리 계산에서 □ 안에 들어갈 수 있는 수 구하기
❷ □ 안에 알맞은 수 구하기

풀이 예 $6\times($　　$)=12$, $6\times($　　$)=42$이므로

□가 될 수 있는 수는 (　　) 또는 (　　)입니다. --- ❶

□ $=($　　$)$일 때 (　　)$\times 6=($　　　$)$,

□ $=($　　$)$일 때 (　　)$\times 6=($　　　$)$이므로 □ $=($　　$)$입니다. --- ❷

답

3-1

곱셈식에서 □ 안에 알맞은 수는 얼마인지 풀이 과정을 쓰고 답을 구해 보세요.

	6	□
×		4
2	7	6

무엇을 쓸까? ❶ 일의 자리 계산에서 □ 안에 들어갈 수 있는 수 구하기
❷ □ 안에 알맞은 수 구하기

풀이

답

4 바르게 계산한 값 구하기

어떤 수에 3을 곱해야 할 것을 잘못하여 더했더니 27이 되었습니다. 바르게 계산하면 얼마인지 풀이 과정을 쓰고 답을 구해 보세요.

어떤 수를 □라 하면
잘못 계산한 식은?

무엇을 쓸까? ❶ 어떤 수 구하기
❷ 바르게 계산한 값 구하기

잘못 계산한 식에서
어떤 수를 구해!

풀이 예 어떤 수를 □라 하면 □+(　　)=27이므로

27−(　　)=□, □=(　　)입니다. --- ❶

따라서 바르게 계산하면 (　　)×(　　)=(　　)입니다. --- ❷

답

4-1

어떤 수에 4를 곱해야 할 것을 잘못하여 뺐더니 18이 되었습니다. 바르게 계산하면 얼마인지 풀이 과정을 쓰고 답을 구해 보세요.

무엇을 쓸까? ❶ 어떤 수 구하기
❷ 바르게 계산한 값 구하기

풀이

답

5 수 카드로 곱셈식 만들기

3장의 수 카드 2, 5, 7 을 한 번씩만 사용하여 (몇십몇)×(몇)의 곱셈식을 만들려고 합니다. 만들 수 있는 곱셈식 중에서 가장 큰 곱은 얼마인지 풀이 과정을 쓰고 답을 구해 보세요.

52×7과 72×5의 곱을 비교하면?

무엇을 쓸까? ❶ 십의 자리 계산이 가장 큰 곱셈식 만들기
❷ 만들 수 있는 곱셈식 중에서 가장 큰 곱 구하기

풀이 예 십의 자리 계산이 클수록 곱이 크므로

곱해지는 수의 십의 자리와 곱하는 수에 (　　)와/과 (　　)을/를 놓아야 합니다.

➡ 52×(　　) 또는 72×(　　) --- ❶

52×(　　)=(　　　), 72×(　　)=(　　　)이므로

만들 수 있는 곱셈식 중에서 가장 큰 곱은 (　　　)입니다. --- ❷

답

5-1

3장의 수 카드 3, 4, 6 을 한 번씩만 사용하여 (몇십몇)×(몇)의 곱셈식을 만들려고 합니다. 만들 수 있는 곱셈식 중에서 가장 작은 곱은 얼마인지 풀이 과정을 쓰고 답을 구해 보세요.

무엇을 쓸까? ❶ 십의 자리 계산이 가장 작은 곱셈식 만들기
❷ 만들 수 있는 곱셈식 중에서 가장 작은 곱 구하기

풀이

답

수행 평가

1 수 모형을 보고 □ 안에 알맞은 수를 써넣으세요.

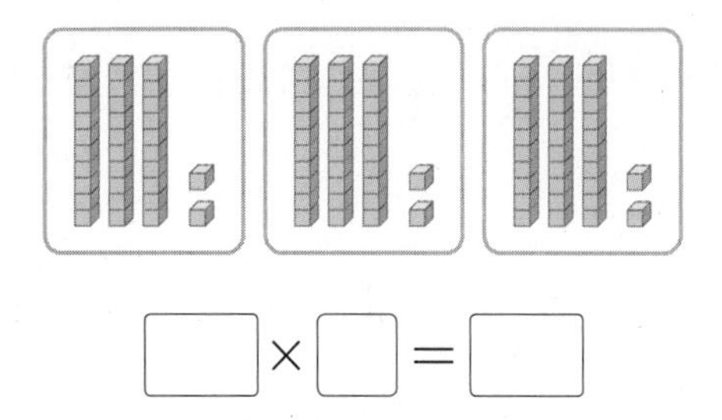

□ × □ = □

2 □ 안에 알맞은 수를 써넣으세요.

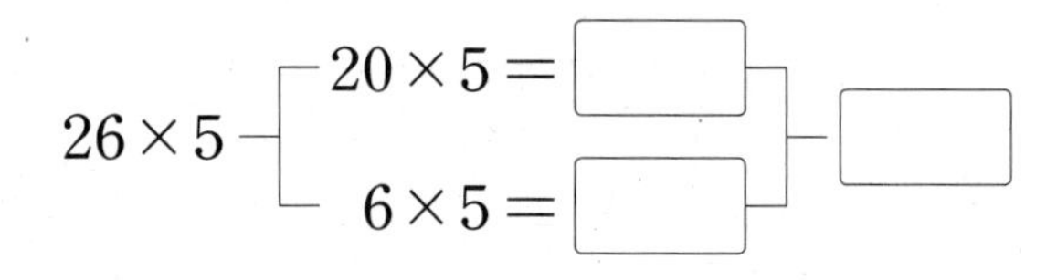

3 계산해 보세요.

(1)
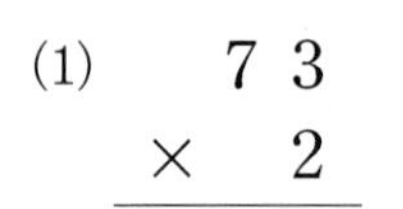
$$\begin{array}{r} 73 \\ \times \ \ 2 \\ \hline \end{array}$$

(2)
$$\begin{array}{r} 54 \\ \times \ \ 7 \\ \hline \end{array}$$

4 곱의 크기를 비교하여 ○ 안에 >, =, < 중 알맞은 것을 써넣으세요.

(1) 39×6 ○ 39×4

(2) 65×9 ○ 57×9

5 □ 안에 알맞은 수를 써넣으세요.

$24 \times 8 =$ □

×2 ↓　↓ ÷2

$48 \times 4 =$ □

6 사과가 한 상자에 25개씩 들어 있습니다. 6상자에 들어 있는 사과는 모두 몇 개일까요?

( )

7 어떤 수를 4로 나누었더니 몫이 7이 되었습니다. 어떤 수에 5를 곱하면 얼마가 되는지 구해 보세요.

( )

8 □ 안에 알맞은 수를 써넣으세요.

$$\begin{array}{r} 3\,\square \\ \times\quad 7 \\ \hline \square\,\square\,2 \end{array}$$

9 1부터 9까지의 수 중에서 □ 안에 들어갈 수 있는 수를 모두 구해 보세요.

$\square 5 \times 6 < 225$

( )

서술형 문제

10 줄넘기를 해인이는 하루에 85개씩 5일 동안 했고, 지윤이는 하루에 68개씩 일주일 동안 했습니다. 줄넘기를 누가 몇 개 더 많이 했는지 풀이 과정을 쓰고 답을 구해 보세요.

풀이

답 ,

⊕ 개념 적용

1

진도책 118쪽 4번 문제

수직선을 보고 □ 안에 알맞은 수를 써넣으세요.

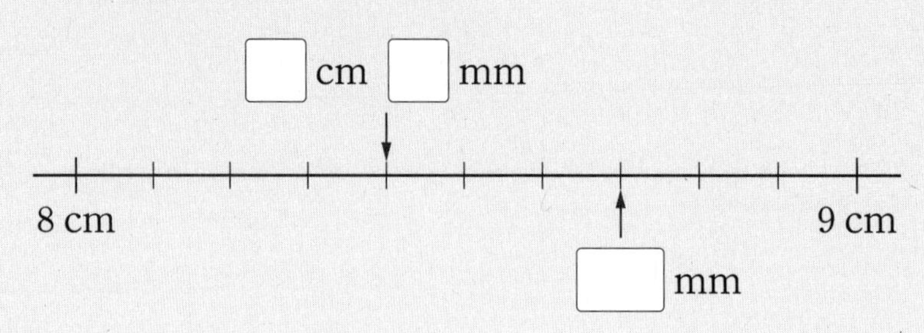

어떻게 풀었니?

먼저 수직선의 한 칸의 길이를 알아보자!

8 cm부터 9 cm까지의 길이는 1 cm이고, 이 길이를 똑같이 10칸으로 나누었지?

1 cm를 10칸으로 똑같이 나누었을 때 작은 눈금 한 칸의 길이를 □ mm라고 해.

즉, 1 cm = □ mm야.

8 cm에서 오른쪽으로 4칸 간 길이는 8 cm보다 □ mm 더 긴 길이니까

□ cm □ mm야.

또, 8 cm에서 오른쪽으로 7칸 간 길이는 8 cm보다 □ mm 더 긴 길이니까

□ cm □ mm야. 이걸 mm 단위로 바꾸면

□ cm □ mm = □ mm + □ mm = □ mm가 되지.

아~ □ cm □ mm와 □ mm를 차례로 써넣으면 되는구나!

2

수직선을 보고 □ 안에 알맞은 수를 써넣으세요.

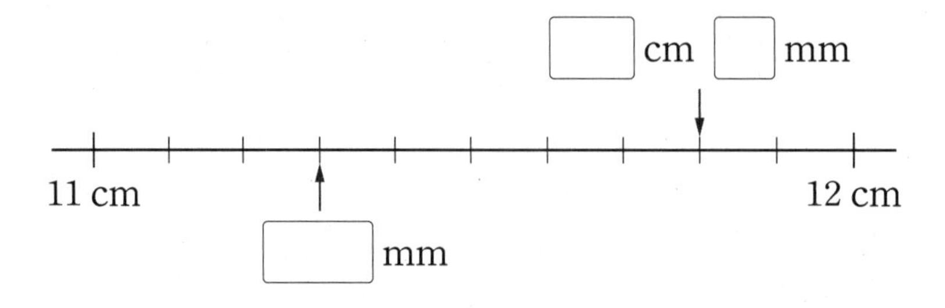

3 놀이터와 도서관 중에서 집에서 더 가까운 곳은 어디일까요?

진도책 121쪽 12번 문제

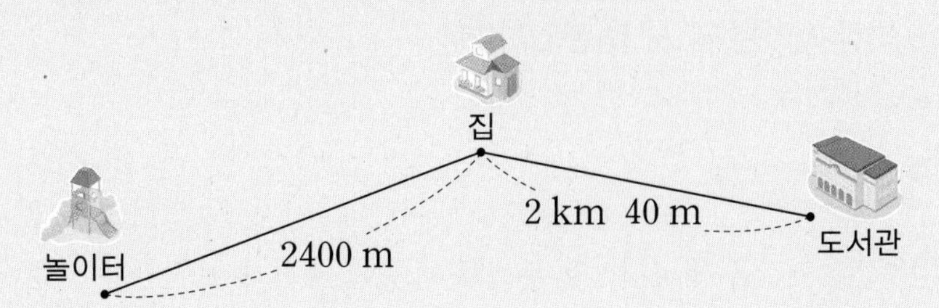

단위를 같게 해서 거리를 비교해 보자!

집에서 놀이터까지의 거리를 km와 m 단위로 바꾸거나 집에서 도서관까지의 거리를 m 단위로 바꿔서 비교해야 해.

1 km = ☐ m이니까 2 km 40 m를 m 단위로 바꾸자.

2 km 40 m = 2 km + 40 m
= ☐ m + 40 m
= ☐ m

이제 두 거리를 비교하면 2400 m ◯ ☐ m이지.

아~ 집에서 더 가까운 곳은 ☐(이)구나!

4 학교에서 윤아네 집까지의 거리는 1 km 85 m이고, 선우네 집까지의 거리는 1200 m입니다. 윤아네 집과 선우네 집 중 학교에서 더 가까운 곳은 누구네 집일까요?

( )

5 민주네 집에서 각 장소까지의 거리입니다. 민주네 집에서 가장 먼 곳은 어디일까요?

동물원	수영장	미술관
3400 m	3 km 50 m	3 km 280 m

( )

6

진도책 133쪽
13번 문제

영진이는 5시 45분에 기차를 타고 서울에서 출발하여 128분 후에 경주에 도착했습니다. 경주에 도착한 시각은 몇 시 몇 분일까요?

어떻게 풀었니?

기차를 탄 시간을 몇 시간 몇 분으로 바꾸어 계산해 보자!

1시간은 60분이니까

128분 = 60분 + 60분 + □분
= □시간 □분

이야.

이제 경주에 도착한 시각을 구해 보자.

(경주에 도착한 시각) = (출발한 시각) + (기차를 탄 시간)
= 5시 45분 + □시간 □분
= □시 □분

아~ 영진이가 경주에 도착한 시각은 □시 □분이구나!

7

현지는 2시 40분에 영화를 보기 시작했습니다. 영화 상영 시간이 135분이라면 영화가 끝난 시각은 몇 시 몇 분일까요?

(　　　　　　　　)

8

다음은 주하가 학교에 들어간 시각입니다. 학교에서 200분 동안 생활을 한 후 학교에서 나왔다면 주하가 학교에서 나온 시각은 몇 시 몇 분일까요?

(　　　　　　　　)

9

진도책 134쪽
17번 문제

수호는 운동을 9시 39분 43초에 끝냈습니다. 2시간 43분 50초 동안 운동을 했을 때 수호가 운동을 시작한 시각을 찾아 ○표 하세요.

( ) ( ) ( )

어떻게 풀었니?

수호가 운동을 시작한 시각은 운동을 끝낸 시각에서 2시간 43분 50초 전이야.
9시 39분 43초에서 2시간 43분 50초 전의 시각을 구해 보자!

어떤 시각에서 몇 시간 전의 시각은 시간의 (덧셈 , 뺄셈)을 이용해서 구할 수 있어.
이때, 초 단위끼리 뺄 수 없으면
1분을 ☐초로 받아내림하고,
분 단위끼리 뺄 수 없으면
1시간을 ☐분으로 받아내림하면 돼.

	☐		☐ 38		☐	
	~~9~~	시	~~39~~	분	43	초
−	2	시간	43	분	50	초
	☐	시	☐	분	☐	초

아~ 수호가 운동을 시작한 시각에 ○표 하면 ( ) ( ) ( )이구나!

10 현서는 책 읽기를 6시 17분 23초에 끝냈습니다. 1시간 40분 35초 동안 책을 읽었을 때 현서가 책을 읽기 시작한 시각은 몇 시 몇 분 몇 초인지 구해 보세요.

( )

11 재형이는 TV를 45분 50초 동안 보고 나서 시계를 보았더니 오른쪽과 같았습니다. 재형이가 TV를 보기 시작한 시각은 몇 시 몇 분 몇 초인지 구해 보세요.

( )

1 길이 비교하기

빨간색 색연필의 길이는 10 cm 7 mm이고 파란색 색연필의 길이는 170 mm입니다. 길이가 더 긴 색연필은 무엇인지 풀이 과정을 쓰고 답을 구해 보세요.

10 cm 7 mm와 170 mm 중
더 긴 것은?

■ cm=■0 mm

무엇을 쓸까? ❶ 길이를 같은 단위로 나타내기
❷ 길이가 더 긴 색연필 구하기

풀이 예 1 cm = 10 mm이므로 빨간색 색연필의 길이는

10 cm 7 mm = (　　　) mm + 7 mm = (　　　) mm입니다. --- ❶

따라서 (　　　) mm < (　　　) mm이므로

길이가 더 긴 색연필은 (　　　) 색연필입니다. --- ❷

답 ______

1-1

사과나무의 높이는 3 m 20 cm이고 대추나무의 높이는 317 cm입니다. 높이가 더 높은 나무는 무엇인지 풀이 과정을 쓰고 답을 구해 보세요.

무엇을 쓸까? ❶ 높이를 같은 단위로 나타내기
❷ 높이가 더 높은 나무 구하기

풀이 ______

답 ______

2 거리 구하기

주하네 집에서 공원을 지나 서점까지 가는 거리는 몇 km 몇 m인지 풀이 과정을 쓰고 답을 구해 보세요.

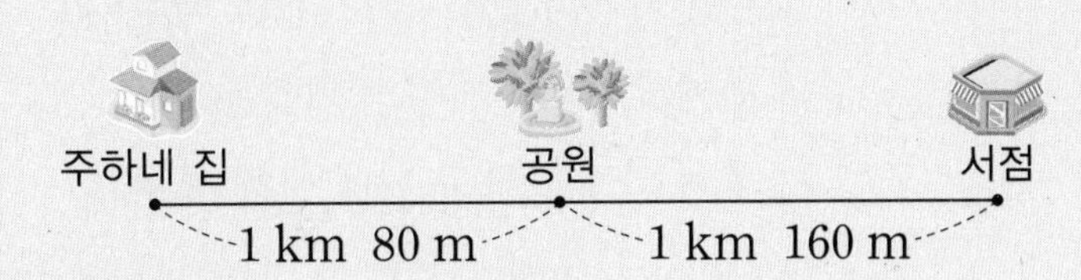

(주하네 집~공원), (공원~서점)의 거리를 더하면?

km는 km끼리, m는 m끼리 계산해!

무엇을 쓸까? ❶ 주하네 집에서 공원을 지나 서점까지 가는 거리를 구하는 과정 쓰기
❷ 주하네 집에서 공원을 지나 서점까지 가는 거리 구하기

풀이 예 (주하네 집에서 공원을 지나 서점까지 가는 거리)

=(   ) km (   ) m+(   ) km (   ) m --- ❶

=(   ) km (   ) m

주하네 집에서 공원을 지나 서점까지 가는 거리는 (   ) km (   ) m입니다. --- ❷

답

2-1

예나네 집에서 은행까지의 거리는 790 m이고, 은행에서 도서관까지의 거리는 830 m입니다. 예나네 집에서 은행을 지나 도서관까지 가는 거리는 몇 km 몇 m인지 풀이 과정을 쓰고 답을 구해 보세요.

무엇을 쓸까? ❶ 예나네 집에서 은행을 지나 도서관까지 가는 거리를 구하는 과정 쓰기
❷ 예나네 집에서 은행을 지나 도서관까지 가는 거리 구하기

풀이

답

2-2

유미네 집에서 경찰서를 지나 병원까지 가는 거리가 1 km 450 m일 때, 유미네 집에서 경찰서까지의 거리는 몇 m인지 풀이 과정을 쓰고 답을 구해 보세요.

유미네 집
경찰서
병원
520 m

무엇을 쓸까?
❶ 유미네 집에서 경찰서까지의 거리를 구하는 과정 쓰기
❷ 유미네 집에서 경찰서까지의 거리 구하기

풀이

답

2-3

태인이네 집에서 현서네 집까지 가는 길입니다. ㉮와 ㉯ 중 어느 길로 가는 것이 더 가까운지 풀이 과정을 쓰고 답을 구해 보세요.

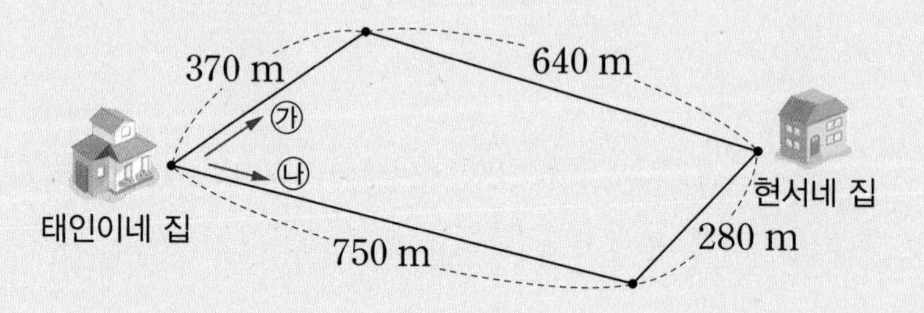

무엇을 쓸까?
❶ ㉮ 길로 가는 거리 구하기
❷ ㉯ 길로 가는 거리 구하기
❸ 어느 길로 가는 것이 더 가까운지 구하기

풀이

답

3 시각/시간 구하기

피아노 연주회가 2시 15분에 시작하여 2시간 30분 후에 끝났습니다. 피아노 연주회가 끝난 시각은 몇 시 몇 분인지 풀이 과정을 쓰고 답을 구해 보세요.

2시 15분에서
2시간 30분 후의 시각은?

❶ 피아노 연주회가 끝난 시각을 구하는 과정 쓰기
❷ 피아노 연주회가 끝난 시각 구하기

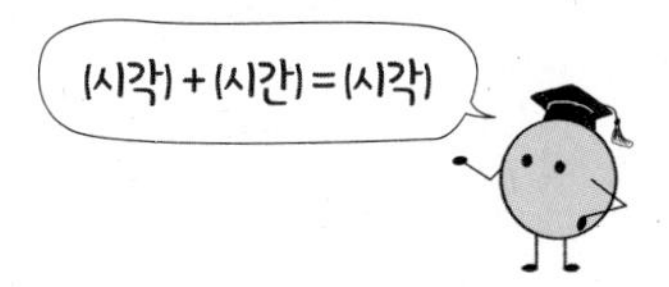

풀이 예 (피아노 연주회가 끝난 시각)

=2시 15분+(　　)시간 (　　)분 --- ❶

=(　　)시 (　　)분

따라서 피아노 연주회가 끝난 시각은 (　　)시 (　　)분입니다. --- ❷

답

3-1

정민이는 그림 그리기를 10시 20분에 시작하여 11시 45분에 끝냈습니다. 정민이가 그림을 그린 시간은 몇 시간 몇 분인지 풀이 과정을 쓰고 답을 구해 보세요.

무엇을 쓸까?
❶ 정민이가 그림을 그린 시간을 구하는 과정 쓰기
❷ 정민이가 그림을 그린 시간 구하기

풀이

답

3-2

윤아는 수학 숙제를 35분 30초 동안 하였고, 국어 숙제를 40분 20초 동안 하였습니다. 윤아가 수학과 국어 숙제를 한 시간은 모두 몇 시간 몇 분 몇 초인지 풀이 과정을 쓰고 답을 구해 보세요.

무엇을 쓸까?
❶ 윤아가 수학과 국어 숙제를 한 시간을 구하는 과정 쓰기
❷ 윤아가 수학과 국어 숙제를 한 시간 구하기

풀이

답

3-3

준오네 가족이 집에서 할머니 댁까지 가는 데는 2시간 8분 10초가 걸렸고, 할머니 댁에서 집으로 오는 데는 1시간 47분 6초가 걸렸습니다. 할머니 댁에 갈 때는 집으로 올 때보다 몇 분 몇 초 더 걸렸는지 풀이 과정을 쓰고 답을 구해 보세요.

무엇을 쓸까?
❶ 할머니 댁에 갈 때 더 걸린 시간을 구하는 과정 쓰기
❷ 할머니 댁에 갈 때 더 걸린 시간 구하기

풀이

답

4 낮/밤의 길이 구하기

어느 날 낮의 길이는 11시간 20분 17초였습니다. 이날 밤의 길이는 몇 시간 몇 분 몇 초였는지 풀이 과정을 쓰고 답을 구해 보세요.

하루의 시간에서
낮의 길이를 빼면?

하루는 24시간이야!

무엇을 쓸까? ❶ 밤의 길이를 구하는 과정 쓰기
❷ 밤의 길이 구하기

풀이 예 하루는 (　　　)시간이므로

(밤의 길이) = (　　　)시간 − 11시간 20분 17초 --- ❶

= (　　　)시간 (　　　)분 (　　　)초

따라서 이날 밤의 길이는 (　　　)시간 (　　　)분 (　　　)초였습니다. --- ❷

답

5

4-1

어느 날 밤의 길이는 12시간 41분 36초였습니다. 이날 낮의 길이는 몇 시간 몇 분 몇 초였는지 풀이 과정을 쓰고 답을 구해 보세요.

무엇을 쓸까? ❶ 낮의 길이를 구하는 과정 쓰기
❷ 낮의 길이 구하기

풀이

답

수행 평가

1 연필의 길이를 재어 보세요.

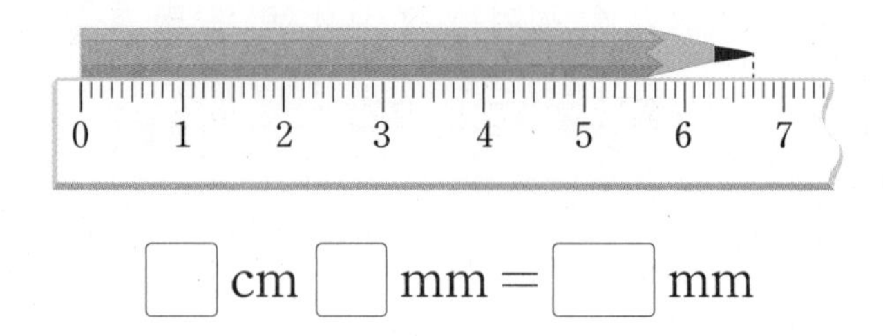

□ cm □ mm = □ mm

2 시각을 읽어 보세요.

( )

3 계산해 보세요.

	6 시	29 분	47 초
+	1 시간	35 분	23 초
	□ 시	□ 분	□ 초

4 길이를 비교하여 ○ 안에 >, =, < 중 알맞은 것을 써넣으세요.

(1) 8 cm 4 mm ○ 69 mm

(2) 5063 m ○ 5 km 360 m

5 다음 중 길이가 1 km보다 긴 것을 모두 고르세요. ( )

① 전봇대의 높이
② 10층 건물의 높이
③ 설악산의 높이
④ 비행기의 길이
⑤ 서울에서 강릉까지의 거리

6 진아는 간식을 6분 50초 동안 먹었고, 현수는 420초 동안 먹었습니다. 간식을 더 오래 먹은 사람은 누구일까요?

( )

7 □ 안에 알맞은 수를 써넣으세요.

12 cm 6 mm+□ mm
=171 mm

8 희진이는 매일 1시간 25분 동안 책을 읽습니다. 희진이가 3일 동안 책을 읽은 시간은 모두 몇 시간 몇 분일까요?

( )

9 선우네 집에서 미술관을 지나 동물원까지 가는 거리는 선우네 집에서 동물원까지 바로 가는 거리보다 몇 m 더 먼지 구해 보세요.

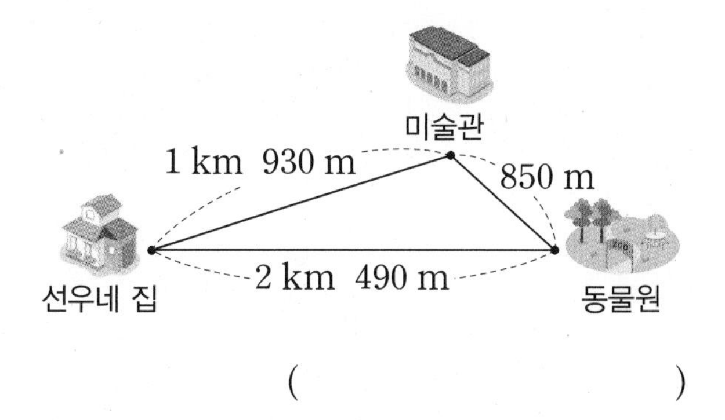

( )

서술형 문제

10 현아는 9시 45분에 집에서 출발하여 할머니 댁에 12시 8분에 도착하였습니다. 현아네 집에서 할머니 댁까지 가는 데 걸린 시간은 몇 시간 몇 분인지 풀이 과정을 쓰고 답을 구해 보세요.

풀이

답

개념 적용

1 진도책 154쪽 16번 문제

부분을 보고 전체에 알맞은 도형을 모두 찾아 기호를 써 보세요.

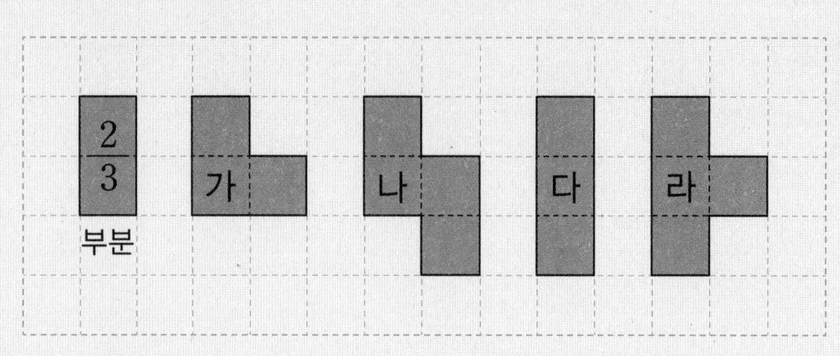

어떻게 풀었니?

전체를 똑같이 몇으로 나눈 것인지 알아보자!

가 전체의 $\frac{2}{3}$니까 는 전체를 똑같이 ☐(으)로 나눈 것 중의 ☐(이)야.

그럼 전체의 $\frac{1}{3}$은 이지.

$\frac{1}{3}$이 ☐개이면 전체가 되니까 나눈 조각의 모양이 이고, 전체를 똑같이 ☐(으)로 나눈 도형을 찾으면 돼.

가, 나, 다, 라의 나눈 조각의 모양은 모두 이고, 가는 전체를 똑같이 ☐(으)로, 나는 ☐(으)로, 다는 ☐(으)로, 라는 ☐(으)로 나누었어.

아~ 전체에 알맞은 도형을 모두 찾으면 ☐, ☐구나!

2 부분을 보고 전체에 알맞은 도형을 모두 찾아 기호를 써 보세요.

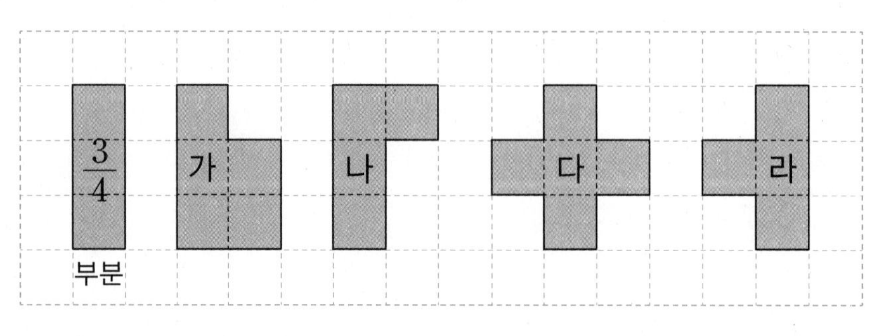

( )

3

진도책 157쪽
25번 문제

가장 큰 분수와 가장 작은 분수를 각각 찾아 써 보세요.

$\frac{11}{13}$ $\frac{2}{13}$ $\frac{8}{13}$ $\frac{3}{13}$ $\frac{12}{13}$

분모가 같은 분수의 크기를 비교해 보자!

주어진 분수는 분모가 모두 13으로 같아.
분모가 같은 분수는 분자가 클수록 큰 수이니까 분자의 크기를 비교하면 돼.
분자의 크기를 비교하면

$\square < \square < \square < \square < \square$(이)니까

$\frac{\square}{13} < \frac{\square}{13} < \frac{\square}{13} < \frac{\square}{13} < \frac{\square}{13}$(이)야.

아~ 가장 큰 분수는 □, 가장 작은 분수는 □(이)구나!

4

가장 큰 분수와 가장 작은 분수를 각각 찾아 써 보세요.

$\frac{9}{11}$ $\frac{5}{11}$ $\frac{8}{11}$ $\frac{10}{11}$ $\frac{3}{11}$ $\frac{6}{11}$

가장 큰 분수 (　　　　　　)

가장 작은 분수 (　　　　　　)

6

5

가장 큰 수를 찾아 기호를 써 보세요.

㉠ $\frac{1}{15}$이 13개인 수　㉡ $\frac{9}{15}$　㉢ $\frac{1}{15}$이 8개인 수　㉣ $\frac{11}{15}$

(　　　　　　)

6

진도책 166쪽 11번 문제

나타내는 수가 다른 하나를 찾아 기호를 써 보세요.

㉠ $\frac{1}{10}$이 68개인 수	㉡ 0.1이 69개인 수
㉢ 1이 6개, 0.1이 8개인 수	㉣ 6과 0.8만큼인 수

어떻게 풀었니?

주어진 수를 모두 소수로 나타내 보자!

㉠ $\frac{1}{10}$이 68개인 수는 0.1이 68개인 수와 같으니까 □(이)야.

㉡ 0.1이 69개인 수는 □(이)야.

㉢ 1이 6개, 0.1이 8개인 수는 6과 □만큼이니까 □(이)야.

㉣ 6과 0.8만큼인 수는 □(이)야.

아~ 나타내는 수가 다른 하나는 □이구나!

7

나타내는 수가 다른 하나를 찾아 기호를 써 보세요.

㉠ 0.1이 73개인 수	㉡ 7과 0.3만큼인 수
㉢ 1이 7개, $\frac{1}{10}$이 3개인 수	㉣ $\frac{1}{10}$이 37개인 수

(　　　　　　　)

8

나타내는 수가 다른 하나를 찾아 기호를 써 보세요.

㉠ 사 점 구	㉡ 0.1이 49개인 수
㉢ $\frac{1}{10}$이 94개인 수	㉣ 4와 0.9만큼인 수

(　　　　　　　)

9

진도책 169쪽 20번 문제

미술 시간에 사용한 수수깡의 길이입니다. 수수깡을 가장 많이 사용한 학생을 찾아 이름을 써 보세요.

환희: 31 mm	승찬: 6.3 cm
영미: 5 cm 1 mm	은정: 6 mm

어떻게 풀었니?

단위를 모두 cm로 바꾸어 비교해 보자!

1 mm는 1 cm를 똑같이 10으로 나눈 것 중의 1이니까 1 mm $= \frac{1}{10}$ cm = ☐ cm야.

수수깡의 길이를 모두 소수로 나타내 보면

환희: 31 mm = ☐ cm ☐ mm = ☐ cm, 승찬: 6.3 cm

영미: 5 cm 1 mm = ☐ cm, 은정: 6 mm = ☐ cm

이니까 소수의 크기를 비교해 봐.

소수점 왼쪽 부분이 다른 소수는 소수점 왼쪽 부분이 클수록 큰 수이므로

☐ > ☐ > ☐ > ☐ (이)야.

아~ 수수깡을 가장 많이 사용한 학생은 ☐ (이)구나!

6

10

주하와 친구들이 가지고 있는 연필의 길이입니다. 가장 긴 연필을 가지고 있는 학생을 찾아 이름을 써 보세요.

연서: 15.2 cm	주하: 12 cm 8 mm
태오: 97 mm	민준: 109 mm

(　　　　　　　　)

11

㉮ 막대의 길이는 236 mm, ㉯ 막대의 길이는 23 cm 8 mm, ㉰ 막대의 길이는 23.3 cm입니다. 길이가 가장 긴 막대는 어느 것일까요?

(　　　　　　　　)

쓰기 쉬운 서술형

1 단위분수의 크기 비교하기

가장 큰 분수를 찾아 기호를 쓰려고 합니다. 풀이 과정을 쓰고 답을 구해 보세요.

㉠ $\frac{1}{9}$ ㉡ $\frac{1}{15}$ ㉢ $\frac{1}{11}$

분모가 가장 작은 단위분수는?

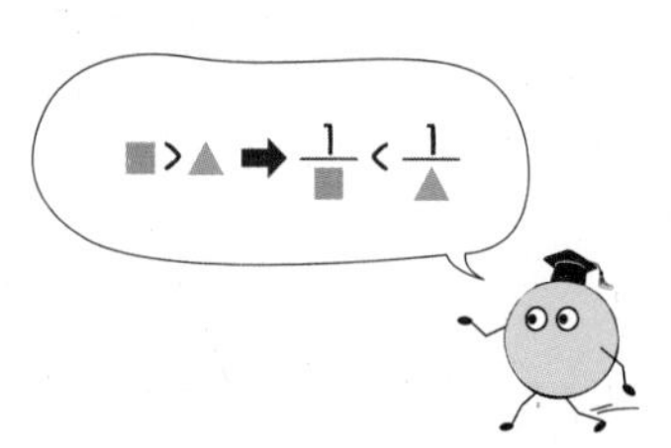

무엇을 쓸까? ❶ 단위분수의 크기 비교하기
❷ 가장 큰 분수를 찾아 기호 쓰기

풀이 예 단위분수는 분모가 (작을수록 , 클수록) 큰 수이므로

( )>( )>( )입니다. --- ❶

따라서 가장 큰 분수를 찾아 기호를 쓰면 ( )입니다. --- ❷

답

1-1

가장 작은 분수를 찾아 기호를 쓰려고 합니다. 풀이 과정을 쓰고 답을 구해 보세요.

㉠ $\frac{1}{12}$ ㉡ $\frac{1}{17}$ ㉢ $\frac{1}{19}$ ㉣ $\frac{1}{14}$

무엇을 쓸까? ❶ 단위분수의 크기 비교하기
❷ 가장 작은 분수를 찾아 기호 쓰기

풀이

답

2 소수의 크기 비교하기

가장 큰 수를 찾아 기호를 쓰려고 합니다. 풀이 과정을 쓰고 답을 구해 보세요.

㉠ 6.4　　㉡ 0.1이 67개인 수　　㉢ 6과 0.3만큼인 수

소수로 나타내 크기를 비교하면?

소수점 왼쪽 부분이 같으면 소수 부분의 크기를 비교해!

무엇을 쓸까? ❶ 소수로 나타내 크기 비교하기
❷ 가장 큰 수를 찾아 기호 쓰기

풀이 예 ㉡ 0.1이 67개인 수: (　　　), ㉢ 6과 0.3만큼인 수: (　　　)이므로

(　　　)>(　　　)>(　　　)입니다. --- ❶

따라서 가장 큰 수를 찾아 기호를 쓰면 (　　)입니다. --- ❷

답

2-1

가장 작은 수를 찾아 기호를 쓰려고 합니다. 풀이 과정을 쓰고 답을 구해 보세요.

㉠ 8과 0.5만큼인 수　　㉡ 8.8　　㉢ 0.1이 86개인 수

무엇을 쓸까? ❶ 소수로 나타내 크기 비교하기
❷ 가장 작은 수를 찾아 기호 쓰기

풀이

답

3 □ 안에 들어갈 수 있는 수 구하기

1부터 9까지의 수 중에서 □ 안에 들어갈 수 있는 수는 모두 몇 개인지 풀이 과정을 쓰고 답을 구해 보세요.

$$\frac{6}{13} > \frac{\square}{13}$$

분자의 크기를 비교하면?

무엇을 쓸까? ❶ □의 범위 구하기
❷ □ 안에 들어갈 수 있는 수의 개수 구하기

풀이 예 분모가 같으므로 분자의 크기를 비교하면 (　　)>□입니다. --- ❶

따라서 □ 안에 들어갈 수 있는 수는 (　　), (　　), (　　), (　　), (　　)(으)로

모두 (　　)개입니다. --- ❷

답

3-1

1부터 9까지의 수 중에서 □ 안에 들어갈 수 있는 수는 모두 몇 개인지 풀이 과정을 쓰고 답을 구해 보세요.

$$4.\square > 4.5$$

무엇을 쓸까? ❶ □의 범위 구하기
❷ □ 안에 들어갈 수 있는 수의 개수 구하기

풀이

답

3-2

□ 안에 들어갈 수 있는 수는 모두 몇 개인지 풀이 과정을 쓰고 답을 구해 보세요.

$$\frac{11}{17} < \frac{\square}{17} < \frac{15}{17}$$

무엇을 쓸까? ❶ □의 범위 구하기
❷ □ 안에 들어갈 수 있는 수의 개수 구하기

풀이

답

3-3

1부터 9까지의 수 중에서 □ 안에 들어갈 수 있는 수는 모두 몇 개인지 풀이 과정을 쓰고 답을 구해 보세요.

$$8.3 < 8.\square < 8.9$$

무엇을 쓸까? ❶ □의 범위 구하기
❷ □ 안에 들어갈 수 있는 수의 개수 구하기

풀이

답

4 분수와 소수의 크기 비교의 활용

성빈이네 집에서 학교까지의 거리는 0.7 km이고, 약국까지의 거리는 $\frac{8}{10}$ km입니다. 학교와 약국 중에서 성빈이네 집에서 더 가까운 곳은 어디인지 풀이 과정을 쓰고 답을 구해 보세요.

거리를 모두 분수나 소수로 나타내 비교하면?

$\frac{■}{10}$ = 0.■

무엇을 쓸까? ❶ 성빈이네 집에서 학교까지의 거리를 분수로 나타내기
❷ 성빈이네 집에서 더 가까운 곳 구하기

풀이 예 성빈이네 집에서 학교까지의 거리는 0.7 km = (   ) km입니다. --- ❶

따라서 (   ) < (   )이므로

성빈이네 집에서 더 가까운 곳은 (   )입니다. --- ❷

답

4-1

지후와 윤서는 같은 크기의 케이크를 가지고 있습니다. 지후는 케이크의 $\frac{3}{10}$을 먹었고, 윤서는 케이크의 0.4를 먹었습니다. 누가 케이크를 더 많이 먹었는지 풀이 과정을 쓰고 답을 구해 보세요.

무엇을 쓸까? ❶ 지후가 먹은 케이크의 양을 소수로 나타내기
❷ 케이크를 더 많이 먹은 사람 구하기

풀이

답

4-2

리본 끈 가, 나, 다가 있습니다. 가 끈의 길이는 $\frac{5}{10}$ m, 나 끈의 길이는 0.8 m, 다 끈의 길이는 $\frac{6}{10}$ m입니다. 길이가 가장 긴 끈은 어느 것인지 풀이 과정을 쓰고 답을 구해 보세요.

무엇을 쓸까? ❶ 나 끈의 길이를 분수로 나타내기
❷ 길이가 가장 긴 끈 구하기

풀이

답

4-3

같은 음료수를 서윤이는 전체의 $\frac{7}{10}$을 마셨고, 하니는 전체의 0.5를 마셨고, 지수는 전체의 0.6을 마셨습니다. 남은 음료수가 가장 많은 사람은 누구인지 풀이 과정을 쓰고 답을 구해 보세요.

무엇을 쓸까? ❶ 서윤이가 마신 음료수의 양을 소수로 나타내기
❷ 마신 음료수의 양 비교하기
❸ 남은 음료수가 가장 많은 사람 구하기

풀이

답

수행 평가

1 전체를 똑같이 넷으로 나눈 도형을 찾아 ○표 하세요.

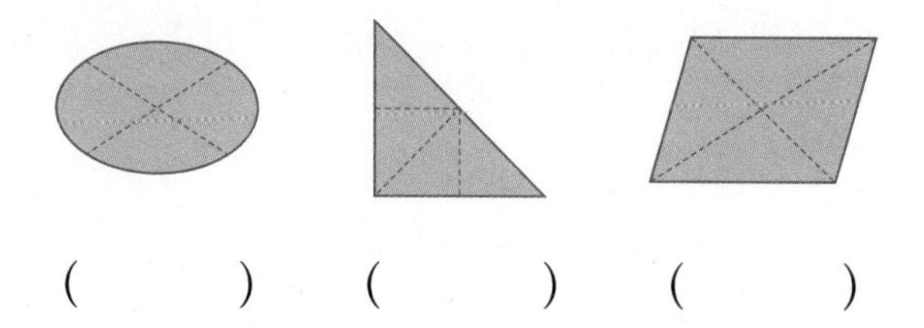

( ) ( ) ( )

2 □ 안에 알맞은 수를 써넣으세요.

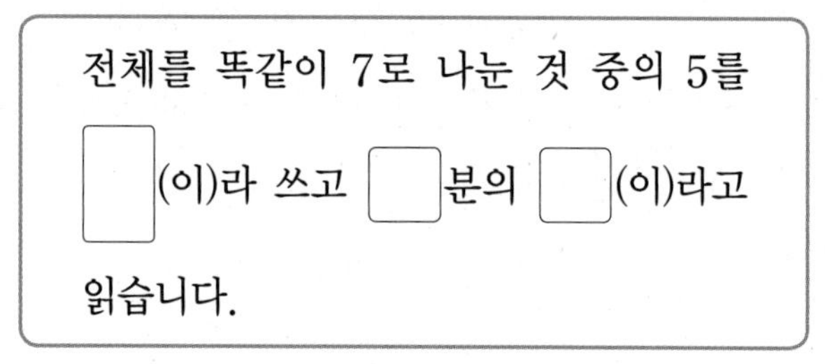

전체를 똑같이 7로 나눈 것 중의 5를 □(이)라 쓰고 □분의 □(이)라고 읽습니다.

3 □ 안에 알맞은 소수를 써넣으세요.

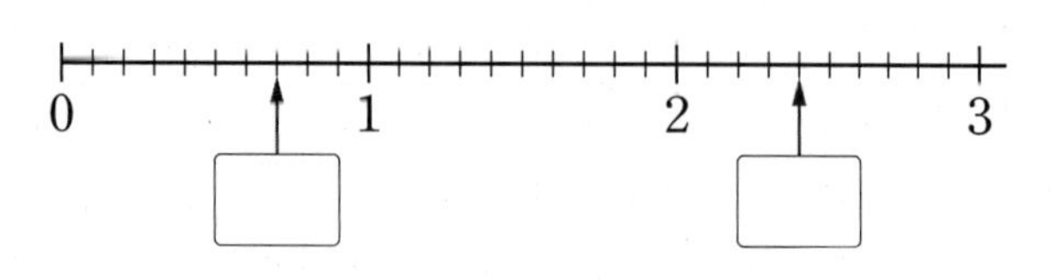

4 색칠한 부분과 색칠하지 않은 부분을 분수로 나타내 보세요.

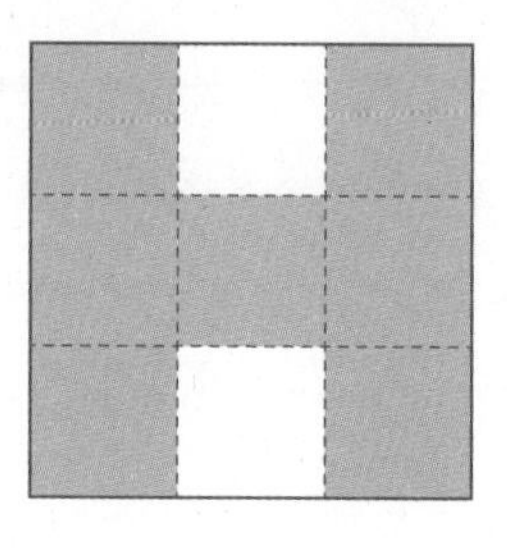

색칠한 부분 □

색칠하지 않은 부분 □

5 옳지 않은 것을 찾아 기호를 써 보세요.

㉠ 9 mm = 0.9 cm
㉡ 30 cm 4 mm = 3.4 cm
㉢ 2.6 cm = 2 cm 6 mm

( )

6 가장 큰 분수를 찾아 써 보세요.

$\frac{1}{14}$ $\frac{1}{25}$ $\frac{1}{9}$ $\frac{1}{11}$

( )

7 현아네 집에서 학교까지의 거리는 $\frac{5}{8}$ km이고, 도서관까지의 거리는 $\frac{7}{8}$ km입니다. 학교와 도서관 중에서 현아네 집에서 더 가까운 곳은 어디일까요?

( )

8 더 큰 수의 기호를 써 보세요.

㉠ 7과 0.4만큼인 수
㉡ 0.1이 72개인 수

( )

9 색 테이프를 진아는 0.7 m, 태우는 $\frac{8}{10}$ m, 민주는 0.6 m 가지고 있습니다. 가지고 있는 색 테이프의 길이가 가장 긴 사람은 누구일까요?

( )

서술형 문제

10 1부터 9까지의 수 중에서 □ 안에 들어갈 수 있는 수의 합은 얼마인지 풀이 과정을 쓰고 답을 구해 보세요.

$2.3 < 2.\square < 2.7$

풀이

답

총괄 평가

1 계산해 보세요.

(1)
$$\begin{array}{r} 3\ 4\ 8 \\ +\ 1\ 6\ 5 \\ \hline \end{array}$$

(2)
$$\begin{array}{r} 7\ 2\ 4 \\ -\ 2\ 3\ 5 \\ \hline \end{array}$$

2 반직선을 찾아 이름을 써 보세요.

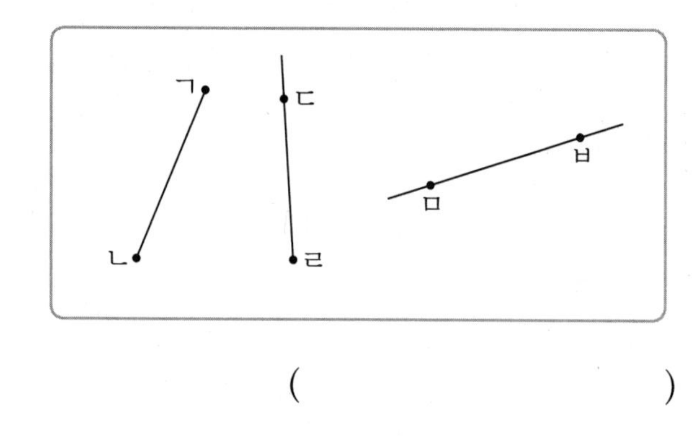

(　　　　　　　　　)

3 색칠한 부분과 색칠하지 않은 부분을 분수로 나타내 보세요.

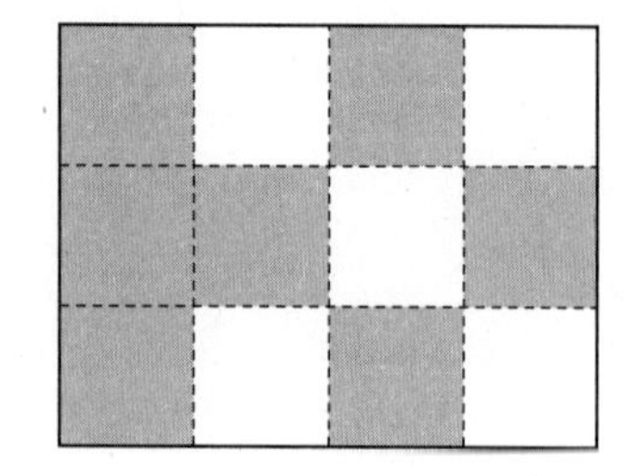

색칠한 부분 ☐

색칠하지 않은 부분 ☐

4 곱셈식을 나눗셈식 2개로 나타내 보세요.

$5\times 8=40$

나눗셈식 ...., ...

5 나타내는 수가 다른 하나를 찾아 기호를 써 보세요.

㉠ 팔 점 사
㉡ 0.1이 84개인 수
㉢ $\frac{1}{10}$이 48개인 수
㉣ 8과 0.4만큼인 수

(　　　　　　　　　)

6 빨간색 리본 끈의 길이는 687 cm이고, 파란색 리본 끈의 길이는 836 cm입니다. 두 리본 끈의 길이의 합은 몇 cm인지 구해 보세요.

(　　　　　　　　)

7 몫이 큰 것부터 차례로 기호를 써 보세요.

㉠ $36 \div 4$　　㉡ $56 \div 8$　　㉢ $48 \div 6$

(　　　　　　　　)

8 □ 안에 알맞은 수를 써넣으세요.

$$68 \times 9 = 68 \times 10 - \square$$
$$= \square - \square$$
$$= \square$$

9 연필 42자루를 7명에게 똑같이 나누어 주려고 합니다. 한 명에게 연필을 몇 자루씩 줄 수 있는지 구해 보세요.

(　　　　　　　　)

10 다음 중 가장 큰 분수는 어느 것일까요? (　　)

① $\frac{1}{7}$　② $\frac{1}{8}$　③ $\frac{1}{11}$

④ $\frac{1}{13}$　⑤ $\frac{3}{7}$

11 준형이네 집에서 서점까지의 거리는 1 km 400 m이고, 서점에서 공원까지의 거리는 830 m입니다. 준형이네 집에서 서점을 지나 공원까지 가는 거리는 몇 km 몇 m인지 구해 보세요.

(　　　　　　　　　　)

12 직사각형 모양의 종이를 잘라서 만들 수 있는 가장 큰 정사각형의 네 변의 길이의 합은 몇 cm인지 구해 보세요.

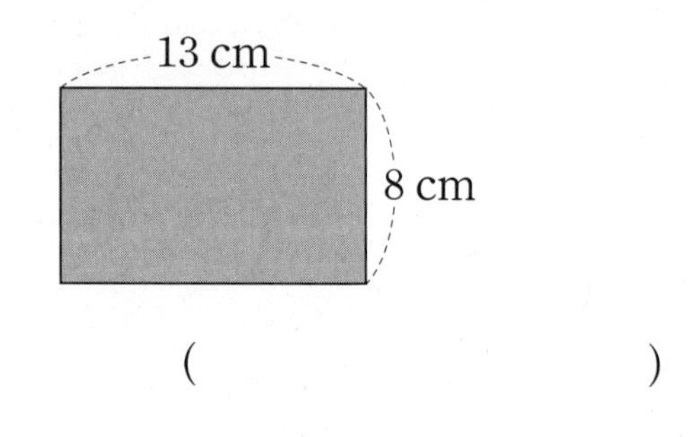

(　　　　　　　　　　)

13 □ 안에 알맞은 수를 써넣으세요.

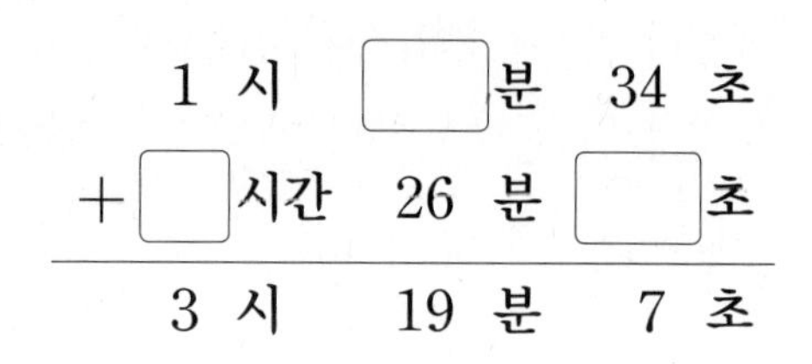

14 계산 결과를 비교하여 ○ 안에 >, =, < 중 알맞은 것을 써넣으세요.

43×6 ○ 37×8

15 다음은 윤성이가 운동을 시작한 시각과 운동을 끝낸 시각입니다. 윤성이가 운동을 한 시간은 몇 시간 몇 분 몇 초인지 구해 보세요.

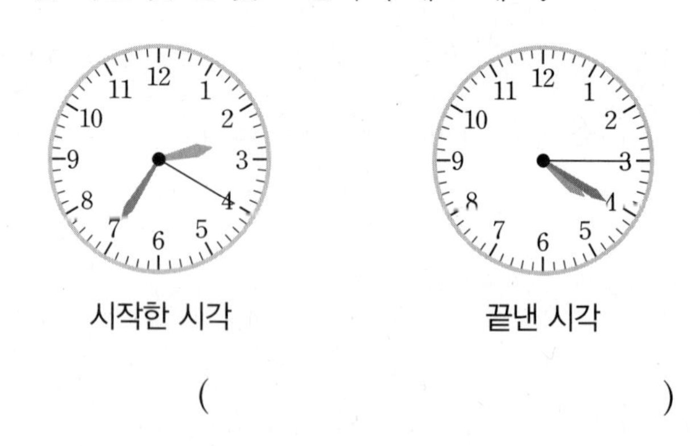

(　　　　　　　　　　)

16 4장의 수 카드 중에서 3장을 골라 한 번씩만 사용하여 세 자리 수를 만들려고 합니다. 만들 수 있는 가장 큰 수와 가장 작은 수의 차를 구해 보세요.

3 7 4 8

( )

17 1부터 9까지의 수 중에서 □ 안에 들어갈 수 있는 수는 모두 몇 개인지 구해 보세요.

$16 \times \square > 22 \times 5$

( )

18 그림에서 찾을 수 있는 크고 작은 직각삼각형은 모두 몇 개인지 구해 보세요.

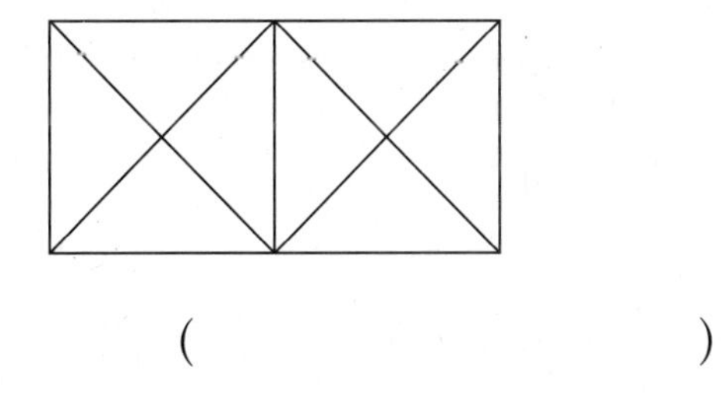

( )

서술형 문제

19 어떤 수에서 371을 빼야 할 것을 잘못하여 더했더니 963이 되었습니다. 바르게 계산한 값은 얼마인지 풀이 과정을 쓰고 답을 구해 보세요.

풀이

답

서술형 문제

20 1부터 9까지의 수 중에서 □ 안에 공통으로 들어갈 수 있는 수는 모두 몇 개인지 풀이 과정을 쓰고 답을 구해 보세요.

$3.5 < 3.\square$

$\square.7 < 8.2$

풀이

답

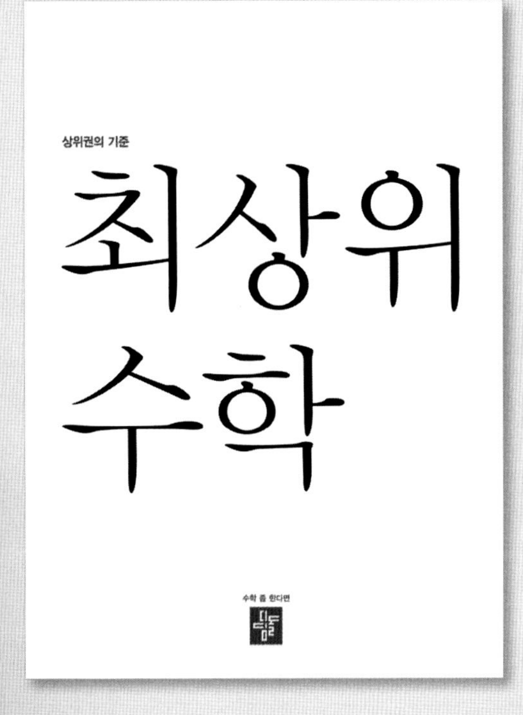
상위권의 기준
최상위
수학
수학 좀 한다면
디딤돌

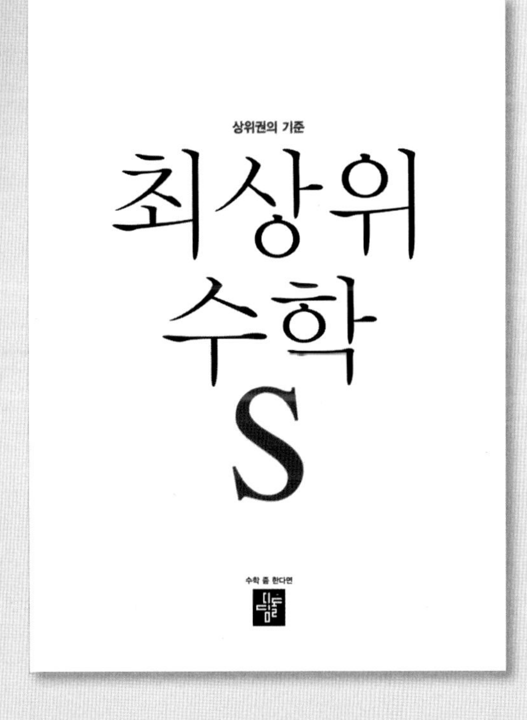
상위권의 기준
최상위
수학
S
수학 좀 한다면
디딤돌

한걸음 한걸음 디딤돌을 걷다 보면 수학이 완성됩니다.

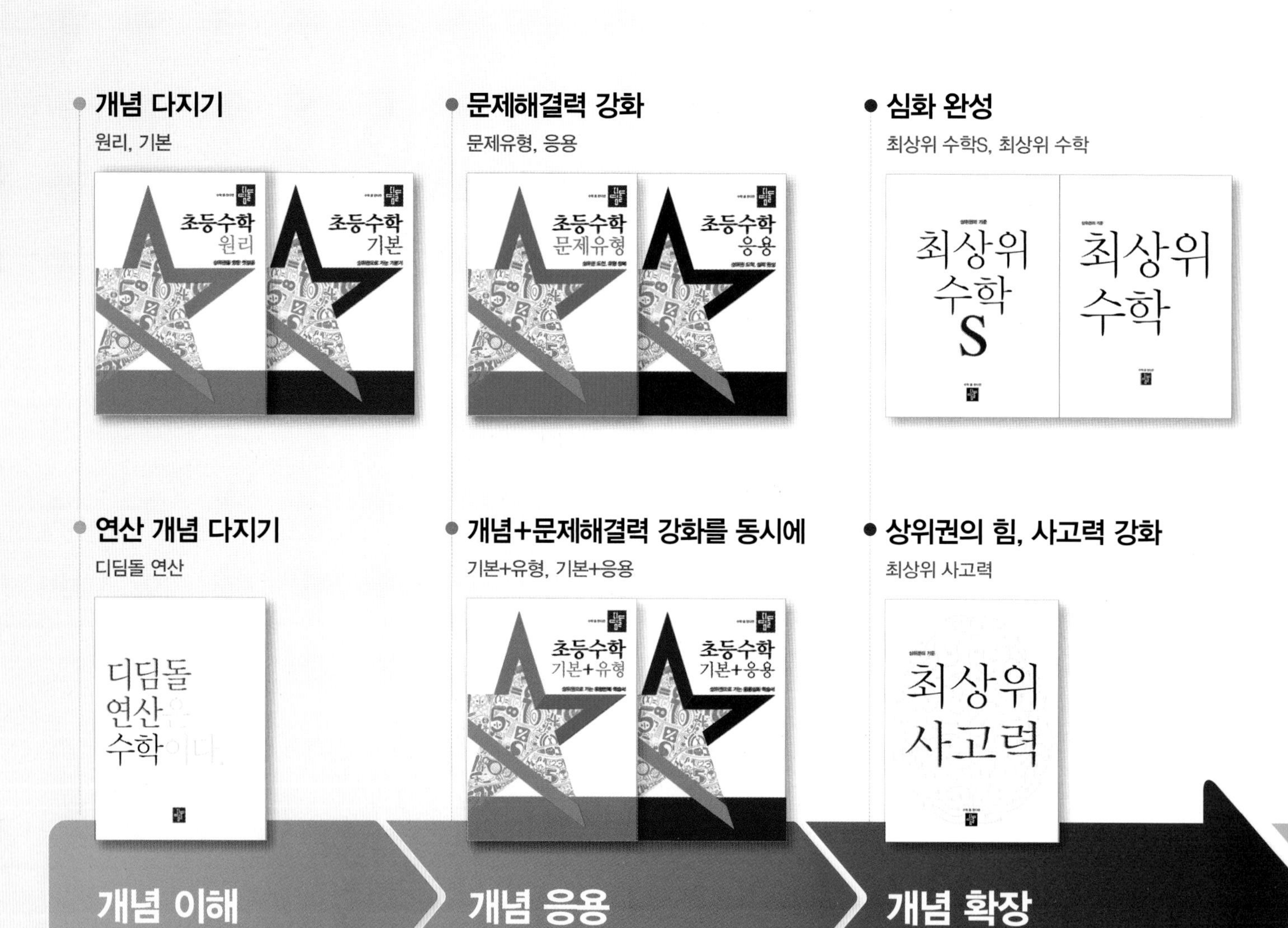

학습 능력과 목표에 따라
맞춤형이 가능한 디딤돌 초등 수학

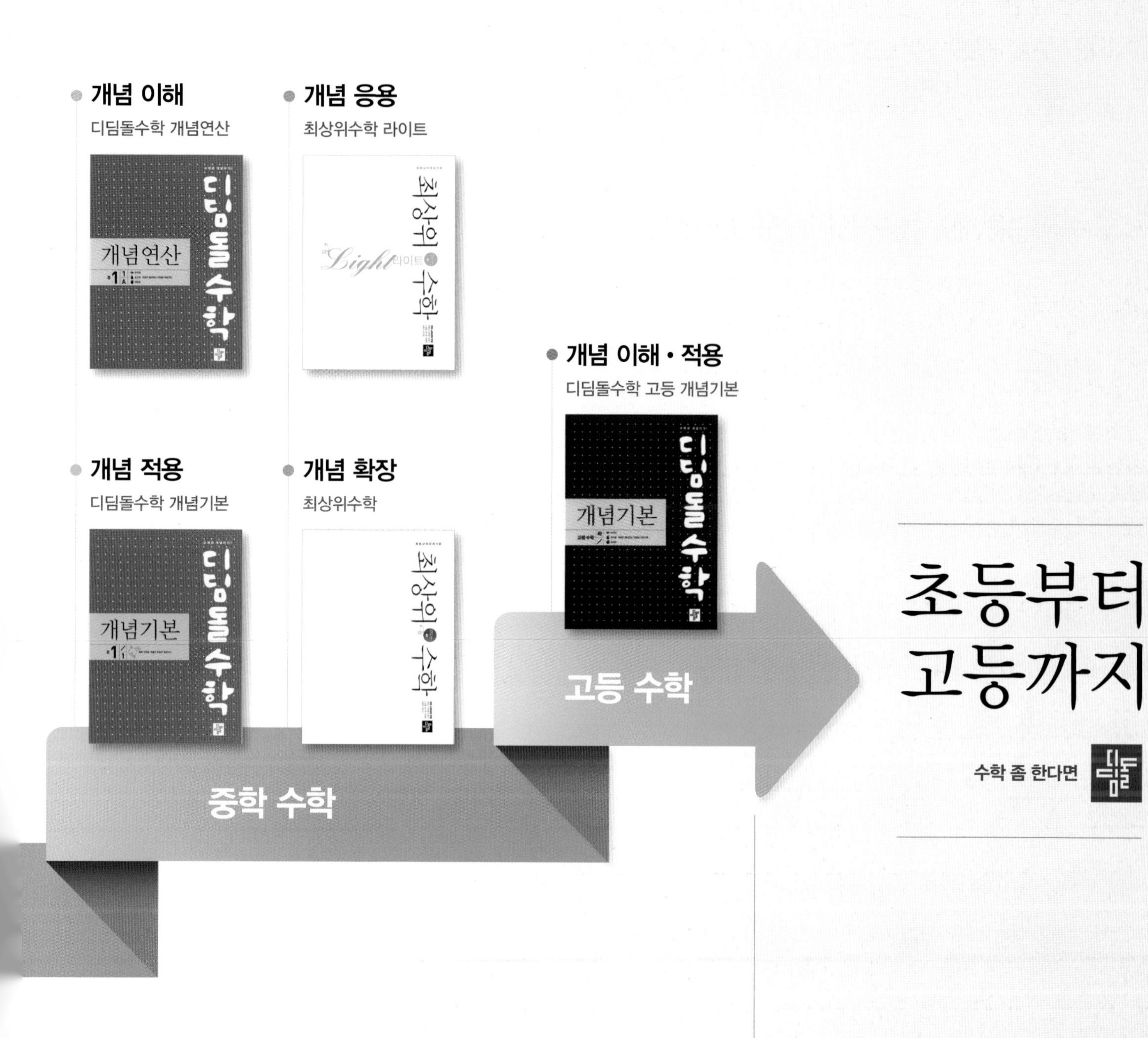

초등부터 고등까지

수학 좀 한다면

개념을 이해하고, 깨우치고, 꺼내 쓰는
올바른 중고등 개념 학습서

수능까지 연결되는 독해 로드맵

디딤돌 독해력은 수능까지 연결되는 체계적인 라인업을 통하여
수능에서 요구하는 핵심 독해 원리에 대한 이해는 물론,
단계 별로 심화되며 연결되는 학습의 과정을 통해
깊이 있고 종합적인 독해 사고의 능력까지 기를 수 있도록 도와줍니다.

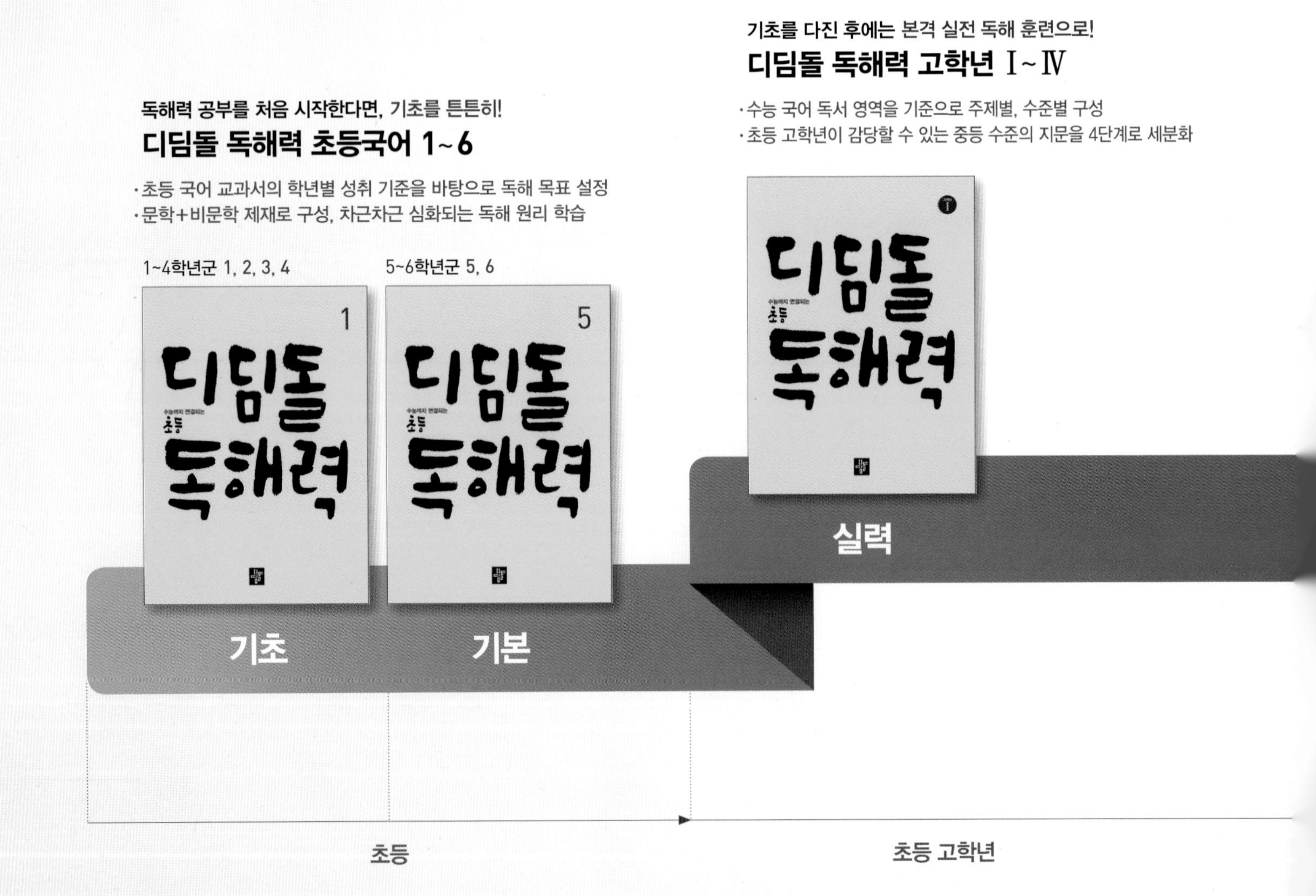

기본 | 정답과 풀이

1 덧셈과 뺄셈

이 단원에서는 초등 과정에서의 덧셈과 뺄셈 학습을 마무리하게 됩니다.
덧셈과 뺄셈은 가장 기초적인 연산으로 십진법의 개념을 잘 이해하고 있어야만 명확하게 연산의 원리, 방법을 알 수 있으므로 기계적으로 계산 학습을 하기보다는 자릿값의 이해를 통해 연산 원리를 이해하는 학습이 되도록 지도해 주세요. 이후 네 자리 수 이상의 덧셈, 뺄셈은 교과서에서 별도로 다루지 않기 때문에 이번 단원에서 학습한 '십진법에 따른 계산 원리'로 큰 수의 덧셈, 뺄셈도 할 수 있어야 합니다. 또한 덧셈에서 적용되는 교환법칙이나 등호의 개념 이해를 바탕으로 한 문제들을 풀어 보면서 연산의 성질을 이해하고, 중등 과정으로의 연계가 매끄러울 수 있도록 구성하였습니다.

교과서 개념 이해 1 같은 자리끼리 계산해. 8쪽

1 6 / 7, 6 / 4, 7, 6
2 5, 8, 7
3 (1) 500, 80, 5 / 585 (2) 500, 85 / 585

교과서 개념 이해 2 같은 자리끼리 더해서 10이거나 10을 넘으면 바로 윗자리로 보내. 9쪽

1 (위에서부터) (1) 1, 3 / 1, 7, 3 / 1, 6, 7, 3
(2) 6 / 1, 3, 6 / 1, 6, 3, 6
2 (1) 551 / 500, 40, 11 (2) 619 / 500, 110, 9

교과서 개념 이해 3 백의 자리끼리 더해서 10이거나 10을 넘으면 천의 자리로 보내. 10~11쪽

1 (위에서부터) (1) 1, 4 / 1, 1, 1, 4 / 1, 1, 7, 1, 4
(2) 9 / 1, 1, 9 / 1, 1, 2, 1, 9
(3) 1, 5 / 1, 1, 1, 5 / 1, 1, 1, 5, 1, 5
2 (1)

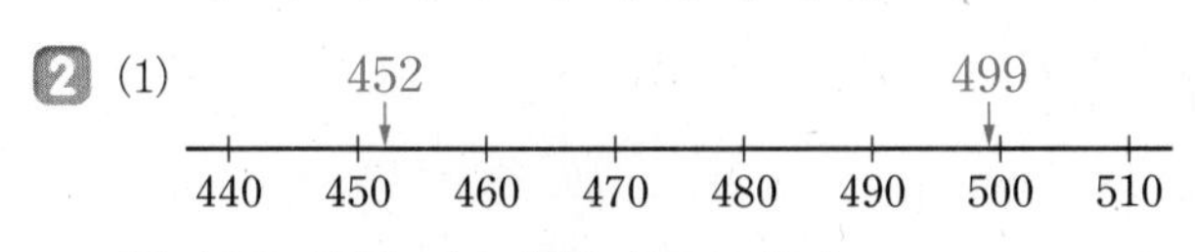

(2) 450, 500 (3) 450, 500, 950

3 (1) 741 (2) 1322 (3) 725 (4) 1350
4 (1) 402, 412, 422 (2) 110, 410, 3410
5 (1) 300, 300 (2) 500, 500

3 (1)
$$\begin{array}{r} {\scriptstyle 1\,1} \\ 452 \\ +289 \\ \hline 741 \end{array}$$
(2)
$$\begin{array}{r} {\scriptstyle 1\,1} \\ 735 \\ +587 \\ \hline 1322 \end{array}$$
(3)
$$\begin{array}{r} {\scriptstyle 1\,1} \\ 287 \\ +438 \\ \hline 725 \end{array}$$
(4)
$$\begin{array}{r} {\scriptstyle 1\,1} \\ 578 \\ +772 \\ \hline 1350 \end{array}$$

4 (1) 같은 수에 10씩 커지는 수를 더하면 합도 10씩 커집니다.
(2) 300, 3000만큼 더 커지는 수에 같은 수를 더하면 합도 300, 3000만큼 더 커집니다.

5 (1) 149에 1을 더하고 더한 1만큼 151에서 1을 뺐으므로 계산 결과는 같습니다.
$149+151=149+1+151-1$
$=150+150$
$=300$
(2) 238에 2를 더하고 더한 2만큼 262에서 2를 뺐으므로 계산 결과는 같습니다.
$238+262=238+2+262-2$
$=240+260$
$=500$

개념 적용 1 받아올림이 없는 (세 자리 수)+(세 자리 수) 12~13쪽

1 (1) 678 (2) 892
2 200+500에 ○표, 500+400에 ○표
3 (1) 335, 345, 355 (2) 738, 838, 938
4 (1) 525, 525 (2) 537, 537
4+ ⓒ
5 (1) 3 (2) 1, 3
6 (1) 357 (2) 74
7 예 404, 131, 535

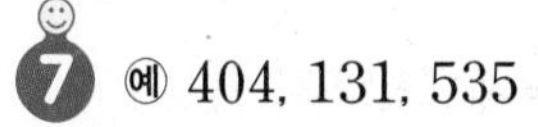
4, 9, 3

2 230을 어림하면 200쯤이고, 467을 어림하면 500쯤입니다. ➡ 200 + 500
486을 어림하면 500쯤이고, 411을 어림하면 400쯤입니다. ➡ 500 + 400

3 (1) 같은 수에 10씩 커지는 수를 더하면 합도 10씩 커집니다.
(2) 같은 수에 100씩 커지는 수를 더하면 합도 100씩 커집니다.

4 (1) 더해지는 수가 5만큼 더 커지고 더하는 수가 5만큼 더 작아졌으므로 계산 결과는 같습니다.
(2) 더해지는 수가 10만큼 더 작아지고 더하는 수가 10만큼 더 커졌으므로 계산 결과는 같습니다.
➕ 더해지는 수와 더하는 수가 모두 10씩 작아지는 덧셈식입니다.

5 (1) 십의 자리 계산: 1 + □ = 4, □ = 3
(2) 일의 자리 계산: 4 + □ = 7, □ = 3
십의 자리 계산: 5 + □ = 6, □ = 1

6 (1) 515 + 342 = 500 + [15 + 342] = 500 + [357]
(2) 433 + 141 = 400 + 33 + 100 + 41
= 400 + 100 + [33 + 41]
= 500 + [74]

내가 만드는 문제
7 예 햄버거와 콜라를 선택했다면
404 + 131 = 535(kcal)입니다.

2 개념 적용 **받아올림이 한 번 있는 (세 자리 수)+(세 자리 수)** 14~15쪽

8 (1) 775 (2) 508 (3) 686 (4) 769

9 (1) 260, 440, 700 (2) 695

10 (1) 7, 8 / 7, 8 / 670, 15 / 685
(2) 62, 51 / 62, 51 / 500, 113 / 613

11 (1) > (2) < **12** 696 m

13 예 690

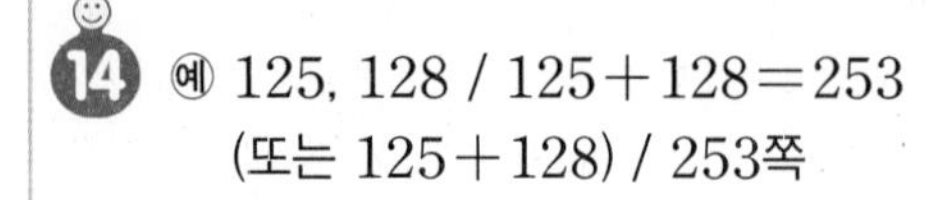

14 예 125, 128 / 125+128=253
(또는 125+128) / 253쪽

3, 5, 8 / 3, 6, 0

8 (1)
$$\begin{array}{r} \scriptstyle 1 \\ 257 \\ +\,518 \\ \hline 775 \end{array}$$
(2)
$$\begin{array}{r} \scriptstyle 1 \\ 326 \\ +\,182 \\ \hline 508 \end{array}$$
(3)
$$\begin{array}{r} \scriptstyle 1 \\ 467 \\ +\,219 \\ \hline 686 \end{array}$$
(4)
$$\begin{array}{r} \scriptstyle 1 \\ 296 \\ +\,473 \\ \hline 769 \end{array}$$

9 (1) 258을 어림하면 260쯤이고, 437을 어림하면 440쯤이므로 258 + 437을 어림하여 구하면 약 260 + 440 = 700입니다.
$$\begin{array}{r} \scriptstyle 1 \\ 260 \\ +\,440 \\ \hline 700 \end{array}$$
(2)
$$\begin{array}{r} \scriptstyle 1 \\ 258 \\ +\,437 \\ \hline 695 \end{array}$$

11 (1) 같은 수를 더할 때는 큰 수에 더한 계산 결과가 더 큽니다.
(2) 474 + 155 = 629, 426 + 208 = 634이므로
474 + 155 < 426 + 208입니다.

12 집에서 학교까지 왕복했으므로 348 m를 두 번 더합니다.
➡ 348 + 348 = 696(m)

13 예 백의 자리 수와 일의 자리 수가 같지 않은 수를 고르면 456 + 234 = 690입니다.
세 수 중 홀수, 짝수인 수를 고르는 방법 등 여러 가지 답이 나올 수 있습니다.

내가 만드는 문제
14 예 하연이는 책을 어제 125쪽 읽었고 오늘 128쪽 읽었으므로 하연이는 이틀 동안 모두
125 + 128 = 253(쪽)을 읽었습니다.

3 개념 적용 **받아올림이 두 번, 세 번 있는 (세 자리 수)+(세 자리 수)** 16~17쪽

15 (1) 933 (2) 1155

16 1, 100

17 1221 **17➕**
$$\begin{array}{r} 8513 \\ +\,1500 \\ \hline 10013 \end{array}$$

18 예 백의 자리를 계산할 때 십의 자리에서 받아올림한 수를 빠뜨리고 계산하여 잘못되었습니다.
$$\begin{array}{r} \scriptstyle 11 \\ 427 \\ +\,296 \\ \hline 723 \end{array}$$

19 (계산 순서대로) (1) 592, 1226, 1226
(2) 654, 1402, 1402

20 나 꾸러미

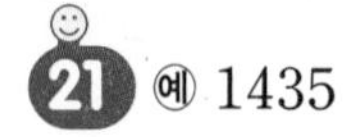

21 예 1435

2, 1

15 (1)
$$\begin{array}{r} {\scriptstyle 1\ 1\ \ } \\ 3\ 4\ 7 \\ +\ 5\ 8\ 6 \\ \hline 9\ 3\ 3 \end{array}$$
(2)
$$\begin{array}{r} {\scriptstyle 1\ \ \ \ } \\ 5\ 0\ 7 \\ +\ 6\ 4\ 8 \\ \hline 1\ 1\ 5\ 5 \end{array}$$

16 십의 자리 계산에서 $1+7+5=13$이므로 1을 백의 자리로 받아올림하여 백의 자리 수 5 위에 작게 1이라고 씁니다.
따라서 ㉠에 알맞은 수는 1이고 실제로 나타내는 값은 100입니다.

17 100이 6개: 600
10이 7개: 70
1이 3개: 3
→ 673

673보다 548만큼 더 큰 수
$$\begin{array}{r} {\scriptstyle 1\ 1\ \ } \\ 6\ 7\ 3 \\ +\ 5\ 4\ 8 \\ \hline 1\ 2\ 2\ 1 \end{array}$$

⊕ 1000이 8개: 8000, 100이 5개: 500, 10이 1개: 10, 1이 3개: 3 ➡ 8513

19 (1) $135+457=592$, $592+634=1226$
(2) $275+379=654$, $654+748=1402$

20

	가 꾸러미	나 꾸러미
어림하기	약 900+600=1500	약 800+600=1400
계산하기	860+590=1450	770+620=1390

1400원으로 살 수 있는 간식 꾸러미는 나 꾸러미입니다.

내가 만드는 문제
21 (♣ 모양의 두 수의 합) $=548+887=1435$
(★ 모양의 두 수의 합) $=677+378=1055$
(♥ 모양의 두 수의 합) $=756+596=1352$

교과서 개념 이해 4 같은 자리끼리 계산해. 18쪽

1 5 / 1, 5 / 3, 1, 5

2 1, 3, 1

3 (1) 300, 30, 3 / 333 (2) 330, 3 / 333

2 각 자리마다 나타내는 값이 다르므로 자리를 맞추어 계산합니다.

교과서 개념 이해 5 같은 자리끼리 못 빼면 윗자리에서 10을 받아내려. 19쪽

1 (위에서부터) (1) 6, 10, 6 / 6, 10, 2, 6 / 6, 10, 3, 2, 6
(2) 5 / 5, 10, 7, 5 / 5, 10, 2, 7, 5

2 (1) 217 / 200, 10, 7 (2) 175 / 100, 70, 5

교과서 개념 이해 6 십의 자리끼리도 못 빼면 백의 자리에서 한 번 더 받아내려. 20~21쪽

1 (위에서부터) (1) 3, 10, 3 / 5, 13, 10, 5, 3 / 5, 13, 10, 3, 5, 3
(2) 3 / 4, 3 / 5, 4, 3

2 456 / 400, 50, 6

3 (1)

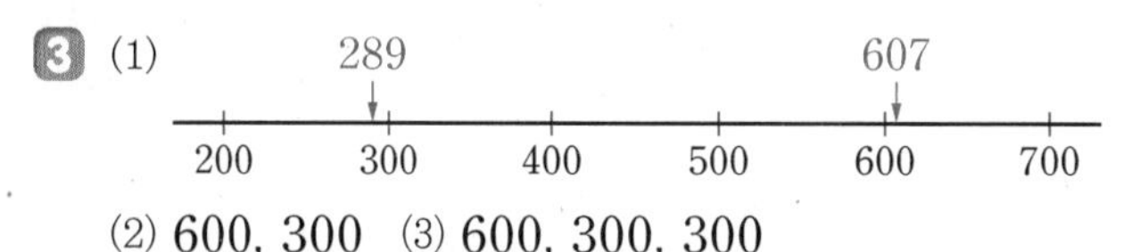

(2) 600, 300 (3) 600, 300, 300

4 (1) 286 (2) 268 (3) 159 (4) 396

5 (1) 276, 266, 256 (2) 337, 347, 357

6 (1) 72, 172 (2) 28, 228

4 (1)
$$\begin{array}{r} {\scriptstyle 7\ 14\ 10} \\ 8\ 5\ 2 \\ -\ 5\ 6\ 6 \\ \hline 2\ 8\ 6 \end{array}$$
(2)
$$\begin{array}{r} {\scriptstyle 4\ 10\ 10} \\ 5\ 1\ 3 \\ -\ 2\ 4\ 5 \\ \hline 2\ 6\ 8 \end{array}$$
(3)
$$\begin{array}{r} {\scriptstyle 2\ 11\ 10} \\ 3\ 2\ 3 \\ -\ 1\ 6\ 4 \\ \hline 1\ 5\ 9 \end{array}$$
(4)
$$\begin{array}{r} {\scriptstyle 5\ 17\ 10} \\ 6\ 8\ 0 \\ -\ 2\ 8\ 4 \\ \hline 3\ 9\ 6 \end{array}$$

5 (1) 같은 수에서 10씩 커지는 수를 빼면 차는 10씩 작아집니다.
(2) 10씩 커지는 수에서 같은 수를 빼면 차는 10씩 커집니다.

6 (1) $578=650-72$
+100↓ ↓+100
$578=750-172$

(2) $672=700-28$
+200↓ ↓+200
$672=900-228$

개념 적용 4 받아내림이 없는 (세 자리 수)−(세 자리 수) 22~23쪽

1 (1) 223 (2) 210 (3) 535 (4) 252

2 500−300에 ○표, 800−400에 ○표

3 (1) 121, 131, 141 (2) 242, 252, 262

4 (1) > (2) <

5 (위에서부터) (1) 8, 5 (2) 5, 4

6 (1) 322 (2) 313

7 예 2, 3, 4, 1, 2, 3 / 234, 123

있습니다에 ○표, 없습니다에 ○표

1 (3)
$$\begin{array}{r} 7\ 4\ 8 \\ -\ 2\ 1\ 3 \\ \hline 5\ 3\ 5 \end{array}$$
(4)
$$\begin{array}{r} 6\ 9\ 3 \\ -\ 4\ 4\ 1 \\ \hline 2\ 5\ 2 \end{array}$$

2 487을 어림하면 500쯤이고, 276을 어림하면 300쯤입니다. ➡ 500 − 300
795를 어림하면 800쯤이고, 372를 어림하면 400쯤입니다. ➡ 800 − 400

3 (1) 10씩 커지는 수에서 같은 수를 빼면 계산 결과도 10씩 커집니다.
(2) 같은 수에서 10씩 작아지는 수를 빼면 계산 결과는 10씩 커집니다.

4 (1) 같은 수에서 작은 수를 뺄수록 차가 더 큽니다.
(2) 418 − 205 = 213, 564 − 340 = 224이므로
418 − 205 < 564 − 340

5 (1) 일의 자리 계산: 6 − □ = 1, □ = 5
십의 자리 계산: □ − 3 = 5, □ = 8
(2) 십의 자리 계산: □ − 5 = 0, □ = 5
백의 자리 계산: 5 − □ = 1, □ = 4

6 (1) □ + 256 = 578
➡ □ = 578 − 256, □ = 322
(2) 146 + □ = 459
➡ □ = 459 − 146, □ = 313

내가 만드는 문제
7 차가 111이므로 같은 자리 수끼리 빼는 수가 빼지는 수보다 1만큼 더 작은 수를 써넣습니다.

개념 적용 5 받아내림이 한 번 있는 (세 자리 수)−(세 자리 수) 24~25쪽

8 (1) 233 (2) 264 (3) 418 (4) 482

9 (1) 350, 170, 180 (2) 174

10 (1) 428, 428, 219 (2) 392, 392, 143

11 648, 476

12 (위에서부터) 92, 228

13 382

14 예 우리 학교 전체 학생 수는 625명이고 그중에서 안경을 쓴 학생이 132명입니다. 안경을 쓰지 않은 학생은 몇 명일까요? / 493명

100, 118, 218 / 193, 193, 193, 218

8 (1)
$$\begin{array}{r} \scriptstyle 5\ 10\ \ \\ 3\ \not{6}\ 2 \\ -\ 1\ 2\ 9 \\ \hline 2\ 3\ 3 \end{array}$$
(2)
$$\begin{array}{r} \scriptstyle 4\ 10\ \ \ \ \\ \not{5}\ 3\ 8 \\ -\ 2\ 7\ 4 \\ \hline 2\ 6\ 4 \end{array}$$
(3)
$$\begin{array}{r} \scriptstyle 4\ 10\ \ \\ 6\ \not{5}\ 4 \\ -\ 2\ 3\ 6 \\ \hline 4\ 1\ 8 \end{array}$$
(4)
$$\begin{array}{r} \scriptstyle 7\ 10\ \ \ \ \\ \not{8}\ 2\ 3 \\ -\ 3\ 4\ 1 \\ \hline 4\ 8\ 2 \end{array}$$

9 (1) 348을 어림하면 350쯤이고, 174를 어림하면 170쯤이므로 348 − 174를 어림하여 구하면 약 350 − 170 = 180입니다.
$$\begin{array}{r} \scriptstyle 2\ 10\ \ \ \ \\ \not{3}\ 5\ 0 \\ -\ 1\ 7\ 0 \\ \hline 1\ 8\ 0 \end{array}$$
(2)
$$\begin{array}{r} \scriptstyle 2\ 10\ \ \ \ \\ \not{3}\ 4\ 8 \\ -\ 1\ 7\ 4 \\ \hline 1\ 7\ 4 \end{array}$$

10 (1) 647 = 428 + 219 ➡ 647 = 428 + 219
(2) 535 = 392 + 143 ➡ 535 = 392 + 143

11 일의 자리 수끼리의 차가 2가 되는 두 수는 648과 476입니다.
➡ 648 − 476 = 172

12 두 수의 차를 구해서 바로 위의 칸에 쓰는 규칙입니다.
556 − 328 = 228, 228 − 136 = 92

13 100이 5개: 500
10이 3개: 30
1이 5개: 5
535

535보다 153만큼 더 작은 수
➡
$$\begin{array}{r} \scriptstyle 4\ 10\ \ \ \ \\ \not{5}\ 3\ 5 \\ -\ 1\ 5\ 3 \\ \hline 3\ 8\ 2 \end{array}$$

개념 적용 6 받아내림이 두 번 있는 (세 자리 수)−(세 자리 수) 26~27쪽

15 (1) 587 (2) 68

16 14, 140

17 (왼쪽에서부터) (1) 255, 255, 520
(2) 387, 387, 745

18 예 백의 자리와 십의 자리에서 받아내림해야 하는데 십의 자리에서 받아내림한 수를 빼지 않고 계산하여 잘못되었습니다.

$$\begin{array}{r} {\scriptstyle 4\ 9\ 10} \\ 5\,0\,2 \\ -\ 1\,4\,7 \\ \hline 3\,5\,5 \end{array}$$

19 569 m

19+ 262, 262

20 예 423, 245, 178

3 / 4, 3 / 6, 4, 3

15 (1)
$$\begin{array}{r} {\scriptstyle 6\ 15\ 10} \\ 7\,6\,0 \\ -\ 1\,7\,3 \\ \hline 5\,8\,7 \end{array}$$
(2)
$$\begin{array}{r} {\scriptstyle 8\ 12\ 10} \\ 9\,3\,4 \\ -\ 8\,6\,6 \\ \hline 6\,8 \end{array}$$

16 일의 자리 계산 6 − 8을 할 수 없으므로 십의 자리에서 1을 받아내림하고 십의 자리 수 5 위에 5에서 1을 뺀 4를 작게 씁니다. 십의 자리 계산에서 4 − 8을 할 수 없으므로 백의 자리에서 1을 받아내림합니다.
따라서 ㉠에 알맞은 수는 10 + 4 = 14이고 10이 14개인 수는 140입니다.

17 뺀 수를 다시 더해서 처음 수가 나오면 계산을 바르게 한 것입니다.

19 가장 높은 산은 북한산이고 가장 낮은 산은 남산이므로 두 산의 높이의 차는 834 − 265 = 569 (m)입니다.

+
$$\begin{array}{r} {\scriptstyle 4\ 11\ 10} \\ 5\,2\,0 \\ -\ 2\,5\,8 \\ \hline 2\,6\,2 \end{array}$$

내가 만드는 문제

20 수직선에서는 오른쪽에 있는 수가 큰 수이므로 수를 하나 고른 다음 그 수의 왼쪽에 있는 수들 중 하나를 골라 뺍니다.

개념 완성 발전 문제 28~30쪽

1	632	2	347
3	711	4	(○)( )
5	503, 298	6	701, 185, 516
7	639	8	248
9	1213	10	132에 ○표
11	203	12	334, 117
13	586, 예 587	14	365
15	792	16	348
17	771	18	426

1
$$\begin{array}{r} {\scriptstyle 1\ 1\ \ } \\ 3\,7\,5 \\ +\ 2\,5\,7 \\ \hline 6\,3\,2 \end{array}$$

2 523 > 449 > 176이므로 가장 큰 수는 523이고 가장 작은 수는 176입니다.
따라서 가장 큰 수와 가장 작은 수의 차는
523 − 176 = 347입니다.

3 나타내는 수는 각각 345, 436, 275입니다.
436 > 345 > 275이므로 가장 큰 수는 436이고
가장 작은 수는 275입니다.
따라서 가장 큰 수와 가장 작은 수의 합은
436 + 275 = 711입니다.

4
$$\begin{array}{r} {\scriptstyle 8\ 14\ 10} \\ 9\,5\,2 \\ -\ 4\,5\,5 \\ \hline 4\,9\,7 \end{array}$$
$$\begin{array}{r} {\scriptstyle 7\ 10\ \ } \\ 8\,0\,9 \\ -\ 3\,5\,8 \\ \hline 4\,5\,1 \end{array}$$

5 몇백 몇십쯤으로 어림하면 503 ➡ 500쯤,
351 ➡ 350쯤, 298 ➡ 300쯤입니다.
따라서 차가 200에 가까운 두 수는 503과 298입니다.

6 몇백 몇십쯤으로 어림하면 814 ➡ 810쯤,
185 ➡ 190쯤, 346 ➡ 350쯤, 701 ➡ 700쯤입니다.
따라서 차가 500에 가장 가까운 두 수는 701과 185입니다.

7 □ − 358 = 281 ➡ □ = 281 + 358, □ = 639

8 (어떤 수) + 263 = 511이므로
(어떤 수) = 511 − 263 = 248입니다.

9 어떤 수를 □라 하면 □ − 389 = 435입니다.
➡ □ = 435 + 389, □ = 824
따라서 바르게 계산하면 824 + 389 = 1213입니다.

10 1 + 1 = 2, 3 + 3 = 6, 2 + 2 = 4이므로
132 + 132 = 264입니다.
따라서 ◆ = 132입니다.

11 ■ − 225 = 321
➡ ■ = 321 + 225, ■ = 546
● + 343 = 546
➡ ● = 546 − 343, ● = 203

12 3 + 3 = 6, 4 + 4 = 8 ➡ ★ + ★ = 668이므로
★ = 334입니다.
334 − 217 = ♥, ♥ = 117

13 378 + □ = 964
➡ □ = 964 − 378, □ = 586
378 + □ > 964이므로 □ > 586입니다.
따라서 □는 586보다 크면 됩니다.

14 488 + □ = 852라 하면
□ = 852 − 488, □ = 364
488 + □ > 852이므로 □ 안에는 364보다 큰 수가 들어가야 합니다.
따라서 □ 안에 들어갈 수 있는 가장 작은 수는 365입니다.

15 112 + □는 375, 376, 377이어야 합니다.
112 + □ = 375
➡ □ = 375 − 112, □ = 263
112 + □ = 376
➡ □ = 376 − 112, □ = 264
112 + □ = 377
➡ □ = 377 − 112, □ = 265
따라서 263 + 264 + 265 = 792입니다.

16 ♥ + 485 = 833 ➡ ♥ − 833 − 485, ♥ − 348

17 두 수의 차가 254이므로 찢어진 종이에 적힌 수를 □라 하면 □ − 517 = 254입니다.
➡ □ = 254 + 517, □ = 771

18 두 수의 합이 962이므로 찢어진 종이에 적힌 수를 □라 하면 268 + □ = 962입니다.
➡ □ = 962 − 268, □ = 694
따라서 두 수의 차는 694 − 268 = 426입니다.

1단원 단원 평가 31~33쪽

1 578
2 600, 10, 5 / 615
3 10
4 (1) 785 (2) 319
5 53, 38 / 53, 38 / 91, 691
6 1130
7

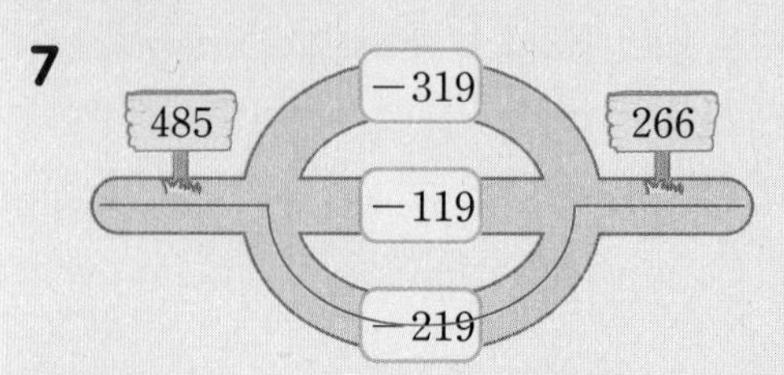

8 386
9 560, 1058
10 <
11 385 m
12 (1) 437 (2) 902
13 1734 m
14 815, 301
15 (위에서부터) 2, 3, 6
16 5
17 217
18 1352
19 1017
20 사막여우 이야기

1 각 자리마다 나타내는 값이 다르므로 자리를 맞추어 계산합니다.

3 일의 자리 계산에서 4 + 9 = 13이므로 10을 십의 자리로 받아올림한 것입니다.
따라서 □ 안의 수 1이 나타내는 수는 10입니다.

4 (1)
$$\begin{array}{r} {\scriptstyle 1} \\ 359 \\ +\,426 \\ \hline 785 \end{array}$$
(2)
$$\begin{array}{r} {\scriptstyle 3\ 10} \\ 5\not{4}7 \\ -\,228 \\ \hline 319 \end{array}$$

5 몇백과 몇십몇으로 나누어 몇백끼리, 몇십몇끼리 나누어 계산합니다.

6
$$\begin{array}{r} {\scriptstyle 1\ 1} \\ 372 \\ +\,758 \\ \hline 1130 \end{array}$$

7 485 − □ = 266이므로 □ = 485 − 266, □ = 219입니다.
다른 풀이 | 485 − 319 = 166
↓ −100 ↓ +100
485 − □ = 266
□ 안에 알맞은 수는 319보다 100만큼 더 작은 219입니다.

8 □ = 823 − 437, □ = 386

9 186 + 374 = 560, 560 + 498 = 1058

10 435 + 187 = 622, 903 − 279 = 624이므로
435 + 187 < 903 − 279

11 828 > 555 > 509 > 443이므로 가장 높은 건물은 부르즈 할리파로 828 m, 가장 낮은 건물은 윌리스 타워로 443 m입니다.
따라서 가장 높은 건물과 가장 낮은 건물의 높이의 차는 828 − 443 = 385(m)입니다.

12 (1) 263 + □ = 700
➡ □ = 700 − 263, □ = 437
(2) □ − 617 = 285
➡ □ = 285 + 617, □ = 902

13 867 + 867 = 1734(m)

14 일의 자리 수끼리의 차가 4가 되는 두 수는 815와 301입니다. ➡ 815 − 301 = 514

15

$$\begin{array}{r} 9\ ㉠\ 4 \\ -\ ㉡\ 6\ 8 \\ \hline 5\ 5\ ㉢ \end{array}$$

일의 자리 계산: 4 − 8을 계산할 수 없으므로 십의 자리에서 받아내림합니다.
10 + 4 − 8 = ㉢이므로 ㉢ = 6입니다.
십의 자리 계산: ㉠ − 1 − 6 = 5를 계산할 수 없으므로 백의 자리에서 받아내림합니다.
10 + ㉠ − 1 − 6 = 5이므로 ㉠ = 2입니다.
백의 자리 계산: 9 − 1 − ㉡ = 5이므로 ㉡ = 3입니다.

16 14□ + 379 = 523이라 하면 14□ = 523 − 379, 14□ = 144에서 □ = 4입니다.
14□ + 379 > 523이므로 □ 안에는 4보다 큰 수가 들어가야 합니다.
따라서 □ 안에 들어갈 수 있는 가장 작은 수는 5입니다.

17 찢어진 종이에 적힌 수를 □라 하면
248+□=713, □=713−248, □=465입니다.
따라서 두 수의 차는 465 − 248 = 217입니다.

18 만들 수 있는 가장 큰 수는 973이고, 가장 작은 수는 379입니다.
따라서 가장 큰 수와 가장 작은 수의 합은
973 + 379 = 1352입니다.

서술형
19 예 어떤 수를 □라 하면 □ − 286 = 445입니다.
□ = 445 + 286, □ = 731입니다.
따라서 바르게 계산하면 731 + 286 = 1017입니다.

평가 기준	배점
어떤 수를 구했나요?	3점
바르게 계산한 값을 구했나요?	2점

서술형
20 예 영화별 남은 입장권 수를 알아봅니다.
날아라 고양이의 남은 입장권 수:
317 − 195 = 122(장)
사막여우 이야기: 305 − 169 = 136(장)
하연이네 학교 3학년 학생이 126명이므로 남은 입장권 수가 126보다 큰 사막여우 이야기를 볼 수 있습니다.

평가 기준	배점
영화별 남은 입장권 수를 각각 구했나요?	3점
3학년 학생들이 함께 볼 수 있는 영화는 어떤 영화인지 구했나요?	2점

2 평면도형

이 단원에서는 2학년에서 학습한 삼각형, 사각형들을 좀 더 구체적으로 알아봅니다. 2학년에서 배운 평면도형들은 입체도형을 '2차원 도형으로 추상화'한 관점에서 접근했다면, 3학년에서는 '선이 모여 평면도형이 되는' 관점으로 평면도형을 생각할 수 있도록 합니다.
따라서 선, 각을 차례로 배운 후 평면도형을 학습하면서 각의 크기, 길이에 따른 평면도형의 여러 종류들과 그 관계까지 살펴봅니다.
평면도형들의 개념과 성질, 관계에 대해서 집중적으로 학습할 수 있게 하여 이후 평면도형의 넓이를 배우게 될 때 어려움이 없도록 지도해 주세요.

교과서 개념 이해 1 곧은 선의 방향에 따라 이름이 달라. 36쪽

1 (○)(　)(　)(○)

2 ㉠, ㉤, ㉢

1 구부러지거나 휘어지지 않고 반듯하게 쭉 뻗은 선이 곧은 선이고 휘어진 선, 곡선, 구부러진 선이 굽은 선입니다.

교과서 개념 이해 2 각은 꼭짓점을 공유하고 있는 두 반직선이야. 37쪽

1 (○)(　)(○)(　)

2 (1) 　(2)

3 (1) 각 ㄱㄴㄷ 또는 각 ㄷㄴㄱ
(2) 각 ㄹㅁㅂ 또는 각 ㅂㅁㄹ

1 한 점에서 그은 두 반직선으로 이루어진 도형을 각이라고 합니다.

2 꼭짓점: 각을 이루는 두 반직선이 만나는 점
변: 각을 이루는 두 반직선

3 각은 각의 꼭짓점이 가운데에 오도록 씁니다.

개념 적용 1 선분, 직선, 반직선 알아보기 38~39쪽

1

2 (1) ㉥ (2) ㉤

3 선분 ㄱㄴ 또는 선분 ㄴㄱ, 직선 ㄷㄹ 또는 직선 ㄹㄷ, 반직선 ㅁㅂ

4 은희

5 1개

6 (1) 5개 (2) 6개

7 예

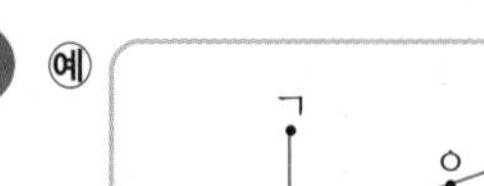

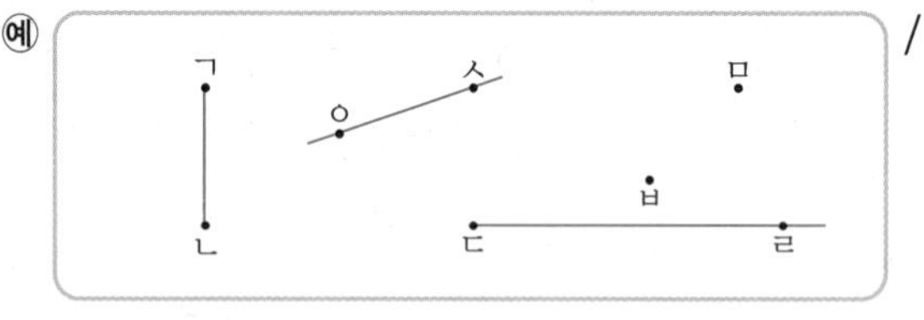

/ 선분 ㄱㄴ 또는 선분 ㄴㄱ, 직선 ㅇㅅ 또는 직선 ㅅㅇ, 반직선 ㄷㄹ

있지만에 ○표, 없습니다에 ○표 / 있지만에 ○표, 없습니다에 ○표 / 한쪽에 ○표, 양쪽에 ○표

2 (1) 선분을 양쪽으로 끝없이 늘인 곧은 선을 찾습니다.
(2) 점 ㄴ에서 시작하여 점 ㄱ을 지나는 반직선을 찾습니다.

3 (1) 점 ㄱ과 점 ㄴ을 곧게 이은 선이므로 선분 ㄱㄴ 또는 선분 ㄴㄱ입니다.
(2) 점 ㄷ과 점 ㄹ을 지나 양쪽으로 끝없이 늘인 곧은 선이므로 직선 ㄷㄹ 또는 직선 ㄹㄷ입니다.
(3) 점 ㅁ에서 시작하여 점 ㅂ을 지나는 끝없이 늘인 곧은 선이므로 반직선 ㅁㅂ입니다.

4 선분은 두 점을 곧게 이은 선입니다.
양쪽 방향으로 늘어나는 것은 직선입니다.

5

선분에 ○표, 반직선에 □표 하면 선분은 3개, 반직선은 2개, 직선은 1개입니다.
따라서 선분은 반직선보다 1개 더 많습니다.

☺ 내가 만드는 문제

7 선분은 두 점을 곧게 이은 선이고, 직선은 선분을 양쪽으로 끝없이 늘인 곧은 선이고, 반직선은 한 점에서 시작하여 한쪽으로 끝없이 늘인 곧은 선입니다.

참고 | 각각의 선들이 겹치도록 그려도 됩니다.

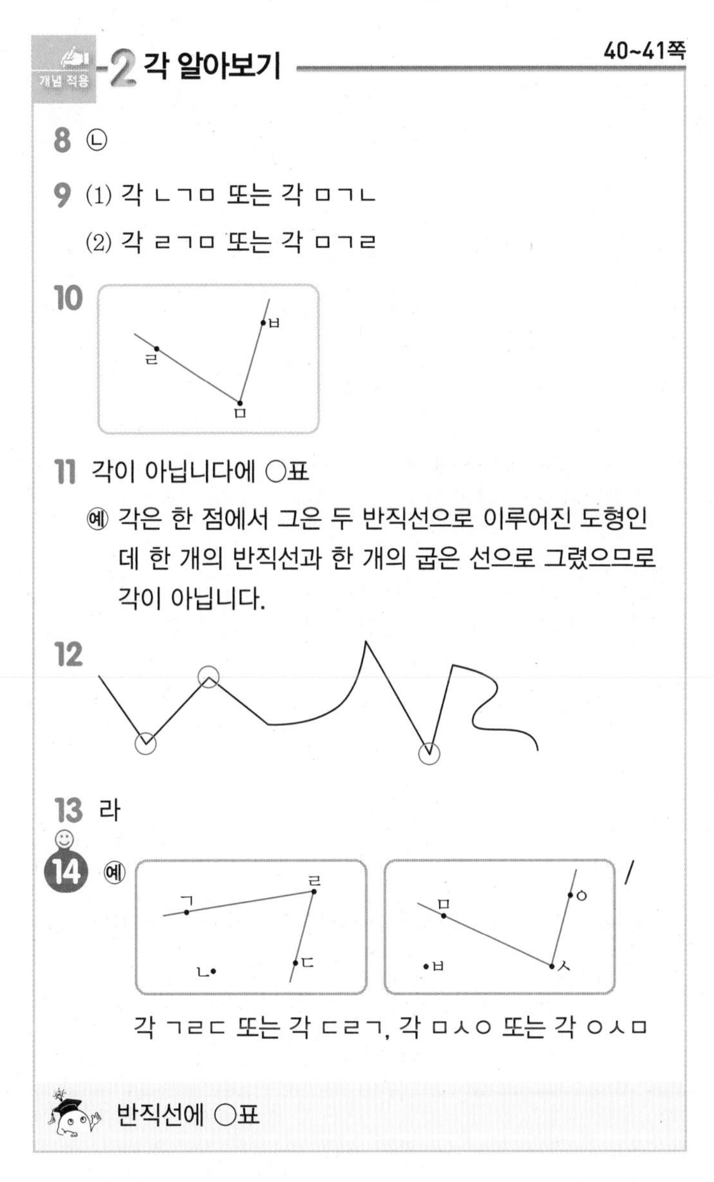

8 각은 한 점에서 그은 두 반직선으로 이루어진 도형입니다.

9 각은 꼭짓점이 가운데에 오도록 씁니다.

10 점 ㅁ이 각의 꼭짓점이 되도록 점 ㅁ에서 시작하는 반직선 ㅁㄹ과 반직선 ㅁㅂ을 긋습니다.

12 각의 두 변은 모두 곧은 선입니다.

13

가 나 다 라

도형의 각의 수를 세어 봅니다

가: 4개, 나: 4개, 다: 3개, 라: 6개

☺ 내가 만드는 문제

14 각의 꼭짓점을 정하고 그 점에서 시작하는 두 반직선을 그어 각을 그립니다.

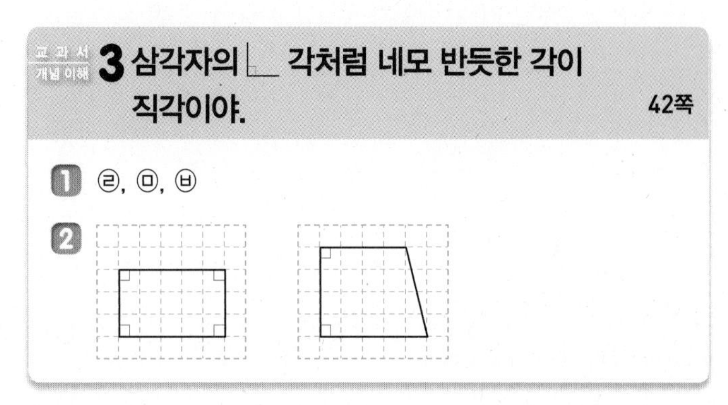

1 삼각자의 직각인 부분을 대어 보면 직각을 찾을 수 있습니다.

2 삼각자의 직각 부분을 대었을 때 꼭 맞게 겹쳐지는 각을 찾습니다.

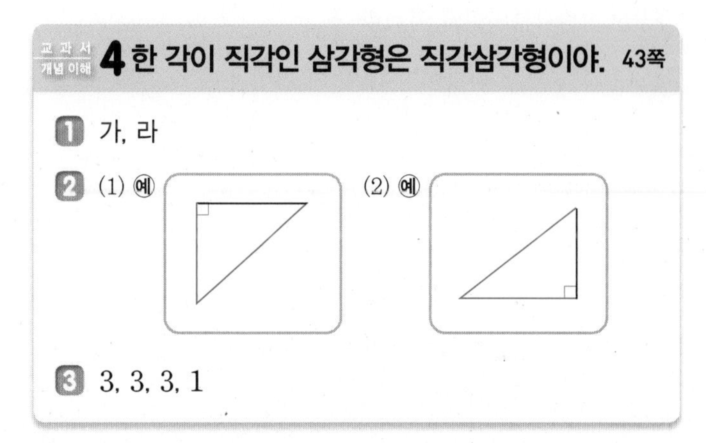

1 한 각이 직각인 삼각형을 찾으면 가, 라입니다.

2 주어진 선분과 직각이 되도록 선분을 그어서 한 각이 직각인 삼각형을 그립니다.

3 직각삼각형은 직각이 한 개 있습니다.

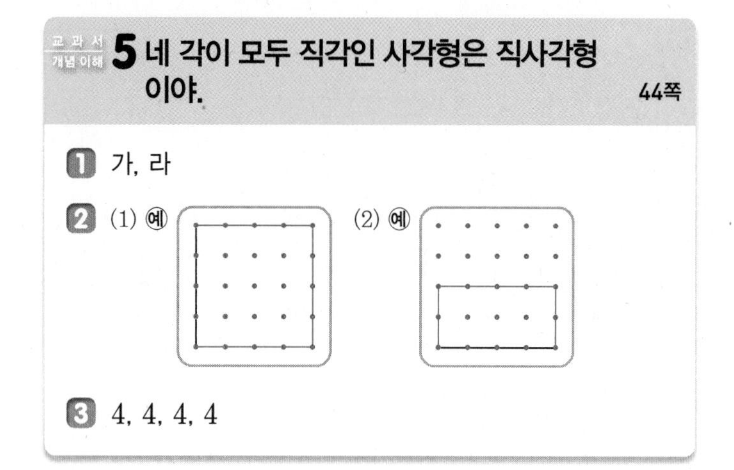

5 네 각이 모두 직각인 사각형은 직사각형이야. 44쪽

1 가, 라

2 (1) 예 (2) 예

3 4, 4, 4, 4

1 네 각이 모두 직각인 사각형을 직사각형이라고 합니다.

2 마주 보는 두 변의 길이가 같고 네 각이 모두 직각인 사각형을 그립니다.

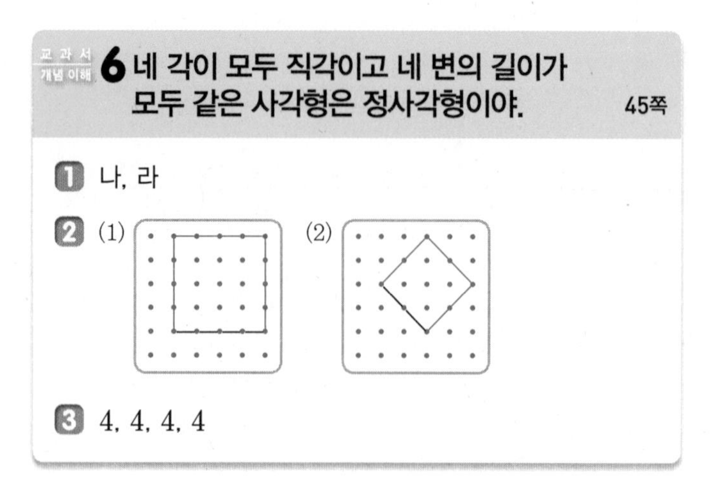

6 네 각이 모두 직각이고 네 변의 길이가 모두 같은 사각형은 정사각형이야. 45쪽

1 나, 라

2 (1) (2)

3 4, 4, 4, 4

1 네 각이 모두 직각이고 네 변의 길이가 모두 같은 사각형을 정사각형이라고 합니다.

2 네 각이 모두 직각이고 네 변의 길이가 모두 같은 사각형을 그립니다.

-3 직각 알아보기 46~47쪽

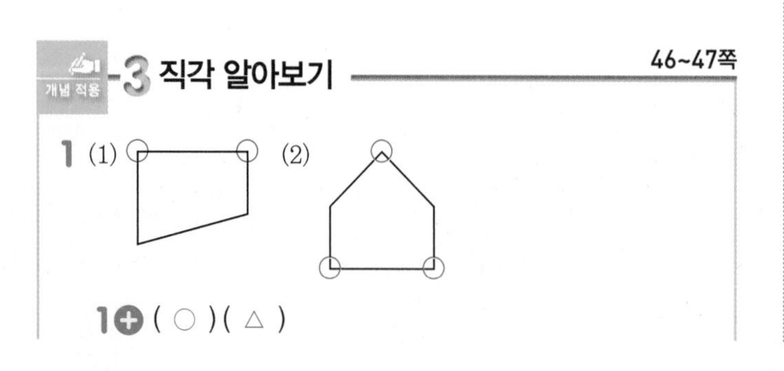

1 (1) (2)

1⊕ (○)(△)

2 (1) 각 ㄴㄱㄷ 또는 각 ㄷㄱㄴ

(2) 각 ㄴㄱㅁ 또는 각 ㅁㄱㄴ

3 (1) 예 (2) 예

4 나

5 ㉢

6 예

7 예

직각

1 삼각자의 직각 부분과 꼭 맞게 겹쳐지는 부분을 찾습니다.

2 각은 꼭짓점이 가운데에 오도록 씁니다.

3 삼각자에서 직각이 있는 부분을 점 ㄴ 위에 대고 직각을 그립니다.

4 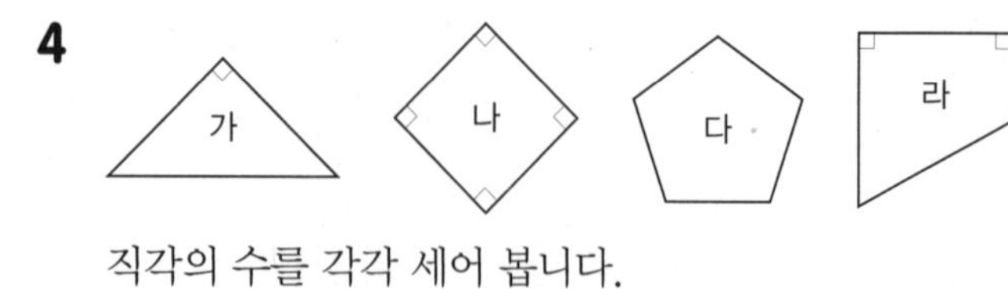

직각의 수를 각각 세어 봅니다.
가: 1개, 나: 4개, 다: 0개, 라: 2개
따라서 직각이 가장 많은 도형은 나입니다.

5 삼각자에서 직각인 부분을 대어 보면 직각인 경우는 ㉢ 3시입니다.

☺ 내가 만드는 문제

7 삼각자의 직각인 부분을 점에 대고 두 변을 따라 그립니다.

개념 적용 -4 직각삼각형 알아보기

48~49쪽

8 ㉠, ㉢, ㉤

9 직각삼각형

10

거울

10+

11 (1) 2개 (2) 3개

12 예

☺ **13** 예

한에 ○표

9 세 변과 꼭짓점 3개로 이루어진 도형은 삼각형이고, 직각이 있는 삼각형은 직각삼각형입니다.

10 모양과 크기가 똑같은 뒤집어진 직각삼각형을 그립니다.

11

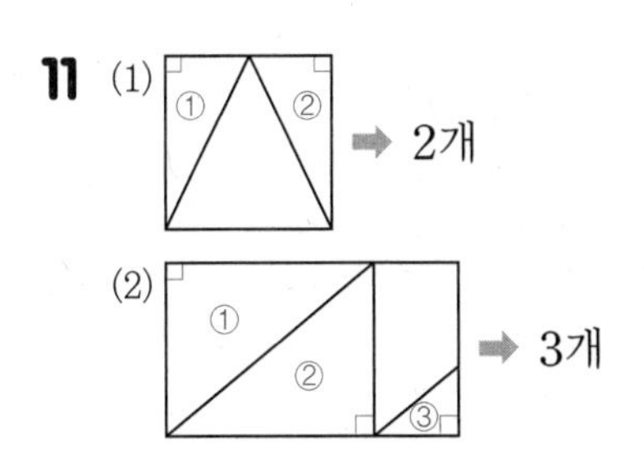

12 한 각이 직각이 되도록 삼각형의 한 꼭짓점을 옮깁니다.

☺ 내가 만드는 문제

13 한 각이 직각인 삼각형을 3개 그립니다.

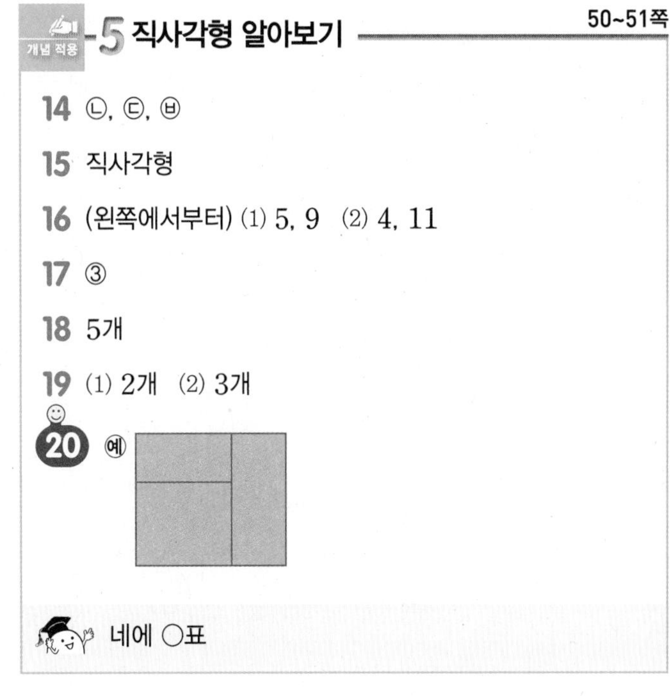

개념 적용 -5 직사각형 알아보기

50~51쪽

14 ㉡, ㉢, ㉥

15 직사각형

16 (왼쪽에서부터) (1) 5, 9 (2) 4, 11

17 ③

18 5개

19 (1) 2개 (2) 3개

☺ **20** 예

네에 ○표

14

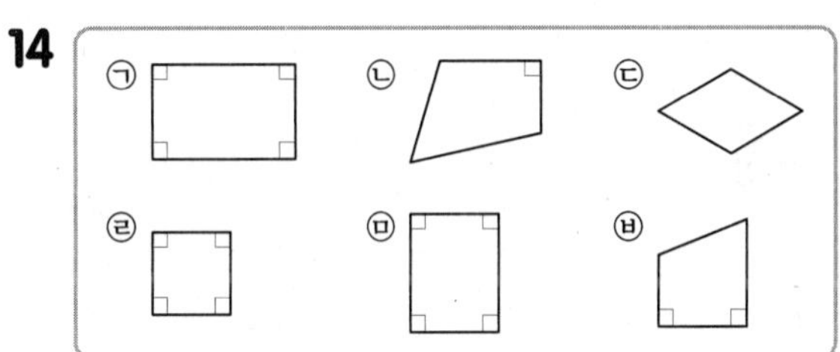

직사각형은 네 각이 모두 직각인 사각형이므로 ㉠, ㉣, ㉤입니다.

따라서 직사각형이 아닌 것은 ㉡, ㉢, ㉥입니다.

15 네 변과 꼭짓점 4개로 이루어진 도형은 사각형이고, 네 각이 모두 직각인 사각형은 직사각형입니다.

16 직사각형은 마주 보는 변끼리 길이가 같습니다.

17 네 각이 모두 직각이 되는 꼭짓점을 찾습니다.

18

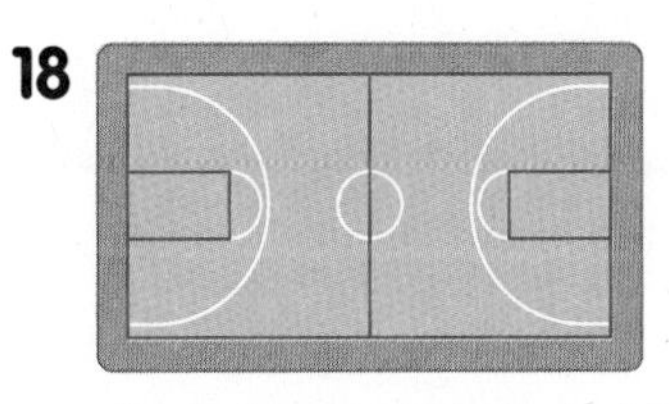

네 각이 모두 직각인 사각형을 찾으면 모두 5개입니다.

19 (1)

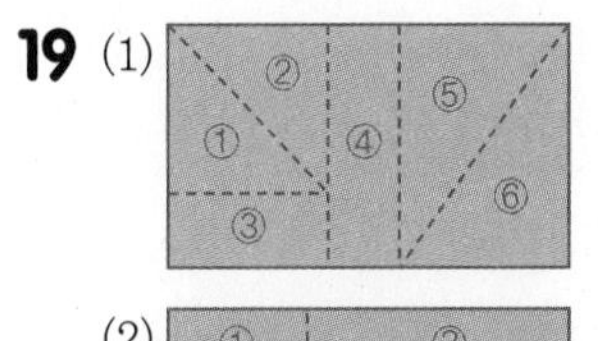

직사각형은 ③, ④로 모두 2개가 생깁니다.

(2)

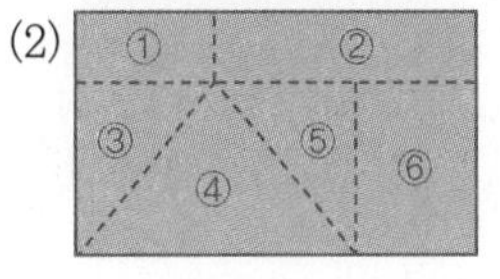

직사각형은 ①, ②, ⑥으로 모두 3개가 생깁니다.

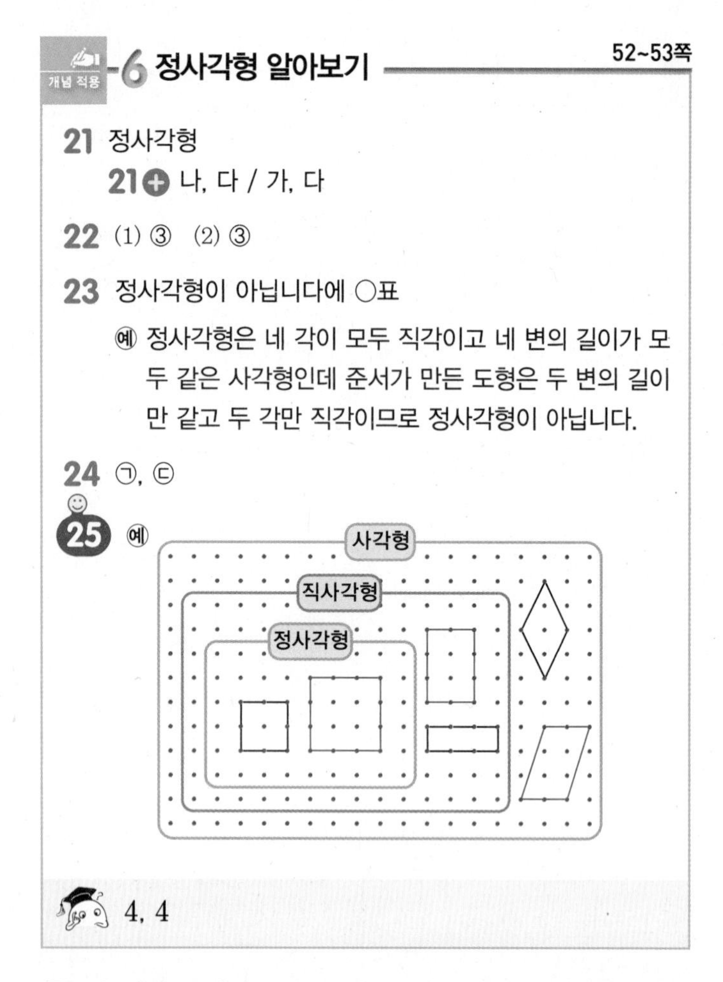

개념 적용 -6 정사각형 알아보기 52~53쪽

21 정사각형

21+ 나, 다 / 가, 다

22 (1) ③ (2) ③

23 정사각형이 아닙니다에 ○표

예 정사각형은 네 각이 모두 직각이고 네 변의 길이가 모두 같은 사각형인데 준서가 만든 도형은 두 변의 길이만 같고 두 각만 직각이므로 정사각형이 아닙니다.

24 ㉠, ㉢

25 예

4, 4

21 네 변과 꼭짓점 4개로 이루어진 도형은 사각형이고, 모든 각이 직각이고 모든 변의 길이가 같은 사각형은 정사각형입니다.

22 네 각이 모두 직각이고 네 변의 길이가 모두 같게 되는 꼭짓점을 찾습니다.

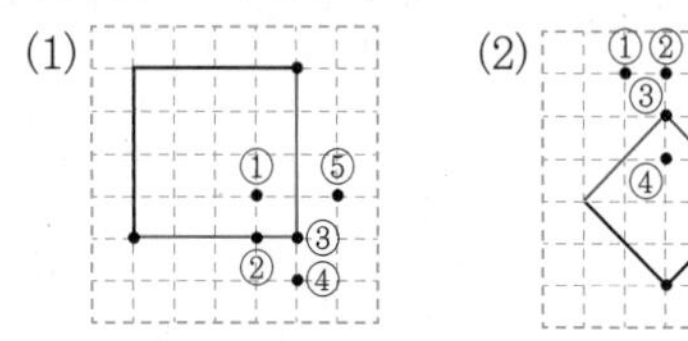

24 만들어진 도형은 네 각이 모두 직각인 사각형이므로 직사각형입니다.
또 만들어진 도형은 네 각이 모두 직각이고, 네 변의 길이가 모두 같은 사각형이므로 정사각형입니다.

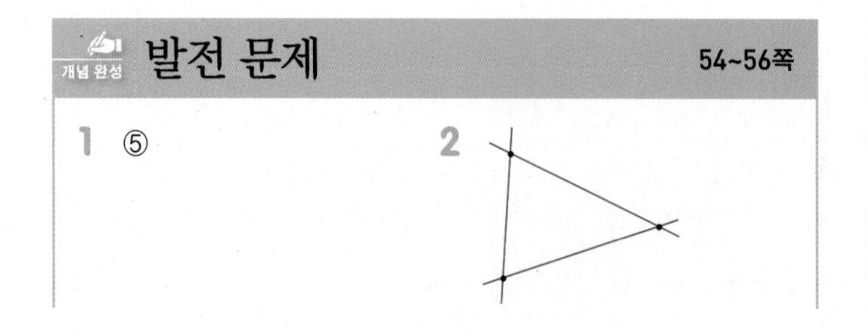

개념 완성 발전 문제 54~56쪽

1 ⑤

2

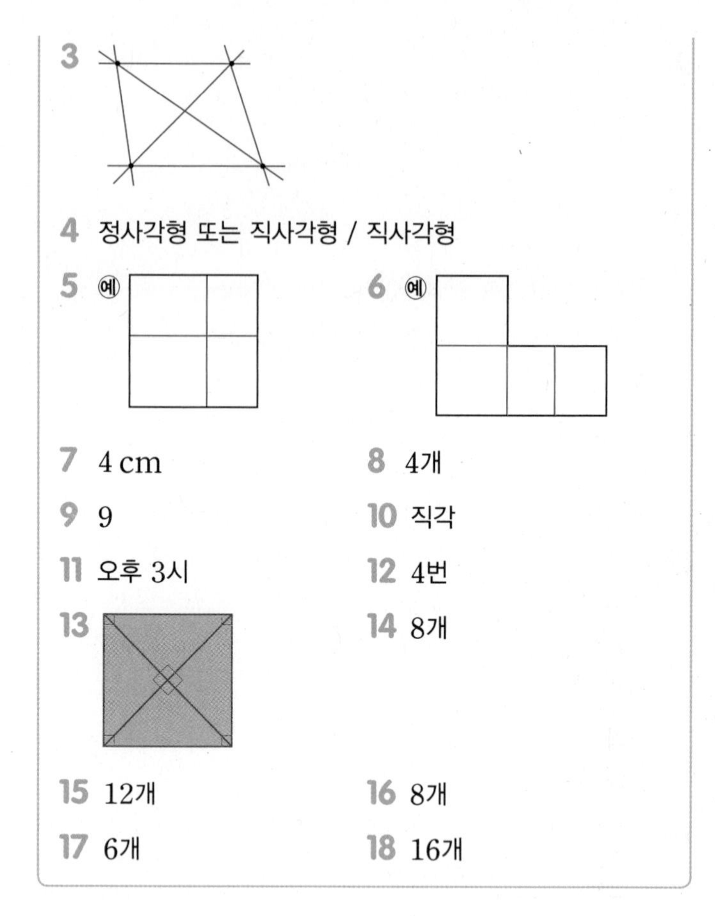

3

4 정사각형 또는 직사각형 / 직사각형

5 예

6 예

7 4 cm

8 4개

9 9

10 직각

11 오후 3시

12 4번

13

14 8개

15 12개

16 8개

17 6개

18 16개

1

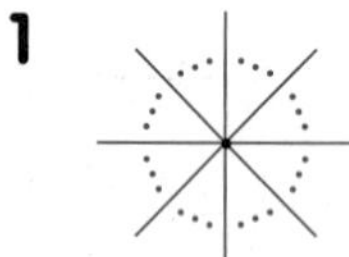

한 점을 지나는 직선은 셀 수 없이 많이 그을 수 있습니다.

2 두 점을 지나는 직선은 1개입니다.

3 두 점씩 짝을 지어 두 점을 지나는 직선을 그려 봅니다.

4 직사각형 모양의 종이를 잘랐으므로 도형 가와 나는 각각 네 각의 크기가 모두 직각입니다.
도형 가는 네 변의 길이가 모두 같으므로 정사각형이고 도형 나는 마주 보는 두 변의 길이가 같으므로 직사각형입니다.

5 네 각이 모두 직각인 사각형이 되도록 선을 그어 봅니다.

7 정사각형은 네 변의 길이가 모두 같으므로 긴 변 7 cm로는 정사각형을 만들 수 없고 짧은 변 4 cm를 한 변으로 하는 정사각형을 만들 수 있습니다.

8

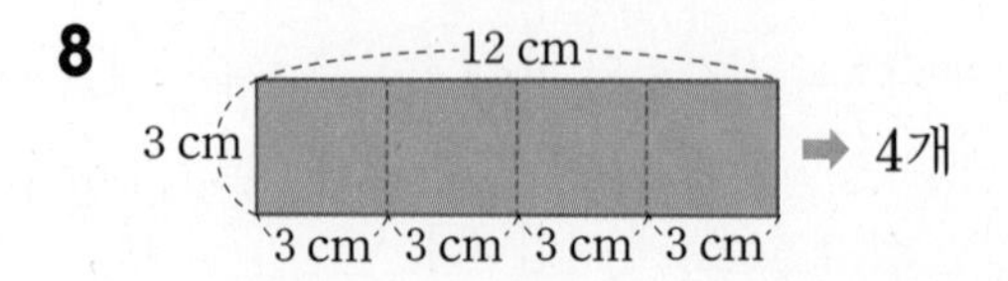

9

정사각형이므로 ① = 3 cm, ② = 3 cm,
③ = 3 cm + ② = 6 cm, ④ = 6 cm,
⑤ = ④ + ① = 9 cm

11 시계의 긴바늘이 숫자 12를 가리킬 때 긴바늘과 짧은바늘이 직각을 이루는 시각은 3시, 9시입니다. 이 중에서 오후 1시에서 오후 5시 사이의 시각은 오후 3시입니다.

12 시계의 긴바늘이 숫자 12를 가리킬 때 긴바늘과 짧은바늘이 직각을 이루는 시각은 3시, 9시입니다. 하루는 24시간이고 오전과 오후가 반복되므로 3시, 9시가 각각 2번씩 있습니다.

13 삼각자의 직각 부분과 꼭 맞게 겹쳐지는 부분을 모두 찾습니다.

14
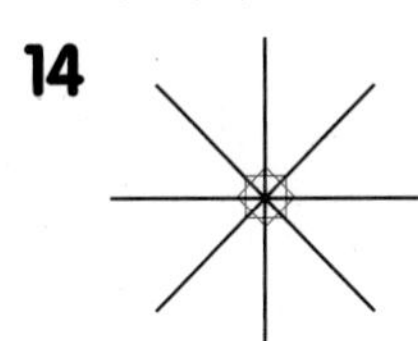
가장 작은 각 2개를 합하면 직각이 되므로 직각은 모두 8개입니다.

15
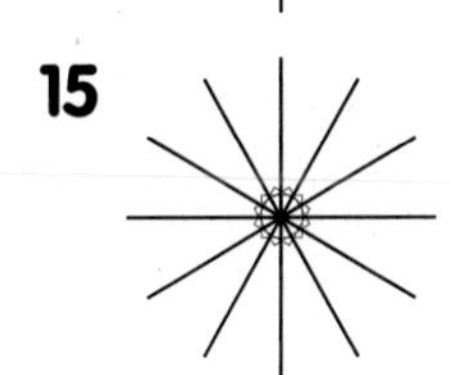
가장 작은 각 3개를 합하면 직각이 되므로 직각은 모두 12개입니다.

참고 | 가장 작은 각 몇 개를 합해야 직각이 되는지 알아본 후 겹쳐지는 각에 주의하여 수를 세어 봅니다. 가장 작은 각들의 크기가 모두 같을 때 (직각의 개수) = (그려진 직선의 수) × 2입니다.

16
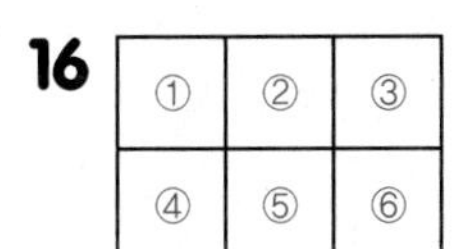

작은 정사각형 1개짜리: ①, ②, ③, ④, ⑤, ⑥ ➡ 6개
작은 정사각형 4개짜리: ①+②+④+⑤,
②+③+⑤+⑥ ➡ 2개
따라서 크고 작은 정사각형은 모두 6 + 2 = 8(개)입니다.

17
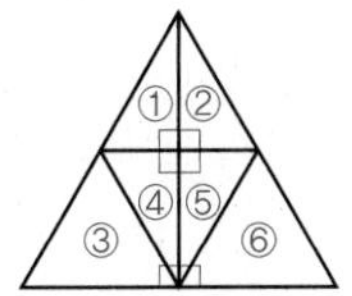

작은 삼각형 1개짜리: ①, ②, ④, ⑤ ➡ 4개
작은 삼각형 3개짜리: ① + ④ + ③, ② + ⑤ + ⑥
➡ 2개
따라서 크고 작은 직각삼각형은 모두 4 + 2 = 6(개)입니다.

18
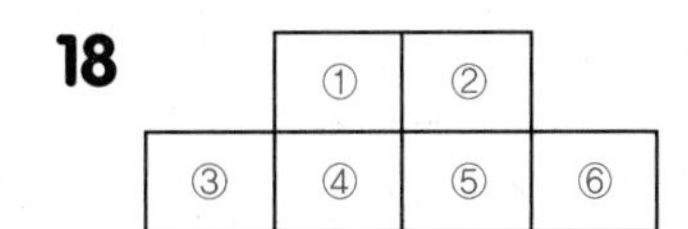

작은 직사각형 1개짜리: ①, ②, ③, ④, ⑤, ⑥ ➡ 6개
작은 직사각형 2개짜리: ① + ②, ③ + ④, ④ + ⑤,
⑤ + ⑥, ① + ④, ② + ⑤
➡ 6개
작은 직사각형 3개짜리: ③ + ④ + ⑤, ④ + ⑤ + ⑥
➡ 2개
작은 직사각형 4개짜리: ① + ② + ④ + ⑤,
③ + ④ + ⑤ + ⑥ ➡ 2개
따라서 크고 작은 직사각형은 모두
6 + 6 + 2 + 2 = 16(개)입니다.

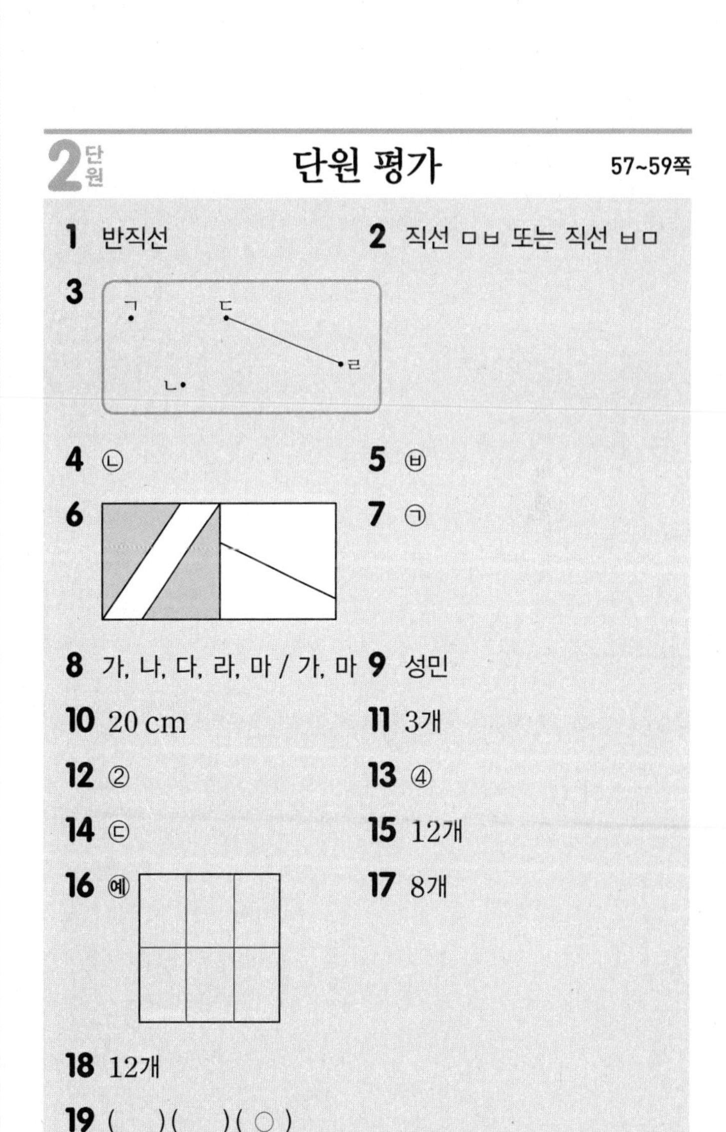

2단원 단원 평가 57~59쪽

1 반직선
2 직선 ㅁㅂ 또는 직선 ㅂㅁ
3

4 ㉡
5 ㉥
6
7 ㉠
8 가, 나, 다, 라, 마 / 가, 마
9 성민
10 20 cm
11 3개
12 ②
13 ④
14 ㉢
15 12개
16 예
17 8개
18 12개
19 (　)(　)(○)
예 직사각형은 네 각이 모두 직각인 사각형인데 두 각만 직각이므로 직사각형이 아닙니다.
20 8 cm

2 선분을 양쪽으로 끝없이 늘인 곧은 선을 찾습니다.

3 점 ㄷ과 점 ㄹ을 곧게 잇습니다.

4 ㉠ ㉡ ㉢

삼각자의 직각 부분을 대었을 때 꼭 맞게 겹쳐지는 각이 직각입니다.

5 각의 수를 각각 알아봅니다.
㉠ 3개, ㉡ 0개, ㉢ 4개, ㉣ 1개, ㉤ 4개, ㉥ 5개

6 한 각이 직각인 삼각형을 찾아 색칠합니다.

7 ㉠ 각은 한 점에서 그은 두 반직선으로 이루어진 도형입니다.

8 직사각형은 네 각이 모두 직각인 사각형이고 직사각형 중 네 변의 길이가 모두 같은 사각형은 정사각형입니다.

9 반직선은 한 방향으로 끝없이 늘어나므로 길이를 잴 수 없습니다.

10 정사각형은 네 변의 길이가 모두 같습니다.
따라서 정사각형의 네 변의 길이의 합은
$5+5+5+5=20$(cm)입니다.

11 ① ② ③ ④ ⑤ ⑥ ⑦

정사각형은 ②, ⑤, ⑦로 모두 3개가 생깁니다.
참고 | ①과 ⑥은 직사각형이고 ③과 ④는 직각삼각형입니다.

12 ① ② ③ ④ ⑤ ㄱ ㄴ

삼각형의 나머지 한 점을 ②로 하면 꼭짓점 ㄱ에 있는 각이 직각인 직각삼각형이 됩니다.

13 ① ② ③ ④ ⑤

14 ㉠ 직각삼각형의 변의 수, ㉡ 직각삼각형의 각의 수는 모두 3입니다.
㉢ 직각삼각형의 직각의 수는 1입니다.

15 점 4개 중 한 점을 시작점으로 하여 그릴 수 있는 반직선은 3개이므로 그을 수 있는 반직선은 모두
$3+3+3+3=12$(개)입니다.

16 네 각이 모두 직각인 사각형이 6개가 되도록 선분을 그어 봅니다.

17

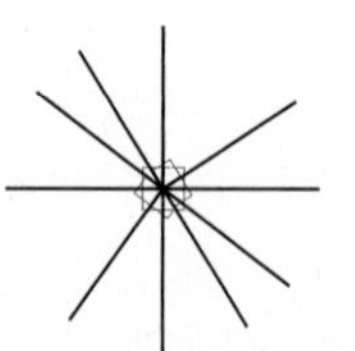

작은 각 2개 또는 3개를 합하면 직각이 되므로 직각은 모두 8개입니다.

18

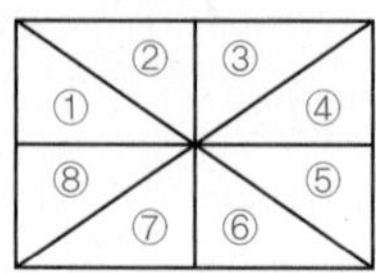

직각삼각형 1개짜리: ①, ②, ③, ④, ⑤, ⑥, ⑦, ⑧
➡ 8개
직각삼각형 4개짜리: ⑧ + ① + ② + ③,
② + ③ + ④ + ⑤,
④ + ⑤ + ⑥ + ⑦,
⑥ + ⑦ + ⑧ + ① ➡ 4개
따라서 크고 작은 직각삼각형은 모두 $8+4=12$(개)입니다.

서술형
19

평가 기준	배점
직사각형이 아닌 것을 찾았나요?	2점
직사각형이 아닌 까닭을 썼나요?	3점

서술형
20 예 정사각형의 네 변의 길이는 모두 같습니다. 가장 큰 정사각형의 한 변은 직사각형의 짧은 변과 같습니다.
따라서 정사각형의 한 변의 길이는 8 cm입니다.

평가 기준	배점
정사각형의 변의 성질에 대해 설명했나요?	2점
정사각형의 한 변의 길이를 구했나요?	3점

3 나눗셈

나눗셈은 3학년에서 처음 배우는 개념으로 2학년까지 학습한 덧셈, 뺄셈, 곱셈구구의 개념을 모두 이용해야만 이해할 수 있는 새로운 내용입니다.
3학년의 나눗셈은 곱셈구구의 역연산으로써만 학습하지만 3학년 이후의 나눗셈들은 나머지가 있는 것, 나누는 수와 나머지의 관계, 두 자리 수로 나누기 등 나눗셈의 기본 원리를 바탕으로 한 여러 가지 개념을 한꺼번에 배우게 되므로 처음 나눗셈을 학습할 때, 그 원리를 명확히 알 수 있도록 지도해 주세요.

교과서 개념 이해 1 똑같이 나눈 한 묶음 안의 수를 몫이라고 해. 62~63쪽

1 (1) 6 (2) 6

2 (1) $28 \div 7 = 4$ (2) $56 \div 8 = 7$

3 (1)

(2) 3 (3) 3

4 (1) 4 (2) 20, 4 /

5 (1) 5 (2) 5자루

2 (2) (나누어지는 수)÷(나누는 수)＝(몫)

4 (2) 나눗셈식으로 나타내면 $20 \div 5 = 4$입니다.
전체 야구공의 수 / 야구공을 담은 상자의 수 / 한 상자에 담은 야구공의 수

5 (1) 연필 15자루를 3묶음으로 똑같이 나누면 한 묶음에 5자루씩입니다. ➡ $15 \div 3 = 5$
(2) 한 명이 연필 5자루씩 가질 수 있습니다.

교과서 개념 이해 2 같은 양씩 묶었을 때 묶음 수를 몫이라고 해. 64~65쪽

1 (1) 6 (2) 6

2 (1) 예

(2) 4, 4 (3) 2, 2, 2, 2 (4) 4

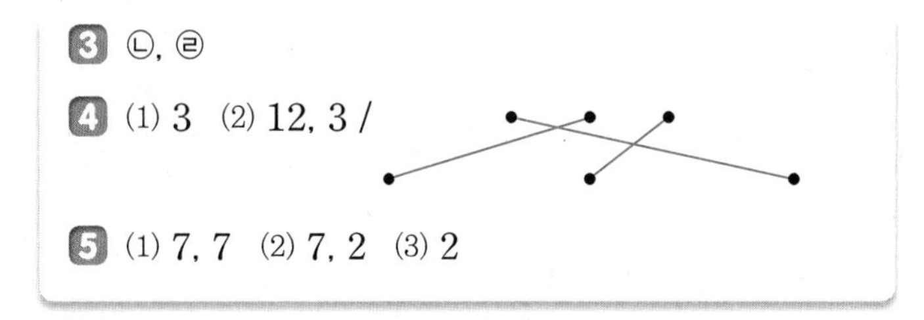

3 ㉡, ㉣

4 (1) 3 (2) 12, 3 /

5 (1) 7, 7 (2) 7, 2 (3) 2

3 ㉡ $15 \div 5 = 3$에서 3은 15를 5로 나눈 몫입니다.
㉣ $15 \div 5 = 3$에서 나누어지는 수는 15, 나누는 수는 5, 몫은 3입니다.

4 (2) 나눗셈식으로 나타내면 $12 \div 4 = 3$입니다.
전체 풍선의 수 / 한 명에게 나누어 주는 풍선의 수 / 풍선을 나누어 갖는 사람 수

5 (2) 14에서 7씩 2번 빼면 0이 되므로 나눗셈식으로 나타내면 $14 \div 7 = 2$입니다.

개념 적용 1 똑같이 나누기(1) 66~67쪽

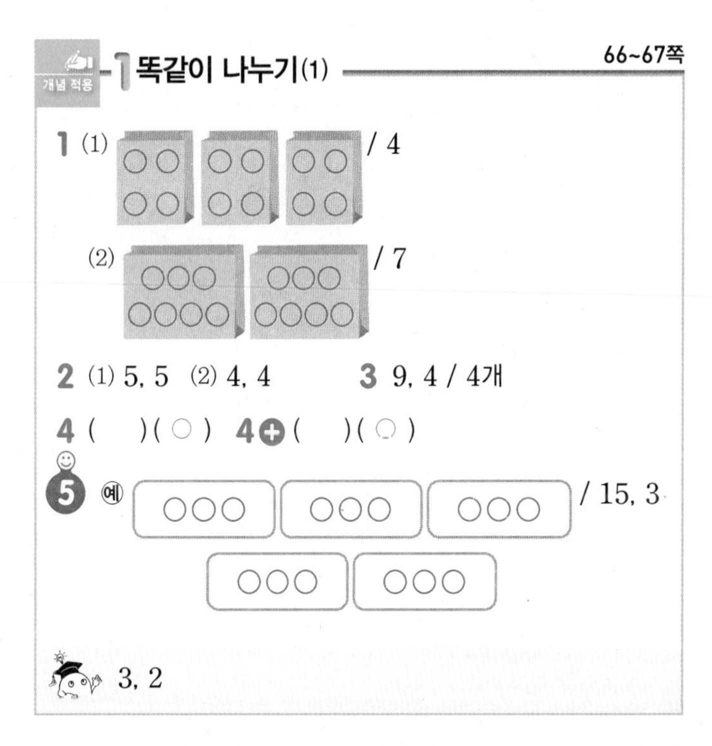

1 (1) / 4
(2) / 7

2 (1) 5, 5 (2) 4, 4   3 9, 4 / 4개

4 ( )(○) 4+ ( )(○)

5 예 / 15, 3

3, 2

1 (1) ○가 12개가 될 때까지 봉투에 각각 1개씩 번갈아 가면서 그리면 ○는 한 봉투에 4개씩입니다.
➡ $12 \div 3 = 4$
(2) ○가 14개가 될 때까지 봉투에 각각 1개씩 번갈아 가면서 그리면 ○는 한 봉투에 7개씩입니다.
➡ $14 \div 2 = 7$

2 (1) 사탕 20개를 4묶음으로 똑같이 나누면 한 묶음에 5개씩입니다. ➡ $20 \div 4 = 5$
(2) 사탕 20개를 5묶음으로 똑같이 나누면 한 묶음에 4개씩입니다. ➡ $20 \div 5 = 4$

3 비누 36개를 9묶음으로 똑같이 나누면 한 묶음에 4개씩 이므로 $36 \div 9 = 4$입니다.
따라서 한 명에게 비누를 4개씩 나누어 줄 수 있습니다.

4 왼쪽 상자에는 바둑돌을 5칸에 3개씩 담고 3개가 남으므로 똑같이 나누어 담을 수 없습니다.
오른쪽 상자에는 바둑돌을 6칸에 똑같이 나누어 담으면 한 칸에 3개씩 담을 수 있습니다.
➕ $40 \div 6$은 6씩 6번 묶으면 4가 남습니다.
$48 \div 6 = 8$이므로 남김없이 똑같이 나누어집니다.

내가 만드는 문제
5 한 칸에 그려 넣은 ○의 수가 몫이 됩니다.

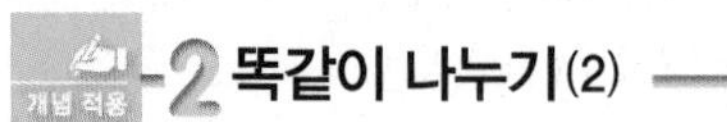

개념 적용 -2 똑같이 나누기(2) 68~69쪽

6 5, 5, 5, 6

7 (1) 8, 2, 8 (2) 4, 4, 4 (3) 2, 8, 2

8 (1) 6, 7 (2) 7, 5

9 수영 **9**➕ 3, 30

10 예 튤립 / $12 \div 3 = 4$ (또는 $12 \div 3$), 4개

3, 5

6 30에서 5씩 6번 빼면 0이 되므로 $30 \div 5 = 6$입니다.

7 (1) 쿠키 16개를 2개씩 묶으면 8묶음입니다.
➡ $16 \div 2 = 8$
(2) 쿠키 16개를 4개씩 묶으면 4묶음입니다.
➡ $16 \div 4 = 4$
(3) 쿠키 16개를 8개씩 묶으면 2묶음입니다.
➡ $16 \div 8 = 2$

8 (1) $42 - 6 - 6 - 6 - 6 - 6 - 6 - 6 = 0$ (7번)
➡ $42 \div 6 = 7$
(2) $35 - 7 - 7 - 7 - 7 - 7 = 0$ (5번)
➡ $35 \div 7 = 5$

9 $20 \div 4 = 5$에서 5는 20을 4로 나눈 몫이므로 잘못 설명한 사람은 수영입니다.

내가 만드는 문제
10 예 색종이 12장을 3장씩 묶으면 4묶음으로 $12 \div 3 = 4$입니다. 따라서 튤립을 4개 만들 수 있습니다.
참고 | $12 - 3 - 3 - 3 - 3 = 0$ (4번) ➡ $12 \div 3 = 4$

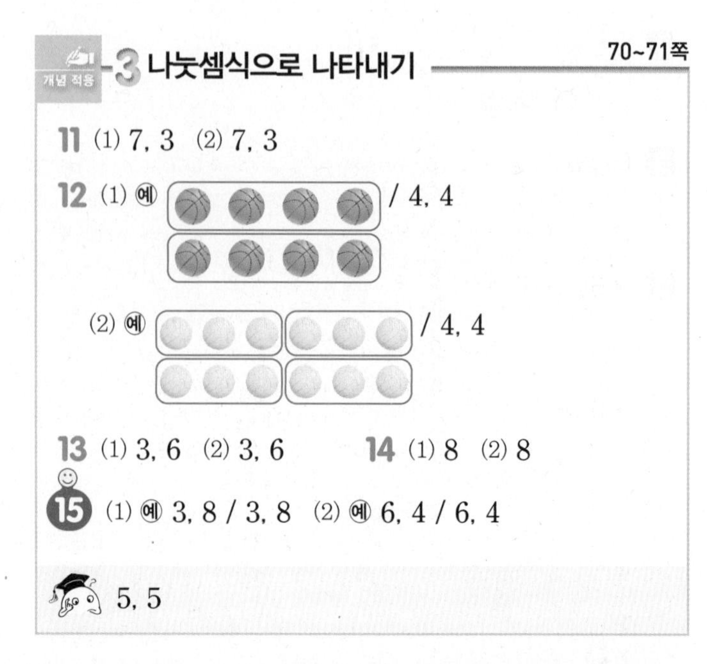

개념 적용 -3 나눗셈식으로 나타내기 70~71쪽

11 (1) 7, 3 (2) 7, 3

12 (1) 예 / 4, 4
(2) 예 / 4, 4

13 (1) 3, 6 (2) 3, 6 **14** (1) 8 (2) 8

15 (1) 예 3, 8 / 3, 8 (2) 예 6, 4 / 6, 4

5, 5

12 (1) 8개의 농구공을 2묶음으로 똑같이 나누면 한 묶음에 4개씩이므로 $8 \div 2 = 4$입니다.
(2) 12개의 배구공을 한 묶음에 3개씩 나누면 4묶음이 되므로 $12 \div 3 = 4$입니다.

14 (1) 16을 2칸으로 똑같이 나누면 한 칸에 8씩입니다.
(2) 16에서 2를 8번 빼면 0이 되므로 나눗셈식으로 나타내면 $16 \div 2 = 8$입니다.

교과서 개념 이해 3 곱셈식은 나눗셈식으로, 나눗셈식은 곱셈식으로 나타낼 수 있어. 72~73쪽

1 (1) 8, 8 (2) 2, 8 (3) 2, 2 (4) 8, 2

2 (1) 8, 24, 8 (2) 8, 24, 8

3 14 / 2, 7

4 (1) 예 6, 7 / 7, 6 (2) 예 8, 6 / 6, 8

5 (1) 9, 36 / 4, 36 (2) 8, 56 / 7, 56

교과서 개념 이해 4 나눗셈의 몫은 곱셈식을 이용해서 구할 수 있어. 74쪽

1 (1) 4 (2) 4, 4

2 (1) $4 \times 7 = 28$에 ☐표, 7
(2) $8 \times 9 = 72$에 ☐표, 9

3

1 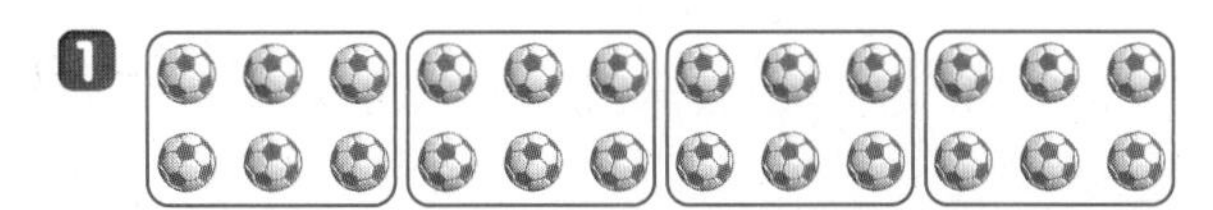

2 (1) $28 \div 4 = 7$ (2) $72 \div 8 = 9$

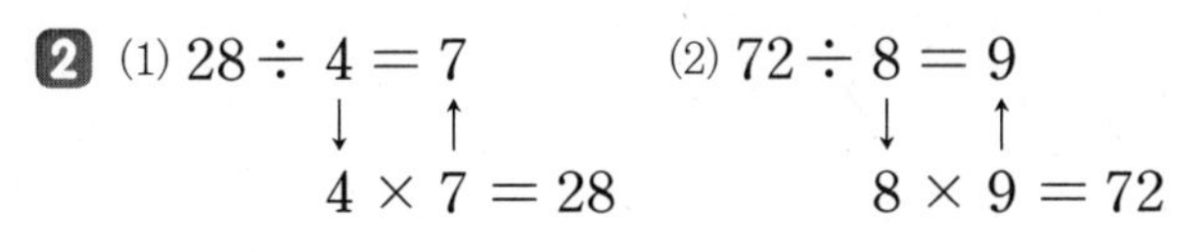

$4 \times 7 = 28$ $8 \times 9 = 72$

3 • $54 \div 6 = 9$ → $6 \times 9 = 54$ • $42 \div 6 = 7$ → $6 \times 7 = 42$

• $63 \div 7 = 9$ → $7 \times 9 = 63$

교과서 개념 이해 5 나눗셈의 몫은 곱셈구구를 이용해서 구할 수 있어. 75쪽

1 (1) 5, 6 (2) 7, 8 (3) 5, 7, 9 (4) 8, 8, 8

1 (3) 8단 곱셈구구에서 곱이 40, 56, 72인 경우를 각각 찾습니다.
(4) 3단 곱셈구구에서 곱이 24, 6단 곱셈구구에서 곱이 48, 9단 곱셈구구에서 곱이 72인 경우를 찾습니다.

개념 적용 -4 곱셈과 나눗셈의 관계 76~77쪽

1 (1) $8 \times 3 = 24$ (또는 8×3), 24개
(2) $24 \div 3 = 8$ (또는 $24 \div 3$), 8개
(3) $24 \div 8 = 3$ (또는 $24 \div 8$), 3상자

2 $2 \times 7 = 14$, $7 \times 2 = 14$ / $14 \div 2 = 7$, $14 \div 7 = 2$

3 (1) 8, 8, 5 (2) 9, 9, 9

4 $5 \times 9 = 45$, $9 \times 5 = 45$ / $45 \div 5 = 9$, $45 \div 9 = 5$

4⊕ 1, 1 / 12, 2

5 예 8, 56 / 56, 8 / 56, 8

3, 8

1 (1) 8개씩 3묶음이므로 $8 \times 3 = 24$입니다.
(2) 가지 24개를 3묶음으로 똑같이 나누면 한 묶음에 8개씩이므로 $24 \div 3 = 8$입니다.
(3) 가지 24개를 8개씩 묶으면 3묶음이므로 $24 \div 8 = 3$입니다.

2 튤립이 2송이씩 7묶음이므로 $2 \times 7 = 14$입니다.
튤립이 7송이씩 2묶음이므로 $7 \times 2 = 14$입니다.

$2 \times 7 = 14$ < $14 \div 2 = 7$, $14 \div 7 = 2$

3 (1) $5 \times 8 = 40$ < $40 \div 5 = 8$, $40 \div 8 = 5$

(2) $63 \div 7 = 9$ < $7 \times 9 = 63$, $9 \times 7 = 63$

4 45, 9, 5 중에서 가장 큰 수가 45이므로 만들 수 있는 곱셈식은 $5 \times 9 = 45$, $9 \times 5 = 45$이고, 만들 수 있는 나눗셈식은 $45 \div 5 = 9$, $45 \div 9 = 5$입니다.
⊕ 나누어지는 수의 십의 자리, 일의 자리의 순서로 나눕니다.

내가 만드는 문제
5 예 $7 \times 8 = 56$ < $56 \div 7 = 8$, $56 \div 8 = 7$

개념 적용 -5 나눗셈의 몫을 곱셈식으로 구하기 78~79쪽

6 (1) 8, 8 (2) 7, 7

7 6, 6, 18

8 ( )(○)( )

9 예 / 4, 5, 5 / 5개

10 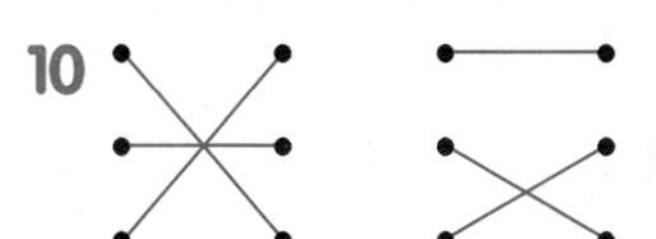

11 (위에서부터) 6, 8, 5, 7 / 독, 서, 삼, 매

12 예 6, 4 / 6, 4 / 6, 4

 6

6 (1) 5와 곱해서 40이 되는 수는 8이므로 $40 \div 5 = 8$입니다.
(2) 8과 곱해서 56이 되는 수는 7이므로 $56 \div 8 = 7$입니다.

7 별이 3개씩 6묶음 있으므로 $3 \times 6 = 18$입니다.
$3 \times 6 = 18$을 이용하면 $18 \div 3 = 6$입니다

8 $48 \div 8 = 6$ ↓ ↑ $8 \times 6 = 48$

9 $20 \div 4 = 5$ ↓ ↑ $4 \times 5 = 20$

10 $36 \div 6 = \square$ ➡ $6 \times \square = 36$이므로 $\square = 6$입니다.
$36 \div 4 = \square$ ➡ $4 \times \square = 36$이므로 $\square = 9$입니다.
$36 \div 9 = \square$ ➡ $9 \times \square = 36$이므로 $\square = 4$입니다.

11 서: $7 \times 6 = 42$이므로 $42 \div 7 = 6$
매: $4 \times 8 = 32$이므로 $32 \div 4 = 8$
독: $6 \times 5 = 30$이므로 $30 \div 6 = 5$
삼: $7 \times 7 = 49$이므로 $49 \div 7 = 7$

내가 만드는 문제
12 • $24 \div 6 = 4$ ↓ ↑ $6 \times 4 = 24$
• $24 \div 4 = 6$ ↓ ↑ $4 \times 6 = 24$
• $24 \div 3 = 8$ ↓ ↑ $3 \times 8 = 24$
• $24 \div 8 = 3$ ↓ ↑ $8 \times 3 = 24$

16

×	1	2	3		㉠	7
					6	7
㉡					□	14
3	3	6	9	12	18	21

□의 아래가 18이고 18의 왼쪽 끝은 3이므로
$18 \div 3 = 6$입니다. ➡ ㉠ $= 6$
□의 오른쪽이 14이고 14의 맨 위는 7이므로
$14 \div 7 = 2$입니다. ➡ ㉡ $= 2$
□는 ㉡과 ㉠이 만나는 부분에 있으므로 $2 \times 6 = 12$입니다.

17 9단 곱셈구구에서 곱이 54인 곱셈식은 $9 \times 6 = 54$이므로 $54 \div 9 = 6$입니다.

내가 만드는 문제
18 $30 \div 6 = 5$ ➡ $5 > \square \div 5$
$\square \div 5$의 몫이 1, 2, 3, 4인 경우는 □가 각각 5, 10, 15, 20입니다.

개념 적용 6 나눗셈의 몫을 곱셈구구로 구하기 80~81쪽

13 (1) 7 (2) 8 (3) 3 (4) 6 (5) 9
14 6, 8
15 $36 \div 4 = 9$ (또는 $36 \div 4$), 9모둠
16 12
17 $54 \div 9 = 6$ (또는 $54 \div 9$), 6개
18 예 15

4, 4

13 5단 곱셈구구에서 곱이 35, 40인 경우를 각각 찾습니다. 9단 곱셈구구에서 곱이 27, 54, 81인 경우를 각각 찾습니다.

14 $42 \div 7 = \square$ ➡ $7 \times 6 = 42$이므로 $\square = 6$입니다.
$56 \div 7 = \square$ ➡ $7 \times 8 = 56$이므로 $\square = 8$입니다.

15 4단 곱셈구구에서 곱이 36인 곱셈식은 $4 \times 9 = 36$이므로 $36 \div 4 = 9$입니다.

개념 완성 발전 문제 82~84쪽

1 ( ) (○) ( )
2 0, 5에 ○표
3 5, 6, 7
4 (1) 16 (2) 21
5 (1) 18, 12 (2) 20, 10
6 3
7 9
8 6
9 12, 3
10 35
11 54
12 3
13 7송이
14 4개
15 4개
16 3, 5, 7
17 5, 4, 9
18 4개

1 $12 \div 6 = 2$ ↓ ↑ $6 \times 2 = 12$

2 5단 곱셈구구에서 곱이 3□인 경우를 알아보면 $5 \times 6 = 30$, $5 \times 7 = 35$이므로 □ 안에 들어갈 수 있는 수는 0과 5입니다.

3 4단 곱셈구구에서 곱이 2□인 경우를 찾아봅니다.

$4 \times 5 = 20$ ➡ $20 \div 4 = 5$

$4 \times 6 = 24$ ➡ $24 \div 4 = 6$

$4 \times 7 = 28$ ➡ $28 \div 4 = 7$

4 (1) $8 \div 2 = 4$이므로 $\square \div 4 = 4$입니다.

$\square \div 4 = 4$

↓ ↑

$4 \times 4 = 16$이므로 $\square = 16$입니다.

(2) $63 \div 9 = 7$이므로 $\square \div 3 = 7$입니다.

$\square \div 3 = 7$

↓ ↑

$3 \times 7 = 21$이므로 $\square = 21$입니다.

참고 | 나누는 수가 2배가 될 때 계산 결과가 같으면 나누어지는 수도 2배가 됨을 알 수 있습니다.

5 (1) $36 \div 6 = 6$이므로 $\square \div 3 = 6$, $\square \div 2 = 6$입니다.

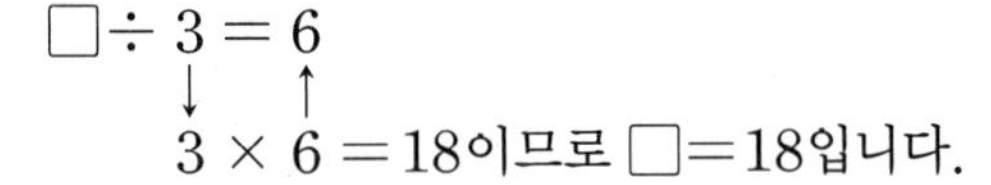

$\square \div 3 = 6$

↓ ↑

$3 \times 6 = 18$이므로 $\square = 18$입니다.

$\square \div 2 = 6$

↓ ↑

$2 \times 6 = 12$이므로 $\square = 12$입니다.

(2) $40 \div 8 = 5$이므로 $\square \div 4 = 5$, $\square \div 2 = 5$입니다.

$\square \div 4 = 5$

↓ ↑

$4 \times 5 = 20$이므로 $\square = 20$입니다.

$\square \div 2 = 5$

↓ ↑

$2 \times 5 = 10$이므로 $\square = 10$입니다.

6 어떤 수를 □라 하면 $15 \div \square = 45 \div 9$이고 $45 \div 9 = 5$이므로 $15 \div \square = 5$입니다.

$15 \div \square = 5$

↓ ↑

$\square \times 5 = 15$이므로 $\square = 3$입니다.

7 $\square \div 3 = 3$

↓ ↑

$3 \times 3 = 9$이므로 $\square = 9$입니다.

$72 \div \square = 8$

↓ ↑

$\square \times 8 = 72$이므로 $\square = 9$입니다.

8 ● $\div 4 = 9$

↓ ↑

$4 \times 9 = 36$이므로 ● $= 36$입니다.

● ÷ ■ $= 6$ ➡ $36 \div$ ■ $= 6$

➡ $36 \div 6 =$ ■, ■ $= 6$

9 ㉠ $\div 4 =$ ㉡에서 $4 \times$ ㉡ $=$ ㉠이므로 이것을 만족시키는 (㉡, ㉠)은 (1, 4), (2, 8), (3, 12), (4, 16), ...입니다.
이 중에서 ㉠ $+$ ㉡ $= 15$인 것은 $12 + 3 = 15$이므로 ㉠ $= 12$, ㉡ $= 3$입니다.

10 어떤 수를 □라 하면

$\square \div 5 = 7$

↓ ↑

$5 \times 7 = 35$이므로 $\square = 35$입니다.

11 어떤 수를 □라 하면

$48 \div \square = 8$

↓ ↑

$\square \times 8 = 48$이므로 $\square = 6$입니다.

따라서 바르게 계산하면 $48 + 6 = 54$입니다.

12 어떤 수를 □라 하면

$\square \div 3 = 5$

↓ ↑

$3 \times 5 = 15$이므로 $\square = 15$입니다.

따라서 바르게 계산하면 $15 \div 5 = 3$입니다.

13 (전체 튤립 수) $= 8 + 6 = 14$(송이)
(한 꽃병에 꽂을 수 있는 튤립 수) $= 14 \div 2 = 7$(송이)

14 (3상자에 들어 있는 배의 수) $= 8 \times 3 = 24$(개)
(필요한 바구니의 수) $= 24 \div 6 = 4$(개)

15 (한 바구니에 든 당근 수) $= 32 \div 4 = 8$(개)
(토끼 한 마리에게 준 당근 수) $= 8 \div 2 = 4$(개)

16 $\square\square \div \square = 5$

↓ ↑

$\square \times 5 = \square\square$

수 카드의 수에 5를 곱해 봅니다.
$5 \times 5 = 25$, $3 \times 5 = 15$, $7 \times 5 = 35$이므로 만들 수 있는 나눗셈식은 $35 \div 7 = 5$입니다.

17 $\square\square \div \square = 6$

↓ ↑

$\square \times 6 = \square\square$

수 카드의 수에 6을 곱해 봅니다.
$5 \times 6 = 30$, $7 \times 6 = 42$, $9 \times 6 = 54$, $4 \times 6 = 24$이므로 만들 수 있는 나눗셈식은 $54 \div 9 = 6$입니다.

18 만들 수 있는 두 자리 수는 34, 35, 36, 43, 45, 46, 53, 54, 56, 63, 64, 65입니다.
$36 \div 9 = 4$, $45 \div 9 = 5$, $54 \div 9 = 6$, $63 \div 9 = 7$이므로 9로 나누어지는 수는 36, 45, 54, 63으로 모두 4개입니다.

3단원 단원 평가 85~87쪽

1  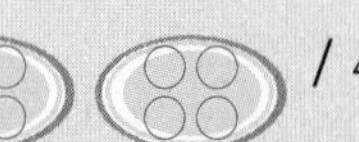 / 4

2 $8 \div 2 = 4$ **3** (선 잇기)

4 $30-6-6-6-6-6=0$

5 8, 8 **6** 9; 36 / 36, 9

7 3

8 (위에서부터) 6, 2, 9, 3

9 (1) 6 (2) 6 **10** 7 / 7 / 7, 5, 35

11 $27 \div 9 = 3$ (또는 $27 \div 9$), 3개

12 $42 \div 6 = 7$ (또는 $42 \div 6$), 7개

13 (1) $>$ (2) $<$ **14** ㉠, ㉢, ㉡

15 8, 2 **16** 2, 9

17 3 **18** 12

19 2개 **20** 6개

1 12개를 3개의 접시에 똑같이 나누면 한 접시에 4개씩 ○를 그리면 됩니다.

2 8 나누기 2는 4와 같습니다.
➡ $8 \div 2 = 4$

3 $24 \div 8$: 나누는 수가 8이므로 8단 곱셈구구에서 곱이 24인 곱셈식을 찾습니다.
$24 \div 4$: 나누는 수가 4이므로 4단 곱셈구구에서 곱이 24인 곱셈식을 찾습니다.

4 $30 \div 6 = 5$ ➡ $30-6-6-6-6-6=0$ (5번)

5 $72 \div 9 = 8$
$9 \times 8 = 72$

6 공깃돌이 4개씩 9묶음이므로 $4 \times 9 = 36$입니다.
$4 \times 9 = 36$을 나눗셈식으로 나타내면 $36 \div 4 = 9$입니다.

7 구슬 21개를 7개씩 묶으면 3묶음이 됩니다.

8 $54 \div 9 = 6$, $6 \div 3 = 2$, $54 \div 6 = 9$, $9 \div 3 = 3$

9 (1) 3단 곱셈구구에서 곱이 18인 경우를 찾으면 $3 \times 6 = 18$입니다.
(2) 8단 곱셈구구에서 곱이 48인 경우를 찾으면 $8 \times 6 = 48$입니다.

11 딸기 27개를 9묶음으로 똑같이 나누면 한 묶음에 3개씩입니다.
➡ $27 \div 9 = 3$

12 단추 42개를 6개씩 묶으면 7묶음이 됩니다.

13 (1) $18 \div 2 = 9$, $24 \div 3 = 8$
➡ $18 \div 2 > 24 \div 3$
(2) $24 \div 6 = 4$, $20 \div 4 = 5$
➡ $24 \div 6 < 20 \div 4$

14 ㉠ $16 \div 4 = 4$, ㉡ $56 \div 7 = 8$, ㉢ $25 \div 5 = 5$
➡ $4 < 5 < 8$
따라서 몫이 작은 것부터 차례로 기호를 쓰면 ㉠, ㉢, ㉡입니다.

15 40에서 ★을 5번 빼서 0이 되었으므로
$40 \div$ ★ $= 5$
➡ ★ $\times 5 = 40$이므로 ★ $= 8$입니다.
★ $\div 4 =$ ♥
➡ $8 \div 4 = 2$이므로 ♥ $= 2$입니다.

16 7단 곱셈구구에서 곱이 4□인 경우를 찾아보면
$7 \times 6 = 42$, $7 \times 7 = 49$이므로
□ 안에 들어갈 수 있는 수는 2, 9입니다.

17 ㉠ $\div 2 = 5$
➡ $2 \times 5 =$ ㉠이므로 ㉠ $= 10$입니다.
$28 \div$ ㉡ $= 4$
➡ ㉡ $\times 4 = 28$이므로 ㉡ $= 7$입니다.
따라서 ㉠과 ㉡의 차는 $10 - 7 = 3$입니다.

18 어떤 수를 □라 하면 □ $\div 3 = 32 \div 8$입니다.
$32 \div 8 = 4$이므로 □ $\div 3 = 4$입니다.
따라서 $3 \times 4 =$ □이므로 □ $= 12$입니다.

서술형
19 예 $63 \div 9 = 7$이므로 □ 안에는 7보다 큰 수가 들어가야 합니다.
따라서 □ 안에 들어갈 수 있는 수는 8, 9로 모두 2개입니다.

평가 기준	배점
$63 \div 9$의 몫을 구했나요?	2점
□ 안에 들어갈 수 있는 수는 모두 몇 개인지 구했나요?	3점

서술형

20 예 (8모둠에 나누어 줄 풍선 수) $= 50 - 2 = 48$(개)
(한 모둠에 나누어 줄 풍선 수) $= 48 \div 8 = 6$(개)

평가 기준	배점
8모둠에 나누어 줄 풍선 수를 구했나요?	2점
한 모둠에 풍선을 몇 개씩 주면 되는지 구했나요?	3점

4 곱셈

(두 자리 수)×(한 자리 수)의 곱셈을 배우는 단원입니다.
2학년에 배운 곱셈구구를 바탕으로 곱하는 수가 커지는 만큼 곱의 크기도 커짐을 이해해야 단원 전체의 내용을 알 수 있습니다.
또한, 두 자리 수를 몇십과 몇으로 분해하여 곱하는 원리의 이해도 반드시 필요합니다.
그러므로 두 자리 수의 분해를 통한 곱셈의 원리를 잘 이해하지 못하는 경우 한 자리 수의 분해를 통한 곱셈의 예를 통해 충분히 이해한 후 두 자리 수의 곱셈 원리와 방법을 알 수 있도록 지도해 주세요.
이후 학년에서는 같은 곱셈의 원리로 더 큰 수들의 곱셈을 배우게 되므로 이번 단원의 학습 목표를 완벽하게 성취할 수 있도록 합니다.
수의 크기와 관계없이 적용되는 곱셈의 교환법칙, 결합법칙 등에 대한 3학년 수준의 문제들도 구성하였으므로 곱셈의 계산 방법 뿐만 아니라 연산의 법칙들도 느껴볼 수 있게 하여 중등 과정에서의 학습과도 연계될 수 있습니다.

교과서 개념 이해 1 곱해지는 수가 10배가 되면 곱도 10배가 돼.

90쪽

1 60 / 3, 60

2 (1) 5, 50 (2) 12, 120

3 (1) 7 (2) 3 (3) 1, 8

1 $\underbrace{20 + 20 + 20}_{3번} = 60 \Rightarrow 20 \times 3 = 60$

2 곱해지는 수가 10배가 되면 곱도 10배가 됩니다.

3 (1) $1 \times \square = 7$이므로 $\square = 7$입니다.
(2) $\square \times 3 = 9$이므로 $\square = 3$입니다.
(3) $3 \times 6 = 18$이므로 왼쪽부터 차례로 1, 8입니다.

교과서 개념 이해 2 일의 자리 곱은 일의 자리에, 십의 자리 곱은 십의 자리에 맞게 써. 91쪽

1 (1) 39 / 3, 39 (2) 48 / 2, 48

2 (1) 3 / 6, 3 (2) 8 / 6, 8

3 (1) 80, 8, 88 (2) 90, 6, 96

1 (1) $\underbrace{13+13+13}_{3번}=39 \Rightarrow 13\times3=39$

(2) $\underbrace{24+24}_{2번}=48 \Rightarrow 24\times2=48$

2 (1) $1\times3=3$이므로 일의 자리에 3을 씁니다.
$2\times3=6$이므로 십의 자리에 6을 씁니다.
(2) $4\times2=8$이므로 일의 자리에 8을 씁니다.
$3\times2=6$이므로 십의 자리에 6을 씁니다.

3 (1) 22를 20과 2로 나누어 각각 4를 곱한 후 두 곱을 더합니다.
(2) 32를 30과 2로 나누어 각각 3을 곱한 후 두 곱을 더합니다.

교과서 개념 이해 3 자리별로 곱하고 십의 자리에서 올림한 수는 백의 자리에 써. 92쪽

1 (1)
$$\begin{array}{r} 3\,2 \\ \times\quad 4 \\ \hline 8 \\ 1\,2\,0 \\ \hline 1\,2\,8 \end{array} \quad \begin{array}{l} \\ \\ \cdots \boxed{2}\times4 \\ \cdots \boxed{30}\times4 \\ \\ \end{array}$$

(2)
$$\begin{array}{r} 5\,1 \\ \times\quad 5 \\ \hline 5 \\ 2\,5\,0 \\ \hline 2\,5\,5 \end{array} \quad \begin{array}{l} \\ \\ \cdots \boxed{1}\times5 \\ \cdots \boxed{50}\times5 \\ \\ \end{array}$$

2 (1) 4 / 1, 4, 4 (2) 9 / 2, 7, 9

3 (1) 120, 8, 128 (2) 480, 6, 486

2 (1) $2\times2=4$이므로 일의 자리에 4를 씁니다.
$7\times2=14$이므로 십의 자리에 4, 백의 자리에 1을 씁니다.
(2) $3\times3=9$이므로 일의 자리에 9를 씁니다.
$9\times3=27$이므로 십의 자리에 7, 백의 자리에 2를 씁니다.

3 (1) 64를 60과 4로 나누어 각각 2를 곱한 후 두 곱을 더합니다.
(2) 81을 80과 1로 나누어 각각 6을 곱한 후 두 곱을 더합니다.

교과서 개념 이해 4 자리별로 곱하고 일의 자리에서 올림한 수는 십의 자리 위에 작게 쓰고 십의 자리 곱에 더해. 93쪽

1 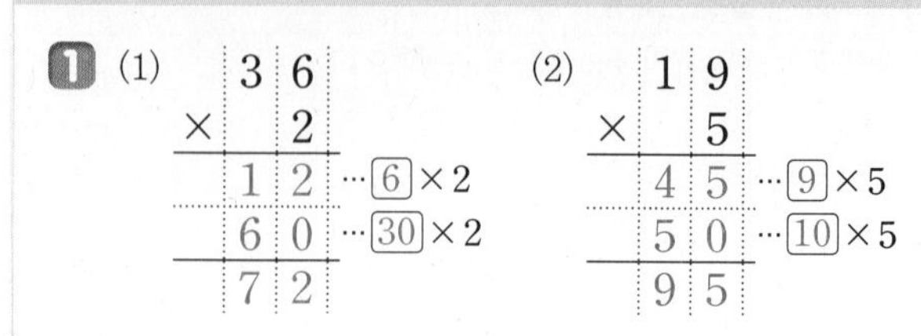

2 (위에서부터) (1) 1, 4 / 1, 8, 4 (2) 2, 4 / 2, 8, 4

3 (1) 60, 18, 78 (2) 80, 16, 96

2 (1) $2\times7=14$이므로 일의 자리에 4를 쓰고 1은 십의 자리 위에 작게 씁니다. $1\times7=7$에 올림한 수 1을 더하여 십의 자리에 씁니다.
(2) $8\times3=24$이므로 일의 자리에 4를 쓰고 2는 십의 자리 위에 작게 씁니다. $2\times3=6$에 올림한 수 2를 더하여 십의 자리에 씁니다.

3 (1) 39를 30과 9로 나누어 각각 2를 곱한 후 두 곱을 더합니다.
(2) 24를 20과 4로 나누어 각각 4를 곱한 후 두 곱을 더합니다.

교과서 개념 이해 5 일의 자리 곱과 십의 자리 곱에서 올림한 수를 빠뜨리지 말고 더해. 94~95쪽

1 (1)
$$\begin{array}{r} 4\,5 \\ \times\quad 3 \\ \hline 1\,5 \\ 1\,2\,0 \\ \hline 1\,3\,5 \end{array} \quad \begin{array}{l} \\ \\ \cdots \boxed{5}\times3 \\ \cdots \boxed{40}\times3 \\ \\ \end{array}$$

(2)
$$\begin{array}{r} 3\,8 \\ \times\quad 6 \\ \hline 4\,8 \\ 1\,8\,0 \\ \hline 2\,2\,8 \end{array} \quad \begin{array}{l} \\ \\ \cdots \boxed{8}\times6 \\ \cdots \boxed{30}\times6 \\ \\ \end{array}$$

2 (위에서부터) (1) 4, 5 / 4, 1, 4, 5 (2) 1, 2 / 1, 2, 5, 2

3 (1) 140, 42, 182 (2) 200, 36, 236

4 5, 220

5 (왼쪽에서부터 계산 순서대로) (1) 88, 176 / 8, 176
(2) 75, 150 / 6, 150

6 (1) 192, 192 (2) 336, 336

7 예 초콜릿 / 초콜릿

3 (1) 26을 20과 6으로 나누어 각각 7을 곱한 후 두 곱을 더합니다.
(2) 59를 50과 9로 나누어 각각 4를 곱한 후 두 곱을 더합니다.

4 44씩 5번 뛰어 세기 한 것은 $44 \times 5 = 220$으로 나타냅니다.

$$\begin{array}{r} {\scriptstyle 2} \\ 4\,4 \\ \times \quad 5 \\ \hline 2\,2\,0 \end{array}$$

7 예 42를 어림하면 40쯤이므로 초콜릿은 약 $40 \times 6 = 240$(개)보다 많습니다.
29를 어림하면 30쯤이므로 사탕은 약 $30 \times 8 = 240$(개)보다 적습니다.
초콜릿은 240개보다 많고 사탕은 240개보다 적으므로 초콜릿이 더 많을 것 같습니다.
계산해 보면 초콜릿은 $42 \times 6 = 252$(개), 사탕은 $29 \times 8 = 232$(개)이므로 초콜릿이 더 많습니다.

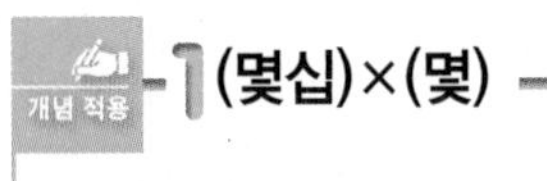

개념 적용 -1 (몇십)×(몇)

96~97쪽

1 (1) 50 (2) 150 (3) 80 (4) 180

2 (1) 6, 60, 60 (2) 7, 70, 70

2+ (1) 600 (2) 700

3 (1) 9, 90 (2) 24, 240

4 (1) 60 (2) 100

5 (1) 90 (2) 80 (2) 170

6 80장

7 예 3, 8 / 예 8, 3

60, 60

2 곱하는 수나 곱해지는 수가 10배가 되면 곱도 10배가 됩니다.

4 (구슬의 무게) = (구슬 1개의 무게) × (구슬의 수)입니다.
(1) $20 \times 3 = 60$(g)
(2) $20 \times 5 = 100$(g)

5 (1) $30 \times 3 = 90$(점)
(2) $40 \times 2 = 80$(점)
(3) $90 + 80 = 170$(점)

6 (현수가 가지고 있는 색종이 수) $= 10 \times 2 = 20$(장)
(은영이가 가지고 있는 색종이 수) $= 20 \times 4 = 80$(장)

내가 만드는 문제

7 $■0 \times ▲ = 240$ ➡ $■ \times ▲ = 24$이므로 계산 결과가 240이 되는 곱은 30×8, 40×6, 60×4, 80×3 (8×30, 6×40, 4×60, 3×80)이 있습니다.

개념 적용 -2 올림이 없는 (몇십몇)×(몇)

98~99쪽

8 (1) 28, 28 (2) 46, 46

8+ (1) 246 (2) 824

9

10 (1) > (2) <

11 $13 \times 3 = 39$ (또는 13×3), 39개

12 96명

13 예 가, 42, 2, 84

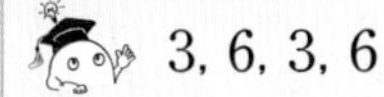

3, 6, 3, 6

8 (1) $14 + 14 = 28$ → $14 \times 2 = 28$ (2) $23 + 23 = 46$ → $23 \times 2 = 46$

9 • $12 \times 4 = 48$ ($\times 2$↓, ↑$\times 2$) $24 \times 2 = 48$
• $11 \times 6 = 66$ ($\times 3$↓, ↑$\times 3$) $33 \times 2 = 66$
• $22 \times 4 = 88$ ($\times 2$↓, ↑$\times 2$) $44 \times 2 = 88$

10 (1) $22 \times 3 = 66$, $31 \times 2 = 62$이므로 $22 \times 3 > 31 \times 2$입니다.
(2) $42 \times 2 = 84$, $33 \times 3 = 99$이므로 $42 \times 2 < 33 \times 3$입니다.

11 13개씩 3줄이므로 13×3으로 나타냅니다.

12 (놀이공원에 온 학생 수)
= (버스 한 대에 탄 학생 수) × (버스 수)
$= 32 \times 3 = 96$(명)

내가 만드는 문제

13 가 모양: $42 \times 2 = 84$(g), 나 모양: $11 \times 7 = 77$(g), 다 모양: $33 \times 3 = 99$(g), 라 모양: $12 \times 4 = 48$(g)

3 십의 자리에서 올림이 있는 (몇십몇)×(몇) 100~101쪽

14 (1) 106 (2) 426 (3) 279 (4) 328

15 30×5에 ○표, 50×2에 ○표

16 (1) 62×4에 ○표 (2) 92×4에 ○표

17 ㉢

18 168 cm **18➕** 7, 147

예

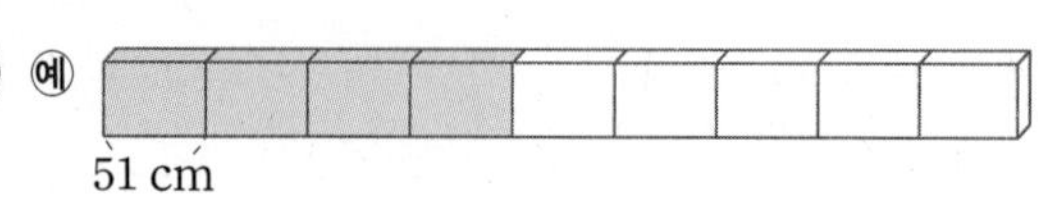

/ 51×4=204 (또는 51×4), 204 cm

128 / 4, 4, 120, 8, 128 / 2, 2, 64, 64, 128

14 (3) $\begin{array}{r} 9\,3 \\ \times\ \ 3 \\ \hline 2\,7\,9 \end{array}$ (4) $\begin{array}{r} 8\,2 \\ \times\ \ 4 \\ \hline 3\,2\,8 \end{array}$

15 31을 어림하면 30쯤이므로 30×5입니다.
54를 어림하면 50쯤이므로 50×2입니다.

16 (1) 곱해지는 수가 같은 경우 곱하는 수가 클수록 곱이 큽니다.
(2) 곱하는 수가 같은 경우 곱해지는 수가 클수록 곱이 큽니다.

17 ㉢ 5×10과 1×4의 합 ➡ 50+4=54

18 정사각형의 네 변의 길이는 모두 같으므로 정사각형의 둘레는 42×4=168(cm)입니다.

내가 만드는 문제
19 51×(막대 수)를 계산합니다.

4 일의 자리에서 올림이 있는 (몇십몇)×(몇) 102~103쪽

20 (1) 90 (2) 96 (3) 92 (4) 74

21 (계산 순서대로) (1) 30, 18 / 48 (2) 60, 21 / 81

22 (1) 42, 84 (2) 36, 72

23 (1) 60, 75, 90 (2) 68, 51, 34

24 (1) > (2) <

25 (1) 1 (2) 4

예 (위에서부터) 2, 26 / 5, 65 / 91

28, 56, 84 / 42, 42, 84

20 (1) $\begin{array}{r} ^{4}\ \ \\ 1\,8 \\ \times\ \ 5 \\ \hline 9\,0 \end{array}$ (2) $\begin{array}{r} ^{1}\ \ \\ 4\,8 \\ \times\ \ 2 \\ \hline 9\,6 \end{array}$

(3) $\begin{array}{r} ^{1}\ \ \\ 2\,3 \\ \times\ \ 4 \\ \hline 9\,2 \end{array}$ (4) $\begin{array}{r} ^{1}\ \ \\ 3\,7 \\ \times\ \ 2 \\ \hline 7\,4 \end{array}$

21 (1) $\begin{array}{r} 10\times3=30 \\ 6\times3=18 \\ \hline 16\times3=48 \end{array}$ (2) $\begin{array}{r} 20\times3=60 \\ 7\times3=21 \\ \hline 27\times3=81 \end{array}$

22 곱해지는 수가 2배가 되면 곱도 2배가 됩니다.

23 (1) 곱해지는 수가 15로 같고 곱하는 수가 1씩 커지면 곱은 15씩 커집니다.
(2) 곱해지는 수가 17로 같고 곱하는 수가 1씩 작아지면 곱은 17씩 작아집니다.

24 (1) 24×4=96, 29×3=87이므로
24×4>29×3입니다.
(2) 23×4=92, 47×2=94이므로
23×4<47×2입니다.

25 (1) 일의 자리 계산에서 2×6=12이므로 십의 자리 계산은 □×6+1=7입니다.
□×6=6이므로 □ 안에 알맞은 수는 1입니다.
(2) 일의 자리 계산에서 3×□의 일의 자리 수가 2이므로 □ 안에 알맞은 수는 4입니다.

내가 만드는 문제
26 7은 1과 6, 2와 5, 3과 4로 가르기할 수 있습니다.

5 십의 자리와 일의 자리에서 올림이 있는 (몇십몇)×(몇) 104~105쪽

27 (1) 185 (2) 364 (3) 128 (4) 147

28 (위에서부터) (1) 208, 104 (2) 315, 105

29 50

30 (1) 48, 240, 48, 288 (2) 56, 560, 56, 504

31 ( )(○)( )
예 48을 어림하면 50쯤이므로 48×6을 어림하여 구하면 약 50×6=300입니다.
48×6은 300보다 작으므로 300개를 담을 수 있는 바구니를 골라야 합니다.

31 ➕ ㉢, ㉠, ㉡

32 예 3, 4, 9 / 306

270, 36, 306 / 340, 34, 306

27 (1)
```
    3
  3 7
×   5
-----
1 8 5
```
(2)
```
    1
  5 2
×   7
-----
3 6 4
```
(3)
```
    4
  1 6
×   8
-----
1 2 8
```
(4)
```
    2
  4 9
×   3
-----
1 4 7
```

28 (1) $26 \times 8 = 208$
$26 \times 4 \times 2 = 208$
(2) $35 \times 9 = 315$
$35 \times 3 \times 3 = 315$

29 일의 자리 계산에서 $8 \times 7 = 56$이므로 십의 자리로 올림한 수 5는 50을 나타냅니다.

30 (1) $6 = 5 + 1$이므로 $48 \times 6 = 48 \times 5 + 48 \times 1$입니다.
(2) $9 = 10 - 1$이므로 $56 \times 9 = 56 \times 10 - 56 \times 1$입니다.

31 방울토마토의 수를 어림하여 계산해 봅니다.
➕ 곱해지는 수의 크기를 비교하면 $584 < 600 < 620$이고 곱하는 수의 크기를 비교하면 $46 < 50 < 51$이므로
$584 \times 46 < 600 \times 50 < 620 \times 51$입니다.

발전 문제 106~108쪽

1	10	2	45, 15
3	76, 4	4	9
5	3	6	1, 5
7	36	8	120
9	75	10	45 cm
11	35 cm	12	93 cm
13	9	14	1, 2, 3, 4
15	6, 7	16	72 m
17	132 m	18	33 m

1 $10 \times 4 = 40$

2 $15 \times 3 = 45$

3 $19 \times 2 = 38$, $19 \times 3 = 57$, $19 \times 4 = 76$, $19 \times 5 = 95$
➡ 76은 19의 4배입니다.

4 십의 자리 계산에서 $\square \times 2 = 18$이므로 $\square = 9$입니다.

5 일의 자리 계산에서 $5 \times \square$의 일의 자리 수가 5이므로 □ 안에 들어갈 수 있는 수는 1, 3, 5, 7, 9입니다.
$25 \times 1 = 25$, $25 \times 3 = 75$, $25 \times 5 = 125$, ...이므로 □ 안에 알맞은 수는 3입니다.

6
```
  ㉠ 7
×    9
------
 1 ㉡ 3
```
일의 자리 계산에서 $7 \times 9 = 63$이므로 십의 자리 계산은 ㉠$\times 9 + 6 = 1$㉡입니다.
㉠에 1부터 차례로 수를 넣어 보면
$1 \times 9 + 6 = 15$, $2 \times 9 + 6 = 24$, ...이므로
㉠$=1$, ㉡$=5$입니다.

7 $\square \div 4 = 9$
↓ ↑
$4 \times 9 = \square$, $\square = 36$

8 어떤 수를 □라 하면 $\square - 6 = 14$이므로
$14 + 6 = \square$, $\square = 20$입니다.
따라서 바르게 계산하면 $20 \times 6 = 120$입니다.

9 어떤 수를 □라 하면 $\square \div 5 = 3$이므로
$5 \times 3 = \square$, $\square = 15$입니다.
따라서 바르게 계산하면 $15 \times 5 = 75$입니다.

10 $15 \times 3 = 45$(cm)

11 색 테이프 2장의 길이의 합은 $21 \times 2 = 42$(cm)입니다.
따라서 이어 붙인 색 테이프의 전체 길이는
$42 - 7 = 35$(cm)입니다.

12 색 테이프 4장의 길이의 합은 $30 \times 4 = 120$(cm)입니다.
9 cm씩 겹친 부분이 3군데이므로 겹친 부분의 길이의 합은 $9 \times 3 = 27$(cm)입니다.
따라서 이어 붙인 색 테이프의 전체 길이는
$120 - 27 = 93$(cm)입니다.

13 $18 \times 5 = 90$이므로 $10 \times \square = 90$입니다.
십의 자리 계산에서 $1 \times \square = 9$이므로 $\square = 9$입니다.

14 $17 \times 4 = 68$, $17 \times 5 = 85$이므로 □ 안에 들어갈 수 있는 수는 5보다 작은 수인 1, 2, 3, 4입니다.

15 53을 어림하면 50쯤입니다.
$50 \times 6 = 300$, $50 \times 8 = 400$이므로 □ 안에 6, 7, 8을 넣어 봅니다.
$53 \times 6 = 318$, $53 \times 7 = 371$, $53 \times 8 = 424$이므로 300보다 크고 400보다 작은 수는 318, 371입니다.
따라서 □ 안에 들어갈 수 있는 수는 6, 7입니다.

16 (도로의 길이) = (깃발 사이의 간격) × (간격 수)
$= 24 \times 3 = 72$(m)
주의 | 깃발 사이의 간격 수와 깃발의 수는 같지 않습니다.
(간격 수) = (깃발의 수) − 1

17 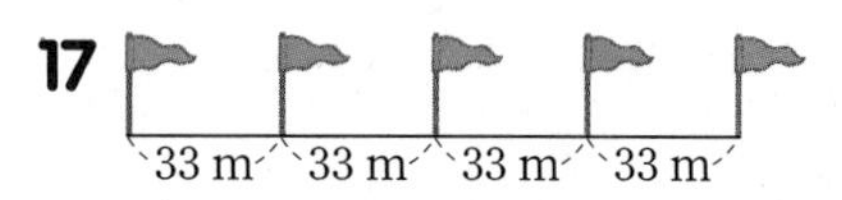

깃발 5개를 꽂을 때 깃발 사이의 간격은 4군데입니다.
(도로의 길이) = (깃발 사이의 간격) × (간격 수)
$= 33 \times 4 = 132$(m)

18 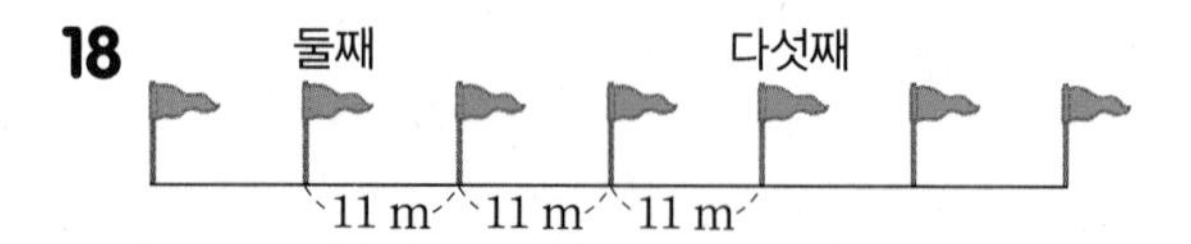

(둘째 깃발과 다섯째 깃발 사이의 간격 수)
$= 5 - 2 = 3$(군데)
(둘째 깃발과 다섯째 깃발 사이의 거리)
= (깃발 사이의 간격) × (간격 수)
$= 11 \times 3 = 33$(m)

4단원 단원 평가 109~111쪽

1 30, 2, 60
2 126, 126
3 4, 48
4 (1) 124 (2) 135
5 80, 14, 94
6 36, 360
7 (1) $61 \times 3 = 183$ (2) $43 \times 5 = 215$
8 ㉢
9 (선 잇기)
10 ㉣
11
$$\begin{array}{r} {\scriptstyle 2} \\ 5\ 8 \\ \times \quad 3 \\ \hline 1\ 7\ 4 \end{array}$$
12 76권
13 93, 94
14 30번, 60번
15 5
16 1, 2, 3, 4
17 30 cm
18 175 m
19 재희
20 147

1 십 모형이 3개씩 2묶음입니다. ➡ $30 \times 2 = 60$

2 같은 수를 2번 더하는 것은 2를 곱하는 것과 계산 결과가 같습니다.

3 12씩 4번 뛰어 세기 한 것이므로 곱셈식으로 나타내면 $12 \times 4 = 48$입니다.

4 (2)
$$\begin{array}{r} {\scriptstyle 1}\ \ \\ 4\ 5 \\ \times \quad 3 \\ \hline 1\ 3\ 5 \end{array}$$

5 두 자리 수를 몇십과 몇으로 나누어 각각 곱셈을 한 후 더합니다.
$47 \times 2 = \underline{40 \times 2} + \underline{7 \times 2}$
$= 80 + 14$
$= 94$

8 ㉠ $20 \times 4 = 80$ ㉡ $32 \times 3 = 96$
㉢ $4 \times 18 = 72$ ㉣ $2 \times 42 = 84$

9 $13 \times 6 = 78$ → ×3↓, ↑÷3 → $39 \times 2 = 78$
$12 \times 6 = 72$ → ×2↓, ↑÷2 → $24 \times 3 = 72$
➡ 곱한 수만큼 나누면 두 곱셈식의 결과는 같습니다.

10 ㉠ $31 + 31 = 62$
㉡ 30×2와 1×2의 합 ➡ $60 + 2 = 62$
㉢ $31 \times 2 = 62$
㉣ $31 \times 3 = 93$

11 일의 자리 계산에서 $8 \times 3 = 24$이므로 십의 자리 수 2를 십의 자리로 올립니다.
십의 자리 계산은 $5 \times 3 + 2 = 17$입니다.
주의 | 올림은 1만 있는 것이 아닙니다.

12 (책꽂이 2칸에 꽂은 책의 수)
= (한 칸에 꽂은 책의 수) × (책꽂이 칸의 수)
$= 38 \times 2 = 76$(권)

13 $23 \times 4 = 92$, $19 \times 5 = 95$이므로 92와 95 사이에 있는 두 자리 수는 93, 94입니다.

14 (진우 어머니가 한 윗몸 일으키기 횟수)
$= 15 \times 2 = 30$(번)
(진우 아버지가 한 윗몸 일으키기 횟수)
$= 15 \times 4 = 60$(번)

15 일의 자리 계산에서 $2 \times 6 = 12$이므로 십의 자리로 올림한 수는 1입니다.
십의 자리 계산에서 $\square \times 6 + 1 = 31$이므로
$\square \times 6 = 30$, $\square = 5$입니다.

16 $19 \times 5 = 95$이고 $22 \times 5 = 110$, $22 \times 4 = 88$이므로
□ 안에 들어갈 수는 5보다 작아야 합니다.
따라서 □ 안에 들어갈 수 있는 수는 1, 2, 3, 4입니다.

17 (색 테이프 2장의 길이의 합) $= 18 \times 2 = 36$(cm)
따라서 이어 붙인 색 테이프의 전체 길이는
$36 - 6 = 30$(cm)입니다.

18 나무 8그루를 심었으므로 나무 사이의 간격은
$8 - 1 = 7$(군데)입니다.
(도로의 길이) = (나무 사이의 간격) × (간격 수)
$= 25 \times 7 = 175$(m)

서술형
19 예 재희가 가지고 있는 구슬은 $27 \times 5 = 135$(개)입니다.
수빈이가 가지고 있는 구슬은 $57 \times 2 = 114$(개)입니다.
따라서 구슬을 더 많이 가지고 있는 사람은 재희입니다.

평가 기준	배점
재희와 수빈이가 가지고 있는 구슬의 수를 각각 구했나요?	4점
구슬을 더 많이 가지고 있는 사람을 구했나요?	1점

서술형
20 예 어떤 수를 □라 하면 $\square \div 7 = 3$이므로
$7 \times 3 = \square$, $\square = 21$입니다.
따라서 바르게 계산하면 $21 \times 7 = 147$입니다.

평가 기준	배점
어떤 수를 구했나요?	2점
바르게 계산한 값을 구했나요?	3점

5 길이와 시간

길이와 시간은 일상생활과 가장 밀접한 단원입니다. 신발의 치수는 cm보다 작은 단위인 mm를 사용하고 이동 거리를 계산할 때는 km와 m의 단위를 사용합니다. 또 밥 먹는 데 걸리는 시간은 분 단위를 사용하고, 목욕하는 데 걸리는 시간은 시간 등의 단위를 사용합니다. 이와 같이 일상생활 속 다양한 길이, 시간 단위를 통해 학생들은 수학의 유용성을 인식하고 수학에 대한 흥미를 느낄 수 있도록 해 주세요. 특히 1분은 60초, 1시간은 60분임을 이용하여 시간의 덧셈, 뺄셈에서 받아올림과 받아내림은 60을 기준으로 한다는 것이 기존의 자연수의 덧셈과 뺄셈의 차이점이라는 것을 확실히 알 수 있도록 지도해 주세요.

교과서 개념 이해 1 cm보다 짧은 길이는 mm로 나타내. 114쪽

1 (1) 143 (2) 9, 4, 94

2 3, 6, 3 센티미터 6 밀리미터 / 36, 36 밀리미터

2 못의 왼쪽 끝이 눈금 0에 맞추어져 있고 오른쪽 끝이 3 cm에서 작은 눈금으로 6칸 더 간 곳을 가리키므로 3 cm 6 mm입니다.
3 cm 6 mm = 3 cm + 6 mm
= 30 mm + 6 mm = 36 mm

교과서 개념 이해 2 m보다 긴 길이는 km로 나타내. 115쪽

1 (1) 4200 (2) 8, 700, 8700

2 5, 300, 5 킬로미터 300 미터 / 5300, 5300 미터

2 5 km부터 6 km까지 1000 m를 똑같이 10칸으로 나누었으므로 작은 눈금 한 칸의 길이는 100 m입니다.
화살표가 가리키는 곳은 5 km에서 작은 눈금 3칸 더 간 곳이므로 5 km 300 m입니다.
5 km 300 m = 5 km + 300 m
= 5000 m + 300 m = 5300 m

교과서 개념 이해 3 몸의 일부나 도구로 길이나 거리를 어림할 수 있어. 116~117쪽

1 (1) 예 11 (2) 9

2 ( )(○)( )( )

3 (위에서부터) 예 지우개의 긴 쪽, 40 mm / 계산기의 긴 쪽, 155 mm

4 (1) m (2) mm (3) cm (4) km

2 1 km = 1000 m임을 생각해 봅니다.
올림픽 대교의 길이는 1 km 470 m입니다.

3 주변에서 길이가 약 35 mm, 약 150 mm인 물건을 예상하고 자로 재어 봅니다.

개념 적용 -1 1 cm보다 작은 단위 118~119쪽

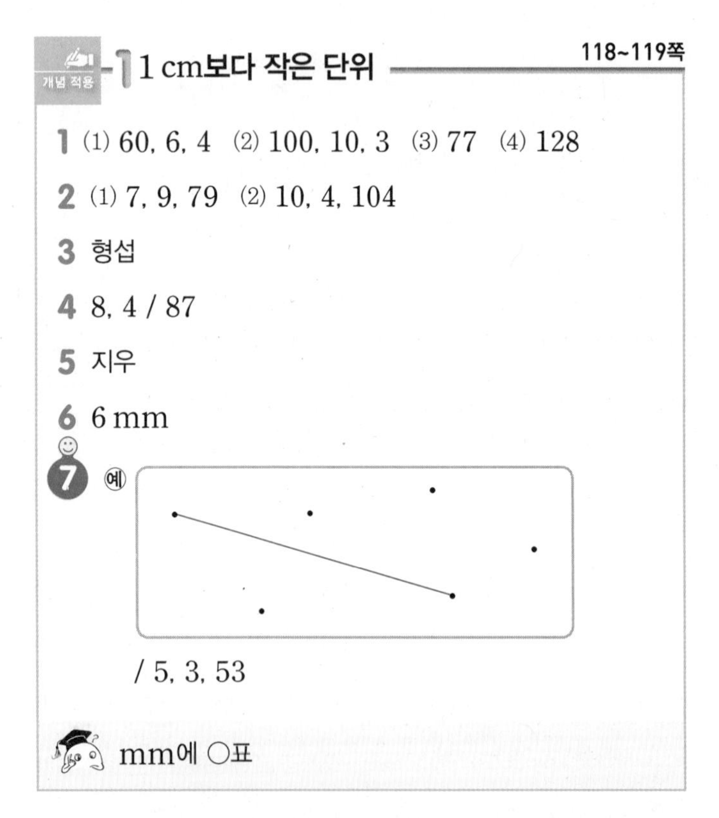

1 (1) 60, 6, 4 (2) 100, 10, 3 (3) 77 (4) 128

2 (1) 7, 9, 79 (2) 10, 4, 104

3 형섭

4 8, 4 / 87

5 지우

6 6 mm

7 예 / 5, 3, 53

mm에 ○표

1 (3) 7 cm 7 mm = 70 mm + 7 mm = 77 mm
(4) 12 cm 8 mm = 120 mm + 8 mm
= 128 mm

3 13 cm 4 mm = 134 mm이고 134 > 131이므로 한 뼘의 길이가 더 긴 사람은 형섭입니다.

4 8 cm부터 9 cm까지 1 cm, 즉 10 mm를 똑같이 10칸으로 나누었으므로 수직선의 작은 눈금 한 칸의 길이는 1 mm입니다.

5 막대 과자의 길이는 1 cm로 12번과 1 mm로 3번이므로 12 cm 3 mm입니다.

6 1 cm = 10 mm, 2 cm = 20 mm이므로
14 mm + 6 mm = 20 mm입니다.
따라서 봉선화 싹이 2 cm가 되려면 6 mm 더 자라야 합니다.

개념 적용 -2 1 m보다 큰 단위 120~121쪽

8 (1) 1000, 1, 300 (2) 3000, 3, 60
(3) 8500 (4) 6070

9 서현

10 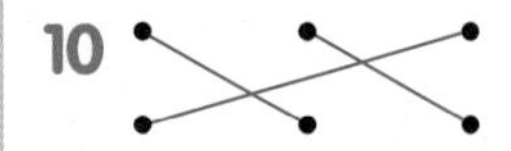

11 6, 500 / 6800

12 도서관

13 (1) 500 m (2) 800 m

14 예 20 m 밧줄, 100개

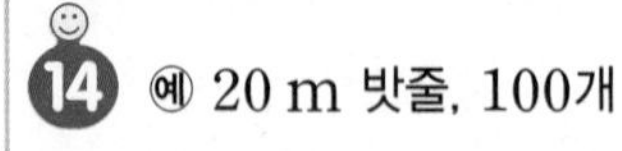

3000, 300000, 3000000

8 (3) 8 km 500 m = 8000 m + 500 m = 8500 m
(4) 6 km 70 m = 6000 m + 70 m = 6070 m

9 8 km 30 m = 8000 m + 30 m = 8030 m
5 km 20 m = 5000 m + 20 m = 5020 m
3009 m = 3000 m + 9 m = 3 km 9 m
따라서 바르게 말한 사람은 서현입니다.

10 32 km = 32000 m, 3 km 2 m = 3002 m,
3 km 20 m = 3020 m

11 6 km부터 7 km까지 1 km, 즉 1000 m를 똑같이 10칸으로 나누었으므로 수직선의 작은 눈금 한 칸의 길이는 100 m입니다.

12 2 km 40 m = 2040 m이고 2400 > 2040이므로 집에서 더 가까운 곳은 도서관입니다.

13 (1) 1 km = 1000 m이므로 1 km는 500 m보다 500 m만큼 더 긴 길이입니다.
(2) 1 km = 1000 m이므로 1 km는 200 m보다 800 m만큼 더 긴 길이입니다.

내가 만드는 문제

14 2 km = 2000 m입니다.
20 m 밧줄을 고른 경우 20 m가 5개이면 100 m이고 100 m가 20개이면 2000 m이므로 20 m 밧줄 5 × 20 = 100(개)가 있으면 2 km 밧줄을 만들 수 있습니다. 2 m 밧줄을 고른 경우 1000개, 10 m 밧줄을 고른 경우 200개, 50 m 밧줄을 고른 경우 40개를 사용하여 만들 수 있습니다.

개념 적용 -3 길이와 거리를 어림하고 재어 보기 122~123쪽

15 ( )( )(○)

16 (1) mm (2) m (3) km

17 ( )(○)( )

18 20 m

19 혜리

20 학교

21 예 / 약 5 cm, 5 cm 7 mm

mm에 ○표, cm에 ○표, km에 ○표

15 설악산의 높이는 1 km보다 긴 길이입니다. 실제 설악산의 높이는 1 km 708 m입니다.

16 □ 안에 mm, cm, m, km를 넣어 보고 알맞은 단위를 선택합니다.

17 10층 건물의 높이는 약 30 m, 서울에서 인천까지의 거리는 약 40 km, 소나무의 높이는 약 5 m이므로 가장 긴 길이는 서울에서 인천까지의 거리입니다.

18 줄넘기 10개로 연못을 둘러쌌으므로 연못의 둘레는 약 2 × 10 = 20(m)입니다.

19 500 km는 5분 만에 걸어갈 수 없는 거리입니다. 500 m를 걸을 수 있습니다.

20 (명수네 집에서 우체국까지의 거리) = 약 500 m
(명수네 집에서 도서관까지의 거리)
= 약 1000 m = 약 1 km
(명수네 집에서 약국까지의 거리)
= 약 1500 m = 약 1 km 500 m
(명수네 집에서 학교까지의 거리)
= 약 2000 m = 약 2 km
(명수네 집에서 슈퍼까지의 거리)
= 약 1000 m = 약 1 km

교과서 개념 이해 4 초침이 가리키는 작은 눈금 한 칸은 1초야. 124~125쪽

1 (시계 방향으로) 15, 30, 45

2 (1) 11, 15, 40 (2) 7, 25, 55 (3) 5, 20, 5
(4) 10, 45, 30

3 (1) 60 (2) 120 (3) 60, 40, 100
(4) 60, 60, 3, 20, 3, 20

1 시계의 숫자와 숫자 사이는 작은 눈금 5칸이므로 숫자와 숫자 사이는 5초입니다.

2 (3) 초침이 숫자 1을 가리키면 5초를 나타냅니다.
(4) 초침이 숫자 6을 가리키면 30초를 나타냅니다.

교과서 개념 이해 5 시는 시끼리, 분은 분끼리, 초는 초끼리 더해. 126~127쪽

1 4시 43분 / 4시 44분 / 4시 45분 / 4시 46분
10초 20초 30초 40초 50초 | 10초 20초 30초 40초 50초 | 10초 20초 30초 40초 50초
(1) 45, 30 (2) 45, 30

2 (1) 10, 57 (2) 51, 75 / 52, 15

3 (1) 8, 58 (2) 7, 53, 41 (3) 10, 13 (4) 9, 47, 18

4 (1) 15, 41, 58 (2) 19, 77, 48 / 20, 17, 48

5 (1) 4, 30 (2) 4, 28

3 초, 분, 시 단위의 순서로 같은 단위끼리 더합니다.

(3)

	4시	41분
+	5시간	32분
	9시	73분
	+1시간 ←	−60분
	10시	13분

(4)

	2시간	34분	48초
+	7시간	12분	30초
	9시간	46분	78초
		+1분 ←	−60초
	9시간	47분	18초

5 (1) (가 모둠의 이어달리기 기록)
= 2분 32초 + 1분 58초 = 3분 90초 = 4분 30초
(2) (나 모둠의 이어달리기 기록)
= 2분 52초 + 1분 36초 = 3분 88초 = 4분 28초

교과서 개념 이해

6 시는 시끼리, 분은 분끼리, 초는 초끼리 빼.

128~129쪽

1 4시 34분, 4시 35분, 4시 36분, 4시 37분 (10초 20초 30초 40초 50초)

(1) 34, 20 (2) 34, 20

2 (1) 16, 14 (2) (위에서부터) 5, 60, 2, 46

3 (1) 7, 10 (2) 7, 28, 20 (3) 5, 44 (4) 4, 27, 43

4 2, 32, 32 / 2, 32, 32

5 (1) 2, 15, 50 (2) 2, 19, 8

3 초, 분, 시 단위의 순서로 같은 단위끼리 뺍니다.

(3)

	7	60
	8시	29분
−	2시	45분
	5시간	44분

(4)

		50	60
	5시간	51분	33초
−	1시간	23분	50초
	4시간	27분	43초

5 오전, 오후라는 말을 쓰지 않을 때에는 오후 1시 = 13시, 오후 2시 = 14시, ...와 같이 나타냅니다.

(1)

		45	60
	15시	46분	10초
−	13시	30분	20초
	2시간	15분	50초

(2)

	17	60	
	18시	14분	47초
−	15시	55분	39초
	2시간	19분	8초

개념 적용

4 1분보다 작은 단위

130~131쪽

1 ( )( )(○)

2 (1) 115 (2) 3, 30 (3) 150 (4) 5

3 (1) (2)

4 ㉡

5 (1) 초 (2) 시간 (3) 분

6 (1) 30 (2) 15

7 예 ( )(○)( ) / 5, 16, 39

 60, 60

2 (1) 1분 55초 = 1분 + 55초
= 60초 + 55초
= 115초
(2) 210초 = 60초 + 60초 + 60초 + 30초
= 3분 30초
(3) 2분 30초 = 1분 + 1분 + 30초
= 60초 + 60초 + 30초
= 150초
(4) 300초 = 60초 + 60초 + 60초 + 60초 + 60초
= 5분

3 (1) 10초는 초침이 숫자 2를 가리켜야 합니다.
(2) 8초는 초침이 숫자 1에서 작은 눈금으로 3칸 더 간 곳을 가리켜야 합니다.

4 2분 30초 = 1분 + 1분 + 30초
= 60초 + 60초 + 30초
= 150초

6 (1) 30초 + 30초 = 60초 = 1분
(2) 45초 + 15초 = 60초 = 1분

내가 만드는 문제

7 왼쪽 시계는 3시 20분 43초, 가운데 시계는 5시 16분 39초, 오른쪽 시계는 6시 45분 12초입니다.

개념 적용 -5 시간의 덧셈

132~133쪽

8 (1) 18, 23, 34 (2) 16, 13, 58

9 11, 58, 59

10 ( )( )(○)

11

	5시	35분	
+		18분	22초
	5시	53분	22초

12 ㉠, ㉡, ㉣ 또는 ㉠, ㉢, ㉣

13 7시 53분

14 예 2, 12, 10 / 13, 57, 25 /

10에 ○표, 60에 ○표

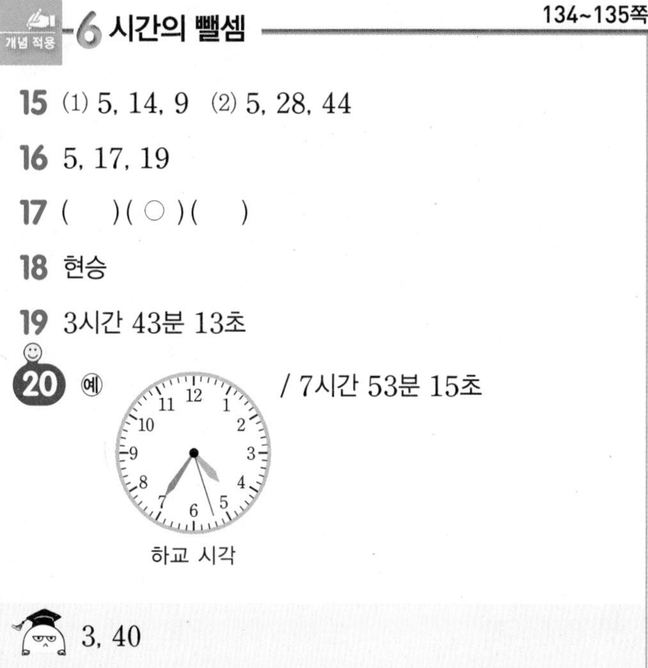

개념 적용 -6 시간의 뺄셈

134~135쪽

15 (1) 5, 14, 9 (2) 5, 28, 44

16 5, 17, 19

17 ( )(○)( )

18 현승

19 3시간 43분 13초

20 예 (시계) / 7시간 53분 15초

하교 시각

3, 40

8 초, 분, 시 단위의 순서로 같은 단위끼리 더합니다.

(2)

	1 9시	42분	39초
+	6시간	31분	19초
	16시	13분	58초

9

	4 시간	21분	17초
+	7 시간	37분	42초
	11시간	58분	59초

10

	8시	29분	4초
+	2시간	43분	
	10시	72분	4초
	+1시간←	−60분	
	11시	12분	4초

11 시는 시끼리, 분은 분끼리, 초는 초끼리 계산해야 합니다.

12 1시간 20분 = 60분 + 20분 = 80분입니다.

㉠ + ㉡ + ㉣ = 22분 + 40분 + 16분
= 78분

㉠ + ㉢ + ㉣ = 22분 + 30분 + 16분
= 68분

13 128분 = 60분 + 60분 + 8분
= 2시간 8분

(도착한 시각) = (출발한 시각) + (기차를 탄 시간)
= 5시 45분 + 2시간 8분
= 7시 53분

15 초, 분, 시 단위의 순서로 같은 단위끼리 뺍니다.

(2)

	15시	28 29분	60 32초
−	10시		48초
	5시간	28분	44초

16

	9시간	32분	28초
−	4시간	15분	9초
	5시간	17분	19초

17

	8 9시	60 38 39분	60 43초
−	2시간	43분	50초
	6시	55분	53초

18 시는 시끼리, 분은 분끼리, 초는 초끼리 계산해야 합니다.

19 가장 먼저 도착하는 동물은 매로 1시간 20분 8초가 걸리고, 가장 늦게 도착하는 동물은 청새치로 5시간 3분 21초가 걸립니다.
따라서 두 동물이 부산에 도착하는 데 걸리는 시간의 차는 5시간 3분 21초 − 1시간 20분 8초 = 3시간 43분 13초입니다.

내가 만드는 문제

20 등교 시각은 오전이고 하교 시각은 오후이므로 정한 하교 시각에 12를 더한 다음 등교 시각을 뺍니다.
예 4시 35분 27초에 하교를 하면 학교에 있었던 시간은 16시 35분 27초 − 8시 42분 12초 = 7시간 53분 15초입니다.

발전 문제 136~138쪽

1 (　)(○)
2 도서관
3 기차역, 놀이공원, 야구장
4 8시 14분 7초
5 3시 25분 40초
6 
7 (1) 1초에 ○표 (2) 1분에 ○표
8 5바퀴
9 60바퀴
10 18
11 (위에서부터) 10, 22
12 (위에서부터) 4, 21, 45
13 5시 32분 7초
14 8시 55분
15 10시 52분 35초
16 9 m
17 1 km 500 m
18 4 km 800 m

1 2690 m = 2 km 690 m
2 km 690 m > 2 km 69 m이므로 2 km 69 m가 더 짧습니다.

2 2980 m = 2 km 980 m
2 km 980 m < 2 km 986 m이므로 도서관이 더 가깝습니다.

3 7400 m = 7 km 400 m
7 km 45 m < 7 km 120 m < 7 km 400 m이므로 가까운 곳부터 차례로 쓰면 기차역, 놀이공원, 야구장입니다.

4 시침: 8과 9 사이 ➡ 8시
분침: 2에서 작은 눈금으로 4칸 더 간 곳
➡ 10 + 4 = 14(분)
초침: 1에서 작은 눈금으로 2칸 더 간 곳
➡ 5 + 2 = 7(초)

5 세연이의 시계의 현재 시각은 3시 25분 10초입니다.
세연이의 시계가 30초 느리므로 현재 시각은
3시 25분 10초 + 30초 = 3시 25분 40초입니다.

6 현재 시각은 2시 36분 30초이고 민현이의 시계는 40초 빠르므로 민현이의 시계의 시각은
2시 36분 30초 + 40초 = 2시 37분 10초입니다.

8 초침이 한 바퀴 도는 동안 분침은 작은 눈금 한 칸을 움직입니다. 숫자 2에서 3까지는 작은 눈금이 5칸이므로 초침은 5바퀴를 돕니다.

9 분침이 한 바퀴 도는 동안 시침은 숫자 눈금 한 칸을 움직입니다.
초침이 한 바퀴 도는 동안 분침은 작은 눈금 한 칸을 움직이므로 분침이 작은 눈금 60칸을 움직이려면 초침은 60바퀴를 돌아야 합니다.

10 분 단위의 계산을 합니다.
34 + □ = 52, □ = 52 − 34, □ = 18

11
	41분	㉠초
−	㉡분	18초
	18분	52초

초 단위의 계산:
□ − 18 = 52, □ = 52 + 18, □ = 70이므로 분 단위에서 1분 = 60초를 받아내림한 것입니다.
70 = 60 + 10 ➡ ㉠ = 10
분 단위의 계산:
41 − 1 − ㉡ = 18, 40 − ㉡ = 18, ㉡ = 40 − 18, ㉡ = 22

12
	㉢시	55분	㉠초
+	2시간	㉡분	22초
	7시	40분	43초

초 단위의 계산:
㉠ + 22 = 43, ㉠ = 43 − 22, ㉠ = 21
분 단위의 계산:
55 + □ = 40에서 합이 더해지는 수보다 작으므로 시 단위로 60분 = 1시간을 받아올림한 것입니다.
55 + ㉡ = 60 + 40, 55 + ㉡ = 100,
㉡ = 100 − 55, ㉡ = 45
시 단위의 계산:
1 + ㉢ + 2 = 7, 3 + ㉢ = 7, ㉢ = 7 − 3, ㉢ = 4

13 (해가 뜬 시각) = (해가 진 시각) − (해가 떠 있던 시간)
	19시	44분	9초
−	14시간	12분	2초
	5시	32분	7초

14 (3교시 시작 전의 수업 시간과 쉬는 시간)
= (1교시 수업 시간) + (쉬는 시간)
+ (2교시 수업 시간) + (쉬는 시간)
= 30분 + 10분 + 30분 + 10분
= 80분 = 1시간 20분
➡
	9 10시	60 15분
−	1시간	20분
	8시	55분

15 (그림 2개를 완성하는 데 걸리는 시간)
= (첫째 그림 그리는 시간)
+ (첫째 그림 색칠하는 시간)
+ (둘째 그림 그리는 시간)
+ (둘째 그림 색칠하는 시간)
= 7분 + 11분 15초 + 7분 + 11분 15초
= 36분 30초

➡

	10	60 28	60
	~~11~~시	~~29~~분	5초
−		36분	30초
	10시	52분	35초

16 빨간색 자동차에서 주황색 자동차까지의 거리는 약 3 m의 3배쯤이므로 약 $3 \times 3 = 9$(m)입니다.

17 집에서 버스 정류장까지의 거리는 약 500 m의 3배쯤이므로 약 $500 \times 3 = 1500$(m)입니다.
➡ 약 1 km 500 m

18 어떤 길로 가든 가로 2칸, 세로 2칸을 지나가면 가장 짧은 거리가 나옵니다. 약 1 km 200 m를 4번 더하면 약 4 km 800 m입니다.
따라서 은행에서 우체국까지 가는 가장 짧은 거리는 약 4 km 800 m입니다.

5단원 단원 평가 139~141쪽

1 (1) 7, 400 (2) 23, 20
2 37, 3, 7
3 5시 32분 11초
4 ㉢
5 (1) 10, 45, 55 (2) 8, 30, 20
6 180
7 (1) km (2) mm
8 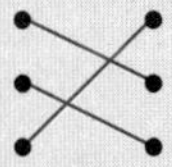
9 ㉣
10 ㉡
11 8, 600
12 ㉢, ㉡, ㉠, ㉣
13 2시간 20분
14 14시간 15분 25초
15 1200걸음
16 (위에서부터) 20, 2, 27
17 360바퀴
18 3 km 900 m
19 가온
20 2시간 33분 16초

2 눈금이 0에서 시작하지 않을 때에는 눈금의 수를 세어 구합니다. 머리핀은 숫자 눈금이 4에서 7로 3칸, 작은 눈금이 7칸이므로 37 mm입니다.

4 1, 2, 3, ..., 10까지 세어 보면서 할 수 있는 일을 찾아봅니다.

5 시는 시끼리, 분은 분끼리, 초는 초끼리 더하고 뺍니다.

6 초침이 시계를 한 바퀴 도는 데 걸리는 시간은 60초이므로 세 바퀴 도는 데 걸리는 시간은
60초 + 60초 + 60초 = 180초입니다.

8 9 km 58 m = 9000 m + 58 m = 9058 m
95 km 800 m = 95000 m + 800 m = 95800 m
9 km 580 m = 9000 m + 580 m = 9580 m

9 ㉠ 볼펜의 길이는 약 14 cm입니다.
㉡ 수수깡의 길이는 약 35 cm입니다.
㉢ 3층 건물의 높이는 약 10 m입니다.

10 자로 재어 보면 ㉠ 49 mm, ㉡ 57 mm, ㉢ 47 mm입니다.

11 8 km와 9 km 사이를 똑같이 10칸으로 나누었으므로 작은 눈금 한 칸의 길이는 100 m입니다.

12 1분 = 60초입니다.
㉠ 5분 10초 = 300초 + 10초 = 310초
㉢ 4분 14초 = 240초 + 14초 = 254초
따라서 $254 < 280 < 310 < 321$이므로
㉢<㉡<㉠<㉣입니다.

13 (미라가 달리기와 수영을 한 시간)
= (달리기를 한 시간) + (수영을 한 시간)
= 1시간 15분 + 65분
= 1시간 15분 + 1시간 5분
= 2시간 20분

14 해가 뜬 시각: 5시 35분 45초, 해가 진 시각: 7시 51분 10초입니다. 해가 진 시각은 오후이므로 19시 51분 10초로 계산합니다.
(해가 떠 있던 시간)
= (해가 진 시각) − (해가 뜬 시각)
= 19시 51분 10초 − 5시 35분 45초
= 14시간 15분 25초

15 1 m = 100 cm이므로 아빠가 1 m를 가려면 약 2걸음을 걸어야 합니다. 100 m는 약 200걸음, 600 m는 약 1200걸음을 걸어야 합니다.

16

$$\begin{array}{r} 4\text{시} \quad ㉡\text{분} \quad 13\text{초} \\ +\ ㉢\text{시간} \quad 51\text{분} \quad ㉠\text{초} \\ \hline 7\text{시} \quad 11\text{분} \quad 40\text{초} \end{array}$$

초 단위의 계산:
$13+㉠=40$, $㉠=27$
분 단위의 계산:
$㉡+51=11$에서 합이 더하는 수보다 작으므로 시 단위로 60분 $=$ 1시간을 받아올림한 것입니다.
$㉡+51=60+11$, $㉡+51=71$, $㉡=20$
시 단위의 계산:
$1+4+㉢=7$, $5+㉢=7$, $㉢=2$

17 시침이 12에서 6까지 숫자 눈금으로 6칸 움직였으므로 분침은 6바퀴를 돕니다. 분침이 6바퀴를 돈 것은 작은 눈금 $60\times6=360$(칸)을 움직인 것이므로 초침은 360바퀴를 돌아야 합니다.

18 어떤 길로 가든 가로 2칸, 세로 1칸을 지나가면 가장 짧은 거리가 나옵니다. 약 1 km 300 m를 3번 더하면 약 3 km 900 m입니다.
따라서 소방서에서 경찰서까지 가는 가장 짧은 거리는 약 3 km 900 m입니다.

서술형
19 예 10 mm $=$ 1 cm이므로
157 mm $=$ 15 cm 7 mm입니다.
따라서 15 cm 7 mm $>$ 14 cm 5 mm이므로 가온이가 가지고 있는 색 테이프의 길이가 더 깁니다.

평가 기준	배점
길이를 같은 단위로 나타냈나요?	2점
가지고 있는 색 테이프의 길이가 더 긴 사람을 구했나요?	3점

서술형
20 예 (민정이가 공부를 한 시간)
$=$ (공부를 끝마친 시각) $-$ (공부를 시작한 시각)
$=$ 7시 44분 10초 $-$ 5시 10분 54초
$=$ 2시간 33분 16초

평가 기준	배점
민정이가 공부를 한 시간을 구하는 식을 세웠나요?	2점
민정이가 공부를 한 시간을 구했나요?	3점

6 분수와 소수

일상생활에서 피자나 케이크를 똑같이 나누는 경우를 통해서 전체를 등분할하는 경우, 또 길이나 무게를 잴 때 더 정확하게 재기 위해 소수점으로 나타내는 경우를 학생들은 이미 경험해 왔습니다. 이와 같이 자연수로는 정확하게 나타낼 수 없는 양을 표현하기 위해 분수와 소수가 등장하였습니다. 이 때 분수와 소수를 수직선으로 나타내 봄으로써 같은 수를 분수와 소수로 나타낼 수 있음을 알게 합니다. 분수와 소수를 단절시켜 각각의 수로 인식하지 않도록 주의합니다. 분수와 소수의 크기 비교는 수를 보고 비교하는 것보다는 시각적으로 나타내어 색칠된 부분이 몇 칸 더 많은지, 0.1이 몇 개 더 많은지 비교하면 쉽게 이해할 수 있습니다. 시각적으로 보여준 후 원리를 찾아내어 수만으로 크기 비교를 할 수 있도록 지도해 주세요.

교과서 개념 이해 1 전체를 똑같이 나누는 방법은 여러 가지야.

144쪽

1 (1) 나, 다, 바, 아 (2) 가, 라, 마, 사

2 나, 라

1 똑같이 나눈 조각들은 모양과 크기가 같으므로 겹쳐 보았을 때 완전히 포개어집니다.

2 나눈 네 조각의 모양과 크기가 같아야 합니다.

교과서 개념 이해 2 $\frac{(\text{부분의 수})}{(\text{전체를 똑같이 나눈 수})}=\frac{\text{분자}}{\text{분모}}$로 나타내.

145~146쪽

1 (1) 6, 1, $\frac{1}{6}$ (2) 6, 2, $\frac{2}{6}$

2 예

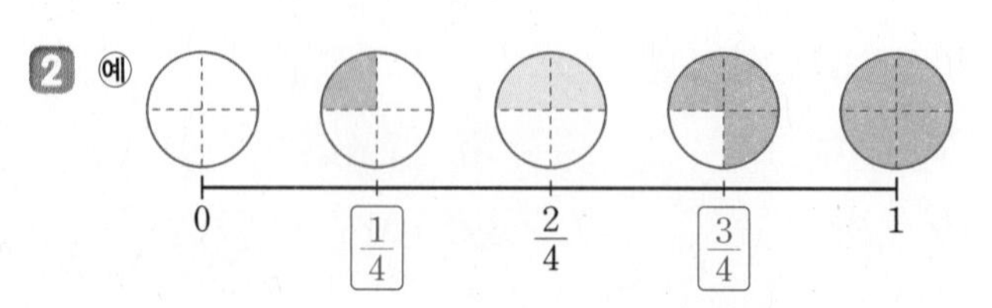

3 ( )(○)( )( )

4 (1) 예 (2) 예

5 (1) 2, $\frac{2}{5}$ (2) 3, $\frac{3}{5}$

6 (1) $\frac{3}{6}$, $\frac{3}{6}$ (2) $\frac{5}{7}$, $\frac{2}{7}$

1 전체를 ■로 나눈 것 중의 ▲를 $\frac{▲}{■}$라고 씁니다.

2 $\frac{2}{4}$ ➡ 전체를 똑같이 4로 나눈 것 중의 2만큼 색칠합니다.

➡ 전체를 똑같이 4로 나눈 것 중의 1만큼 색칠했으므로 $\frac{1}{4}$입니다.

➡ 전체를 똑같이 4로 나눈 것 중의 3만큼 색칠했으므로 $\frac{3}{4}$입니다.

3 전체를 똑같이 5로 나눈 것 중의 2만큼 색칠한 것은 왼쪽에서 둘째에 있는 도형입니다.

참고 | , 는 전체를 똑같이 5로 나누지 않았습니다.

4 (1) 전체를 똑같이 7로 나눈 것 중의 3만큼 색칠합니다.
(2) 전체를 똑같이 9로 나눈 것 중의 7만큼 색칠합니다.

6 (1) 전체를 똑같이 6으로 나눈 것 중의 3만큼 색칠하고 3만큼 색칠하지 않았습니다.
따라서 색칠한 부분은 $\frac{3}{6}$이고 색칠하지 않은 부분은 $\frac{3}{6}$입니다.
(2) 전체를 똑같이 7로 나눈 것 중의 5만큼 색칠하고 2만큼 색칠하지 않았습니다.
따라서 색칠한 부분은 $\frac{5}{7}$이고 색칠하지 않은 부분은 $\frac{2}{7}$입니다.

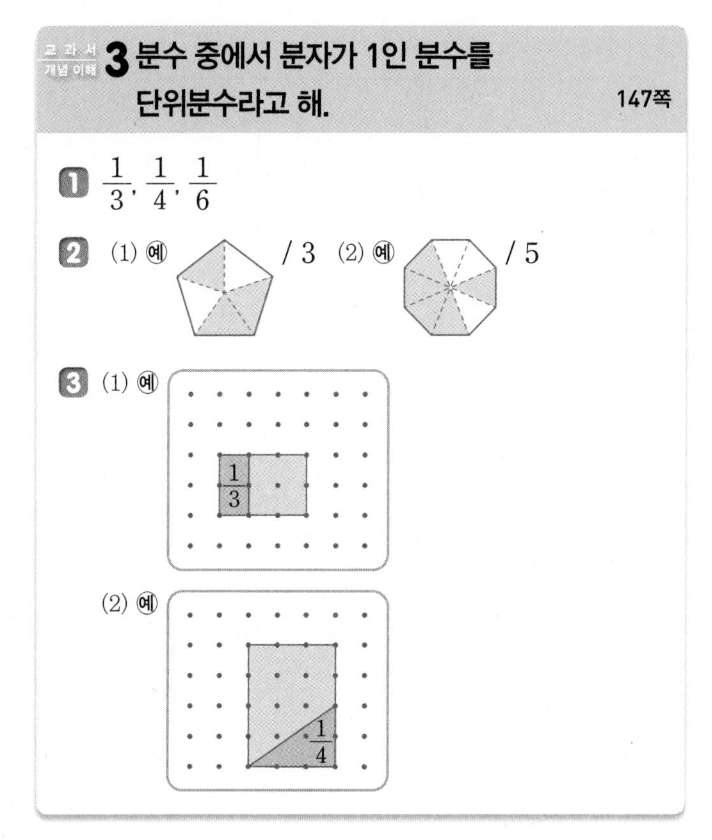

3 (1) $\frac{1}{3}$은 전체를 똑같이 3으로 나눈 것 중의 1이므로 전체는 $\frac{1}{3}$이 3개입니다. 따라서 $\frac{1}{3}$만큼을 2개 더 그립니다.
(2) $\frac{1}{4}$은 전체를 똑같이 4로 나눈 것 중의 1이므로 전체는 $\frac{1}{4}$이 4개입니다. 따라서 $\frac{1}{4}$만큼을 3개 더 그립니다.

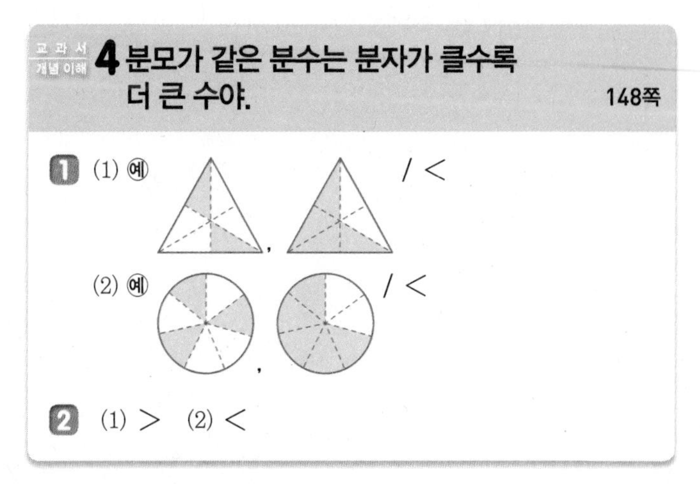

1 색칠한 부분의 수를 비교해 봅니다.

2 수직선에서는 오른쪽으로 갈수록 큰 수입니다.

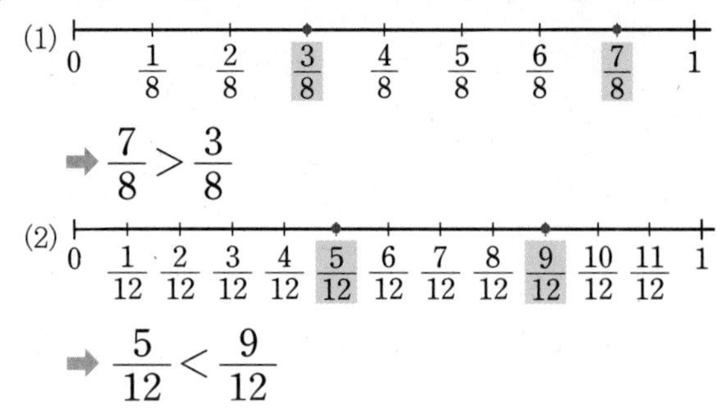

(1) ➡ $\frac{7}{8} > \frac{3}{8}$

(2) ➡ $\frac{5}{12} < \frac{9}{12}$

교과서 개념 이해 5 단위분수는 분모가 클수록 더 작은 수야. 149쪽

1 (1) < (2) >

2 >

1 색칠한 부분의 크기를 비교해 봅니다.

2 단위분수(분자가 1인 분수)는 분모가 클수록 더 작습니다.

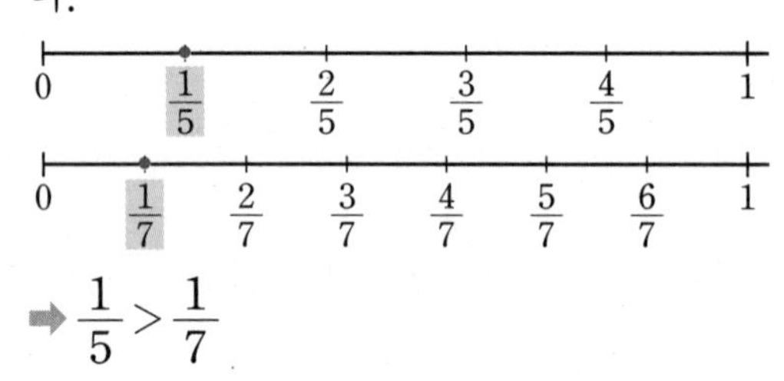

➡ $\frac{1}{5} > \frac{1}{7}$

개념 적용 -1 똑같이 나누기 150~151쪽

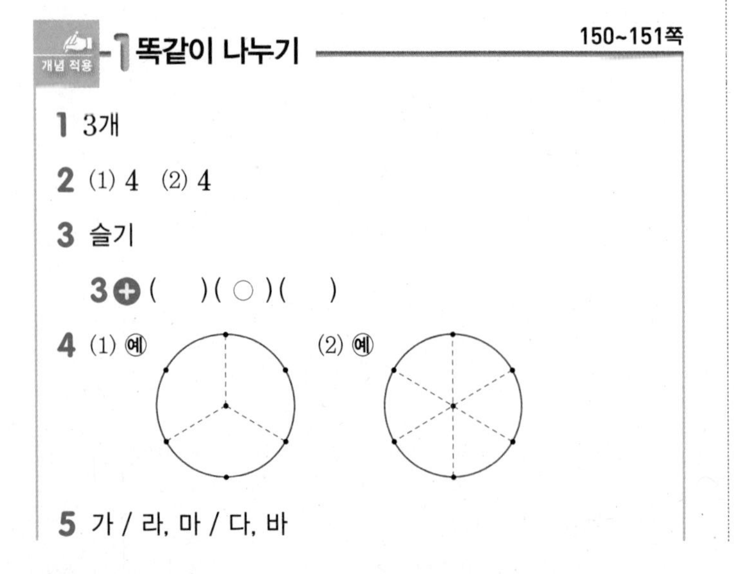

1 3개

2 (1) 4 (2) 4

3 슬기

3➕ ( )(○)( )

4 (1) 예 (2) 예

5 가 / 라, 마 / 다, 바

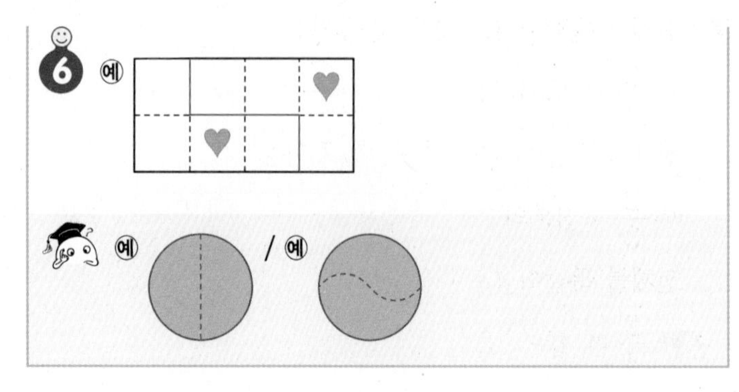

6 예

예 / 예

1 나눈 조각의 모양과 크기가 모두 같은 도형은 왼쪽에서 첫째, 넷째, 다섯째 도형입니다.

2 전체를 똑같이 나눈 조각이 몇 개인지 세어 봅니다.

3 5개로 나눈 조각의 모양과 크기가 같은 사람을 찾으면 슬기입니다.

4 나눈 조각들의 모양과 크기가 같게 여러 가지 방법으로 나눌 수 있습니다.

내가 만드는 문제

6 나눈 두 부분에 ♥가 한 개씩 들어가야 하고 나눈 두 부분의 모양과 크기가 같아야 합니다.

개념 적용 -2 분수 알아보기 152~153쪽

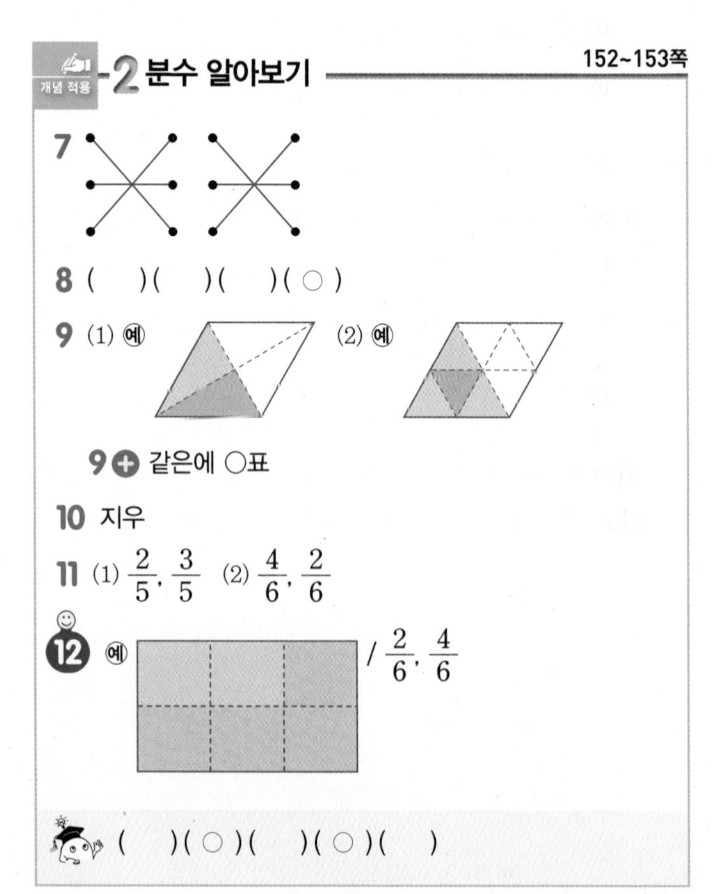

7

8 ( )( )( )(○)

9 (1) 예 (2) 예

9➕ 같은에 ○표

10 지우

11 (1) $\frac{2}{5}$, $\frac{3}{5}$ (2) $\frac{4}{6}$, $\frac{2}{6}$

12 예 / $\frac{2}{6}$, $\frac{4}{6}$

( )(○)( )(○)( )

7 전체를 똑같이 4로 나눈 것 중의 3

➡ $\frac{3}{4}$ ➡ 4분의 3

전체를 똑같이 3으로 나눈 것 중의 2

➡ $\frac{2}{3}$ ➡ 3분의 2

전체를 똑같이 4로 나눈 것 중의 2

➡ $\frac{2}{4}$ ➡ 4분의 2

8 $\frac{6}{8}$: 전체를 똑같이 8로 나눈 것 중의 6만큼 색칠합니다.

$\frac{2}{3}$: 전체를 똑같이 3으로 나눈 것 중의 2만큼 색칠합니다.

$\frac{4}{6}$: 전체를 똑같이 6으로 나눈 것 중의 4만큼 색칠합니다.

9 (1) 전체를 똑같이 4로 나눈 것 중의 1만큼 색칠했으므로 1만큼을 더 색칠합니다.

(2) 전체를 똑같이 8로 나눈 것 중의 1만큼 색칠했으므로 3만큼을 더 색칠합니다.

⊕ $\frac{1}{3}$과 $\frac{2}{6}$는 색칠한 부분의 크기가 같습니다.

10 유미, 민수: $\frac{4}{9}$

지우: 색칠한 부분이 나타내는 분수는 $\frac{4}{8}$입니다.

11 (1) 음료수의 남은 부분과 먹은 부분은 각각 전체를 똑같이 5로 나눈 것 중의 2, 3입니다.

따라서 남은 부분은 전체의 $\frac{2}{5}$이고 먹은 부분은 전체의 $\frac{3}{5}$입니다.

(2) 케이크의 남은 부분과 먹은 부분은 각각 전체를 똑같이 6으로 나눈 것 중의 4, 2입니다.

따라서 남은 부분은 전체의 $\frac{4}{6}$이고 먹은 부분은 전체의 $\frac{2}{6}$입니다.

내가 만드는 문제

12 사각형 전체를 똑같이 6으로 나누었으므로 분모는 6이 되고 색칠한 색의 수만큼 분자에 씁니다.

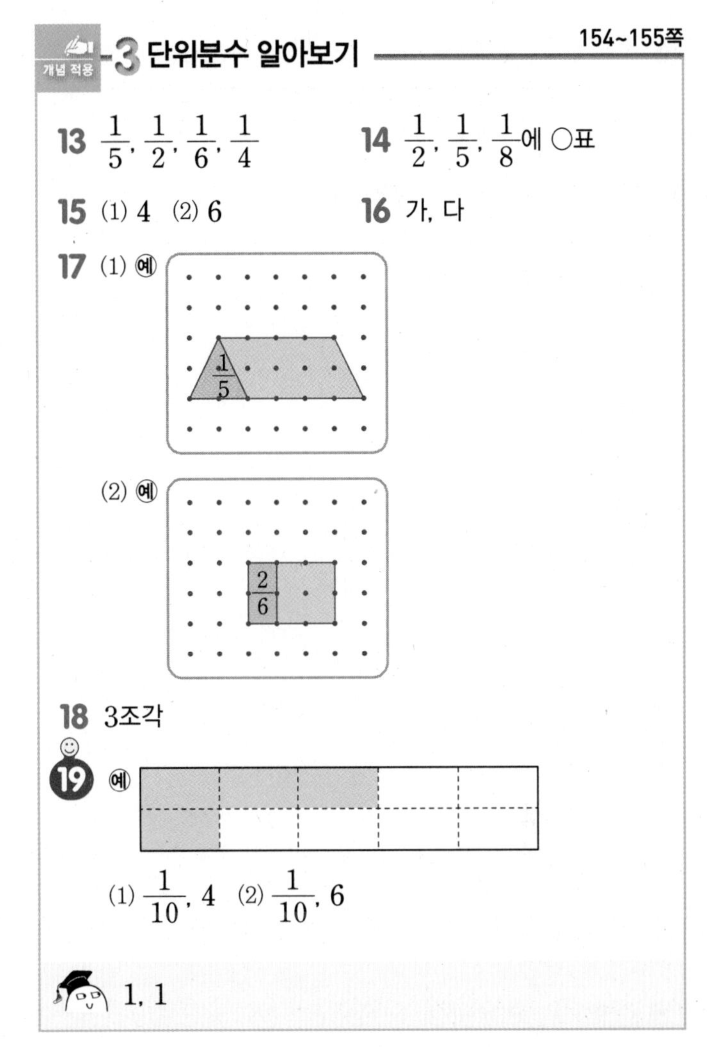

개념 적용 -3 단위분수 알아보기 154~155쪽

13 $\frac{1}{5}$, $\frac{1}{2}$, $\frac{1}{6}$, $\frac{1}{4}$

14 $\frac{1}{2}$, $\frac{1}{5}$, $\frac{1}{8}$에 ○표

15 (1) 4 (2) 6

16 가, 다

17 (1) 예 (2) 예

18 3조각

19 예

(1) $\frac{1}{10}$, 4 (2) $\frac{1}{10}$, 6

1, 1

13 1 m를 똑같이 5로 나눈 것 중의 1은 $\frac{1}{5}$ m, 2로 나눈 것 중의 1은 $\frac{1}{2}$ m, 6으로 나눈 것 중의 1은 $\frac{1}{6}$ m, 4로 나눈 것 중의 1은 $\frac{1}{4}$ m입니다.

14 분수 중에서 $\frac{1}{2}$, $\frac{1}{3}$, $\frac{1}{4}$, ...과 같이 분자가 1인 분수를 단위분수라고 합니다.

16 부분 $\frac{2}{3}$(▯)는 전체를 똑같이 3으로 나눈 것 중의 2이므로 전체는 $\frac{1}{3}$(▯)이 3개인 가, 다입니다.

나, 라는 전체를 똑같이 4로 나누었습니다.

17 (1) $\frac{1}{5}$은 전체를 똑같이 5로 나눈 것 중의 1이므로 전체는 $\frac{1}{5}$이 5개입니다. 따라서 $\frac{1}{5}$만큼을 4개 더 그립니다.

(2) $\frac{2}{6}$는 전체를 똑같이 6으로 나눈 것 중의 2이므로 전체는 $\frac{1}{6}$이 6개입니다. 따라서 $\frac{1}{6}$만큼을 4개 더 그립니다.

18 와플 한 조각은 $\frac{1}{4}$이고 $\frac{3}{4}$은 $\frac{1}{4}$이 3개이므로 3조각을 먹었습니다.

19 (1) 10개의 칸 중에 ▲칸을 색칠하면 색칠한 부분은 $\frac{▲}{10}$이고 $\frac{▲}{10}$는 $\frac{1}{10}$이 ▲개인 수입니다.

개념 적용 -4 분모가 같은 분수의 크기 비교 156~157쪽

20 예 , 예 / <

21 (1) < (2) >

22 (1) < (2) >

23 (1) 0, $\frac{2}{9}$, $\frac{5}{9}$, 1 / <

(2) 0, $\frac{4}{12}$, $\frac{11}{12}$, 1 / >

24 $\frac{6}{8}$, $\frac{1}{8}$, $\frac{3}{8}$ / 미영

25 $\frac{12}{13}$, $\frac{2}{13}$

26 예 1, 5, 8

$\frac{4}{10}$, $\frac{8}{10}$ / $\frac{8}{10}$

20 $\frac{3}{8}$은 $\frac{1}{8}$이 3개이고, $\frac{5}{8}$는 $\frac{1}{8}$이 5개이므로 각각 3칸, 5칸만큼을 색칠합니다.

따라서 3<5이므로 $\frac{3}{8}<\frac{5}{8}$입니다.

21 분모가 같은 분수는 단위분수의 개수가 많을수록 더 큽니다.

22 (1) $\frac{5}{9}$는 $\frac{1}{9}$이 5개, $\frac{7}{9}$은 $\frac{1}{9}$이 7개이므로 $\frac{5}{9}<\frac{7}{9}$입니다.

(2) $\frac{11}{15}$은 $\frac{1}{15}$이 11개, $\frac{8}{15}$은 $\frac{1}{15}$이 8개이므로 $\frac{11}{15}>\frac{8}{15}$입니다.

다른 풀이 | 분모가 같으므로 분자가 클수록 큰 수입니다.

(1) 5<7이므로 $\frac{5}{9}<\frac{7}{9}$입니다.

(2) 11>8이므로 $\frac{11}{15}>\frac{8}{15}$입니다.

23 수직선에서는 오른쪽에 있는 수가 더 큰 수입니다.

(1) $\frac{2}{9}$, $\frac{5}{9}$는 각각 0부터 1까지를 똑같이 9로 나눈 것 중의 2, 5입니다.

(2) $\frac{11}{12}$, $\frac{4}{12}$는 각각 0부터 1까지를 똑같이 12로 나눈 것 중의 11, 4입니다.

24 각각 피자를 똑같이 8조각으로 나누고 미영이는 6조각, 은정이는 1조각, 지연이는 3조각 먹었습니다.

먹은 피자의 양을 각각 분수로 나타내면 미영: $\frac{6}{8}$, 은정: $\frac{1}{8}$, 지연: $\frac{3}{8}$입니다.

따라서 $\frac{6}{8}>\frac{3}{8}>\frac{1}{8}$이므로 가장 많이 먹은 친구는 미영입니다.

25 분모가 같을 때에는 분자가 클수록 큰 수입니다.
분자의 크기를 비교하면 2<3<8<11<12이므로
$\frac{2}{13}<\frac{3}{13}<\frac{8}{13}<\frac{11}{13}<\frac{12}{13}$입니다.

따라서 가장 큰 분수는 $\frac{12}{13}$, 가장 작은 분수는 $\frac{2}{13}$입니다.

내가 만드는 문제

26 분모가 같을 때에는 분자가 클수록 큰 수이므로 분자에 작은 수부터 차례로 왼쪽에 씁니다.

개념 적용 -5 단위분수의 크기 비교 158~159쪽

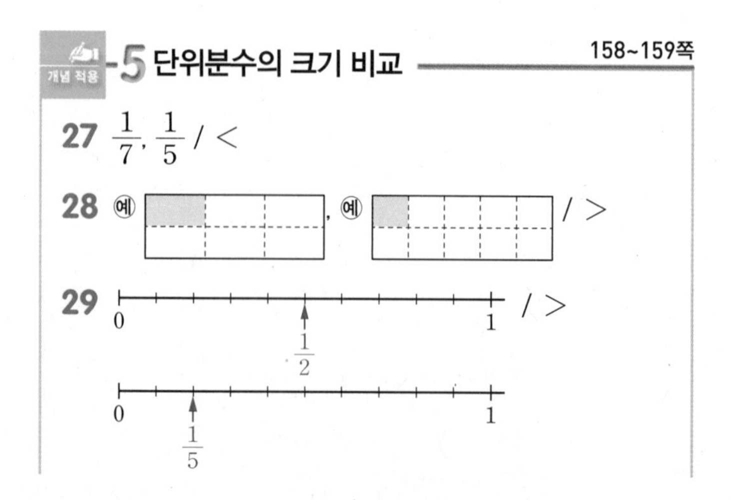

27 $\frac{1}{7}$, $\frac{1}{5}$ / <

28 예 , 예 / >

29 0, $\frac{1}{2}$, 1 / >

0, $\frac{1}{5}$, 1

30 $\frac{1}{8}$, $\frac{1}{7}$에 ○표

31 은호

32 $\frac{1}{5}$에 ○표, $\frac{1}{13}$에 △표

33 예 $\frac{1}{7} > \frac{1}{10}$

큰에 ○표, < / 작은에 ○표, <

27 색칠한 부분을 분수로 나타내면 차례로 $\frac{1}{7}$, $\frac{1}{5}$입니다.
색칠한 부분의 크기를 비교하면 $\frac{1}{7} < \frac{1}{5}$입니다.

29 $\frac{1}{2}$은 0부터 1까지를 똑같이 2로 나눈 것 중의 1이므로 0부터 $10 \div 2 = 5$(째) 눈금에 표시합니다.
$\frac{1}{5}$은 0부터 1까지를 똑같이 5로 나눈 것 중의 1이므로 0부터 $10 \div 5 = 2$(째) 눈금에 표시합니다.

30 단위분수는 분모가 클수록 더 작습니다.
따라서 $\frac{1}{6}$보다 작은 분수는 분모가 6보다 큰 $\frac{1}{7}$, $\frac{1}{8}$입니다.

31 $\frac{1}{4}$, $\frac{1}{6}$, $\frac{1}{3}$의 크기를 비교하면 $\frac{1}{3} > \frac{1}{4} > \frac{1}{6}$이므로 은호가 가장 많이 먹었습니다.

32 분자가 1인 단위분수는 분모가 작을수록 더 큽니다.
분모의 크기를 비교하면 $5 < 7 < 9 < 11 < 13$이므로
$\frac{1}{5} > \frac{1}{7} > \frac{1}{9} > \frac{1}{11} > \frac{1}{13}$입니다.
따라서 가장 큰 분수는 $\frac{1}{5}$이고 가장 작은 분수는 $\frac{1}{13}$입니다.

내가 만드는 문제
33 단위분수는 분모가 클수록 더 작습니다.

교과서 개념 이해 6 분모가 10인 분수는 소수 0.■로 나타내. 160쪽

1 (위에서부터) $\frac{5}{10}$, $\frac{9}{10}$ / 0.3, 0.7

2 (1) 5 (2) 5, $\frac{5}{10}$ (3) 5, 0.5

3 (1) 0.4, 영 점 사 (2) 0.8, 영 점 팔

1 $\frac{3}{10} = 0.3$, $0.5 = \frac{5}{10}$, $\frac{7}{10} = 0.7$, $0.9 = \frac{9}{10}$

3 (1) 0.1이 4개이므로 0.4이고 영 점 사라고 읽습니다.
(2) 0.1이 8개이므로 0.8이고 영 점 팔이라고 읽습니다.

교과서 개념 이해 7 mm를 소수를 이용해서 cm로 나타내. 161쪽

1 (1) 4.4, 사 점 사 (2) 3.9, 삼 점 구

2 6, 7, 67, 6.7

1 (1) 작은 한 칸의 크기는 0.1입니다. 4와 0.4만큼이므로 4.4이고 사 점 사라고 읽습니다.
(2) 작은 눈금 한 칸의 크기는 0.1입니다. 3과 0.9만큼이므로 3.9이고 삼 점 구라고 읽습니다.

2 1 mm = 0.1 cm이므로
6 cm 7 mm = 67 mm = 6.7 cm입니다.

교과서 개념 이해 8 0.1이 많을수록 더 큰 수야. 162~163쪽

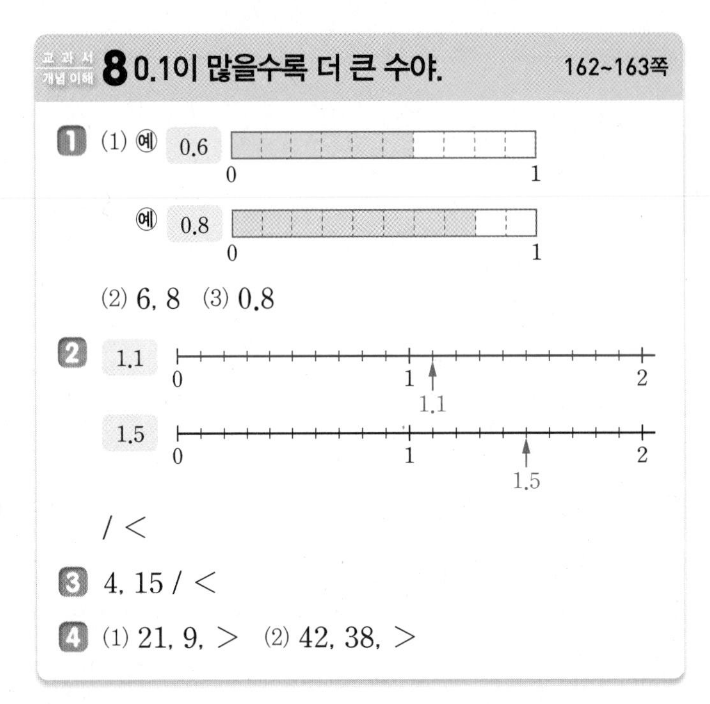

1 (3) 색칠한 부분의 크기를 비교해 보면 0.6보다 0.8이 더 큽니다.

2 0부터 1까지를 똑같이 10칸으로 나누었으므로 작은 눈금 한 칸의 크기는 0.1입니다.
1.1은 1에서 한 칸 더 간 곳, 1.5는 1에서 5칸 더 간 곳에 표시합니다.
수직선에서 1.1이 1.5보다 왼쪽에 있으므로 1.1이 1.5보다 더 작습니다. ➡ $1.1 < 1.5$

3 0.4는 0.1이 4개, 1.5는 0.1이 15개이므로 0.4가 1.5보다 더 작습니다. ➡ 0.4 < 1.5

4 (1) 2.1은 0.1이 21개, 0.9는 0.1이 9개 ➡ 21 > 9이므로 2.1 > 0.9입니다.
(2) 4.2는 0.1이 42개, 3.8은 0.1이 38개 ➡ 42 > 38이므로 4.2 > 3.8입니다.

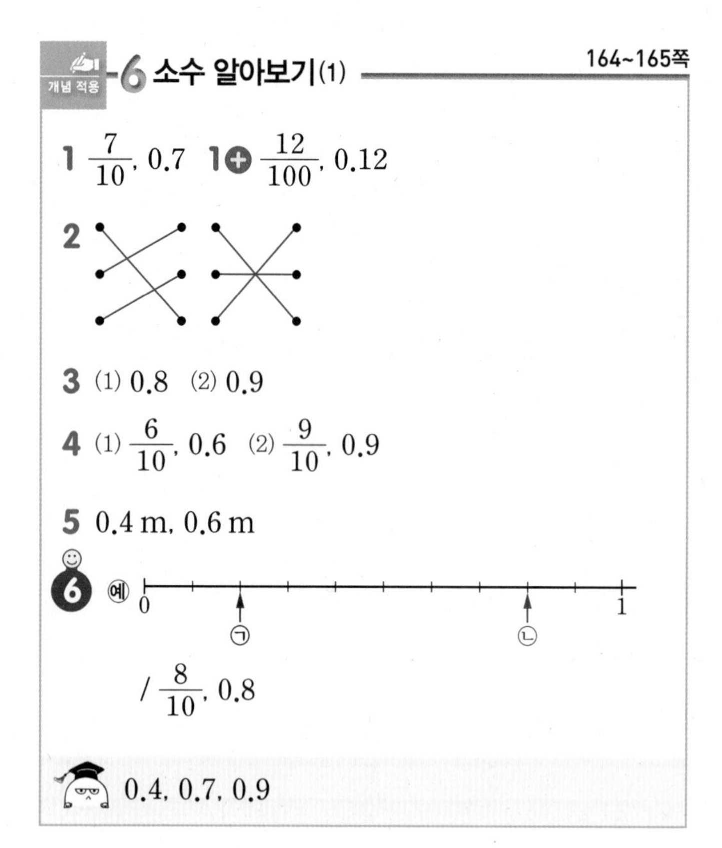

개념 적용 -6 소수 알아보기(1) 164~165쪽

1 $\frac{7}{10}$, 0.7 1➕ $\frac{12}{100}$, 0.12

2

3 (1) 0.8 (2) 0.9

4 (1) $\frac{6}{10}$, 0.6 (2) $\frac{9}{10}$, 0.9

5 0.4 m, 0.6 m

6 예 / $\frac{8}{10}$, 0.8

0.4, 0.7, 0.9

1 색칠한 부분은 전체를 똑같이 10으로 나눈 것 중의 7이므로 분수로 나타내면 $\frac{7}{10}$, 소수로 나타내면 0.7입니다.

2 $\frac{1}{10}=0.1$ (영 점 일), $\frac{4}{10}=0.4$ (영 점 사), $\frac{7}{10}=0.7$ (영 점 칠)

4 (1) 0.1이 ★개인 수 ➡ 0.★, $\frac{★}{10}$
(2) $\frac{1}{10}$이 ■개인 수 ➡ $\frac{■}{10}$, 0.■

5 1 m를 똑같이 10조각으로 나누었으므로 1조각은 0.1 m입니다.
따라서 정원이는 4조각을 사용했으므로 0.4 m, 윤아는 6조각을 사용했으므로 0.6 m입니다.

내가 만드는 문제
6 전체가 1인 수직선을 똑같이 10으로 나누었으므로 작은 눈금 한 칸의 크기는 0.1입니다.

개념 적용 -7 소수 알아보기(2) 166~167쪽

7

8 (1) 5.8 (2) 2.5 (3) 7.1 (4) 8.8

9 (1) 0.6, 2, 2.6 (2) 0.9, 5, 5.9

10 3.5판

11 ㉡

12 (1) 0.2 (2) 2, 8

13 1.4, 2.7

14 예

0 1 2 3 4 5 6 8 9 10 11

/ 6.3, 육 점 삼

10, 10 / 0.3, 3

8 1 mm = 0.1 cm

9 (1) 0.1이 20개이면 2입니다.
(2) 0.1이 50개이면 5입니다.

10 피자 한 조각은 0.1판이므로 피자 5조각은 0.5판입니다.
따라서 피자 3판과 피자 5조각은 모두 3.5판입니다.

11 ㉠, ㉢, ㉣: 6.8
㉡ 0.1이 69개인 수는 6.9입니다.

12 (1) 2.8은 3에서 작은 눈금 2칸을 되돌아온 것입니다. 작은 눈금 한 칸의 크기는 0.1이므로 2칸을 되돌아오면 0.2만큼 더 작은 수입니다.
(2) 2.8은 2와 0.8만큼이므로 1이 2개, 0.1이 8개입니다.

13 1 km를 똑같이 10으로 나누었으므로 작은 눈금 한 칸의 크기는 0.1 km입니다.
학교~도서관: 1 km와 0.4 km ➡ 1.4 km
학교~태준이네 집: 2 km와 0.7 km ➡ 2.7 km

내가 만드는 문제
14 예 6 cm 3 mm만큼 선을 그었으면 6 cm 3 mm = 63 mm입니다.
1 mm는 0.1 cm이고 0.1 cm가 63개이므로 6.3 cm가 되고 육 점 삼 센티미터라고 읽습니다.

개념 적용 -8 소수의 크기 비교 168~169쪽

15 (1) 72, 75 / $<$ (2) 39, 23 / $>$

16 (1) $>$ (2) $<$ (3) $>$

17 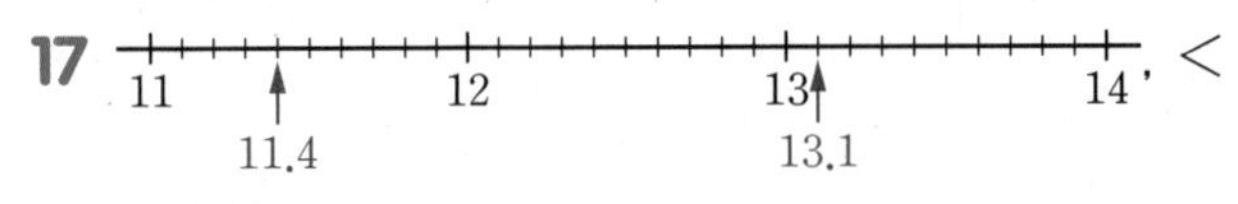

$<$

17➕ $>$

18 (1) 0.8, 1.2, 2.1 (2) 4.1, 3.7, 2.4

19 ㉢, ㉣, ㉡, ㉠

20 승찬

21 예 2.1, 2.9, 3.4

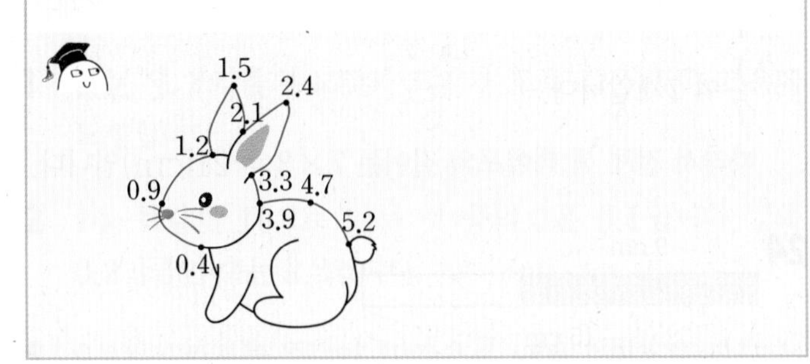

16 (1) 0.9는 0.1이 9개이고, 0.6은 0.1이 6개이므로 $0.9>0.6$입니다.
(2) 4.5는 0.1이 45개이고, 4.8은 0.1이 48개이므로 $4.5<4.8$입니다.
(3) 6.1은 0.1이 61개이고, 5.9는 0.1이 59개이므로 $6.1>5.9$입니다.

17 11부터 12까지 1을 똑같이 10칸으로 나누었으므로 작은 눈금 한 칸의 크기는 0.1입니다.
11.4는 11에서 4칸 더 간 곳, 13.1은 13에서 한 칸 더 간 곳에 표시합니다.

18 소수점 왼쪽 부분의 크기가 다르면 소수점 왼쪽 부분이 큰 소수가 더 큰 수입니다.

19 ㉠ 2.4, ㉡ 2.5, ㉢ 24.3, ㉣ 5.7이므로 $24.3>5.7>2.5>2.4$입니다.

20 모두 cm로 바꾸어 보면 환희: 3.1 cm, 승찬: 6.3 cm, 영미: 5.1 cm, 은정: 0.6 cm입니다.
소수의 크기를 비교하면 $6.3>5.1>3.1>0.6$이므로 수수깡을 가장 많이 사용한 학생은 승찬입니다.

내가 만드는 문제
21 수직선에 나타냈을 때 오른쪽으로 갈수록 더 큰 수입니다.

개념 완성 발전 문제 170~173쪽

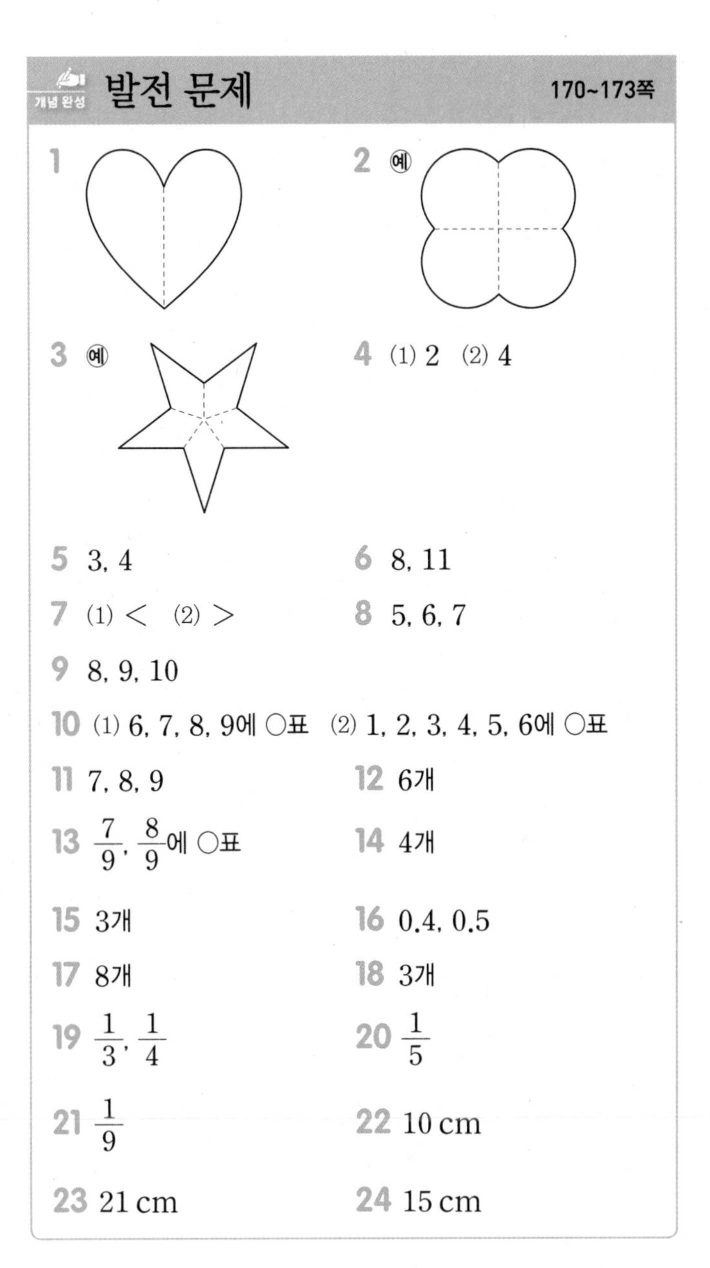

1 (그림)

2 예 (그림)

3 예 (그림)

4 (1) 2 (2) 4

5 3, 4

6 8, 11

7 (1) $<$ (2) $>$

8 5, 6, 7

9 8, 9, 10

10 (1) 6, 7, 8, 9에 ○표 (2) 1, 2, 3, 4, 5, 6에 ○표

11 7, 8, 9

12 6개

13 $\frac{7}{9}$, $\frac{8}{9}$에 ○표

14 4개

15 3개

16 0.4, 0.5

17 8개

18 3개

19 $\frac{1}{3}$, $\frac{1}{4}$

20 $\frac{1}{5}$

21 $\frac{1}{9}$

22 10 cm

23 21 cm

24 15 cm

1 모양과 크기가 같게 두 부분으로 나누어 봅니다.

5 $\frac{3}{6}$은 $\frac{1}{6}$이 3개이므로 ㉠ = 3입니다.
$\frac{4}{7}$는 $\frac{1}{7}$이 4개이므로 ㉡ = 4입니다.

6 $\frac{2}{8}$는 $\frac{1}{8}$이 2개인 수이므로 ㉠ = 8입니다.
$\frac{5}{11}$는 $\frac{1}{11}$이 5개인 수이므로 ㉡ = 11입니다.

7 (1) 분모가 같으면 분자가 클수록 큰 수입니다.
(2) 단위분수는 분모가 작을수록 큰 수입니다.

8 분모가 같으므로 분자를 비교하면 $4<\square<8$입니다.
따라서 □ 안에 들어갈 수 있는 수는 5, 6, 7입니다.

9 분자가 같으므로 분모를 비교하면 $7<\square<11$입니다.
따라서 □ 안에 들어갈 수 있는 수는 8, 9, 10입니다.

학생부록 정답과 풀이

1 덧셈과 뺄셈

⊕ 개념 적용 2쪽

1

양쪽이 같게 되도록 □ 안에 알맞은 수를 써넣으세요.

433+141 = 500+□

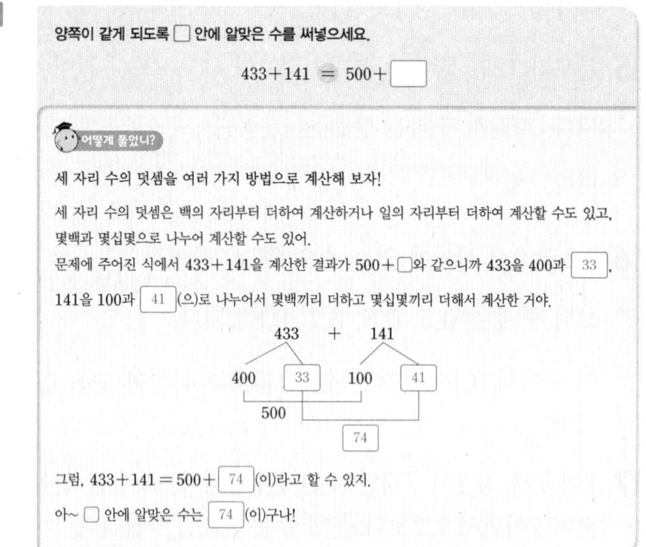
어떻게 풀었니?

세 자리 수의 덧셈을 여러 가지 방법으로 계산해 보자!

세 자리 수의 덧셈은 백의 자리부터 더하여 계산하거나 일의 자리부터 더하여 계산할 수도 있고, 몇백과 몇십몇으로 나누어 계산할 수도 있어.

문제에 주어진 식에서 433+141을 계산한 결과가 500+□와 같으니까 433을 400과 [33], 141을 100과 [41](으)로 나누어서 몇백끼리 더하고 몇십몇끼리 더해서 계산한 거야.

그럼, 433+141 = 500+[74](이)라고 할 수 있지.

아~ □ 안에 알맞은 수는 [74](이)구나!

2 287 **3** 68

4

두 주머니에 세 자리 수가 적혀 있는 구슬이 들어 있습니다. 다른 수들과 어울리지 않는다고 생각하는 수를 각각 하나씩 골라 더해 보세요. → 다양하게 답이 나올 수 있습니다.

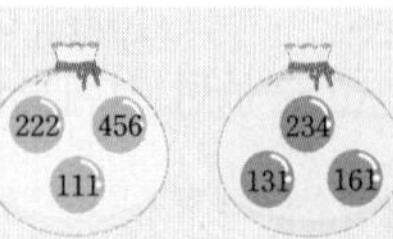

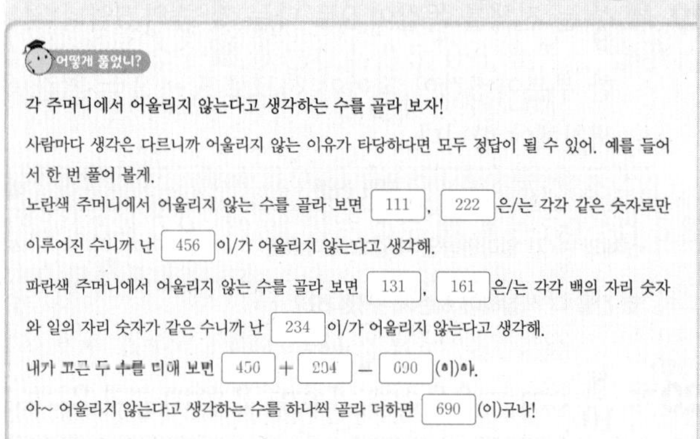
어떻게 풀었니?

각 주머니에서 어울리지 않는다고 생각하는 수를 골라 보자!

사람마다 생각은 다르니까 어울리지 않는 이유가 타당하다면 모두 정답이 될 수 있어. 예를 들어서 한 번 풀어 볼게.

노란색 주머니에서 어울리지 않는 수를 골라 보면 [111], [222]은/는 각각 같은 숫자로만 이루어진 수니까 난 [456]이/가 어울리지 않는다고 생각해.

파란색 주머니에서 어울리지 않는 수를 골라 보면 [131], [161]은/는 각각 백의 자리 숫자와 일의 자리 숫자가 같은 수니까 난 [234]이/가 어울리지 않는다고 생각해.

내가 고른 두 수를 더해 보면 [456]+[234]=[690](이)야.

아~ 어울리지 않는다고 생각하는 수를 하나씩 골라 더하면 [690](이)구나!

5 예 790 **6** 예 754

7

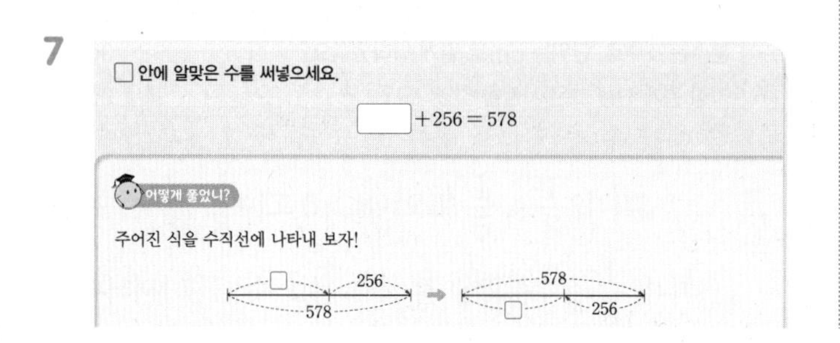
□ 안에 알맞은 수를 써넣으세요.

□+256 = 578

어떻게 풀었니?

주어진 식을 수직선에 나타내 보자!

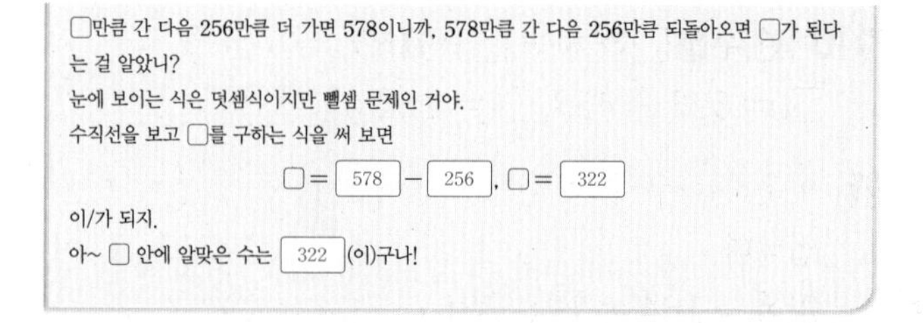
□만큼 간 다음 256만큼 더 가면 578이니까, 578만큼 간 다음 256만큼 되돌아오면 □가 된다는 걸 알았니?

눈에 보이는 식은 덧셈식이지만 뺄셈 문제인 거야.

수직선을 보고 □를 구하는 식을 써 보면

□=[578]−[256], □=[322]

이/가 되지.

아~ □ 안에 알맞은 수는 [322](이)구나!

8 425 **9** 223

10

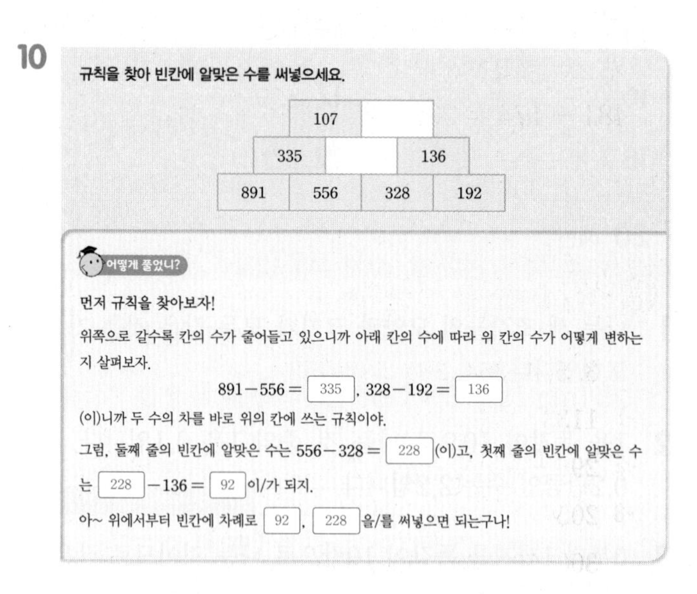
규칙을 찾아 빈칸에 알맞은 수를 써넣으세요.

	107		
335		136	
891	556	328	192

어떻게 풀었니?

먼저 규칙을 찾아보자!

위쪽으로 갈수록 칸의 수가 줄어들고 있으니까 아래 칸의 수에 따라 위 칸의 수가 어떻게 변하는지 살펴보자.

891−556 = [335], 328−192 = [136]

(이)니까 두 수의 차를 바로 위의 칸에 쓰는 규칙이야.

그럼, 둘째 줄의 빈칸에 알맞은 수는 556−328 = [228](이)고, 첫째 줄의 빈칸에 알맞은 수는 [228]−136 = [92]이/가 되지.

아~ 위에서부터 빈칸에 차례로 [92], [228]을/를 써넣으면 되는구나!

11 (위에서부터) 194, 181

12 (왼쪽에서부터) 307, 1347

---

2 $325 + 262 = 300 + \boxed{25 + 262}$
$= 300 + \boxed{287}$

3 $654 + 114 = 600 + 54 + 100 + 14$
$= 600 + 100 + \boxed{54 + 14}$
$= 700 + \boxed{68}$

5 예 노란색 주머니에서 백의 자리, 십의 자리, 일의 자리로 갈수록 숫자가 커지는 345를 고르고, 파란색 주머니에서 백의 자리와 십의 자리 숫자가 같은 445를 골라 더하면 345 + 445 = 790입니다.
세 수 중 짝수인 수를 고르는 방법 등 여러 가지 답이 나올 수 있습니다.

6 예 가에서 반원 모양 안에 있는 수인 236과 나에서 사각형 안에 있는 수인 518을 더하면 236 + 518 = 754입니다.

8 361 + □ = 786, □ = 786 − 361, □ = 425

9 어떤 수를 □라 하면 □ + 453 = 676이므로
□ = 676 − 453, □ = 223입니다.

11 이웃하는 두 수의 차를 구해서 바로 아래 칸에 쓰는 규칙입니다.
358 − 164 = 194, 375 − 194 = 181

12 위아래로 놓인 두 수의 차를 구해서 바로 왼쪽 칸에 쓰고, 위아래로 놓인 두 수의 합을 구해서 바로 오른쪽 칸에 쓰는 규칙입니다.
481 − 174 = 307, 827 + 520 = 1347

쓰기 쉬운 서술형 6쪽

1 3, 6, 4, 364, 364, 522 / 522
1-1 1133
1-2 296
1-3 205
2 300, 500, 300, 500, 800 / 800명
2-1 400 cm
3 8, 5, 3, 853, 358, 853, 358, 1211 / 1211
3-1 358
4 317, 686, 686, 687 / 687
4-1 563
5 385, 385, 801, 801, 385, 1186 / 1186
5-1 155

1-1 예 100이 6개, 10이 4개, 1이 7개인 수는 647입니다. ···· ❶
따라서 647보다 486만큼 더 큰 수는
647 + 486 = 1133입니다. ···· ❷

단계	문제 해결 과정
①	100이 6개, 10이 4개, 1이 7개인 수를 구했나요?
②	100이 6개, 10이 4개, 1이 7개인 수보다 486만큼 더 큰 수를 구했나요?

1-2 예 백 모형이 5개, 십 모형이 3개, 일 모형이 1개이므로 수 모형이 나타내는 수는 531입니다. ···· ❶
따라서 531보다 235만큼 더 작은 수는
531 − 235 = 296입니다. ···· ❷

단계	문제 해결 과정
①	수 모형이 나타내는 수를 구했나요?
②	수 모형이 나타내는 수보다 235만큼 더 작은 수를 구했나요?

1-3 예 10이 12개인 수는 100이 1개, 10이 2개인 수와 같습니다. 100이 7개, 10이 12개, 1이 4개인 수는 100이 8개, 10이 2개, 1이 4개인 수와 같으므로 824입니다. ···· ❶
따라서 824보다 619만큼 더 작은 수는
824 − 619 = 205입니다. ···· ❷

단계	문제 해결 과정
①	100이 7개, 10이 12개, 1이 4개인 수를 구했나요?
②	100이 7개, 10이 12개, 1이 4개인 수보다 619만큼 더 작은 수를 구했나요?

2-1 예 가지고 있던 철사와 사용한 철사의 길이는 각각 882를 어림하면 900쯤이고, 509를 어림하면 500쯤입니다. ···· ❶
따라서 사용하고 남은 철사의 길이는
약 900 − 500 = 400(cm)입니다. ···· ❷

단계	문제 해결 과정
①	가지고 있던 철사와 사용한 철사의 길이를 각각 어림했나요?
②	사용하고 남은 철사의 길이는 약 몇 cm인지 어림하여 구했나요?

3-1 예 수 카드의 수의 크기를 비교하면 7 > 6 > 4 > 0이므로 만들 수 있는 가장 큰 수는 764이고, 가장 작은 수는 406입니다. ···· ❶
따라서 만들 수 있는 가장 큰 수와 가장 작은 수의 차는
764 − 406 = 358입니다. ···· ❷

단계	문제 해결 과정
①	만들 수 있는 가장 큰 수와 가장 작은 수를 각각 구했나요?
②	만들 수 있는 가장 큰 수와 가장 작은 수의 차를 구했나요?

4-1 예 840 − □ = 276이라 하면
□ = 840 − 276, □ = 564입니다. ···· ❶
840 − □ > 276이므로 □ 안에는 564보다 작은 수가 들어가야 합니다. 따라서 □ 안에 들어갈 수 있는 가장 큰 세 자리 수는 563입니다. ···· ❷

단계	문제 해결 과정
①	840−□=276이라 할 때 □의 값을 구했나요?
②	□ 안에 들어갈 수 있는 가장 큰 세 자리 수를 구했나요?

5-1 예 어떤 수를 □라 하면 □ + 193 = 541이므로
□ = 541 − 193, □ = 348입니다. ···· ❶
따라서 바르게 계산하면 348 − 193 = 155입니다. ···· ❷

단계	문제 해결 과정
①	어떤 수를 구했나요?
②	바르게 계산한 값을 구했나요?

1단원 수행 평가 12~13쪽

1	(1) 614 (2) 405	2	$\begin{array}{r} {\scriptstyle 1\ 1\ } \\ 4\ 9\ 5 \\ +\ 7\ 3\ 8 \\ \hline 1\ 2\ 3\ 3 \end{array}$
3	1281, 1281	4	351
5	903명	6	843, 752, 91
7	공원, 187 m	8	(위에서부터) 7, 7, 4
9	423 cm	10	1124

1 (1) $\begin{array}{r} {\scriptstyle 1\ \ \ \ } \\ 2\ 4\ 3 \\ +\ 3\ 7\ 1 \\ \hline 6\ 1\ 4 \end{array}$ (2) $\begin{array}{r} {\scriptstyle 5\ 10\ } \\ 8\ \not{6}\ 4 \\ -\ 4\ 5\ 9 \\ \hline 4\ 0\ 5 \end{array}$

2 일의 자리 계산 $5+8=13$에서 10을 십의 자리로 받아올림해야 하는데 하지 않았습니다.

3 $397=400-3$이므로
$884+397=884+400-3$으로 계산할 수 있습니다.

4 가장 큰 수는 636, 가장 작은 수는 285입니다.
➡ $636-285=351$

5 (전체 학생 수) = (남학생 수) + (여학생 수)
$=437+466$
$=903$(명)

6 차가 가장 작게 나오려면 크기가 가장 비슷한 수끼리 빼야 합니다.
백의 자리 숫자가 각각 8, 4, 7이므로 843과 752의 크기가 비슷합니다.
➡ $843-752=91$

7 $438<625$이므로 공원이 $625-438=187$(m) 더 가깝습니다.

8 $\begin{array}{r} {\scriptstyle 1\ 1\ } \\ 2\ ㉡\ 5 \\ +\ ㉢\ 3\ 9 \\ \hline 1\ 0\ 1\ ㉠ \end{array}$

일의 자리 계산: $5+9=14$이므로 ㉠$=4$입니다.
십의 자리 계산: $1+$㉡$+3=11$이므로
$4+$㉡$=11$, ㉡$=7$입니다.
백의 자리 계산: $1+2+$㉢$=10$이므로
$3+$㉢$=10$, ㉢$=7$입니다.

9 (파란색 끈의 길이)
$=276-129=147$(cm)
(빨간색 끈과 파란색 끈의 길이의 합)
$=276+147=423$(cm)

서술형
10 예 어떤 수를 □라 하면 □ $-463=198$이므로
□ $=198+463$, □ $=661$입니다.
따라서 바르게 계산하면 $661+463=1124$입니다.

평가 기준	배점
어떤 수를 구했나요?	5점
바르게 계산한 값을 구했나요?	5점

2 평면도형

✚ 개념 적용 14쪽

1

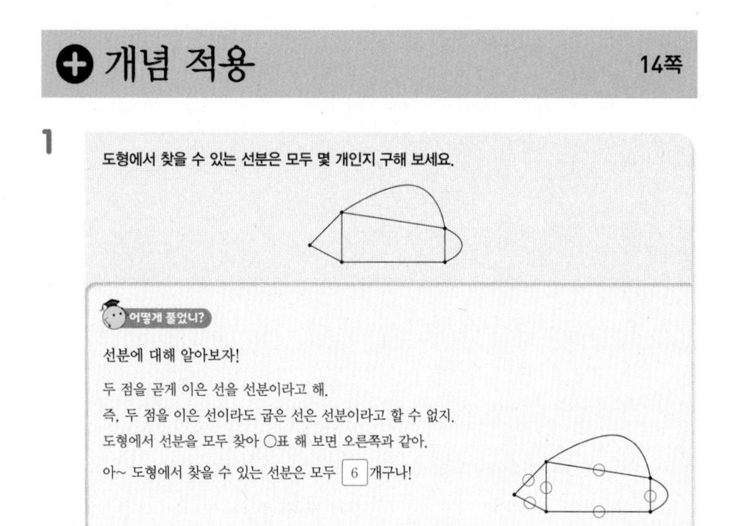
도형에서 찾을 수 있는 선분은 모두 몇 개인지 구해 보세요.

어떻게 풀었니?

선분에 대해 알아보자!

두 점을 곧게 이은 선을 선분이라고 해.

즉, 두 점을 이은 선이라도 굽은 선은 선분이라고 할 수 없지.

도형에서 선분을 모두 찾아 ○표 해 보면 오른쪽과 같아.

아~ 도형에서 찾을 수 있는 선분은 모두 6 개구나!

2 7개 **3** 2개

4

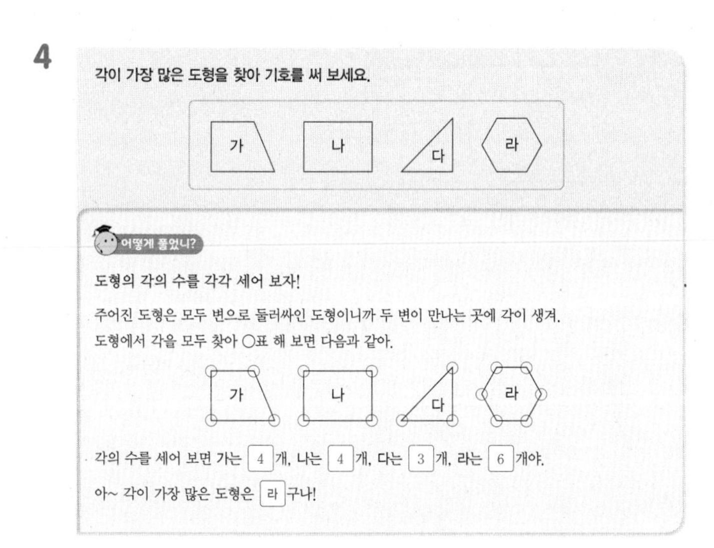
각이 가장 많은 도형을 찾아 기호를 써 보세요.

어떻게 풀었니?

도형의 각의 수를 각각 세어 보자!

주어진 도형은 모두 변으로 둘러싸인 도형이니까 두 변이 만나는 곳에 각이 생겨.

도형에서 각을 모두 찾아 ○표 해 보면 다음과 같아.

각의 수를 세어 보면 가는 4 개, 나는 4 개, 다는 3 개, 라는 6 개야.

아~ 각이 가장 많은 도형은 라 구나!

5 나, 라 **6** 16개

7

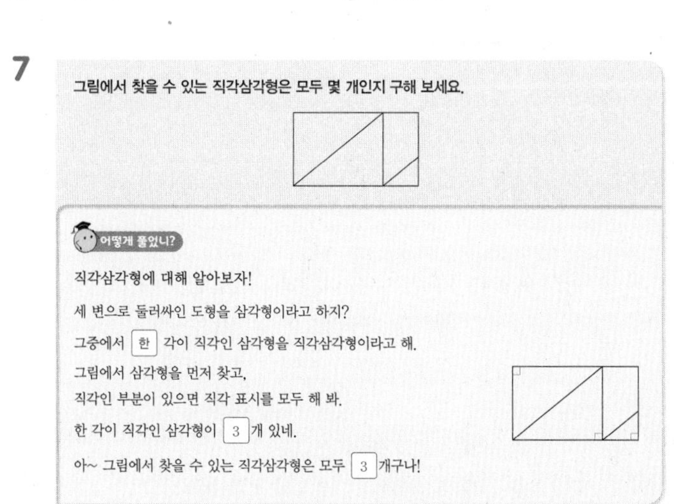
그림에서 찾을 수 있는 직각삼각형은 모두 몇 개인지 구해 보세요.

어떻게 풀었니?

직각삼각형에 대해 알아보자!

세 변으로 둘러싸인 도형을 삼각형이라고 하지?

그중에서 한 각이 직각인 삼각형을 직각삼각형이라고 해.

그림에서 삼각형을 먼저 찾고,

직각인 부분이 있으면 직각 표시를 모두 해 봐.

한 각이 직각인 삼각형이 3 개 있네.

아~ 그림에서 찾을 수 있는 직각삼각형은 모두 3 개구나!

8 4개 **9** 7개

10

다음과 같이 직사각형 모양의 종이를 접고 자른 후 다시 펼쳤습니다. 이 도형의 이름을 모두 찾아 기호를 써 보세요.

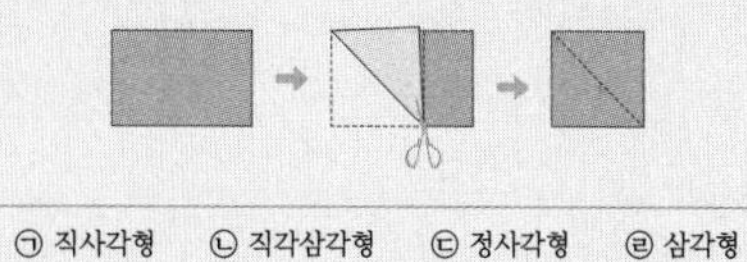

㉠ 직사각형 ㉡ 직각삼각형 ㉢ 정사각형 ㉣ 삼각형

어떻게 풀었니?

만들어진 도형의 각과 변을 살펴보자!

만들어진 도형의 네 꼭짓점을 각각 점 ㄱ, 점 ㄴ, 점 ㄷ, 점 ㄹ이라 하면

직사각형 모양의 종이를 접었으니까 각 ㄹㄱㄴ과 각 ㄱㄴㄷ은 직각 이고,

접었을 때 만나는 각의 크기는 같으니까 각 ㄱㄹㄷ도 직각 이야.

또, 접었을 때 만나는 변의 길이는 같으니까

변 ㄱㄴ과 변 ㄱㄹ, 변 ㄴㄷ과 변 ㄹㄷ 의 길이가 같아.

즉, 만들어진 도형은 네 각이 모두 직각이고, 네 변의 길이가 모두 같은 사각형이니까

정사각형 이야. 정사각형은 직사각형 이라고도 할 수 있지.

아~ 만들어진 도형의 이름이 될 수 있는 것은 ㉠, ㉢ 이구나!

11 정사각형, 4개

---

2 두 점을 곧게 이은 선은 7개입니다.

3 도형에서 찾을 수 있는 선분의 수를 각각 세어 봅니다.

가: 5개, 나: 7개

➡ $7-5=2$(개)

5 도형의 각의 수를 각각 세어 봅니다.

가: 4개, 나: 8개, 다: 5개, 라: 3개

6 도형의 각의 수를 각각 세어 봅니다.

가: 7개, 나: 9개

➡ $7+9=16$(개)

8 한 각이 직각인 삼각형을 찾습니다.

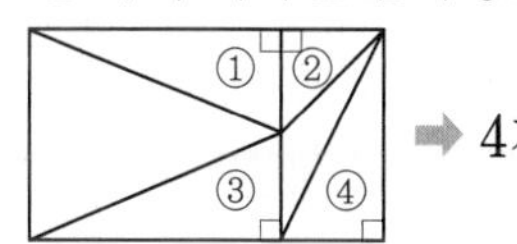

➡ 4개

9

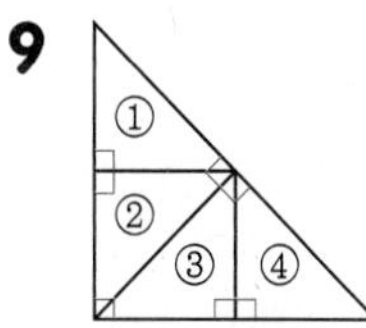

작은 직각삼각형 1개짜리: ①, ②, ③, ④ ➡ 4개

작은 직각삼각형 2개짜리: ①+②, ③+④ ➡ 2개

작은 직각삼각형 4개짜리: ①+②+③+④ ➡ 1개

따라서 크고 작은 직각삼각형은 모두

$4+2+1=7$(개)입니다.

11 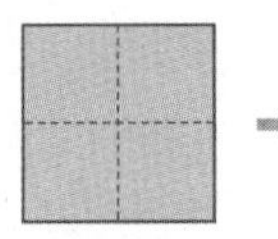 → 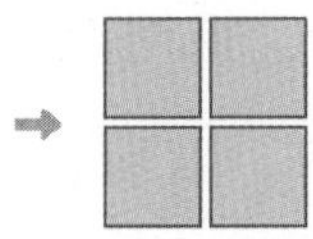

정사각형이 4개 만들어집니다.

쓰기 쉬운 서술형 18쪽

1 반직선에 ○표, ㅁㅂㅅ(또는 ㅅㅂㅁ) / 각 ㅁㅂㅅ 또는 각 ㅅㅂㅁ

1-1 각 ㅂㅅㅇ 또는 각 ㅇㅅㅂ

2 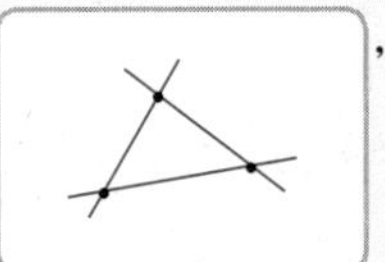, 3 / 3개

2-1 6개

2-2 6개

2-3 6개

3 4, 4, 1, 4, 4, 1, 9 / 9개

3-1 18개

4 마주 보는에 ○표, 4, 3, 14 / 14 cm

4-1 28 cm

4-2 16 cm

4-3 8 cm

1-1 예 각은 한 점에서 그은 두 반직선으로 이루어진 도형입니다. ---- ❶

따라서 각을 찾아 각의 이름을 쓰면 각 ㅂㅅㅇ 또는 각 ㅇㅅㅂ입니다. ---- ❷

단계	문제 해결 과정
①	각의 뜻을 썼나요?
②	각을 찾아 각의 이름을 썼나요?

2-1 예 두 점을 이은 선분을 그어 보면 오른쪽과 같습니다. ---- ❶

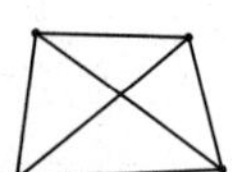

따라서 그을 수 있는 선분은 모두 6개입니다. ---- ❷

단계	문제 해결 과정
①	두 점을 이은 선분을 그었나요?
②	그을 수 있는 선분은 모두 몇 개인지 구했나요?

2-2 예 점 ㄱ에서 시작하는 반직선: 반직선 ㄱㄴ, 반직선 ㄱㄷ
점 ㄴ에서 시작하는 반직선: 반직선 ㄴㄱ, 반직선 ㄴㄷ
점 ㄷ에서 시작하는 반직선: 반직선 ㄷㄱ, 반직선 ㄷㄴ ---- ❶

따라서 그을 수 있는 반직선은 모두 6개입니다. ---- ❷

단계	문제 해결 과정
①	점 ㄱ, 점 ㄴ, 점 ㄷ에서 시작하는 반직선을 각각 구했나요?
②	그을 수 있는 반직선은 모두 몇 개인지 구했나요?

2-3 예 두 점을 지나는 직선은 직선 ㄱㄴ, 직선 ㄱㄷ, 직선 ㄱㄹ, 직선 ㄴㄷ, 직선 ㄴㄹ, 직선 ㄷㄹ로 모두 6개이고, 두 점을 이용하여 그을 수 있는 반직선의 수는 직선의 수의 2배이므로 12개입니다. ---- ❶

따라서 그을 수 있는 반직선은 직선보다 $12-6=6$(개) 더 많습니다. ---- ❷

단계	문제 해결 과정
①	두 점을 이어 그을 수 있는 직선과 반직선은 각각 몇 개인지 구했나요?
②	그을 수 있는 반직선은 직선보다 몇 개 더 많은지 구했나요?

3-1 예

①	②	③
④	⑤	⑥

작은 직사각형 1개짜리: ①, ②, ③, ④, ⑤, ⑥ ➡ 6개
작은 직사각형 2개짜리: ①+②, ②+③, ④+⑤, ⑤+⑥, ①+④, ②+⑤, ③+⑥ ➡ 7개
작은 직사각형 3개짜리:
①+②+③, ④+⑤+⑥ ➡ 2개
작은 직사각형 4개짜리:
①+②+④+⑤, ②+③+⑤+⑥ ➡ 2개
작은 직사각형 6개짜리:
①+②+③+④+⑤+⑥ ➡ 1개 ---- ❶

따라서 찾을 수 있는 크고 작은 직사각형은 모두 $6+7+2+2+1=18$(개)입니다. ---- ❷

단계	문제 해결 과정
①	작은 직사각형으로 이루어진 직사각형은 각각 몇 개인지 구했나요?
②	찾을 수 있는 크고 작은 직사각형은 모두 몇 개인지 구했나요?

4-1 예 정사각형은 네 변의 길이가 모두 같습니다. ---- ❶

따라서 정사각형의 네 변의 길이의 합은 $7+7+7+7=28$(cm)입니다. ---- ❷

단계	문제 해결 과정
①	정사각형의 변의 성질을 썼나요?
②	정사각형의 네 변의 길이의 합을 구했나요?

4-2 ㉠ 만들 수 있는 가장 큰 정사각형은 한 변의 길이가 4 cm인 정사각형입니다. ···· ❶
따라서 만든 정사각형의 네 변의 길이의 합은
$4+4+4+4=16$(cm)입니다. ···· ❷

단계	문제 해결 과정
①	만든 정사각형의 한 변의 길이를 구했나요?
②	만든 정사각형의 네 변의 길이의 합을 구했나요?

4-3 예 정사각형은 네 변의 길이가 모두 같습니다. ···· ❶
정사각형의 한 변의 길이를 □라 하면
□+□+□+□=32에서 $8+8+8+8=32$
이므로 정사각형의 한 변의 길이는 8 cm입니다. ···· ❷

단계	문제 해결 과정
①	정사각형의 변의 성질을 썼나요?
②	정사각형의 한 변의 길이를 구했나요?

2단원 수행 평가 24~25쪽

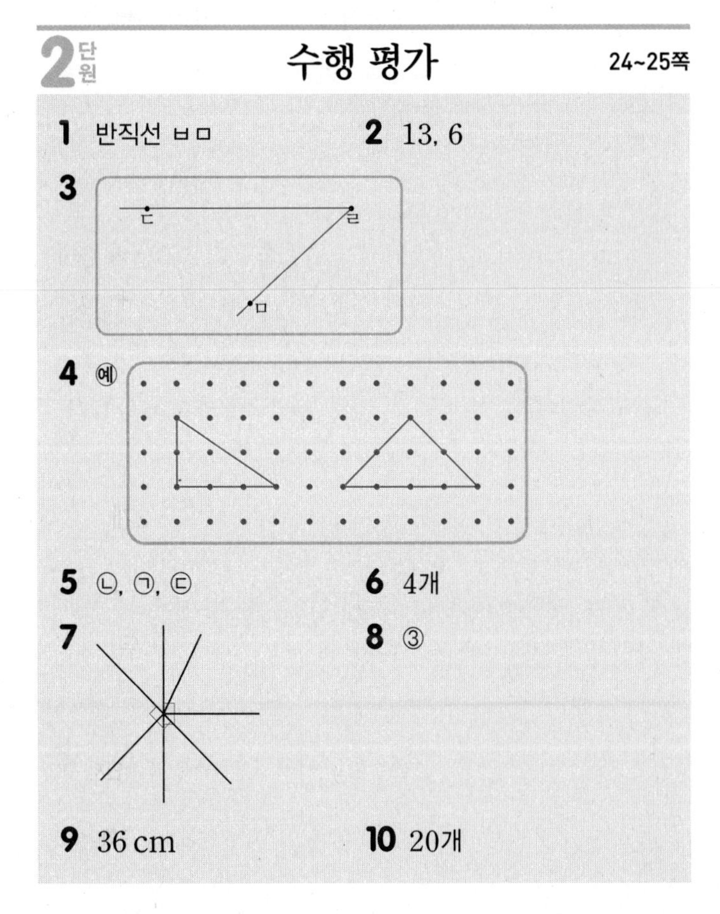

1 점 ㅂ에서 시작하여 점 ㅁ을 지나는 곧은 선이므로 반직선 ㅂㅁ입니다.

2 직사각형은 마주 보는 두 변의 길이가 같습니다.

3 점 ㄹ이 각의 꼭짓점이 되도록 반직선 ㄹㄷ과 반직선 ㄹㅁ을 긋습니다.

4 한 각이 직각인 삼각형을 2개 그립니다.

5 각의 수를 각각 세어 봅니다.
㉠ 1개, ㉡ 4개, ㉢ 0개

6 네 각이 모두 직각인 사각형은 가, 라, 마, 바로 모두 4개입니다.

7 삼각자의 직각인 부분을 대었을 때 꼭 맞게 겹쳐지는 각을 찾습니다.

8 ③ 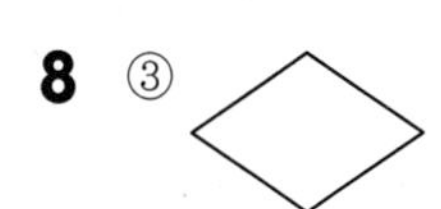
➡ 네 변의 길이가 모두 같지만 네 각이 모두 직각이 아니므로 정사각형이 아닙니다.

9 정사각형은 네 변의 길이가 모두 같습니다.
(정사각형의 네 변의 길이의 합)
$=9+9+9+9=36$(cm)

서술형
10 예 작은 정사각형 1개짜리: 12개
작은 정사각형 4개짜리: 6개
작은 정사각형 9개짜리: 2개
따라서 찾을 수 있는 크고 작은 정사각형은 모두
$12+6+2=20$(개)입니다.

평가 기준	배점
작은 정사각형으로 이루어진 정사각형은 각각 몇 개인지 구했나요?	8점
찾을 수 있는 크고 작은 정사각형은 모두 몇 개인지 구했나요?	2점

3 나눗셈

⊕ 개념 적용 26쪽

1

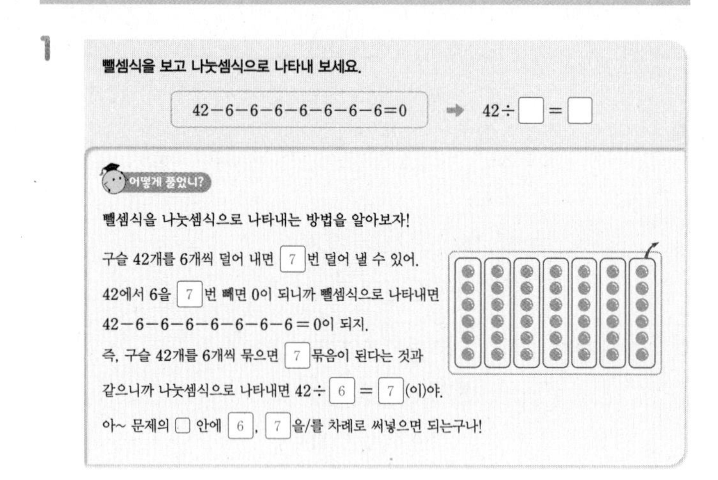

빨셈식을 보고 나눗셈식으로 나타내 보세요.

42−6−6−6−6−6−6−6=0 ➡ 42÷□=□

어떻게 풀었니?

뺄셈식을 나눗셈식으로 나타내는 방법을 알아보자!

구슬 42개를 6개씩 덜어 내면 7번 덜어 낼 수 있어.

42에서 6을 7번 빼면 0이 되니까 뺄셈식으로 나타내면

42−6−6−6−6−6−6−6=0이 되지.

즉, 구슬 42개를 6개씩 묶으면 7묶음이 된다는 것과

같으니까 나눗셈식으로 나타내면 42÷6=7(이)야.

아~ 문제의 □ 안에 6, 7을/를 차례로 써넣으면 되는구나!

2 5, 6

3 32−8−8−8−8=0

4

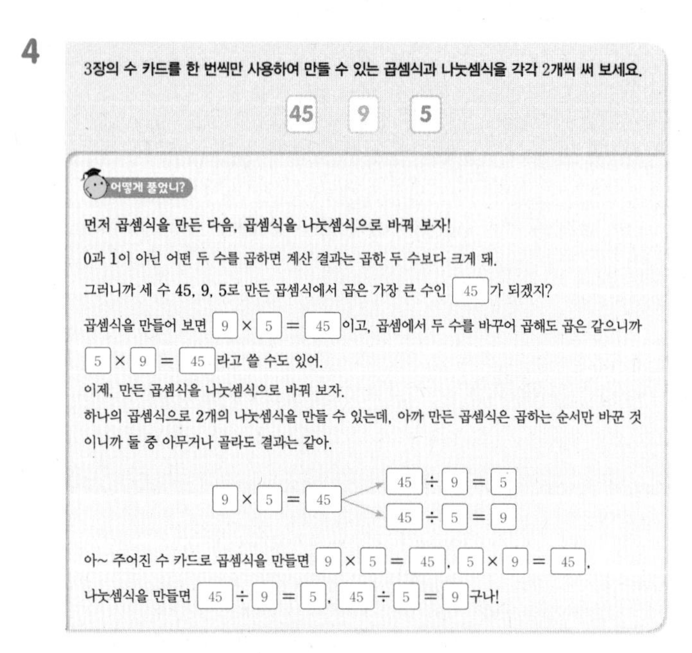

3장의 수 카드를 한 번씩만 사용하여 만들 수 있는 곱셈식과 나눗셈식을 각각 2개씩 써 보세요.

45 9 5

어떻게 풀었니?

먼저 곱셈식을 만든 다음, 곱셈식을 나눗셈식으로 바꿔 보자!

0과 1이 아닌 어떤 두 수를 곱하면 계산 결과는 곱한 두 수보다 크게 돼.

그러니까 세 수 45, 9, 5로 만든 곱셈식에서 곱은 가장 큰 수인 45가 되겠지?

곱셈식을 만들어 보면 9×5=45이고, 곱셈에서 두 수를 바꾸어 곱해도 곱은 같으니까

5×9=45라고 쓸 수도 있어.

이제, 만든 곱셈식을 나눗셈식으로 바꿔 보자.

하나의 곱셈식으로 2개의 나눗셈식을 만들 수 있는데, 아까 만든 곱셈식은 곱하는 순서만 바꾼 것이니까 둘 중 아무거나 골라도 결과는 같아.

9×5=45 → 45÷9=5, 45÷5=9

아~ 주어진 수 카드로 곱셈식을 만들면 9×5=45, 5×9=45,

나눗셈식을 만들면 45÷9=5, 45÷5=9구나!

5 7×8=56, 8×7=56 / 56÷7=8, 56÷8=7

6

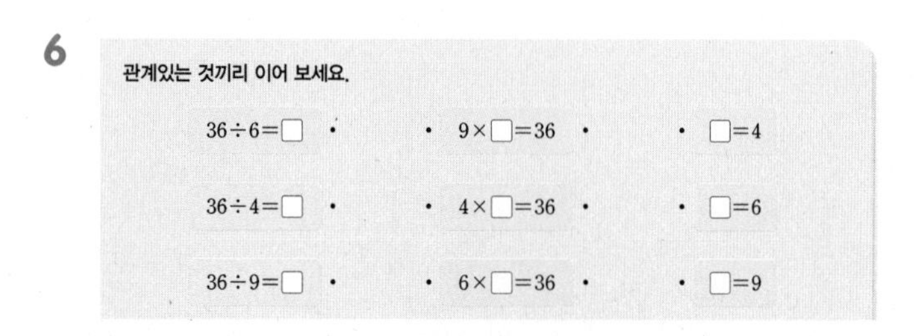

관계있는 것끼리 이어 보세요.

36÷6=□ •	• 9×□=36 •	• □=4
36÷4=□ •	• 4×□=36 •	• □=6
36÷9=□ •	• 6×□=36 •	• □=9

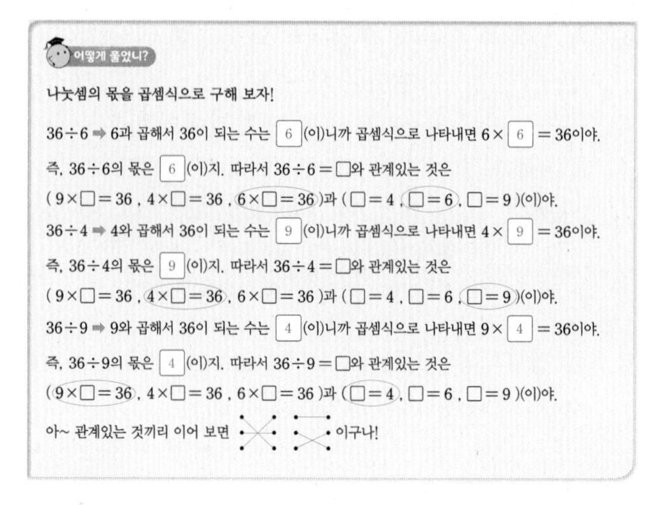

어떻게 풀었니?

나눗셈의 몫을 곱셈식으로 구해 보자!

36÷6 ➡ 6과 곱해서 36이 되는 수는 6(이)니까 곱셈식으로 나타내면 6×6=36이야.

즉, 36÷6의 몫은 6(이)지. 따라서 36÷6=□와 관계있는 것은

(9×□=36, 4×□=36, 6×□=36)과 (□=4, □=6, □=9)(이)야.

36÷4 ➡ 4와 곱해서 36이 되는 수는 9(이)니까 곱셈식으로 나타내면 4×9=36이야.

즉, 36÷4의 몫은 9(이)지. 따라서 36÷4=□와 관계있는 것은

(9×□=36, 4×□=36, 6×□=36)과 (□=4, □=6, □=9)(이)야.

36÷9 ➡ 9와 곱해서 36이 되는 수는 4(이)니까 곱셈식으로 나타내면 9×4=36이야.

즉, 36÷9의 몫은 4(이)지. 따라서 36÷9=□와 관계있는 것은

(9×□=36, 4×□=36, 6×□=36)과 (□=4, □=6, □=9)(이)야.

아~ 관계있는 것끼리 이어 보면 ⤫ ═ 이구나!

7 ⤫ ═

8

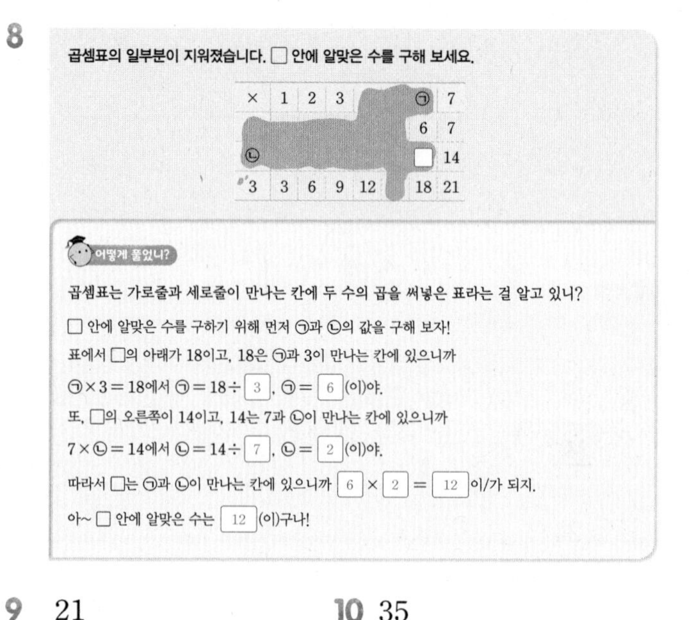

곱셈표의 일부분이 지워졌습니다. □ 안에 알맞은 수를 구해 보세요.

×	1	2	3		㉠	7
					6	7
㉡					□	14
3	3	6	9	12	18	21

어떻게 풀었니?

곱셈표는 가로줄과 세로줄이 만나는 칸에 두 수의 곱을 써넣은 표라는 걸 알고 있니?

□ 안에 알맞은 수를 구하기 위해 먼저 ㉠과 ㉡의 값을 구해 보자!

표에서 □의 아래가 18이고, 18은 ㉠과 3이 만나는 칸에 있으니까

㉠×3=18에서 ㉠=18÷3, ㉠=6(이)야.

또, □의 오른쪽이 14이고, 14는 7과 ㉡이 만나는 칸에 있으니까

7×㉡=14에서 ㉡=14÷7, ㉡=2(이)야.

따라서 □는 ㉠과 ㉡이 만나는 칸에 있으니까 6×2=12이/가 되지.

아~ □ 안에 알맞은 수는 12(이)구나!

9 21 **10** 35

---

2 30에서 5를 6번 빼면 0이 됩니다.

3 32에서 8을 4번 빼면 0이 됩니다.

5 56, 7, 8 중에서 가장 큰 수가 56이므로 만들 수 있는 곱셈식은 7×8=56과 8×7=56이고, 만들 수 있는 나눗셈식은 56÷7=8과 56÷8=7입니다.

7 24÷3=□ ➡ 3×□=24이므로 □=8입니다.
24÷4=□ ➡ 4×□=24이므로 □=6입니다.

9

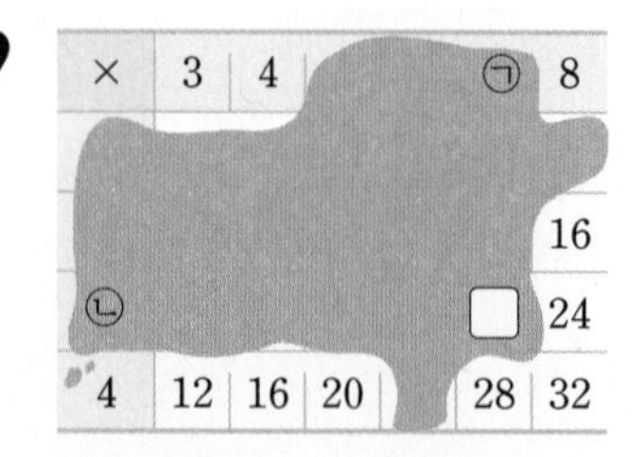

×	3	4		㉠	8
					16
㉡				□	24
4	12	16	20	28	32

□의 아래가 28이므로 ㉠×4=28에서
㉠=28÷4, ㉠=7입니다.

또, □의 오른쪽이 24이므로 $8 \times ㉡ = 24$에서
$㉡ = 24 \div 8$, $㉡ = 3$입니다.
따라서 □는 ㉠과 ㉡이 만나는 칸에 있으므로
$7 \times 3 = 21$입니다.

10

×	3		㉠			8	9
6							54
㉡			□				63
						64	72
9	27	36	45	54	63	72	81

□의 두 칸 아래가 45이므로 $㉠ \times 9 = 45$에서
$㉠ = 45 \div 9$, $㉠ = 5$입니다.
또, □의 네 칸 오른쪽이 63이므로 $9 \times ㉡ = 63$에서
$㉡ = 63 \div 9$, $㉡ = 7$입니다.
따라서 □는 ㉠과 ㉡이 만나는 칸에 있으므로
$5 \times 7 = 35$입니다.

쓰기 쉬운 서술형 30쪽

1 24, 4, 6, 6 / 6개
1-1 5명
1-2 8장
1-3 4 cm
2 6, 12, 18, 24, 30, 12, 18, 24, 3 / 3개
2-1 2개
2-2 12
2-3 2개
3 9, 9, 9, 9, 3 / 3
3-1 7
4 작은에 ○표, 14, 7, 14, 7, 2 / 2
4-1 3

1-1 예 (나누어 준 학생 수) $= 40 \div 8$ ··· ❶
$= 5$(명)
따라서 나누어 준 학생은 5명입니다. ··· ❷

단계	문제 해결 과정
①	나누어 준 학생 수를 구하는 과정을 썼나요?
②	나누어 준 학생 수를 구했나요?

1-2 예 (전체 색종이의 수) $= 32 + 24 = 56$(장) ··· ❶
(한 명에게 나누어 줄 수 있는 색종이의 수)
$= 56 \div 7$ ··· ❷
$= 8$(장)
따라서 한 명에게 색종이를 8장씩 나누어 줄 수 있습니다. ··· ❸

단계	문제 해결 과정
①	전체 색종이의 수를 구했나요?
②	한 명에게 나누어 줄 수 있는 색종이의 수를 구하는 과정을 썼나요?
③	한 명에게 나누어 줄 수 있는 색종이의 수를 구했나요?

1-3 예 (남은 리본 끈의 길이)
$= 50 - 14 = 36$(cm) ··· ❶
(한 도막의 길이) $= 36 \div 9$ ··· ❷
$= 4$(cm)
따라서 한 도막의 길이는 4 cm가 됩니다. ··· ❸

단계	문제 해결 과정
①	남은 리본 끈의 길이를 구했나요?
②	한 도막의 길이를 구하는 과정을 썼나요?
③	한 도막의 길이를 구했나요?

2-1 예 5로 나누어지는 수는 5단 곱셈구구에 있는 수입니다.
$5 \times 4 = 20$, $5 \times 5 = 25$, $5 \times 6 = 30$, $5 \times 7 = 35$ ··· ❶
따라서 20보다 크고 35보다 작은 수 중에서 5로 나누어지는 수는 25, 30으로 모두 2개입니다. ··· ❷

단계	문제 해결 과정
①	5단 곱셈구구의 수를 찾았나요?
②	5로 나누어지는 수는 모두 몇 개인지 구했나요?

2-2 예 3단 곱셈구구에서 곱이 2□인 경우를 찾아보면
$3 \times 7 = 21$, $3 \times 8 = 24$, $3 \times 9 = 27$입니다. ··· ❶
따라서 □ 안에 들어갈 수 있는 수는 1, 4, 7이므로 합은 $1 + 4 + 7 = 12$입니다. ··· ❷

단계	문제 해결 과정
①	3단 곱셈구구에서 곱이 2□인 경우를 찾았나요?
②	□ 안에 들어갈 수 있는 모든 수의 합을 구했나요?

2-3 예 만들 수 있는 두 자리 수는 12, 13, 21, 23, 31, 32입니다. ··· ❶
이 중에서 4로 나누어지는 수는 12, 32로 모두 2개입니다. ··· ❷

단계	문제 해결 과정
①	만들 수 있는 두 자리 수를 구했나요?
②	4로 나누어지는 수는 모두 몇 개인지 구했나요?

3-1 예 $3\times5=15$이므로 $15\div3=5$입니다. ···· ❶
$35\div\square=5$ ➡ $5\times\square=35$에서 $\square=7$입니다. ···· ❷

단계	문제 해결 과정
①	$15\div3$의 몫을 구했나요?
②	□ 안에 알맞은 수를 구했나요?

4-1 예 몫이 가장 작게 되려면 가장 작은 두 자리 수를 나머지 수로 나누어야 하므로 $24\div8$입니다. ···· ❶
따라서 만든 나눗셈식의 몫은 $24\div8=3$입니다. ···· ❷

단계	문제 해결 과정
①	몫이 가장 작게 되는 나눗셈식을 만들었나요?
②	만든 나눗셈식의 몫을 구했나요?

3단원 수행 평가 36~37쪽

1 4　**2** 7, 6
3 $3\times9=27$, $9\times3=27$
4 $4\times8=32$
5 6, 6　**6** 9개
7 21　**8** 4개
9 4　**10** 3개

1 구슬 24개를 6개씩 묶으면 4묶음이 됩니다.
➡ $24\div6=4$

2 42에서 7을 6번 빼면 0이 됩니다.
➡ $42\div7=6$

3 ■÷▲=● → ▲×●=■, ●×▲=■

4 나누는 수가 4이므로 4단 곱셈구구 중에서 곱이 32가 되는 경우를 찾습니다.
➡ $4\times8=32$

5 ●×▲=■ ➡ ■÷●=▲

6 (필요한 봉지 수)
=(전체 귤 수)÷(한 봉지에 담을 귤 수)
$=72\div8=9$(개)

7 어떤 수를 □라 하면 $\square\div7=3$입니다.
$\square\div7=3$ ➡ $7\times3=\square$, $\square=21$
따라서 어떤 수는 21입니다.

8 $20\div4=5$이므로 $5>\square$입니다.
따라서 □ 안에 들어갈 수 있는 수는 1, 2, 3, 4로 모두 4개입니다.

9 몫이 가장 작게 되려면 가장 작은 두 자리 수를 나머지 수로 나누어야 하므로 $36\div9$입니다.
➡ $36\div9=4$

서술형
10 예 (전체 사탕 수) $=4\times6=24$(개)
(한 사람이 가진 사탕 수) $=24\div8=3$(개)

평가 기준	배점
전체 사탕 수를 구했나요?	5점
한 사람이 가진 사탕 수를 구했나요?	5점

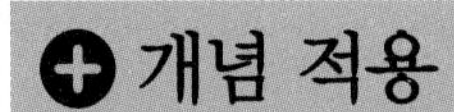

4 곱셈

개념 적용 38쪽

1

가장 작은 사각형은 모두 몇 개인지 곱셈식을 이용하여 구해 보세요.

어떻게 풀었니?

가장 작은 사각형이 한 줄에 몇 개씩 몇 줄인지 알아보자!

사각형의 수를 구할 때 하나하나 직접 세어서 구할 수도 있지만
수가 많아지면 세다가 빠뜨리거나 두 번 세는 실수를 할 수도 있어.
그러니까 곱셈식을 이용하면 편리하지.
가장 작은 사각형이 한 줄에 13개씩 [3]줄이야.
즉, [13]씩 [3]묶음 있는 것과 같으니까 곱셈식으로 나타낸 다음 계산하면
[13]×[3]=[39](이)지.
아~ 가장 작은 사각형은 [39]개구나!

2 $12 \times 4 = 48$ (또는 12×4) / 48개

3 61개

4

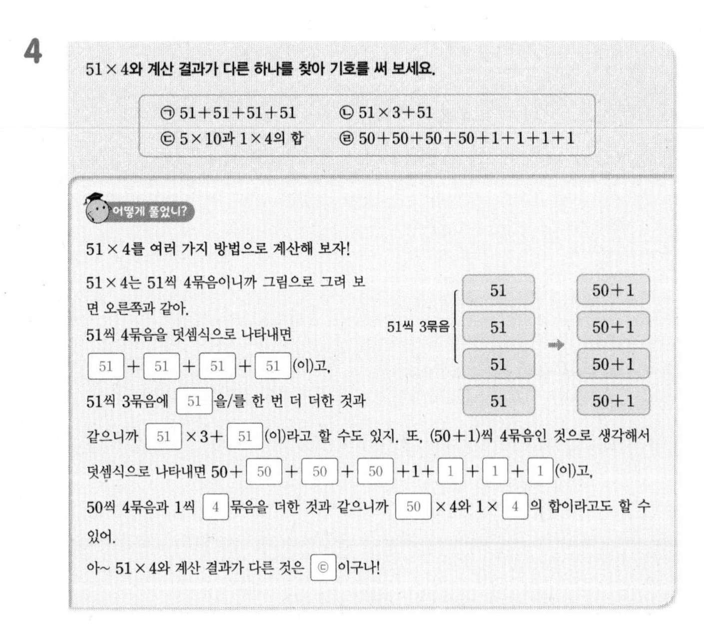

51×4와 계산 결과가 다른 하나를 찾아 기호를 써 보세요.

㉠ 51+51+51+51　㉡ 51×3+51
㉢ 5×10과 1×4의 합　㉣ 50+50+50+50+1+1+1+1

어떻게 풀었니?

51×4를 여러 가지 방법으로 계산해 보자!

51×4는 51씩 4묶음이니까 그림으로 그려 보면 오른쪽과 같아.
51씩 4묶음을 덧셈식으로 나타내면
[51]+[51]+[51]+[51](이)고,
51씩 3묶음에 [51]을/를 한 번 더 더한 것과 같으니까 [51]×3+[51](이)라고 할 수도 있지. 또, (50+1)씩 4묶음인 것으로 생각해서 덧셈식으로 나타내면 50+[50]+[50]+[50]+1+[1]+[1]+[1](이)고,
50씩 4묶음과 1씩 [4]묶음을 더한 것과 같으니까 [50]×4와 1×[4]의 합이라고도 할 수 있어.
아~ 51×4와 계산 결과가 다른 것은 [㉢]이구나!

5 ㉣　　**6** 30

7

□ 안에 알맞은 수를 써넣으세요.

$$\begin{array}{r} \square\ 2 \\ \times\quad 6 \\ \hline 7\ 2 \end{array}$$

어떻게 풀었니?

일의 자리부터 순서대로 계산해 보자!

일의 자리 계산 2×6=[12]에서 [2]은/는 일의 자리에 쓰고, 10은 십의 자리로 올림해서 1을 작게 써.
그 다음 십의 자리 계산을 보면 ㉠×6에 올림한 수 [1]을/를 더해서 7이 되었으니까 ㉠×6은 7에서 [1]을/를 뺀 [6](이)라는 것을 알 수 있지.
㉠×6=[6] ➡ [1]×6=[6](이)니까 ㉠=[1](이)야.
아~ □ 안에 [1]을/를 써넣으면 되는구나!

$$\begin{array}{r} {}^{1}\quad \\ ㉠\ 2 \\ \times\quad 6 \\ \hline 7\ 2 \end{array}$$

8 2　　**9** (위에서부터) 2, 7

10

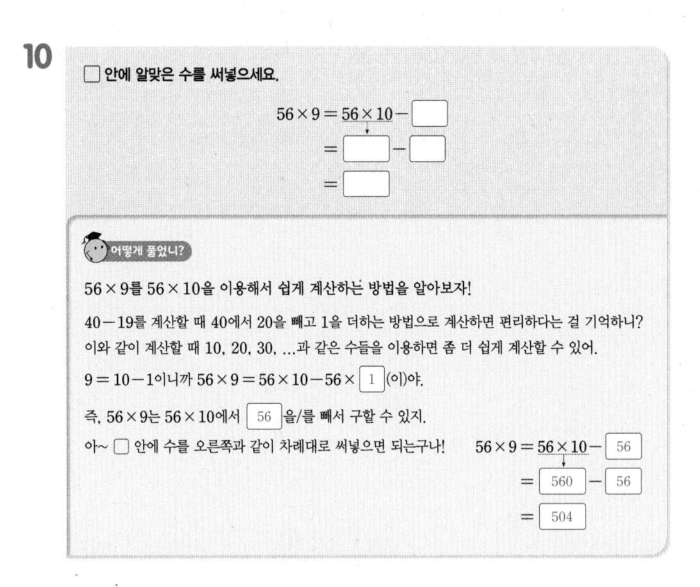

□ 안에 알맞은 수를 써넣으세요.

56×9=56×10−□
=□−□
=□

어떻게 풀었니?

56×9를 56×10을 이용해서 쉽게 계산하는 방법을 알아보자!

40−19를 계산할 때 40에서 20을 빼고 1을 더하는 방법으로 계산하면 편리하다는 걸 기억하니?
이와 같이 계산할 때 10, 20, 30, ...과 같은 수들을 이용하면 좀 더 쉽게 계산할 수 있어.
9=10−1이니까 56×9=56×10−56×[1](이)야.
즉, 56×9는 56×10에서 [56]을/를 빼서 구할 수 있지.
아~ □ 안에 수를 오른쪽과 같이 차례대로 써넣으면 되는구나!

56×9=56×10−[56]
=[560]−[56]
=[504]

11 (위에서부터) 47, 470, 47, 423

12 (위에서부터) 64, 320, 64, 384

---

2 12개씩 4줄이므로 $12 \times 4 = 48$(개)입니다.

3 (초록색 사각형의 수) $= 11 \times 3 = 33$(개)
(보라색 사각형의 수) $= 14 \times 2 = 28$(개)
➡ (전체 사각형의 수) $= 33 + 28 = 61$(개)

5 ㉣ $40 + 40 + 40 + 3 + 3 + 3$
$= 43 + 43 + 43 = 43 \times 3$

6 31×5는 $(30 + 1)$씩 5묶음이므로 30씩 5묶음(30×5)과 1씩 5묶음(1×5)을 더한 것과 같습니다.

8 일의 자리 계산에서 $8 \times 3 = 24$이므로 십의 자리 계산은 $\square \times 3 + 2 = 8$입니다.
따라서 $\square \times 3 = 6$이므로 $\square = 2$입니다.

9 일의 자리 계산에서 $9 \times \square$의 일의 자리 수가 8이므로 $\square = 2$입니다.
십의 자리 계산에서 $3 \times 2 = 6$에 올림한 수 1을 더하면 □ 안에 알맞은 수는 7입니다.

11 $9 = 10 - 1$이므로 $47 \times 9 = 47 \times 10 - 47 \times 1$입니다.

12 $6 = 5 + 1$이므로 $64 \times 6 = 64 \times 5 + 64 \times 1$입니다.

쓰기 쉬운 서술형 42쪽

1 7, 32, 7, 224, 224 / 224쪽
1-1 190개
2 78, 2, 156, 156, 13, 143 / 143 cm
2-1 220 cm
2-2 183 cm
2-3 157 cm
3 2, 7, 2, 7, 2, 52, 312, 7, 57, 342, 7 / 7
3-1 9
4 3, 3, 24, 24, 3, 72 / 72
4-1 88
5 5, 7, 7, 5, 7, 364, 5, 360, 364 / 364
5-1 138

1-1 예 (닭의 다리 수) $= 45 \times 2 = 90$(개),
(염소의 다리 수) $= 25 \times 4 = 100$(개) ··· ❶
따라서 닭과 염소의 다리는 모두
$90 + 100 = 190$(개)입니다. ··· ❷

단계	문제 해결 과정
①	닭과 염소의 다리 수를 각각 구했나요?
②	닭과 염소의 다리는 모두 몇 개인지 구했나요?

2-1 예 (색 테이프 3장의 길이의 합)
$= 84 \times 3 = 252$(cm) ··· ❶
(겹친 부분의 길이의 합) $= 16 \times 2 = 32$(cm) ··· ❷
따라서 이어 붙인 색 테이프 전체의 길이는
$252 - 32 = 220$(cm)입니다. ··· ❸

단계	문제 해결 과정
①	색 테이프 3장의 길이의 합을 구했나요?
②	겹친 부분의 길이의 합을 구했나요?
③	이어 붙인 색 테이프 전체의 길이를 구했나요?

2-2 예 (색 테이프 4장의 길이의 합)
$= 57 \times 4 = 228$(cm) ··· ❶
(겹친 부분의 길이의 합) $= 15 \times 3 = 45$(cm) ··· ❷
따라서 이어 붙인 색 테이프 전체의 길이는
$228 - 45 = 183$(cm)입니다. ··· ❸

단계	문제 해결 과정
①	색 테이프 4장의 길이의 합을 구했나요?
②	겹친 부분의 길이의 합을 구했나요?
③	이어 붙인 색 테이프 전체의 길이를 구했나요?

2-3 예 (색 테이프 5장의 길이의 합)
$= 45 \times 5 = 225$(cm) ··· ❶
(겹친 부분) $= 5 - 1 = 4$(군데)
(겹친 부분의 길이의 합) $= 17 \times 4 = 68$(cm) ··· ❷
따라서 이어 붙인 색 테이프 전체의 길이는
$225 - 68 = 157$(cm)입니다. ··· ❸

단계	문제 해결 과정
①	색 테이프 5장의 길이의 합을 구했나요?
②	겹친 부분의 길이의 합을 구했나요?
③	이어 붙인 색 테이프 전체의 길이를 구했나요?

3-1 예 $4 \times 4 = 16$, $4 \times 9 = 36$이므로 □가 될 수 있는 수는 4 또는 9입니다. ··· ❶
□ $= 4$일 때 $64 \times 4 = 256$,
□ $= 9$일 때 $69 \times 4 = 276$이므로 □ $= 9$입니다. ··· ❷

단계	문제 해결 과정
①	일의 자리 계산에서 □ 안에 들어갈 수 있는 수를 구했나요?
②	□ 안에 알맞은 수를 구했나요?

4-1 예 어떤 수를 □라 하면 □ $- 4 = 18$이므로
$18 + 4 =$ □, □ $= 22$입니다. ··· ❶
따라서 바르게 계산하면 $22 \times 4 = 88$입니다. ··· ❷

단계	문제 해결 과정
①	어떤 수를 구했나요?
②	바르게 계산한 값을 구했나요?

5-1 예 십의 자리 계산이 작을수록 곱이 작으므로 곱해지는 수의 십의 자리와 곱하는 수에 3과 4를 놓아야 합니다.
➡ 36×4 또는 46×3 ··· ❶
$36 \times 4 = 144$, $46 \times 3 = 138$이므로 만들 수 있는 곱셈식 중에서 가장 작은 곱은 138입니다. ··· ❷

단계	문제 해결 과정
①	십의 자리 계산이 가장 작은 곱셈식을 만들었나요?
②	만들 수 있는 곱셈식 중에서 가장 작은 곱을 구했나요?

4단원 수행 평가 48~49쪽

1 32, 3, 96
2 (왼쪽에서부터) 100, 30 / 130
3 (1) 146 (2) 378
4 (1) > (2) >
5 192, 192
6 150개
7 140
8 (위에서부터) 6, 2, 5
9 1, 2, 3
10 지윤, 51개

2 26을 20과 6으로 나누어 각각 5를 곱한 후 두 곱을 더합니다.

3 (2)
$$\begin{array}{r} {}^{2} \\ 5\,4 \\ \times\quad 7 \\ \hline 3\,7\,8 \end{array}$$

4 (1) 곱해지는 수가 같을 때에는 곱하는 수가 클수록 곱이 큽니다.
(2) 곱하는 수가 같을 때에는 곱해지는 수가 클수록 곱이 큽니다.

5 곱한 수만큼 나누면 두 곱셈식의 결과는 같습니다.

6 (6상자에 들어 있는 사과 수)
$=$(한 상자에 들어 있는 사과 수)$\times$(상자 수)
$= 25 \times 6 = 150$(개)

7 어떤 수를 □라 하면 □$\div 4 = 7$이므로
$4 \times 7 =$□, □$= 28$입니다.
따라서 어떤 수에 5를 곱하면 $28 \times 5 = 140$이 됩니다.

8
$$\begin{array}{r} 3\,㉠ \\ \times\quad 7 \\ \hline ㉡\,㉢\,2 \end{array}$$
일의 자리 계산에서 ㉠$\times 7$의 일의 자리 수가 2이므로 ㉠$= 6$입니다.
십의 자리 계산에서 $3 \times 7 = 21$이고 일의 자리 계산에서 올림한 수 4를 더하면 $21 + 4 = 25$이므로 ㉡$= 2$, ㉢$= 5$입니다.

9 □$=1$일 때, $15 \times 6 = 90$ ➡ $90 < 225$
□$=2$일 때, $25 \times 6 = 150$ ➡ $150 < 225$
□$=3$일 때, $35 \times 6 = 210$ ➡ $210 < 225$
□$=4$일 때, $45 \times 6 = 270$ ➡ $270 > 225$
따라서 □ 안에 들어갈 수 있는 수는 1, 2, 3입니다.

서술형
10 예 (해인이가 한 줄넘기 수)$= 85 \times 5 = 425$(개)
(지윤이가 한 줄넘기 수)$= 68 \times 7 = 476$(개)
따라서 줄넘기를 지윤이가 $476 - 425 = 51$(개) 더 많이 했습니다.

평가 기준	배점
해인이와 지윤이가 한 줄넘기 수를 각각 구했나요?	6점
줄넘기를 누가 몇 개 더 많이 했는지 구했나요?	4점

5 길이와 시간

개념 적용 50쪽

1

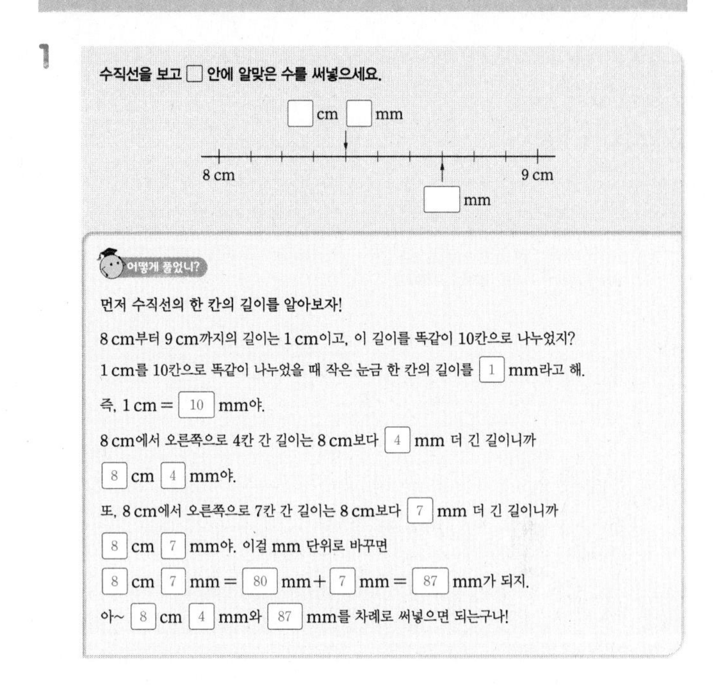

수직선을 보고 □ 안에 알맞은 수를 써넣으세요.

어떻게 풀었니?

먼저 수직선의 한 칸의 길이를 알아보자!
8 cm부터 9 cm까지의 길이는 1 cm이고, 이 길이를 똑같이 10칸으로 나누었지?
1 cm를 10칸으로 똑같이 나누었을 때 작은 눈금 한 칸의 길이를 1 mm라고 해.
즉, 1 cm = 10 mm야.
8 cm에서 오른쪽으로 4칸 간 길이는 8 cm보다 4 mm 더 긴 길이니까
8 cm 4 mm야.
또, 8 cm에서 오른쪽으로 7칸 간 길이는 8 cm보다 7 mm 더 긴 길이니까
8 cm 7 mm야. 이걸 mm 단위로 바꾸면
8 cm 7 mm = 80 mm + 7 mm = 87 mm가 되지.
아~ 8 cm 4 mm와 87 mm를 차례로 써넣으면 되는구나!

2 (위에서부터) 11, 8 / 113

3

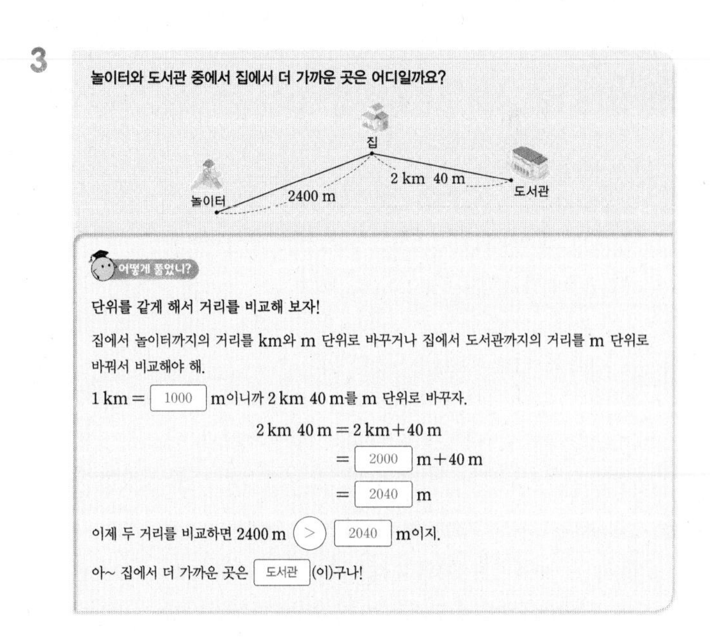

놀이터와 도서관 중에서 집에서 더 가까운 곳은 어디일까요?

어떻게 풀었니?

단위를 같게 해서 거리를 비교해 보자!
집에서 놀이터까지의 거리를 km와 m 단위로 바꾸거나 집에서 도서관까지의 거리를 m 단위로 바꿔서 비교해야 해.
1 km = 1000 m이니까 2 km 40 m를 m 단위로 바꾸자.
2 km 40 m = 2 km + 40 m
= 2000 m + 40 m
= 2040 m
이제 두 거리를 비교하면 2400 m > 2040 m이지.
아~ 집에서 더 가까운 곳은 도서관(이)구나!

4 윤아

5 동물원

6 영진이는 5시 45분에 기차를 타고 서울에서 출발하여 128분 후에 경주에 도착했습니다. 경주에 도착한 시각은 몇 시 몇 분일까요?

어떻게 풀었니?

기차를 탄 시간을 몇 시간 몇 분으로 바꾸어 계산해 보자!

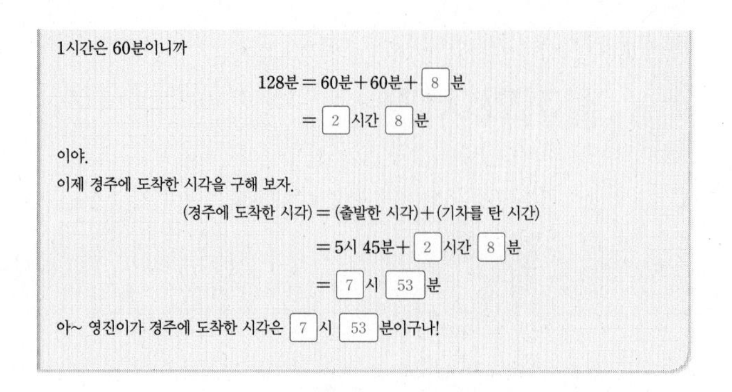
1시간은 60분이니까

128분 = 60분+60분+[8]분

= [2]시간 [8]분

이야.

이제 경주에 도착한 시각을 구해 보자.

(경주에 도착한 시각) = (출발한 시각)+(기차를 탄 시간)

= 5시 45분+[2]시간 [8]분

= [7]시 [53]분

아~ 영진이가 경주에 도착한 시각은 [7]시 [53]분이구나!

7 4시 55분　　**8** 12시 10분

9

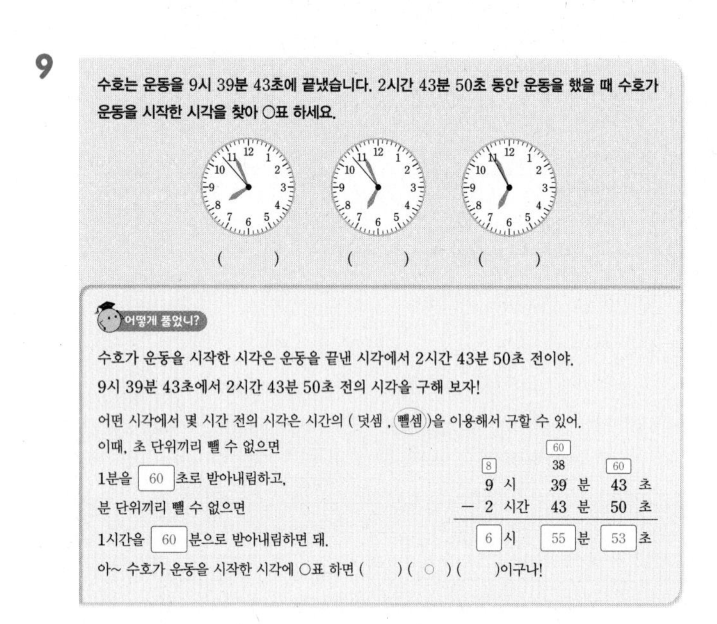
수호는 운동을 9시 39분 43초에 끝냈습니다. 2시간 43분 50초 동안 운동을 했을 때 수호가 운동을 시작한 시각을 찾아 ○표 하세요.

(　　)　(　　)　(　　)

어떻게 풀었니?

수호가 운동을 시작한 시각은 운동을 끝낸 시각에서 2시간 43분 50초 전이야.

9시 39분 43초에서 2시간 43분 50초 전의 시각을 구해 보자!

어떤 시각에서 몇 시간 전의 시각은 시간의 (덧셈 , (뺄셈))을 이용해서 구할 수 있어.

이때, 초 단위끼리 뺄 수 없으면

1분을 [60]초로 받아내림하고,

분 단위끼리 뺄 수 없으면

1시간을 [60]분으로 받아내림하면 돼.

	[8]	[60] 38	[60]
	9 시	39 분	43 초
−	2 시간	43 분	50 초
	[6]시	[55]분	[53]초

아~ 수호가 운동을 시작한 시각에 ○표 하면 (　　)(○)(　　)이구나!

10 4시 36분 48초　　**11** 3시 37분 20초

---

2 11 cm부터 12 cm까지 1 cm, 즉 10 mm를 똑같이 10칸으로 나누었으므로 수직선의 작은 눈금 한 칸의 길이는 1 mm입니다.

4 1 km 85 m = 1085 m이고
1085 m < 1200 m이므로 학교에서 더 가까운 곳은 윤아네 집입니다.

5 3400 m = 3 km 400 m이고
3 km 400 m > 3 km 280 m > 3 km 50 m이므로 민주네 집에서 가장 먼 곳은 동물원입니다.

7 135분 = 60분 + 60분 + 15분
　= 2시간 15분
(영화가 끝난 시각)
= (영화를 보기 시작한 시각) + (영화 상영 시간)
= 2시 40분 + 2시간 15분
= 4시 55분

8 주하가 학교에 들어간 시각은 8시 50분입니다.
200분 = 60분 + 60분 + 60분 + 20분
　= 3시간 20분
(학교에서 나온 시각)
= (학교에 들어간 시각) + (학교에서 생활한 시간)
= 8시 50분 + 3시간 20분
= 12시 10분

10

	5	60 16	60
	6시	17분	23초
−	1시간	40분	35초
	4시	36분	48초

11 시계가 가리키는 시각은 4시 23분 10초입니다.
재형이가 TV를 보기 시작한 시각:

	3	60 22	60
	4시	23분	10초
−		45분	50초
	3시	37분	20초

쓰기 쉬운 서술형　54쪽

1 100, 107, 107, 170, 파란색 / 파란색 색연필
1-1 사과나무
2 1, 80, 1, 160, 2, 240, 2, 240 / 2 km 240 m
2-1 1 km 620 m
2-2 930 m
2-3 ㉮
3 2, 30, 4, 45, 4, 45 / 4시 45분
3-1 1시간 25분
3-2 1시간 15분 50초
3-3 21분 4초
4 24, 24, 12, 39, 43, 12, 39, 43 / 12시간 39분 43초
4-1 11시간 18분 24초

1-1 예 1 m = 100 cm이므로 사과나무의 높이는 3 m 20 cm = 300 cm + 20 cm = 320 cm입니다. ···· ❶
따라서 320 cm > 317 cm이므로 높이가 더 높은 나무는 사과나무입니다. ···· ❷

단계	문제 해결 과정
①	높이를 같은 단위로 나타냈나요?
②	높이가 더 높은 나무를 구했나요?

2-1 예 (예나네 집에서 은행을 지나 도서관까지 가는 거리)

$= 790\text{ m} + 830\text{ m}$ ···· ❶

$= 1620\text{ m} = 1\text{ km } 620\text{ m}$

따라서 예나네 집에서 은행을 지나 도서관까지 가는 거리는 1 km 620 m입니다. ···· ❷

단계	문제 해결 과정
①	예나네 집에서 은행을 지나 도서관까지 가는 거리를 구하는 과정을 썼나요?
②	예나네 집에서 은행을 지나 도서관까지 가는 거리를 구했나요?

2-2 예 (유미네 집에서 경찰서까지의 거리)

$= 1\text{ km } 450\text{ m} - 520\text{ m}$ ···· ❶

$= 1450\text{ m} - 520\text{ m} = 930\text{ m}$

따라서 유미네 집에서 경찰서까지의 거리는 930 m입니다. ···· ❷

단계	문제 해결 과정
①	유미네 집에서 경찰서까지의 거리를 구하는 과정을 썼나요?
②	유미네 집에서 경찰서까지의 거리를 구했나요?

2-3 예 (㉮ 길로 가는 거리) $= 370\text{ m} + 640\text{ m}$

$= 1010(\text{m})$ ···· ❶

(㉯ 길로 가는 거리) $= 750\text{ m} + 280\text{ m}$

$= 1030(\text{m})$ ···· ❷

따라서 $1010\text{ m} < 1030\text{ m}$이므로 ㉮ 길로 가는 것이 더 가깝습니다. ···· ❸

단계	문제 해결 과정
①	㉮ 길로 가는 거리를 구했나요?
②	㉯ 길로 가는 거리를 구했나요?
③	어느 길로 가는 것이 더 가까운지 구했나요?

3-1 예 (정민이가 그림을 그린 시간)

= 11시 45분 − 10시 20분 ···· ❶

= 1시간 25분

따라서 정민이가 그림을 그린 시간은 1시간 25분입니다. ···· ❷

단계	문제 해결 과정
①	정민이가 그림을 그린 시간을 구하는 과정을 썼나요?
②	정민이가 그림을 그린 시간을 구했나요?

3-2 예 (윤아가 수학과 국어 숙제를 한 시간)

= 35분 30초 + 40분 20초 ···· ❶

= 75분 50초 = 1시간 15분 50초

따라서 윤아가 수학과 국어 숙제를 한 시간은 1시간 15분 50초입니다. ···· ❷

단계	문제 해결 과정
①	윤아가 수학과 국어 숙제를 한 시간을 구하는 과정을 썼나요?
②	윤아가 수학과 국어 숙제를 한 시간을 구했나요?

3-3 예 (할머니 댁에 갈 때 더 걸린 시간)

= 2시간 8분 10초 − 1시간 47분 6초 ···· ❶

= 21분 4초

따라서 할머니 댁에 갈 때는 집으로 올 때보다 21분 4초 더 걸렸습니다. ···· ❷

단계	문제 해결 과정
①	할머니 댁에 갈 때 더 걸린 시간을 구하는 과정을 썼나요?
②	할머니 댁에 갈 때 더 걸린 시간을 구했나요?

4-1 예 하루는 24시간이므로

(낮의 길이) = 24시간 − 12시간 41분 36초 ···· ❶

= 11시간 18분 24초

따라서 이날 낮의 길이는 11시간 18분 24초였습니다. ···· ❷

단계	문제 해결 과정
①	낮의 길이를 구하는 과정을 썼나요?
②	낮의 길이를 구했나요?

5단원 수행 평가 60~61쪽

1 6, 7, 67
2 1시 40분 17초
3 8, 5, 10
4 (1) > (2) <
5 ③, ⑤
6 현수
7 45
8 4시간 15분
9 290 m
10 2시간 23분

1 연필의 왼쪽 끝이 눈금 0에 맞추어져 있고 오른쪽 끝이 6 cm에서 작은 눈금으로 7칸 더 간 곳을 가리키므로 6 cm 7 mm입니다.

$6\text{ cm } 7\text{ mm} = 6\text{ cm} + 7\text{ mm}$

$= 60\text{ mm} + 7\text{ mm}$

$= 67\text{ mm}$

2 시침: 1과 2 사이 ➡ 1시

분침: 8 ➡ 40분

초침: 3에서 작은 눈금으로 2칸 더 간 곳

➡ $15 + 2 = 17$(초)

3 초끼리, 분끼리의 합이 60이거나 60을 넘으면 60초는 1분으로, 60분은 1시간으로 받아올림합니다.

	1	1	
	6시	29분	47초
+	1시간	35분	23초
	8시	5분	10초

4 (1) 8 cm 4 mm = 84 mm
➡ 84 mm > 69 mm
(2) 5 km 360 m = 5360 m
➡ 5063 m < 5360 m

5 1 km = 1000 m임을 생각해 봅니다.

6 6분 50초 = 360초 + 50초 = 410초
410초 < 420초이므로 간식을 더 오래 먹은 사람은 현수입니다.

7 12 cm 6 mm = 126 mm이므로
126 mm + □mm = 171 mm에서
126 + □ = 171, 171 − 126 = □, □ = 45입니다.

8 (3일 동안 책을 읽은 시간)
= 1시간 25분 + 1시간 25분 + 1시간 25분
= 3시간 75분 = 4시간 15분

9 (선우네 집에서 미술관을 지나 동물원까지 가는 거리)
= 1 km 930 m + 850 m
= 2 km 780 m
따라서 선우네 집에서 미술관을 지나 동물원까지 가는 거리는 선우네 집에서 동물원까지 바로 가는 거리보다
2 km 780 m − 2 km 490 m = 290 m 더 멉니다.

서술형
10 예 (집에서 할머니 댁까지 가는 데 걸린 시간)
= (할머니 댁에 도착한 시각) − (집에서 출발한 시각)
= 12시 8분 − 9시 45분
= 2시간 23분

평가 기준	배점
현아네 집에서 할머니 댁까지 가는 데 걸린 시간을 구하는 과정을 썼나요?	3점
현아네 집에서 할머니 댁까지 가는 데 걸린 시간을 구했나요?	7점

6 분수와 소수

➕ 개념 적용 62쪽

1

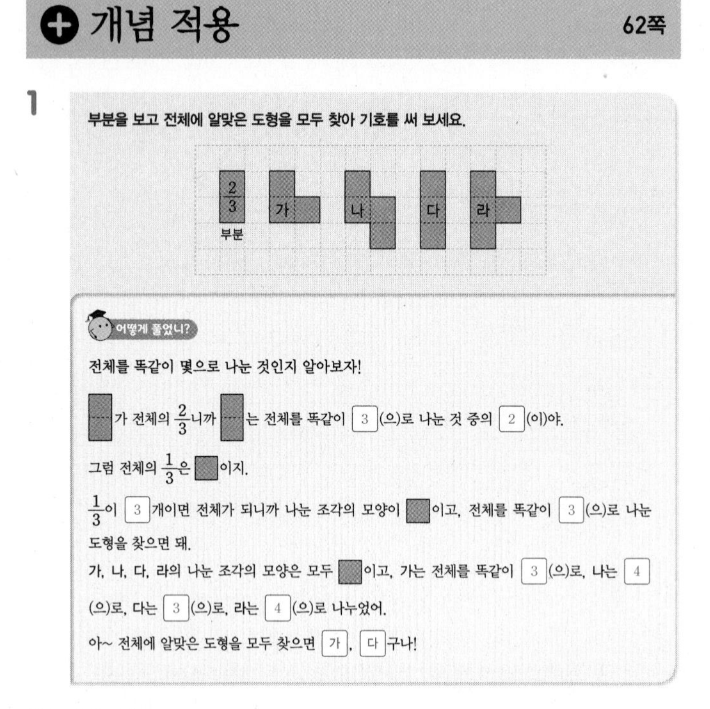
부분을 보고 전체에 알맞은 도형을 모두 찾아 기호를 써 보세요.

어떻게 풀었니?
전체를 똑같이 몇으로 나눈 것인지 알아보자!
▮가 전체의 $\frac{2}{3}$니까 ▮는 전체를 똑같이 [3](으)로 나눈 것 중의 [2](이)야.
그럼 전체의 $\frac{1}{3}$은 ▮이지.
$\frac{1}{3}$이 [3]개이면 전체가 되니까 나눈 조각의 모양이 ▮이고, 전체를 똑같이 [3](으)로 나눈 도형을 찾으면 돼.
가, 나, 다, 라의 나눈 조각의 모양은 모두 ▮이고, 가는 전체를 똑같이 [3](으)로, 나는 [4](으)로, 다는 [3](으)로, 라는 [4](으)로 나누었어.
아~ 전체에 알맞은 도형을 모두 찾으면 [가], [다]구나!

2 나, 라

3

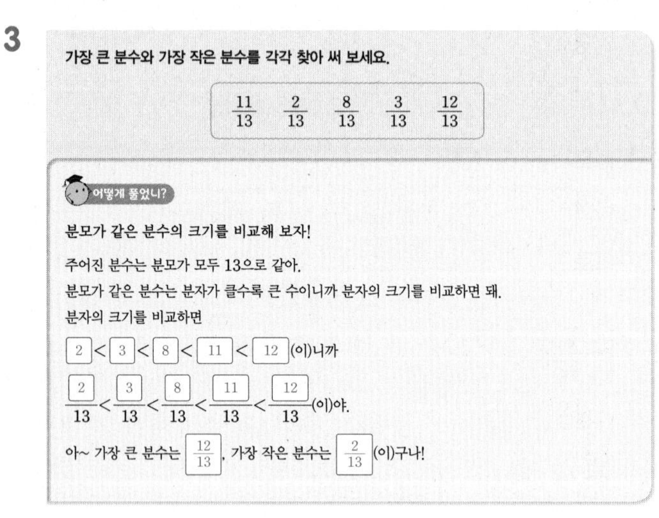
가장 큰 분수와 가장 작은 분수를 각각 찾아 써 보세요.

$\frac{11}{13}$ $\frac{2}{13}$ $\frac{8}{13}$ $\frac{3}{13}$ $\frac{12}{13}$

어떻게 풀었니?
분모가 같은 분수의 크기를 비교해 보자!
주어진 분수는 분모가 모두 13으로 같아.
분모가 같은 분수는 분자가 클수록 큰 수이니까 분자의 크기를 비교하면 돼.
분자의 크기를 비교하면
[2] < [3] < [8] < [11] < [12](이)니까
$\frac{2}{13} < \frac{3}{13} < \frac{8}{13} < \frac{11}{13} < \frac{12}{13}$(이)야.
아~ 가장 큰 분수는 [$\frac{12}{13}$], 가장 작은 분수는 [$\frac{2}{13}$](이)구나!

4 $\frac{10}{11}$, $\frac{3}{11}$ **5** ㉠

6

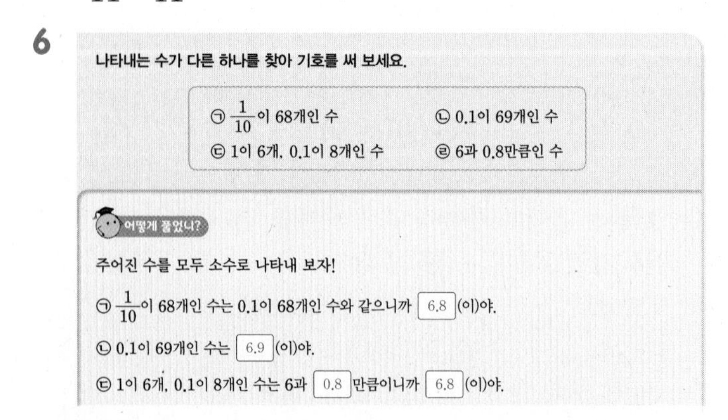
나타내는 수가 다른 하나를 찾아 기호를 써 보세요.

㉠ $\frac{1}{10}$이 68개인 수 ㉡ 0.1이 69개인 수
㉢ 1이 6개, 0.1이 8개인 수 ㉣ 6과 0.8만큼인 수

어떻게 풀었니?
주어진 수를 모두 소수로 나타내 보자!
㉠ $\frac{1}{10}$이 68개인 수는 0.1이 68개인 수와 같으니까 [6.8](이)야.
㉡ 0.1이 69개인 수는 [6.9](이)야.
㉢ 1이 6개, 0.1이 8개인 수는 6과 [0.8]만큼이니까 [6.8](이)야.

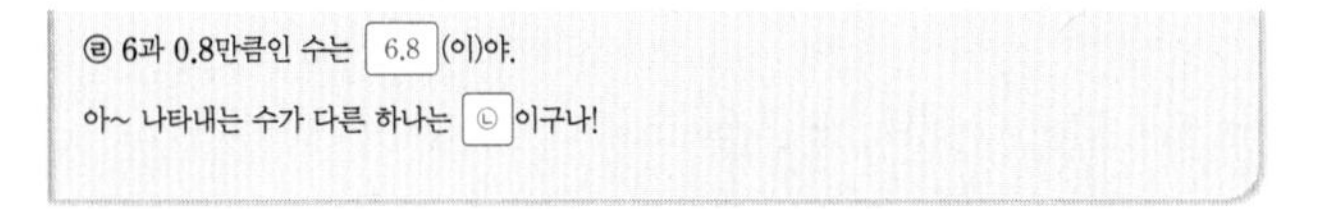

7 ㉣

8 ㉢

9

미술 시간에 사용한 수수깡의 길이입니다. 수수깡을 가장 많이 사용한 학생을 찾아 이름을 써 보세요.

환희: 31 mm	승찬: 6.3 cm
영미: 5 cm 1 mm	은정: 6 mm

어떻게 풀었니?

단위를 모두 cm로 바꾸어 비교해 보자!

1 mm는 1 cm를 똑같이 10으로 나눈 것 중의 1이니까 1 mm $=\frac{1}{10}$ cm $=$ 0.1 cm야.

수수깡의 길이를 모두 소수로 나타내 보면

환희: 31 mm = 3 cm 1 mm = 3.1 cm, 승찬: 6.3 cm

영미: 5 cm 1 mm = 5.1 cm, 은정: 6 mm = 0.6 cm

이니까 소수의 크기를 비교해 봐.

소수점 왼쪽 부분이 다른 소수는 소수점 왼쪽 부분이 클수록 큰 수이므로

6.3 > 5.1 > 3.1 > 0.6 (이)야.

아~ 수수깡을 가장 많이 사용한 학생은 승찬 (이)구나!

10 연서

11 ㉯ 막대

2 부분 $\frac{3}{4}$은 전체를 똑같이 4로 나눈 것 중의 3이고 나눈 조각의 모양이 모두 같으므로 전체를 똑같이 4로 나눈 도형을 찾으면 나, 라입니다.
가, 다는 전체를 똑같이 5로 나누었습니다.

4 분모가 같은 분수는 분자가 클수록 큰 수입니다.
분자의 크기를 비교하면 $3<5<6<8<9<10$이므로 $\frac{3}{11}<\frac{5}{11}<\frac{6}{11}<\frac{8}{11}<\frac{9}{11}<\frac{10}{11}$입니다.

5 ㉠ $\frac{13}{15}$ ㉢ $\frac{8}{15}$
분자의 크기를 비교하면 $13>11>9>8$이므로
$\frac{13}{15}>\frac{11}{15}>\frac{9}{15}>\frac{8}{15}$입니다.

7 ㉠, ㉡, ㉢: 7.3
㉣ 0.1이 37개인 수와 같으므로 3.7입니다.

8 ㉠, ㉡, ㉣: 4.9
㉢ 0.1이 94개인 수와 같으므로 9.4입니다.

10 연필의 길이를 모두 cm로 바꾸어 보면
연서: 15.2 cm, 주하: 12.8 cm,
태오: 9.7 cm, 민준: 10.9 cm입니다.
$15.2>12.8>10.9>9.7$이므로 가장 긴 연필을 가지고 있는 학생은 연서입니다.

11 막대의 길이를 모두 cm로 바꾸어 보면
㉮ 막대: 23.6 cm, ㉯ 막대: 23.8 cm,
㉰ 막대: 23.3 cm입니다.
$23.8>23.6>23.3$이므로 길이가 가장 긴 막대는 ㉯ 막대입니다.

쓰기 쉬운 서술형 66쪽

1 작을수록에 ○표, $\frac{1}{9}$, $\frac{1}{11}$, $\frac{1}{15}$, ㉠ / ㉠

1-1 ㉢

2 6.7, 6.3, 6.7, 6.4, 6.3, ㉡ / ㉡

2-1 ㉠

3 6, 1, 2, 3, 4, 5, 5 / 5개

3-1 4개

3-2 3개

3-3 5개

4 $\frac{7}{10}$, $\frac{7}{10}$, $\frac{8}{10}$, 학교 / 학교

4-1 윤서

4-2 나끈

4-3 하니

1-1 예 단위분수는 분모가 클수록 작은 수이므로
$\frac{1}{19}<\frac{1}{17}<\frac{1}{14}<\frac{1}{12}$입니다. ---- ❶
따라서 가장 작은 분수를 찾아 기호를 쓰면 ㉢입니다. ---- ❷

단계	문제 해결 과정
①	단위분수의 크기를 비교했나요?
②	가장 작은 분수를 찾아 기호를 썼나요?

2-1 예 ㉠ 8과 0.5만큼인 수: 8.5,
㉢ 0.1이 86개인 수: 8.6
이므로 $8.5<8.6<8.8$입니다. ---- ❶
따라서 가장 작은 수를 찾아 기호를 쓰면 ㉠입니다. ---- ❷

단계	문제 해결 과정
①	소수로 나타내 크기를 비교했나요?
②	가장 작은 수를 찾아 기호를 썼나요?

3-1 예 소수점 왼쪽 부분이 4로 같으므로 소수 부분의 크기를 비교하면 $\square > 5$입니다. ···· ❶
따라서 □ 안에 들어갈 수 있는 수는 6, 7, 8, 9로 모두 4개입니다. ···· ❷

단계	문제 해결 과정
①	□의 범위를 구했나요?
②	□ 안에 들어갈 수 있는 수는 모두 몇 개인지 구했나요?

3-2 예 분모가 같으므로 분자의 크기를 비교하면 $11 < \square < 15$입니다. ···· ❶
따라서 □ 안에 들어갈 수 있는 수는 12, 13, 14로 모두 3개입니다. ···· ❷

단계	문제 해결 과정
①	□의 범위를 구했나요?
②	□ 안에 들어갈 수 있는 수는 모두 몇 개인지 구했나요?

3-3 예 소수점 왼쪽 부분이 8로 같으므로 소수 부분의 크기를 비교하면 $3 < \square < 9$입니다. ···· ❶
따라서 □ 안에 들어갈 수 있는 수는 4, 5, 6, 7, 8로 모두 5개입니다. ···· ❷

단계	문제 해결 과정
①	□의 범위를 구했나요?
②	□ 안에 들어갈 수 있는 수는 모두 몇 개인지 구했나요?

4-1 예 지후가 먹은 케이크의 양은 $\frac{3}{10} = 0.3$입니다. ···· ❶
따라서 $0.4 > 0.3$이므로 케이크를 더 많이 먹은 사람은 윤서입니다. ···· ❷

단계	문제 해결 과정
①	지후가 먹은 케이크의 양을 소수로 나타냈나요?
②	누가 케이크를 더 많이 먹었는지 구했나요?

4-2 예 나 끈의 길이는 $0.8\,\text{m} = \frac{8}{10}\,\text{m}$입니다. ···· ❶
따라서 $\frac{8}{10} > \frac{6}{10} > \frac{5}{10}$이므로 길이가 가장 긴 끈은 나 끈입니다. ···· ❷

단계	문제 해결 과정
①	나 끈의 길이를 분수로 나타냈나요?
②	길이가 가장 긴 끈은 어느 것인지 구했나요?

4-3 예 서윤이가 마신 음료수의 양은 $\frac{7}{10} = 0.7$입니다. ···· ❶
마신 음료수의 양을 비교하면 $0.5 < 0.6 < 0.7$입니다. ···· ❷
따라서 남은 음료수가 가장 많은 사람은 마신 음료수의 양이 가장 적은 하니입니다. ···· ❸

단계	문제 해결 과정
①	서윤이가 마신 음료수의 양을 소수로 나타냈나요?
②	마신 음료수의 양을 비교했나요?
③	남은 음료수가 가장 많은 사람을 구했나요?

6단원 수행 평가 72~73쪽

1 ( )(○)( )
2 $\frac{5}{7}$, 7, 5
3 0.7, 2.4
4 $\frac{7}{9}$, $\frac{2}{9}$
5 ㉡
6 $\frac{1}{9}$
7 학교
8 ㉠
9 태우
10 15

1 나눈 조각의 모양과 크기가 모두 같은 도형을 찾습니다.

3 1을 10칸으로 똑같이 나누었으므로 작은 눈금 한 칸의 크기는 0.1입니다.

4 색칠한 부분:
전체를 똑같이 9로 나눈 것 중의 7 ➡ $\frac{7}{9}$
색칠하지 않은 부분:
전체를 똑같이 9로 나눈 것 중의 2 ➡ $\frac{2}{9}$

5 ㉡ 30 cm 4 mm = 30.4 cm

6 분자가 1인 단위분수는 분모가 작을수록 큰 수입니다.
분모의 크기를 비교하면 $9 < 11 < 14 < 25$이므로
$\frac{1}{9} > \frac{1}{11} > \frac{1}{14} > \frac{1}{25}$입니다.
따라서 가장 큰 분수는 $\frac{1}{9}$입니다.

7 분모가 같은 분수는 분자가 작을수록 작은 수입니다.
분자의 크기를 비교하면 $5 < 7$이므로 $\frac{5}{8} < \frac{7}{8}$입니다.
따라서 현아네 집에서 더 가까운 곳은 학교입니다.

8 ㉠ 7.4, ㉡ 7.2이므로 $7.4 > 7.2$입니다.

9 $\frac{8}{10} = 0.8$이므로 $0.8 > 0.7 > 0.6$입니다.
따라서 가지고 있는 색 테이프의 길이가 가장 긴 사람은 태우입니다.

서술형

10 예 소수점 왼쪽 부분이 2로 같으므로 소수 부분의 크기를 비교하면 $3 < \square < 7$입니다.
따라서 □ 안에 들어갈 수 있는 수는 4, 5, 6이므로 합은 $4 + 5 + 6 = 15$입니다.

평가 기준	배점
□의 범위를 구했나요?	5점
□ 안에 들어갈 수 있는 수의 합을 구했나요?	5점

1~6 단원 총괄 평가 74~77쪽

1 (1) 513 (2) 489
2 반직선 ㄹㄷ
3 $\frac{7}{12}$, $\frac{5}{12}$
4 $40 \div 5 = 8$, $40 \div 8 = 5$
5 ㉢
6 1523 cm
7 ㉠, ㉢, ㉡
8 68, 680, 68, 612
9 6자루
10 ⑤
11 2 km 230 m
12 32 cm
13 (위에서부터) 52, 1, 33
14 <
15 1시간 44분 55초
16 527
17 3개
18 18개
19 221
20 2개

1 (1)
```
   1 1
   3 4 8
 + 1 6 5
 -------
   5 1 3
```
(2)
```
   6 11 10
   7  2  4
 - 2  3  5
 ---------
   4  8  9
```

2 한 점에서 시작하여 한쪽으로 끝없이 늘인 곧은 선을 반직선이라고 합니다.

3 색칠한 부분:
전체를 똑같이 12로 나눈 것 중의 7 ➡ $\frac{7}{12}$
색칠하지 않은 부분:
전체를 똑같이 12로 나눈 것 중의 5 ➡ $\frac{5}{12}$

4 ■×▲=● < ●÷■=▲, ●÷▲=■

5 ㉠, ㉡, ㉣: 8.4
㉢ 0.1이 48개인 수와 같으므로 4.8입니다.

6 (두 리본 끈의 길이의 합)
= (빨간색 리본 끈의 길이) + (파란색 리본 끈의 길이)
$= 687 + 836$
$= 1523$(cm)

7 ㉠ $36 \div 4 = 9$ ㉡ $56 \div 8 = 7$ ㉢ $48 \div 6 = 8$
➡ $9 > 8 > 7$

8 $9 = 10 - 1$이므로 $68 \times 9 = 68 \times 10 - 68 \times 1$입니다.

9 (한 명에게 줄 수 있는 연필 수)
= (전체 연필 수) ÷ (나누어 줄 학생 수)
$= 42 \div 7 = 6$(자루)

10 분자가 1인 단위분수는 분모가 작을수록 큰 수이므로
$\frac{1}{7} > \frac{1}{8} > \frac{1}{11} > \frac{1}{13}$이고,
분모가 같은 분수는 분자가 클수록 큰 수이므로
$\frac{3}{7} > \frac{1}{7}$입니다.
➡ $\frac{3}{7} > \frac{1}{7} > \frac{1}{8} > \frac{1}{11} > \frac{1}{13}$

11 (준형이네 집~서점~공원)
= (준형이네 집~서점) + (서점~공원)
= 1 km 400 m + 830 m
= 2 km 230 m

12
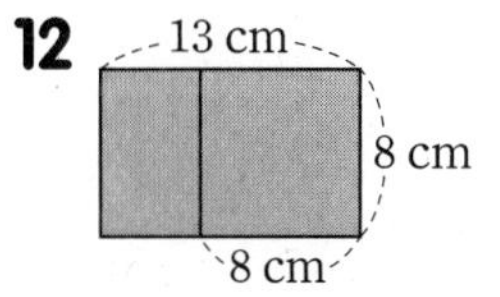

만들 수 있는 가장 큰 정사각형은 한 변의 길이가 8 cm인 정사각형입니다.
정사각형은 네 변의 길이가 모두 같으므로 네 변의 길이의 합은 $8 + 8 + 8 + 8 = 32$(cm)입니다.

13
```
    1시    ㉡분  34초
 + ㉢시간  26분  ㉠초
 --------------------
    3시    19분   7초
```
초 단위의 계산:
$34 + ㉠ = 67$, $67 - 34 = ㉠$, $㉠ = 33$입니다.
분 단위의 계산:
$1 + ㉡ + 26 = 79$, $79 - 27 = ㉡$, $㉡ = 52$입니다.
시 단위의 계산:
$1 + 1 + ㉢ = 3$, $3 - 2 = ㉢$, $㉢ = 1$입니다.

14 $43\times6=258$, $37\times8=296$
➡ $258<296$

15 (운동을 한 시간)
=(운동을 끝낸 시각)−(운동을 시작한 시각)
=4시 20분 15초−2시 35분 20초
=1시간 44분 55초

16 만들 수 있는 가장 큰 수는 874, 가장 작은 수는 347입니다.
➡ $874-347=527$

17 $22\times5=110$이므로 $16\times\square>110$입니다.
$16\times6=96$, $16\times7=112$이므로 □ 안에 들어갈 수 있는 수는 7, 8, 9로 모두 3개입니다.

18 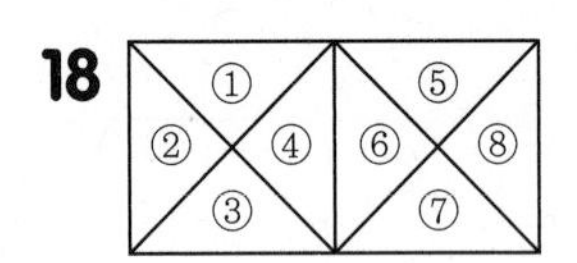

작은 직각삼각형 1개짜리:
①, ②, ③, ④, ⑤, ⑥, ⑦, ⑧ ➡ 8개
작은 직각삼각형 2개짜리:
①+②, ②+③, ③+④, ④+①, ⑤+⑥,
⑥+⑦, ⑦+⑧, ⑧+⑤ ➡ 8개
작은 직각삼각형 4개짜리:
①+④+⑥+⑤, ③+④+⑥+⑦ ➡ 2개
따라서 크고 작은 직각삼각형은 모두
$8+8+2=18$(개)입니다.

서술형
19 예 어떤 수를 □라 하면 □$+371=963$입니다.
$963-371=$□, □$=592$
따라서 바르게 계산하면 $592-371=221$입니다.

평가 기준	배점
어떤 수를 구했나요?	3점
바르게 계산한 값을 구했나요?	2점

서술형
20 예 $3.5<3.$□에서 $5<$□이므로
□ 안에 들어갈 수 있는 수는 6, 7, 8, 9입니다.
□$.7<8.2$에서 □<8이므로
□ 안에 들어갈 수 있는 수는 1, 2, 3, 4, 5, 6, 7입니다.
따라서 □ 안에 공통으로 들어갈 수 있는 수는 6, 7로 모두 2개입니다.

평가 기준	배점
□ 안에 들어갈 수 있는 수를 각각 구했나요?	3점
□ 안에 공통으로 들어갈 수 있는 수는 모두 몇 개인지 구했나요?	2점